现代铝加工生产技术丛书

主编 周 江 李凤轶

铝合金材料及其热处理技术

李念奎 凌 杲 聂 波 刘静安 编著

北 京
冶 金 工 业 出 版 社
2022

内容简介

本书是《现代铝加工生产技术丛书》之一，详细介绍和论述了变形铝合金加工材料及其热处理原理、分类、工艺、技术与装备等。全书共分8章，内容包括：概论，变形铝合金，变形铝合金热处理分类及其对加工材组织性能的影响，变形铝合金铸锭均匀化退火、回复与再结晶，铝合金固溶（淬火）处理，铝合金时效处理，铝合金常用热处理设备，铝材热处理过程中常见缺陷等。在内容组织和结构安排上，力求理论联系实际，切合生产实际需要，突出实用性、先进性和行业特色，为读者提供一本实用的技术著作。

本书是铝加工生产企业工程技术人员必备的技术读物，也可供从事有色金属材料与加工的科研、设计、教学、生产和应用等方面的技术人员与管理人员使用，同时可作为大专院校有关专业师生的参考书。

图书在版编目(CIP)数据

铝合金材料及其热处理技术/李念奎等编著.—北京：冶金工业出版社，2012.4（2022.1重印）

（现代铝加工生产技术丛书）

ISBN 978-7-5024-5870-6

Ⅰ.①铝…　Ⅱ.①李…　Ⅲ.①铝合金—金属材料—热处理　Ⅳ.①TG166.3

中国版本图书馆CIP数据核字(2012)第059230号

铝合金材料及其热处理技术

出版发行　冶金工业出版社　　**电　话**　(010)64027926
地　址　北京市东城区嵩祝院北巷39号　　**邮　编**　100009
网　址　www.mip1953.com　　**电子信箱**　service@mip1953.com

责任编辑　张登科　美术编辑　彭子赫　版式设计　孙跃红
责任校对　卿文春　责任印制　李玉山

北京虎彩文化传播有限公司印刷
2012年4月第1版，2022年1月第6次印刷
880mm×1230mm　1/32；16.75印张；494千字；516页

定价58.00元

投稿电话　(010)64027932　投稿信箱　tougao@cnmip.com.cn
营销中心电话　(010)64044283
冶金工业出版社天猫旗舰店　yjgycbs.tmall.com
（本书如有印装质量问题，本社营销中心负责退换）

《现代铝加工生产技术丛书》

编辑委员会

《现代铝加工生产技术丛书》

主要参编单位

东北轻合金有限责任公司

西南铝业（集团）有限责任公司

中国铝业股份有限公司西北铝加工分公司

北京有色金属研究总院

广东凤铝铝业有限公司

广东中山市金胜铝业有限公司

上海瑞尔实业有限公司

《丛书》前言

节约资源、节省能源、改善环境越来越成为人类生活与社会持续发展的必要条件，人们正竭力开辟新途径，寻求新的发展方向和有效的发展模式。轻量化显然是有效的发展途径之一，其中铝合金是轻量化首选的金属材料。因此，进入21世纪以来，世界铝及铝加工业获得了迅猛的发展，铝及铝加工技术也进入了一个崭新的发展时期，同时我国的铝及铝加工产业也掀起了第三次发展高潮。2007年，世界原铝产量达3880万吨（其中：废铝产量1700万吨），铝消费总量达4275万吨，创历史新高；铝加工材年产达3200万吨，仍以5%～6%的年增长率递增；我国原铝年产量已达1260万吨（其中：废铝产量250万吨），连续五年位居世界首位；铝加工材年产量达1176万吨，一举超过美国成为世界铝加工材产量最大的国家。与此同时，我国铝加工材的出口量也大幅增加，我国已真正成为世界铝业大国、铝加工业大国。但是，我们应清楚地看到，我国铝加工材在品种、质量以及综合经济技术指标等方面还相对落后，生产装备也不甚先进，与国际先进水平仍有一定差距。

为了促进我国铝及铝加工技术的发展，努力赶超世界先进水平，向铝业强国和铝加工强国迈进，还有很多工作要做：其中一项最重要的工作就是总结我国长期以来在铝加工方面的生产经验和科研成果；普及和推广先进铝加工技术；提出我国进一步发展铝加工的规划与方向。

几年前，中国有色金属学会合金加工学术委员会与冶金工业出版社合作，组织国内20多家主要的铝加工企业、科研院所、大专院校的百余名专家、学者和工程技术人员编写出版了大型工具书——《铝加工技术实用手册》，该书出版后受到广大读者，特别是铝加工企业工程技术人员的好评，对我国铝加工工业的发展起到一定的促进作用。但由于铝加工工业及技术涉及面广，内容十分丰富，《铝加工技术实用手册》因篇幅所限，有些具体工艺还不尽深入。因此，有读者反映，能有一套针对性和实用性更强的生产技术类《丛书》与之配套，相辅相成，互相补充，将能更好地满足读者的需要。为此，中国有色金属学会合金加工学术委员会与冶金工业出版社计划在“十一五”期间，组织国内铝加工行业的专家、学者和工程技术人员编写出版《现代铝加工生产技术丛书》(简称《丛书》)，以满足读者更广泛的需求。《丛书》要求突出实用性、先进性、新颖性和可读性。

《丛书》第一次编写工作会议于2006年8月20日在北戴河召开。会议由中国有色金属学会合金加工学术委员会主任谢水生主持，参加会议的单位有：西南铝业（集团）有限责任公司、东北轻合金有限责任公司、中国铝业股份有限公司西北铝加工分公司、北京有色金属研究总院、广东凤铝铝业有限公司、华北铝业有限公司的代表。会议成立了《丛书》编写筹备委员会，并讨论了《丛书》编写和出版工作。2006年年底确定了《丛书》的编写分工。

第一次《丛书》编写工作会议以后，各有关单位领导十分重视《丛书》的编写工作，分别召开了本单位的编写工作会议，将编写工作落实到具体的作者，并都拟定了编写大纲和目录。中国有色金属学会的领导也十分重视《丛书》的编写工作，将《丛书》的编写出版工作列入学会的2007~2008年工作计划。

为了进一步促进《丛书》的编写和协调编写工作，编委会于2007年4月12日在北京召开了第二次《丛书》编写工作会议。参加会议的有来自西南铝业（集团）有限责任公司、东北轻合金有限责任公司、中国铝业股份有限公司西北铝加工分公司、北京有色金属研究总院、广东凤铝铝业有限公司、上海瑞尔实业有限公司、广东中山市金胜铝业有限公司、华北铝业有限公司和冶金工业出版社的代表21位同志。会议进一步修订了《丛书》各册的编写大纲和目录，落实和协调了各册的编写工作和进度，交流了编写经验。

为了做好《丛书》的出版工作，2008年5月5日在北京召开了第三次《丛书》编写工作会议。参加会议的单位有：西南铝业（集团）有限责任公司、东北轻合金有限责任公司、中国铝业股份有限公司西北铝加工分公司、北京有色金属研究总院、广东凤铝铝业有限公司、广东中山市金胜铝业有限公司、上海瑞尔实业有限公司和冶金工业出版社，会议代表共18位同志。会议通报了编写情况，协调了编写进度，落实了各分册交稿和出版计划。

《丛书》因各分册由不同单位承担，有的分册是合作编写，编写进度有快有慢。因此，《丛书》的编写和出版工作是统一规划，分步实施，陆续尽快出版。

由于《丛书》组织和编写工作量大，作者多和时间紧，在编写和出版过程中，可能会有不妥之处，恳请广大读者批评指正，并提出宝贵意见。

另外，《丛书》编写和出版持续时间较长，在编写和出版过程中，参编人员有所变化，敬请读者见谅。

《现代铝加工生产技术丛书》编委会

2008年6月

前　言

铝及铝合金材料由于具有一系列优异特性，广泛应用于航空航天、交通运输、建筑装饰、包装容器、机械电器、电子通讯、石油化工、能源动力、文体卫生等行业，成为国民经济发展的重要基础材料。

近几十年来，变形铝合金大致向两个方向发展，一是发展高强高韧铝合金新材料，以满足航空和航天需要；二是发展一系列可以满足各种使用条件的民用铝合金材料。此外，在IM（Ingot Metallurgy）传统熔铸铝合金基础上还发展起来了PM（Powder Metallurgy）粉末冶金铝合金、SF（Spray Forming）喷射成形铝合金、铝基复合材料、超塑性铝合金等新型铝合金材料。

铝合金材料的改善和开发始终伴随着热处理的发展，热处理是改善合金工艺性能和使用性能，充分发挥材料潜力的一种最重要的手段。对变形铝合金最常使用的热处理是退火、固溶处理和时效。形变热处理也有应用，化学热处理应用较少。在铝合金材料生产过程中，必须掌握各种热处理的基本原理和影响因素，才能正确制定生产工艺，解决生产中出现的有关问题，做到优质高产。

为了促进我国铝合金材料的发展，特别是高性能铝合金材料的发展，缩小与国际先进水平的差距，替代进口，满足我国国民经济的高速持续发展与国防军工现代化对特种铝合金材料的需要，作者在总结、提炼自身多年来在科研和生产中积累的丰富经验和丰硕成果的基础上，参阅、翻译、整理了大量国内外最新文献和技术资料，编写了本书献给读者，以期对我国铝合金材料产业与技术的发展有所裨益。

本书详细介绍和论述了变形铝合金加工材料及其热处理原理、分类、工艺、技术与装备等。全书共分8章，内容包括：概论，变形铝合金，变形铝合金热处理分类及其对加工材组织性能的影响，变形铝合金铸锭均匀化退火、回复与再结晶，铝合金固溶（淬火）处理，铝合金时效处理，铝合金常用热处理设备，铝材热处理过程中常见缺陷等。在内容组织和结构安排上，力求理论联系实际，切合生产实际需要，突出实用性、先进性和行业特色，并结合生产特点，深入浅出地讨论了解决关键热处理技术难题的途径和方法，对解决生产中遇到的技术质量问题会有所帮助，力争为读者提供一本实用的技术著作。

本书是铝加工生产企业工程技术人员必备的技术读物，也可供从事有色金属材料与加工的科研、设计、教学、生产和应用等方面的技术人员与管理人员使用，同时可作为大专院校有关专业师生的参考书。

本书的第3、4、5、6章由李念奎、聂波、田妮、丛福官编写，第1、2、7、8章由凌杲、刘静安编写。全书由谢水生教授和刘静安教授审定。

本书在编写过程中，得到了东北大学赵刚教授的许多指导和帮助，同时参阅了国内外有关专家、学者的一些文献资料，并得到中国有色金属学会合金加工学术委员会和冶金工业出版社的支持，在此一并表示衷心的感谢！

由于作者水平有限，书中不妥之处，敬请广大读者批评指正。

作　者

2012年3月

目　录

1 概　　论

1.1　纯铝的特性及其合金化

1.1.1　纯铝的一般特性

铝自1825年由丹麦科学工作者厄尔斯泰德（H. C. Oenrsted）发现以来，至今已有187年的历史。如果从1886年工业化提炼铝的熔盐电解法（Hall-Heroult 法）问世算起，也有126年。100多年来，铝及其合金得到了极为广泛的应用，主要应用于航空航天、交通运输、建筑装饰、包装容器、机械电器、电子通讯、石油化工、能源动力、文体卫生等行业，成为国民经济发展的重要基础材料。铝的产量在有色金属中占首位，仅次于钢铁产量。铝之所以应用广泛，除有着丰富的蕴藏量（约占地壳质量的8.2%，为地壳中分布最广的金属元素）、冶炼较简便以外，更重要的是铝有着一系列的优良特性，一般来说，铝有如下特性：

（1）密度小。纯铝的密度接近2700kg/m³，约为铁的密度的35%。

（2）可强化。纯铝的强度虽然不高，但通过冷加工可使其提高一倍以上，而且可通过添加镁、锌、铜、锰、硅、锂、钪、铬、锆等元素合金化，再经过热处理进一步强化，其比强度可与优质的合金钢媲美。

（3）易加工。铝可用任何一种铸造方法铸造。铝的塑性好，可轧成薄板和箔；拉成管材和细丝；挤压成各种复杂断面的型材；可以在大多数机床上以最大速度进行车、铣、镗、刨等机械加工。

（4）耐腐蚀。铝及其合金的表面易生成一层致密、牢固的 Al_2O_3 保护膜。这层保护膜只有在卤素离子或碱离子的激烈作用下才会遭到破坏。因此，铝有很好的耐大气（包括工业性大气和海洋性大气）腐蚀能力。能抵抗多数酸和有机物的腐蚀，采用缓蚀剂，可耐弱碱液腐蚀；采取相应保护措施，可提高铝合金的抗蚀性能。

（5）无低温脆性。铝在0℃以下，随着温度的降低，强度和塑性不仅不会降低，反而会提高。

（6）导电、导热性能好。铝的导电、导热性能仅次于银、铜和金。室温时，电工铝的等体积电导率可达62% IACS，若按单位质量导电能力计算，其导电能力为铜的一倍。

（7）反射性强。铝的抛光表面对白光的反射率达80%以上，纯度越高，反射率越高。同时，铝对红外线、紫外线、电磁波、热辐射等都有良好的反射性能。

（8）无磁性、冲击不生火花。这对于某些特殊用途十分可贵，如用作仪表材料，用作电气设备的屏蔽材料，以及易燃、易爆物生产用器材等。

（9）有吸声性。对室内装饰有利，也可配制成阻尼减振合金。

（10）耐核辐射。铝对高能中子来说，具有与其他金属相同程度的中子吸收截面，对低能范围内的中子，其吸收截面小，仅次于铍、镁、锆等金属。铝耐核辐射的最大优点是对照射生成的感应放射能衰减很快。

（11）美观。铝及其合金由于反射能力强，表面呈银白色光泽。经机加工后就可以达到很高的光洁度和光亮度。如果经阳极氧化和着色，不仅可以提高抗蚀性能，而且可以获得五颜六色、光彩夺目的制品。铝还可以电镀和覆盖陶瓷，也是生产涂漆材料的极好基体。

1.1.2　纯铝的物理性能

铝是元素周期表中第三周期主族元素，具有面心立方点阵，无同位素异构转变。原子序数为13，相对原子质量为26.9815。表1-1列出了纯铝的主要物理性能。

表 1-1　纯铝的主要物理性能

性　　能	高纯铝 $w(Al)=99.996\%$	工业纯铝 $w(Al)=99.5\%$
原子序数	13	
相对原子质量	26.9815	
晶格常数(20℃)/m	4.0494×10^{-10}	4.04×10^{-10}
密度/$kg\cdot m^{-3}$		
20℃	2698	2710
700℃		2373
熔点/℃	660.24	约 650
沸点/℃	2060	
溶解热/$J\cdot kg^{-1}$	3.961×10^{5}	3.894×10^{5}
燃烧热/$J\cdot kg^{-1}$	3.094×10^{7}	3.108×10^{7}
凝固体积收缩率/%		6.6
质量热容(100℃)/$J\cdot(kg\cdot K)^{-1}$	934.92	964.74
热导率(25℃)/$W\cdot(m\cdot K)^{-1}$	235.2	222.6(O 状态)
线膨胀系数/$\mu m\cdot(m\cdot K)^{-1}$		
20～100℃	24.58	23.5
100～300℃	25.45	25.6
弹性模量/MPa		70000
切变模量/MPa		2625
声音传播速度/$m\cdot s^{-1}$		约 4900
电导率/$S\cdot m^{-1}$	64.94	59(O 状态)
		57(H 状态)
电阻率(20℃)/$\mu\Omega\cdot m$	0.0267(O 状态)	0.02922(O 状态)
		0.3002(H 状态)
电阻温度系数(20℃)/$\mu\Omega\cdot m\cdot K^{-1}$	0.1	0.1
体积磁化率	6.27×10^{-7}	6.26×10^{-7}
磁导率/$H\cdot m^{-1}$	1.0×10^{-5}	1.0×10^{-5}
反射率/%		
$\lambda=2500\times10^{-10}m$		87
$\lambda=5000\times10^{-10}m$		90
$\lambda=20000\times10^{-10}m$		97
折射率(白光)①		0.78～1.48
吸收率(白光)①		2.85～3.92

①与材料表面状态有关。

1.1.3 纯铝的力学性能

不同纯度铝的典型力学性能见表 1-2，铝的纯度与强度的关系见图 1-1，铝的纯度与硬度的关系见图 1-2，不同温度下纯铝的应力－应变关系见图 1-3。

表 1-2 纯铝退火状态的典型力学性能

w(Al)/%	σ_b/MPa	$\sigma_{0.2}$/MPa	$\delta_{0.5}$/%	τ/MPa	σ_{-1}/MPa	E/GPa
99.99	45	10	50			62
99.8	60	20	45			
99.7	65	26				
99.6	70	30	43	50	20	
99.5	85	30	30	55		69

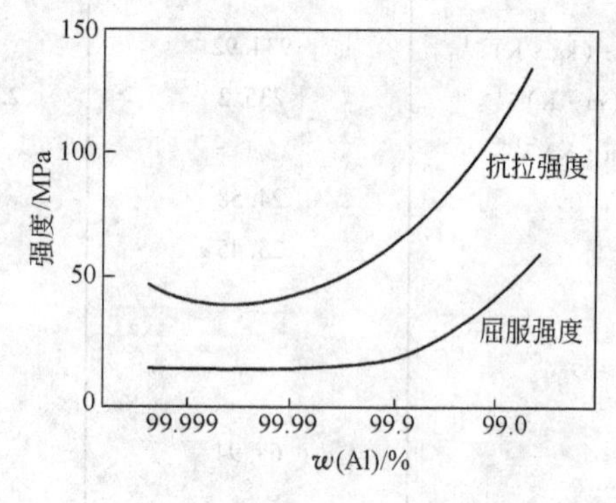

图 1-1 铝的强度与纯度的关系

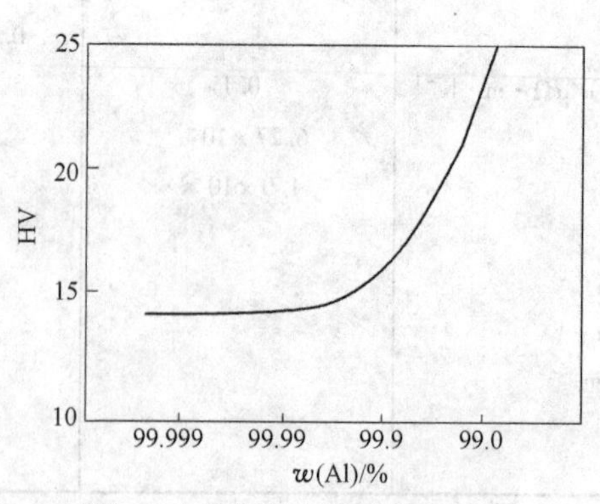

图 1-2 铝的硬度与纯度的关系

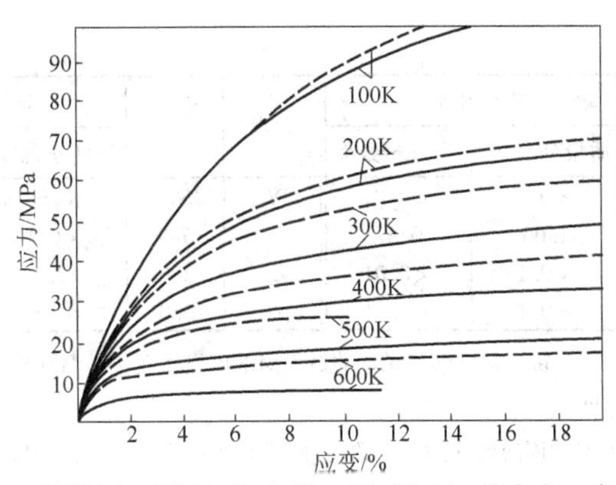

图 1-3 不同温度下纯铝（w(Al) = 99.99%）的应力 - 应变曲线

1.1.4 合金元素及杂质对纯铝性能的影响

虽然大多数金属能与铝组成合金，但只有几种元素在铝中有较大的固溶度而成为常用合金元素。一些元素在铝中的最大固溶度见表 1-3。

表 1-3 一些元素在铝中的最大固溶度

元素	温度/℃	最大固溶度		元素	温度/℃	最大固溶度	
		质量分数/%	原子分数/%			质量分数/%	原子分数/%
Ag	570	55.6	23.8	Li	600	4.0	13.9
Au	640	0.36	0.049	Mg	450	14.9	16.26
B	660	<0.001	<0.002	Mn	660	1.82	0.90
Be	645	0.036	0.188	Mo	660	0.25	0.056
Bi	660	<0.1	<0.01	Na	660	<0.003	<0.003
Ca	620	<0.1	<0.05	Nb	660	0.22	0.064
Cd	650	0.47	0.11	Ni	640	0.05	0.023
Co	660	<0.02	<0.01	Pb	660	0.15	0.02
Cr	660	0.77	0.40	Pd	615	<0.1	<0.02
Cu	550	5.67	2.48	Rh	660	<0.1	<0.02
Fe	655	0.052	0.025	Ru	660	<0.1	<0.02
Ga	30	20.0	8.82	Sb	660	<0.1	<0.02
Gd	640	<0.1	<0.01	Sc	660	0.38	0.23
Ge	425	6.0	2.30	Si	580	1.65	1.59
Hf	660	1.22	0.186	Sn	230	<0.01	<0.002
In	640	0.17	0.04	Sr	655	—	—

续表 1-3

元素	温度/℃	最大固溶度		元素	温度/℃	最大固溶度	
		质量分数/%	原子分数/%			质量分数/%	原子分数/%
Th	635	<0.1	<0.01	V	665	0.6	0.32
Ti	665	1.00	0.57	Y	645	<0.1	<0.03
Tm	645	<0.1	<0.01	Zn	380	82.8	66.4
U	640	<0.1	<0.01	Zr	660	0.28	0.085

注：1. 除铬、钛、钒、锌、锆等元素的最大固溶度发生在包晶温度外，其他均发生在共晶温度；
2. 在20℃时的固溶度（质量分数）：除镁和锌各约2%，锗、锂和银均为0.1%～0.2%外，其余均小于0.1%；
3. 后述章节，合金元素的含量除特别指出外，均为质量分数。

从表1-3可以看出，最大固溶度（原子分数）超过1%的元素有：银、铜、镓、锗、锂、镁、硅和锌。其中银、镓、锗为稀贵金属，锂是铝的一种很有前途的合金化元素，目前国内外已开发出一些有实用价值的 Al-Cu-Li 与 Al-Mg-Li 合金。但铜、镁、锌、硅为大量的普遍采用的添加元素，即合金化的基本元素。另外有一些元素，如过渡族元素锰、铬、铁、锆以及一些微量添加元素，在铝中的溶解度不是很大，但对铝合金的工艺性能或使用性能会产生明显的影响，因而也是值得重视的。铝是强度不高而塑性很好的金属，合金化的目的首先是提高强度。作为变形铝合金，在考虑强度的前提下，还应综合考虑加工性能、抗蚀性以及其他特殊要求的性能。

1.1.4.1　主要合金元素的影响

A　锰

锰对铝及铝合金的再结晶过程有明显的影响，Al-Mn 合金的再结晶温度与锰含量的关系见图1-4。

锰能阻止铝及其合金的再结晶过程，提高再结晶温度，并能显著细化再结晶晶粒。锰固溶于铝中，可提高再结晶温度20～100K，铝愈纯，锰含量愈高，作用愈明显。对再结晶晶粒细化主要是通过 Al_6Mn 弥散质点对再结晶晶粒长大起阻碍作用而产生的。

Al_6Mn 是与 Al-Mn 固溶体相平衡的相，它除了能提高合金的强度，细化再结晶晶粒外，另一重要作用是能溶解杂质铁，形成

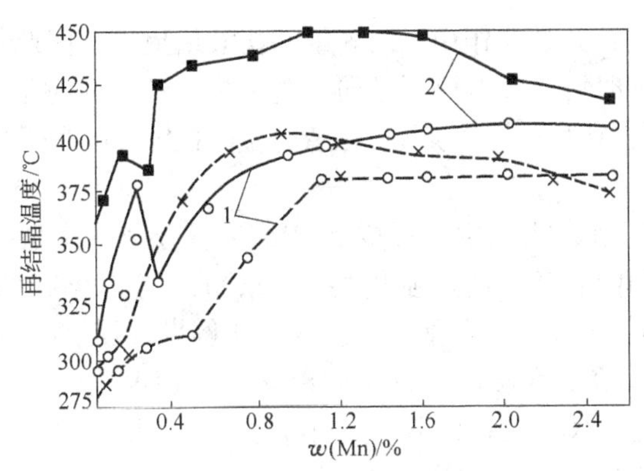

图 1-4 Al-Mn 合金的再结晶温度与锰含量的关系

1—高纯合金；2—工业纯合金

Al_6(Fe，Mn)，减小铁的有害影响。同时 Al_6Mn 的电极电位与铝的电极电位相等（-0.85V），所以对铝的抗蚀性能没有影响，故 Al-Mn 合金有与工业纯铝相当的抗蚀性。

锰是铝合金的重要合金化元素，可以单独加入形成二元 Al-Mn 合金（如 3A21 合金），更多的是和其他合金元素一同加入，因而大多数铝合金含有锰（高纯铝及高纯铝合金除外）。另外，锰会明显地增大铝的电阻，所以用作电导体材料时应控制锰的含量。

合金中锰含量过多时，会形成粗大、硬脆的 Al_6Mn 化合物，将损害合金的性能。

B 镁

镁对铝的强化作用是明显的，每增加 1% 镁，抗拉强度大约升高 34MPa。镁可以单独加入形成二元 Al-Mg 合金，含镁量在 7% 以下的合金在室温时稳定，一般加工铝合金含镁量在 6% 以下。镁也可和其他合金元素一同加入。

与固溶体平衡的相为 Al_8Mg_5，其热处理强化作用不明显，故二元 Al-Mg 合金为热处理不强化的合金。而 Al_8Mg_5 相的形态和分布对合金抗蚀性能有明显的影响，如果沿晶界呈链状分布，将造成晶间腐蚀和应力腐蚀开裂；如果呈弥散状态分布于晶内和晶界，则合金抗腐蚀性提高。

C 镁和锰

以镁为主要合金化元素的 Al-Mg 合金中通常还加入 $w(Mn) \leq 1\%$ 的

锰。锰可以起补充强化作用，比等量的镁效果更好，因此加锰后可降低镁含量。同时可以降低热裂倾向，尤其是有钠存在时更为明显。另外锰还可以使 Al_8Mg_5 均匀沉淀，改善合金的抗蚀性能和焊接性能。

D 镁和硅

镁和硅同时加入铝中，形成 Al-Mg-Si 系合金，这是一类重要的可热处理强化的铝合金。强化相为 Mg_2Si，其镁与硅的质量比为 1.73 : 1，Al-Mg-Si 系合金基本上按这一比例设计镁、硅含量。Mg_2Si 在铝中的最大溶解度质量分数为 1.85%，且随温度的降低溶解度减小，时效时形成 GP 区和细小沉淀相对合金起强化作用。

E 铜

铜是重要的合金化元素，有一定的固溶强化作用。$CuAl_2$ 有着明显的时效强化效果。Al-Cu 合金各种状态的力学性能与铜含量的关系见图 1-5，不同铜含量的 Al-Cu 合金自然时效和人工时效的硬化曲线如图 1-6 和图 1-7 所示。从图可以看出，w(Cu) 为 4% ~6% 时，强化

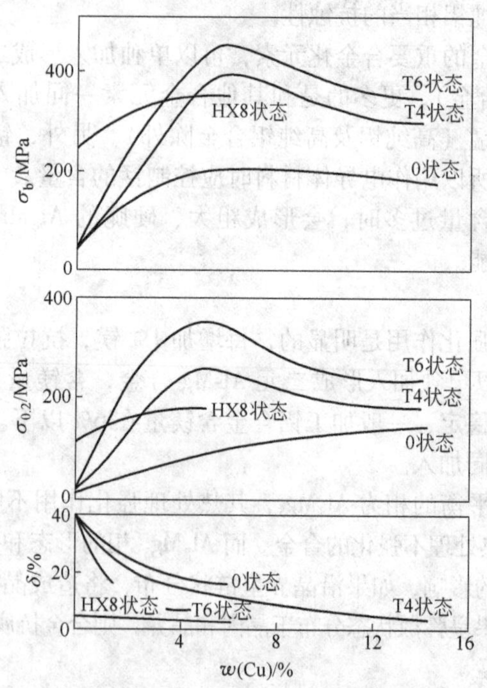

图 1-5 Al-Cu 合金力学性能与铜含量的关系

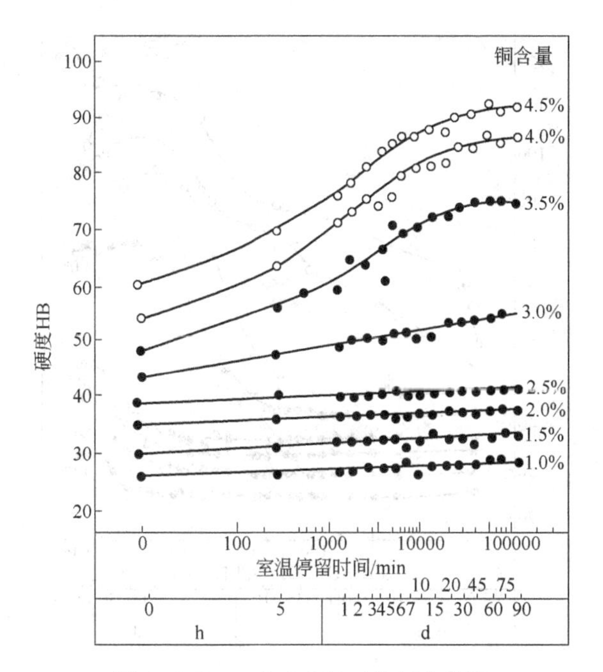

图 1-6 Al-Cu 合金自然时效硬化曲线
（100℃水中淬火）

效果最高，而大部分硬铝合金的铜含量处于这个范围。铜含量较高的合金切削性能好。在变形铝合金中很少采用二元 Al-Cu 合金。

F 铜和镁

铜和镁同时加入纯铝中可形成 Al-Cu-Mg 合金系列，即硬铝系列，这是变形铝合金中十分重要的一类合金。

该系列的合金有两个主要强化相，即 $\theta(CuAl_2)$ 和 $S(Al_2CuMg)$ 相。硬铝中以 S 相的过渡相强化效果为最高，θ 相的过渡相强化效果稍次，合金中同时存在 S 和 θ 的过渡相时，强化效果最大。S 相的过渡相还有一定的耐热性。一般来说，若按质量计算，$w(Cu):w(Mg)<2.6$ 时，形成 S 相；$w(Cu):w(Mg)>2.6$ 时，形成 S + θ 相或 θ 相。

Al-Cu-Mg 系合金，常需加入其他元素，如锰等，以改善合金的性能。但锰含量不能太高（$w(Mn)<1\%$），否则形成粗大的 Al_6Mn

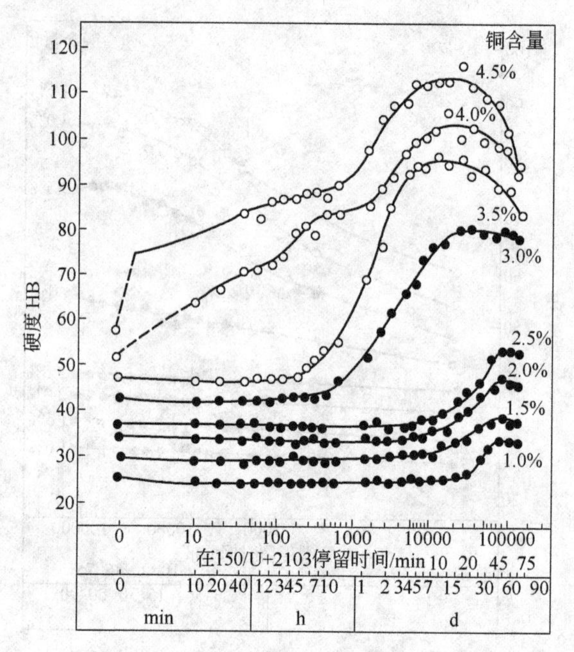

图 1-7 Al-Cu 合金人工时效硬化曲线
（100℃水中淬火，150℃时效）

化合物，将会降低合金的塑性。

G 锌

锌单独加入铝中，在变形的条件下对合金强度的提高有限，同时有应力腐蚀开裂倾向，因而限制了它的应用。但锌能提高铝的电极电位，Al-1%Zn 的合金可用作包覆铝或牺牲阳极铝。

H 锌和镁

在铝中同时加入锌和镁，形成强化相 $MgZn_2$，对合金产生明显的强化作用。w（$MgZn_2$）含量从 0.5% 提高到 12% 时，可不断地增大抗拉强度和屈服强度，而且镁含量超过形成 $MgZn_2$ 相所需要的量时，还会产生补充强化作用（图 1-8）。

$MgZn_2$ 含量增加，在强化合金的同时却大大降低了应力腐蚀抗力，增加剥落腐蚀倾向。为提高抗应力腐蚀开裂能力，可通过对成分和热处理过程两者的控制而得到改善。在成分方面，由于抗拉强度和

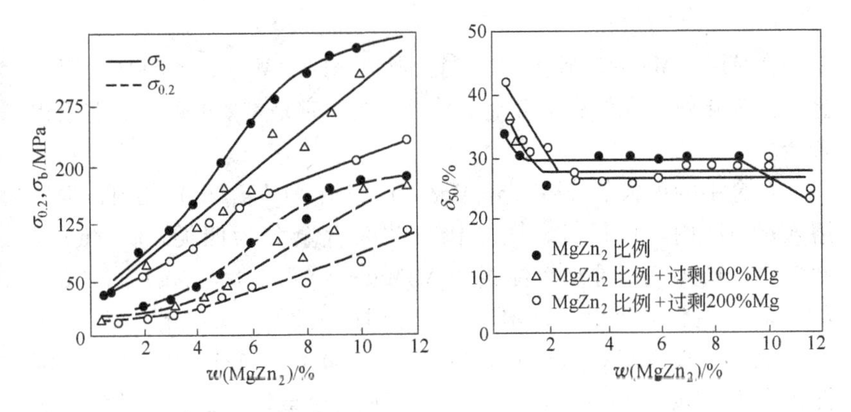

图 1-8 $MgZn_2$ 含量和 $MgZn_2$ 加过量镁对 99.95% Al 强度的影响（470℃，水淬）

应力腐蚀开裂敏感性都随锌、镁含量增加而增加，为使合金具有令人满意的应力腐蚀开裂抗力和足够的强度，对锌、镁总量应寻求折中方案，同时应注意锌、镁比例。有资料指出：$w(Zn):w(Mg)=2.7\sim2.9$ 时，应力腐蚀开裂抗力最大（图 1-9）。而现有的工业合金很少符合这个比例，应加以重视。

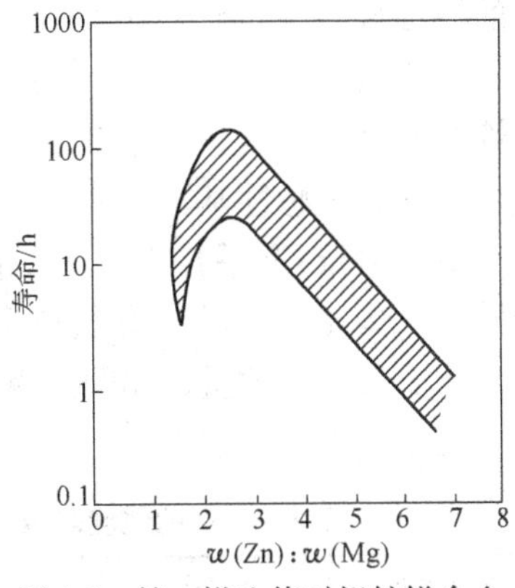

图 1-9 锌、镁比值对铝锌镁合金应力腐蚀开裂敏感性的影响

少量的铜，特别是银，可提高应力腐蚀抗力，但银昂贵，工业合金很少采用。

对于可焊合金，淬火冷却速度应慢。这样既能减少残余应力，又能减小显微组织之间的电位差。应注意成分调整，可用 $w(Zr)=0.08\%\sim0.25\%$ 的锆代替铬和锰，因为锆对淬火敏感性影响最小。锆与铝形成 Al_3Zr，而铬和锰分别形成 $Al_{12}CrMg_2$ 和 $Al_{20}Cu_2Mn_3$，都能阻碍再结晶，Al_3Zr 不含合金强化元素，而铬、锰化合物会使强化元素减少，势必增加镁、铜的含量。减小应力腐蚀开裂倾向的另一方法是分级时效。

I 锌、镁、铜

在 Al-Zn-Mg 的基础上加入铜，形成 Al-Zn-Mg-Cu 系超高强铝合金，其强化效果在所有铝合金中是最大的，它是重要的航空、航天铝合金。

合金中的铜大部分溶入 η($MgZn_2$) 和 T($Al_2Mg_3Zn_3$) 相内，少量溶入 α(Al) 内。可按锌、镁之比将此系合金分为四类。w(Zn) : w(Mg)≤1 : 6 者，主要沉淀相为 Al_8Mg_5；w(Zn) : w(Mg) = 1 : 6 ~ 7 : 3 者，主要沉淀相为T($Al_2Mg_3Zn_3$)相；w(Zn) : w(Mg) = 5 : 2 ~ 7 : 1 者，主要沉淀相为 η ($MgZn_2$)；w(Zn) : w(Mg) > 10 : 1 者，沉淀相为 $Al_{11}Mg_2$。第一类实际上是 Al-Mg 系合金，第二、三类为工业上常用的 Al-Zn-Mg-Cu 系合金。

一般来说，锌、镁、铜总质量分数在 9% 以上时，强度高，但合金的抗蚀性、成形性、可焊性、缺口敏感性、抗疲劳性能等均会降低；总质量分数在 6% ~8% 范围内，合金能保持高的强度，而且其他性能变好；总质量分数在 5% ~6% 以下，合金成形性能优良，应力腐蚀开裂敏感性基本消失。

Al-Zn-Mg-Cu 系合金虽具有最高的强度，但断裂韧性较低。降低杂质（主要是铁和硅）和气体含量，减小有利于裂纹扩展的金属间化合物的尺寸和数量，亦即使用高纯金属基体，是提高合金断裂韧性的有效途径之一，如表 1-4 和图 1-10 所示。

表 1-4 铝的纯度对 7075-T6 铝合金力学性能的影响

铝的纯度	σ_b/MPa	$\sigma_{0.2}$/MPa	δ/%	K_{IC}/MPa · $mm^{1/2}$
工业纯	580	534	13.0	1197
高 纯	579	531	18.9	1176

J 锂

锂是自然界中最轻的金属。锂加入铝中，可大大提高弹性模量和降低密度。在铝中每添加 w(Li) = 1% 的锂，弹性模量约增大 6%，密度降低约 3%。同时 Al-Li 合金具有高比强、较好的抗蚀性能以及低的裂纹扩展速率，因此对于飞机、空间飞行器和舰艇等都是极具吸引力的金属材料。由于工艺上的困难和许多物理冶金问题没有完全解

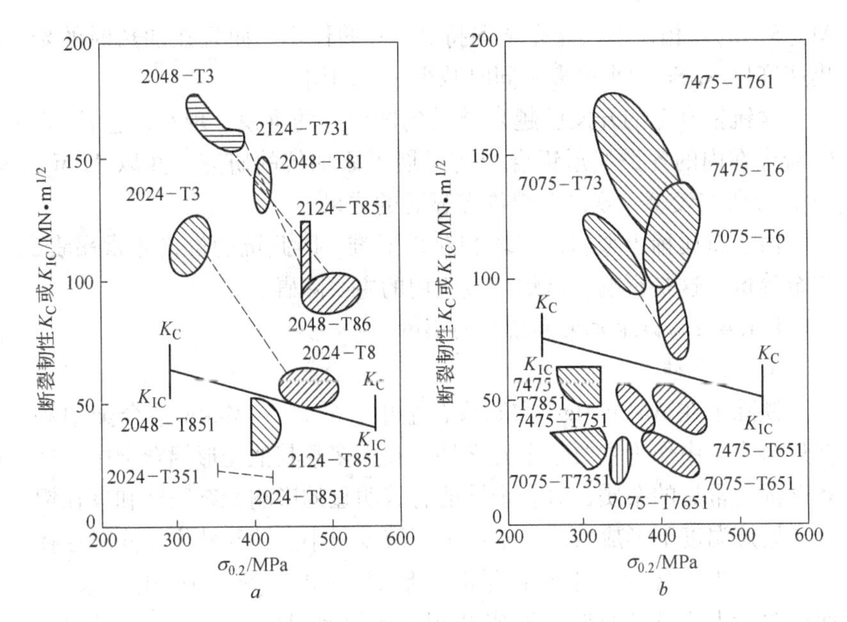

图 1-10 超纯铝合金与工业铝合金断裂韧度的比较

a—Al-Cu-Mg 系合金；*b*—Al-Zn-Cu-Mg 系合金

决，目前尚未在工业上大量采用。近几年来，对合金的强化机理、显微组织、性能改善和工艺改进等方面的研究都取得了很大进展，并已逐步在航空、航天领域推广应用。

K 钪

钪的原子序数为 21，属于过渡族元素和稀土元素。它在铝及铝合金中，既有稀土元素净化熔体和改善铸锭组织的作用，又有过渡元素细化晶粒、抑制再结晶的作用。已有的研究表明，微量钪对铝及铝合金的组织和性能有着强烈的多种作用，不仅能全面地提高铝及铝合金的强度、韧性、耐热性、耐蚀性和可焊性，而且还有改善抗中子辐射损伤的作用。采用适量的钪和正确的工艺，能使铝合金的再结晶温度提高到 450 ~ 550℃。综上所述，可以看出钪为开发新一代铝合金提供了前提条件。

钪在铝中的极限固溶度为 0. 32%，时效时以 Al_3Sc 化合物形式析出，非常弥散，且与基体保持完全共格。同时添加锆能形成

$Al_3(Sc_xZr_x)$ 相，不仅能完全保持 Al_3Sc 的作用，而且在加热时的聚集速度比 Al_3Sc 的小得多，同时减少了钪的用量。

含钪铝合金的开发已越来越受到国内外的重视，现在，包括 Al-Li 合金在内的各类变形铝合金均开展了添加钪的研究，并以 Al-Mg-Sc 合金研究较多，现已取得许多显著的成果。

由于钪属稀土金属，制取和获得困难，因此钪的价格非常昂贵，与金等价，这是影响含钪铝合金应用的主要障碍。

1.1.4.2　微量元素和杂质的影响

A　铁和硅

铁除了在 Al-Cu-Mg-Ni-Fe 系合金中、硅在 Al-Mg-Si 系合金中和在焊料合金中作为主要合金元素外，在大多数其他变形铝合金中，铁和硅都是常见的杂质，对合金性能有着明显的影响。杂质铁和硅在铝合金熔炼温度下形成熔体，室温下固溶度很小。铁和硅往往同时存在于铝中，当铁含量大于硅含量时，形成 α-Al_8Fe_2Si（或 $Al_{12}Fe_3Si$），而硅含量大于铁含量时，形成 β-Al_5FeSi（或 $Al_9Fe_2Si_{12}$）。微量的铁和硅对铝的强度有一定的影响，如图 1-11 所示。

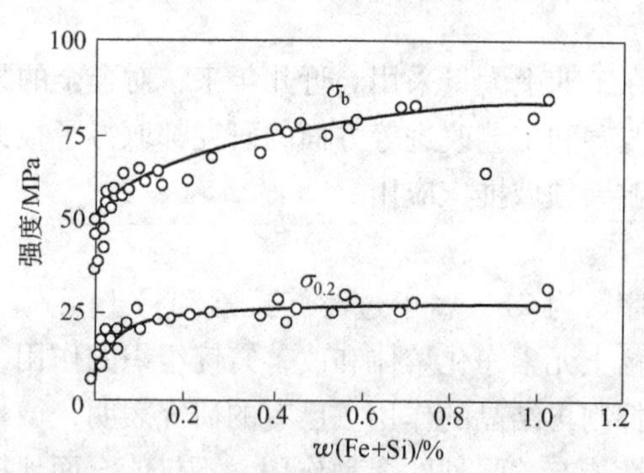

图 1-11　铁和硅对纯铝（O 状态）抗拉强度和屈服强度的影响

当铁和硅的比例不当时，会引起铸件产生裂纹。工业纯铝中铁、硅含量与裂纹倾向性的关系见图 1-12。该图是根据铸造环的试验结果得出的，图中的数字表示裂纹率，曲线的右下方裂纹倾向性大，而位于左上方的合金裂纹倾向性小，若提高铁含量，使 $w(Fe) > w(Si)$，合金成分位于曲线左上方，即可缩小结晶温度范围，减小裂纹倾向性。$w(Fe):w(Si)\geqslant 2\sim3$ 的铝板，才有利于冲压。

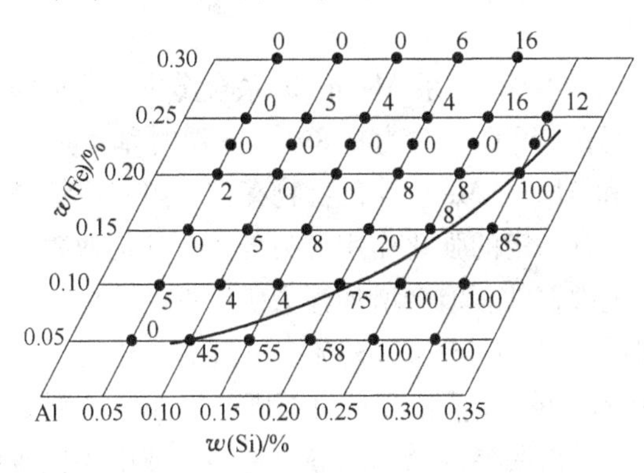

图 1-12 工业纯铝中铁、硅含量与裂纹倾向性的关系

$FeAl_3$ 有细化再结晶晶粒的作用，但对抗蚀性能影响较大。当有锰存在时，铁可溶入 Al_6Mn 中，形成 $Al_6(FeMn)$，与铝之间的电位差减小到可以忽略不计的程度。因此，在铝合金中都加入少量锰，减小铁的有害作用是其目的之一。

B 镍

镍在铝中的固溶度小，室温时以难溶化合物的形式存在。在 Al-Cu-Mg 系合金中，同时加入镍和铁（如 2618 铝合金），能明显地提高其室温强度和高温强度。如果单独加入铁或镍反而不利。因为单独加入铁时，生成 Al_7Cu_2Fe 或 Al_3CuFe 相，单独加入镍时则生成 AlCu-Ni 或 $Al_3(CuNi)_2$ 相，这四个相都含有铜，势必减少原有强化相 S（Al_2CuMg）相的数量。如果铁和镍按 1∶1（质量比）的比例加入，则形成耐热相 Al_9FeNi，不但保证了铜充分形成 S 相，而且又增加了耐热相 Al_9FeNi。Al_9FeNi 相既有弥散强化作用，又能阻碍高温下的位错攀移，热处理后可使合金的抗拉强度提高约 50MPa。

工业纯铝中的微量镍，会降低合金的导电性能和增加点蚀程度。

C 银

银在铝中的最大固溶度达 55.6%，而不影响铝的加工特性，但对高强铝合金的时效动力学有明显的影响。少量银对 Al-Cu-Mg、Al-Zn-Mg-Cu 系合金的抗拉强度、断裂韧性、疲劳特性、应力腐蚀抗力等均有良好的影响。但银贵，未能在工业上大量采用。

D　铬

铬为 Al-Mg，Al-Mg-Si 系 Al-Zn-Mg 系合金中常见的添加元素。铬在铝中的溶解度在 660℃ 时约为 0.8%，室温时基本上不溶解，主要以 $Al_7(CrFe)$ 和 $Al_{12}(CrMn)$ 等化合物存在，阻碍再结晶的形核和长大过程，对合金有一定的强化作用。另外，铬还能改善合金韧性和降低应力腐蚀开裂敏感性。但会增加淬火敏感性，铬使阳极氧化膜呈黄色。铬的添加量一般 $w(Cr) < 0.35\%$，并随合金中过渡元素的增加而降低。铬对 Al-Zn-Mg-Cu 系合金板材屈服强度和单位裂纹扩展能的影响见图 1-13。微量铬明显降低铝的导电性能，故电工铝应严格控制其含量。

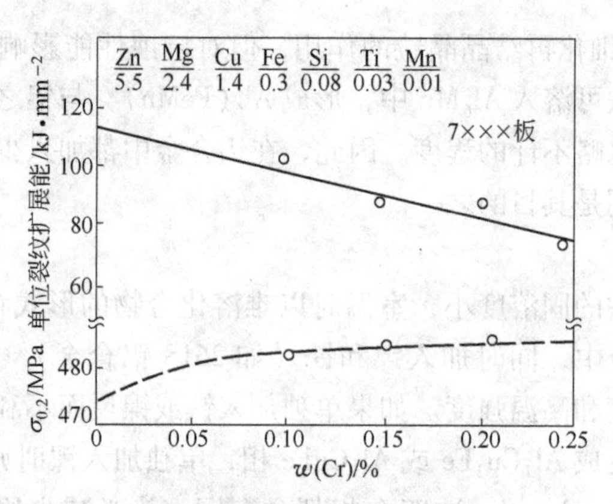

图 1-13　铬含量对 Al-Zn-Mg-Cu 合金单位裂纹扩展能和屈服强度的影响

E　钛和硼

钛是铝合金中常用的添加元素，主要作用是细化铸造组织和焊缝组织，减小开裂倾向，提高材料力学性能。如果钛和硼一起加入，效果更为显著。钛、硼比例（质量比）可在 5：1～100：1 范围内，无严格限制。应以 Al-Ti 或 Al-Ti-B 中间合金形式加入。钛加入铝中形成 Al_3Ti，与熔体产生包晶反应而成为非自发核心，起细化作用。Al-Ti 系产生包晶反应时，钛的临界含量约 $w(Ti) = 0.15\%$，如果有硼存在，则 $w(\mathrm{Ti})$ 减小到0.01%，如图1-14所示。

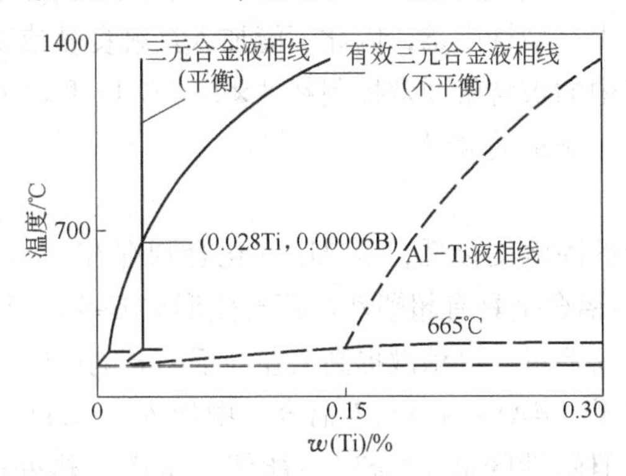

图1-14　Al-0.05Ti-0.01B的有效Al-Ti液相线

F　锆

锆也是铝合金的常用添加剂。一般加入量 $w(\mathrm{Zr})=0.1\%\sim0.3\%$，形成 Al_3Zr 化合物，阻碍再结晶过程，细化再结晶晶粒。锆亦能细化铸造组织，但比钛的效果小。有锆存在时会降低钛和硼细化晶粒的效果。在Al-Zn-Mg-Cu系合金中，由于锆对淬火敏感性的影响比铬和锰的小，因此宜用锆来代替铬和锰对再结晶组织的细化作用。

G　钒

钒和钛有相似的作用。钒加入铝及铝合金中生成 $Al_{11}V$ 难溶化合物，在熔炼和铸造过程中起细化晶粒的作用，但其效果比钛和锆的小。钒亦有细化再结晶组织、提高再结晶温度的作用。微量钒使铝的导电性能有明显的降低，故导电铝材应严格控制其含量。

H　铍

在变形铝合金中可改善氧化膜的结构，减少熔炼和铸造时的烧损和夹杂。在Al-Mg合金中，$w(\mathrm{Mg})<0.6\%$ 时，氧化膜结构是MgO固溶于 Al_2O_3 中，当 $w(\mathrm{Mg})\geqslant1\%$ 时，氧化膜则为 Al_2O_3 和MgO的混合物组成，其致密性减小，镁含量愈高则致密性愈差，在熔炼和铸造过程中，镁的烧损和合金的吸气性增加，易形成氧化夹渣。加入0.005%以下的铍，由于铍扩散至熔体表面，生成致密的氧化膜，从

而减少了合金的烧损和污染，又不损害铝合金的抗蚀性。铍为有毒元素，能使人产生过敏性中毒，因此不能加入接触食品或饮料的铝合金中。焊料金属中的铍含量通常控制在 $8\times10^{-4}\%$ 以下。用作焊接基体的铝合金也应控制铍的含量。

I 钙

钙在铝中的固溶度极低，以 Al_4Ca 化合物存在。$w(Ca)\approx5\%$ 和 $w(Zn)\approx5\%$ 的铝合金具有超塑性。钙与硅形成 $CaSi_2$，不溶入铝，由于减小了硅的固溶量，可稍微提高工业纯铝的导电性能。钙能改善铝合金的切削性能。4A13 和 4A17 铝合金中加入 $w(Ca)=0.1\%$ 的钙，可提高强度，但塑性降低。$CaSi_2$ 不能使合金产生热处理强化作用。微量钙对除氢有利。

J 铅、锡、铋

这些熔点低的金属在铝中固溶度不大，略降低合金强度，但可改善切削性能。铋在凝固过程中膨胀，对补缩有利。高镁合金中加入铋，可防止钠脆。

K 锑

锑主要用作铸造铝合金的变质剂。在变形铝合金使用很少，仅加入 Al-Mg 合金中，可代替铋防止钠脆，并可提高抗海水腐蚀的能力。加入某些 Al-Zn-Mg-Cu 系合金中，可改善热压和冷压工艺性能。

L 钠

钠在铝中几乎不溶解，最大固溶度为 0.0025%，钠熔点低（97.8℃），合金中存在钠时，凝固过程中吸附在枝晶表面或晶界。热加工时，晶界上的钠形成液态吸附层，产生脆性开裂，即所谓“钠脆”。当有硅存在时，形成 AlNaSi 化合物。无游离钠存在，不产生钠脆。但如果有镁存在，镁夺取硅，析出游离钠，产生钠脆。

$$AlNaSi + 2Mg \longrightarrow Mg_2Si + Na(\text{游离}) + Al$$

$w(Mg)>2\%$ 时，就会产生上述反应。因此，高镁合金不允许使用钠盐熔剂。防止钠脆的方法有：用氯化方法使之生成 NaCl 排入渣中；加铋使之生成 $BiNa_2$ 进入金属基体；加锑生成 Na_3Sb 或加稀土亦可起到相同的作用。

M 稀土

稀土元素加入铝及铝合金中，有许多良好的作用，如在熔炼铸造时增加成分过冷，细化晶粒，减小二次枝晶间距，减少气体和夹杂及球化夹杂相，降低熔体表面张力，增加流动性等，对工艺性能有着明显的影响。

高纯铝中加入稀土，会降低其导电性能，但加入工业纯铝中，由于减小了硅的固溶度，改变了杂质的分布状态，可改善其导电性能。各种稀土加入量（原子分数）约为0.1%为好。各种稀土元素对铝导体导电性能的影响见图1-15。稀土还能改善Al-Mg-Si合金导线的工艺性能，并使其电阻率降低2%以上。

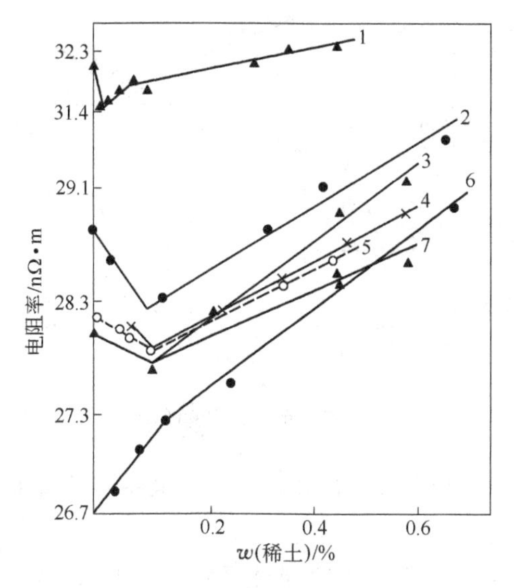

图1-15 稀土元素对纯铝导电性能的影响

1—Al-Mg-Si导体+混合稀土；2—1060+钇基稀土；3—1070A+混合稀土；4—1070 A+镧；5—1070A+富铈稀土；6—1A85+铈；7—1070A+铈

钇、铈、钐可减小Al-5Mg合金的高温脆性，混合稀土可降低Al-0.65%Mg-0.61%Si合金GP区形成的临界温度。合金中含有镁时，能激化稀土的变质作用。

1.2　变形铝合金的分类、牌号、状态、成分、特性及相图选编

1.2.1　变形铝合金的分类

铝合金一般具有如图 1-16 所示的有限固溶型共晶相图。根据相图，以 *D* 点成分为界可将铝合金分为变形铝合金和铸造铝合金两大类。*D* 点以左的合金为变形铝合金，其特点是加热到固溶线 *DF* 以上时为单相固溶体组织，塑性好，适于压力加工；*D* 点以右的铝合金为铸造铝合金，其组织中存在共晶体，适于铸造。

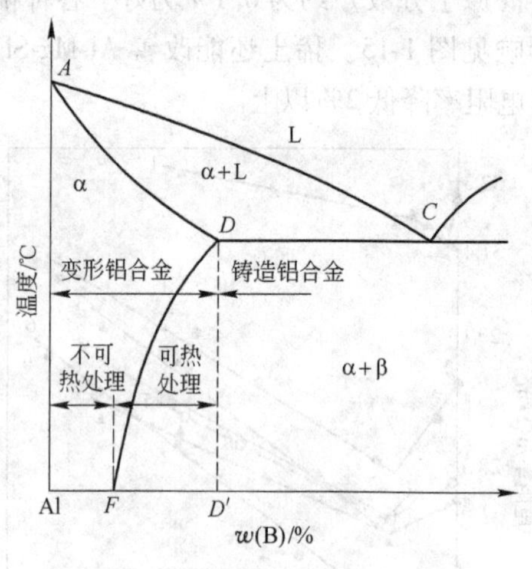

图 1-16　铝合金共晶相图

变形铝合金的分类方法很多，目前，世界上绝大部分国家通常按以下三种方法进行分类。

（1）按合金状态图及热处理特点分为不可热处理强化铝合金和可热处理强化铝合金两大类。在变形铝合金中，成分在图 1-16 中 *F* 点以左的合金，其固溶体成分不随温度变化而变化，不能通过热处理强化，为不可热处理强化的铝合金，如纯铝、Al-Mn、Al-Mg、Al-Si 系合金；成分在 *F*、*D* 两点之间的合金，其固溶体成分因温度不同而异，可通过热处理进行强化，为可热处理强化的铝合金，如 Al-Mg-Si、Al-Cu、Al-Zn-Mg 系合金。

（2）按合金性能和用途可分为工业纯铝、光辉铝合金、切削铝合金、耐热铝合金、耐腐蚀铝合金、低强铝合金、中强铝合金、高强铝合金（硬铝）、超高强铝合金（超硬铝）、锻造铝合金及特殊铝合金等。

（3）按合金中所含主要元素成分可分为工业纯铝（1×××系），Al-Cu 合金（2×××系），Al-Mn 合金（3×××系），Al-Si 合金（4×××系），Al-Mg 合金（5×××系），Al-Mg-Si 合金（6×××系），Al-Zn-Mg-Cu 合金（7×××系），Al-Li 合金（8×××系）及备用合金组（9×××系）。

这三种分类方法各有特点，有时相互交叉，相互补充。在工业生产中，大多数国家按第三种方法，即按合金中所含主要元素成分的4位数码法分类。这种分类方法能较本质地反映合金的基本性能，也便于编码、记忆和计算机管理。我国目前也采用4位数码法分类。

1.2.2 变形铝合金的牌号及状态

1.2.2.1 中国变形铝及铝合金牌号及表示方法

根据新制定的 GB/T 16474—1996《变形铝及铝合金牌号表示方法》，凡是化学成分与变形铝及铝合金国际牌号注册协议组织（简称国际牌号注册组织）命名的合金相同的所有合金，其牌号直接采用国际四位数字体系牌号，未与国际四位数字体系牌号的变形铝合金接轨的，采用四位字符牌号（但试验铝合金在四位字符牌号前加“X”）命名，并按要求注册化学成分。四位字符牌号命名方法应符合四位字符体系牌号命名方法的规定。两种编号方法如表 1-5 所示。

四位字符体系牌号的第一、三、四位为阿拉伯数字，第二位为英文大写字母（C、I、L、N、O、P、Q、Z 字母除外）。牌号的第一位数字表示铝及铝合金的组别，如表 1-1 所示。除改型合金外，铝合金组别按主要合金元素来确定，1×××系为纯铝（铝含量不小于 99.00%），2×××系是以铜为主要合金元素的铝合金，3×××系是以锰为主要合金元素的铝合金，4×××系是以硅为主要合金元素的铝合金，5×××系是以镁为主要合金元素的铝合金，6×××系是

表 1-5　变形铝及铝合金的编号方法（GB/T 16474—1996）

位数	国际四位数字体系牌号		四位字符牌号	
	纯　铝	铝合金	纯　铝	铝合金
第一位	为阿拉伯数字，表示铝及铝合金的组别。1 表示铝含量不小于 99.00% 纯铝；2～9 表示铝合金，组别按下列主要合金元素划分：2—Cu；3—Mn；4—Si；5—Mg；6—Mg + Si；7—Zn + Mg + Cu；8—Li；9—备用组			
第二位	为阿拉伯数字，表示合金元素或杂质极限含量控制情况。0 表示其杂质极限含量无特殊控制；2～9 表示对一项或一项以上的单个杂质或合金元素极限含量有特殊控制	为阿拉伯数字，表示改型情况。0 表示为原始合金；2～9 表示为改型合金	为英文大写字母，表示原始纯铝的改型情况。A 表示原始纯铝；B～Y（C、I、L、N、O、P、Q、Z 除外）表示原始纯铝的改型，其元素含量略有变化	为英文大写字母，表示原始合金的改型情况。A 表示原始合金；B～Y（C、I、L、N、O、P、Q、Z 除外）表示原始合金的改型，其化学成分略有变化
最后两位	为阿拉伯数字，表示最低铝质量分数中小数点后面的两位	为阿拉伯数字，无特殊意义，仅用来识别同一组中的不同合金	为阿拉伯数字，表示最低铝质量分数中小数点后面的两位	为阿拉伯数字，无特殊意义，仅用来识别同一组中的不同合金

以镁和硅为主要合金元素并以 Mg_2Si 相为强化相的铝合金，7×××系是以锌为主要合金元素的铝合金，8×××系是以其他合金元素为主要合金元素的铝合金，9×××系为备用合金组。主要合金元素指极限含量算术平均值为最大的合金元素。当有一个以上的合金元素极限含量算术平均值同为最大时，应按 Cu、Mn、Si、Mg、Mg_2Si、Zn、其他元素的顺序来确定合金组别。牌号的第二位字母表示原始纯铝或铝合金的改型情况，最后两位数字用以标识同一组中不同的铝合金或表示铝的纯度。

A　纯铝的牌号命名法

铝含量不低于 99.00% 时为纯铝，其牌号用 1×××系表示。牌号的最后两位数字表示最低铝质量分数。当最低铝质量分数精确到0.01%时，牌号的最后两位数字就是最低铝质量分数中小数点后面的两位。牌号第二位的字母表示原始纯铝的改型情况。如果第二位的字母为A，则表示为原始纯铝；如果是B~Y的其他字母（按国际规定用字母表的次序选用），则表示原始纯铝的改型，与原始纯铝相比，其元素含量略有改变。

B 铝合金的牌号命名法

铝合金的牌号用2×××系~8×××系表示。牌号的最后两位数字没有特殊意义，仅用来区分同一组中不同的铝合金。牌号第二位的字母表示原始合金的改型情况。如果牌号第二位的字母是A，则表示原始合金；如果是B~Y的其他字母（按国际规定用字母表的次序选用），则表示原始合金的改型合金。改型合金与原始合金相比，化学成分的变化，仅限于下列任何一种或几种情况：一个合金元素或一组组合元素形式的合金元素，极限含量算术平均值的变化量应符合表1-6的规定。

表1-6 极限含量算术平均值的变化量

原始合金中的极限含量算术平均值范围/%	≤1.2	>1.0~2.0	>2.0~3.0	>3.0~4.0	>4.0~5.0	>5.0~6.0	>6.0
极限含量算术平均值的变化量（不大于）/%	0.15	0.20	0.25	0.30	0.35	0.40	0.50

注：1. 改型合金中的组合元素极限含量的算术平均值，应与原始合金中相同组合元素的算术平均值或各相同元素（构成该组和元素的各单个元素）的算术平均值之和相比较；

2. 增加或删除了极限含量算术平均值不超过0.30%的一个合金元素；增加或删除了极限含量算术平均值不超过0.40%的一组组合元素形式的合金元素；

3. 为了同一目的，用一个合金元素代替了另一个合金元素；

4. 改变了杂质的极限含量；

5. 细化晶粒的元素含量有变化。

1.2.2.2 中国变形铝及铝合金的新旧牌号对照

中国变形铝及铝合金的新旧牌号对照，如表1-7所示。

表 1-7 中国的变形铝及铝合金新旧牌号对照表

新牌号	旧牌号	新牌号	旧牌号	新牌号	旧牌号	新牌号	旧牌号
1A99	原[1]LG5	2A20	曾用 LY20	4043		6A02	原 LD2
1A97	原 LG4	2A21	曾用 214	4043A		6B02	原 LD2 - 1
1A95		2A25	曾用 225	4047		6A51	曾用 651
1A93	原 LG3	2A49	曾用 149	4047A		6101	
1A90	原 LG2	2A50	原 LD5	5A01	曾用 2101、LF15	6101A	
1A85	原 LG1	2B50	原 LD6	5A02	原 LF2	6005	
1080		2A70	原 LD7	5A03	原 LF3	6005A	
1080A		2B70	曾用 LD7 - 1	5A05	原 LF5	6351	
1070		2A80	原 LDB	5B05	原 Ln10	6060	
1070A	代[2]L1	2A90	原 LD9	5A06	原 LF6	6061	原 LD30
1370		2004		5B06	原 LF14	6063	原 LD31
1060	代 L2	2011		5A12	原 Ln12	6063A	
1050		2014		5A13	原 LF13	6070	原 LD2 - 2
1050A	代 L3	2014A		5A30	曾用 2103，LF16	6181	
1A50	原 LB2	2214		5A33	原 LF33	6082	
1350		2017		5A41	原 LT41	7A01	原 LB1
1145		2017		5A43	原 LP43	7A03	原 LC3
1035	代 L4	2117		5A66	原 LT66	7A04	原 LC4
1A30	原 L4 - 1	2218		5005		7A05	曾用 705
1100	代 L5 - 1	2618		5019		7A09	原 LC9
1200	代 L5	2219	曾用 LY19、147	5050		7A10	原 LC10
1235		2024		5251		7A15	曾用 LC15、157
2A01	原 LY1	2124		5052		7A19	曾用 919、LC19
2A02	原 LY2	3A21	原 LF21	5154		7A31	曾用 183 - 1
2A04	原 LY4	3003		5154A		7A33	曾用 LB733
2A06	原 LY6	3103		5454		7A52	曾用 LC52、5210
2A10	原 LY10	3004		5554		7003	原 LC12
2A11	原 LY11	3005		5754		7005	
2B11	原 LY8	3165		5056	原 LF5 - 1	7020	
2A12	原 LY12	4A01		5356		7022	
2B12	原 LY9	4A11	原 LT1	5456		7050	
2A13	原 LY13	4A13	原 LD11	5082		7075	
2A14	原 LD10	4A17	原 LD13	5182		7475	
2A16	原 LY16	4004	原 LT17	5083	原 LF4	8A06	原 L6
2B16	曾用[3]LY16 - 1	4032		5183		8011	曾用 LT96
2A17	原 LY17			5086		8090	

①“原”是指化学成分与新牌号等同，且都符合 GB 3190—1982 规定的旧牌号。

②“代”是指与新牌号的化学成分相近似，且符合 GB 3190—1982 规定的旧牌号。

③“曾用”是指已经鉴定，工业生产时曾经用过的牌号，但没有收入 GB 3190—1982 中。

1.2.2.3 中国变形铝合金牌号及与之对应的国外牌号

中国变形铝合金牌号及与之近似对应的国外牌号，见表1-8。

表1-8 中国变形铝合金牌号及与之近似对应的国外牌号

中国 (GB)	美国 (AA)	加拿大 (CSA)	法国 (NF)	英国 (BS)	德国 (DIN)	日本 (JIS)	俄罗斯 (ГОСТ)	欧洲铝业协会 (EAA)	国际 (ISO)
1A99 (LG5)	1199	9999	A9	1199 (S1)	Al99.98R 3.0385	AlN99	(AB000)		1199 Al99.90
1A97 (LG4)							(AB00)		
1A95	1195								
1A93 (LG3)	1193						(AB0)		
1A90 (LG2)	1090				Al99.9 3.0305	(AlN90)	(AB1)		1090
1A85 (LG1)	1085		A8	1A	Al99.8 3.0285	A1080 (Al×s)	(AB2)		1080 Al99.80
1080	1080	9980	A8	1A	Al99.8 3.0285	A1080 (Al×s)			1080 Al99.80
1080A			1080A					1080A	
1070	1070	9970	A7	2L.48	Al99.7 3.0275	A1070 (Al×0)	(A00)		1070 Al99.70
1070A (L1)			1070A		Al99.7 3.0275		(A00)	1070A	1070 Al99.70(Zn)
1370 (L2)			1370			(ABC×1)			
1050	1050	1050 (995)	A5	1B	Al99.5 3.0255	A1050 (Al×1)	1011 (АД0,Al)		1050 Al99.50
1050A (L3)	1050	1050 (995)	1050A	1B	Al99.5 3.0255	A1050 (Al×1)	1011 (АД0,Al)	1050A	1050 Al99.50(Zn)
1A50	1350								
1350	1350								
1145	1145								
1035 (L4)	1035								

续表 1-8

中国 (GB)	美国 (AA)	加拿大 (CSA)	法国 (NF)	英国 (BS)	德国 (DIN)	日本 (JIS)	俄罗斯 (ГОСТ)	欧洲铝业协会 (EAA)	国际 (ISO)
1A30						(1N30)	1013		
(L4-1)							(АД1)		
1100	1100	1100	A45	1200	Al99.0	Al100			1100
(L5-1)		(990C)		(1C)		Al×3			Al99.0Cu
1200	1200	1200	A4		Al99	A1200	(A2)		1200
(L5)		(900)			3.0205				Al99.00
1235	1235								
2A01	2117	2117	A-U2G		AlCu2.5Mg0.5	A2117	1180		2117
(LY1)	(CG30)				3.1305		(Д18)		AlCu2.5Mg
							1170		
2A02							(ВД17)		
(LY2)									
2A04							1191		
(LY4)							(Д19П)		
2A06							1190		
(LY6)							(Д19)		
2A10							1165		
(LY10)							(B65)		
2A11	2017	CM41	A-U4G	(H15)	AlCuMg1	A2017	1110		2017A
(LY11)					3.1325		(Д1)		AlCu4Mg1Si
2B11	2017	CM41	A-U4G				1111		
(LY8)							(Д1П)		
2A12	2024	2024	A-U4G1	GB-24S	AlCuMg2	A2024	1160		2024
(LY12)		(CG42)			3.1355	(A3×4)	(Д16)		AlCu4Mg1
2B12							1161		
(LY9)							(Д16П)		
2A13									
(LY13)									
2A14	2014	2014	A-U4SG	2014A	AlCuSiMn	A2014	1380		2014
(LD10)		(CS41N)		(H15)	3.1255		(AK8)		AlCu4SiMg
2A16									
(LY16)	2219		A-U6MT				(Д20)		AlCu6Mn

续表 1-8

中国 (GB)	美国 (AA)	加拿大 (CSA)	法国 (NF)	英国 (BS)	德国 (DIN)	日本 (JIS)	俄罗斯 (ГОСТ)	欧洲铝业协会 (EAA)	国际 (ISO)
2B16									
(LY16-1)									
2A17							(Д21)		
(LY17)									
2A20									
(LY20)									
2A21									
(214)									
2A25									
(225)									
2A49									
(149)									
2A50							1360		
(LD5)							(AK6)		
2B50							(AK6-1)		
(LD6)									
2A70	2618		A-U2GN	2618A		2N01	1141		2618
(LD7)				(H16)		(A4×3)	(AK4-1)		AlCu2MgNi
2B70									
(LD7-1)									
2A80							1140		
(LD8)							(AK4)		
2A90	2018	2018	A-U4N	6L. 25		A2018	1120		2018
(LD9)		(CN42)				(A4×1)	(AK2)		
2004				2004					
2011	2011	2011			AlCuBiPb	2011			
		(CB60)			3. 1655				
2014	2014	2014	A-U4SG	2014A	AlCuSiMn	A2014			2014
		(CS41N)		(H15)	3. 1255	(A3×1)			Al-Cu4SiMg
2014A									
2214	2214								
2017	2017	CM41	A-U4G	H14	AlCuMg1	A2017			

续表 1-8

中国（GB）	美国（AA）	加拿大（CSA）	法国（NF）	英国（BS）	德国（DIN）	日本（JIS）	俄罗斯（ГОСТ）	欧洲铝业协会（EAA）	国际（ISO）
				5L. 37	3. 1325	（A3×2）			
2017A								2017A	
2117	2117	2117	A-U2G	L. 86	AlCuMg0. 5	A2117			2117
		（CG30）			3. 1305	（A3×3）			Al-Cu2Mg
2218	2218		A-U4N	6L. 25		A2218			
						（A4×2）			
2618	2618		A-U2GN	H18		2N01			
2219	2219			4L. 42		（2618）			
（LY19,147）									
2024	2024	2024	A-U4G1		AlCuMg2	A2024			2024
		（CG42）			3. 1355	（A3×4）			Al-Cu4Mg1
2124	2124								
3A21	3003	M1	A-M1	3103	AlMnCu	A3003	1400		3103
（LF21）				（N3）	3. 0515	（A2×3）	（АМЦ）		Al-Mn1
3003	3003	3003	A-M1	3103	AlMnCu	A3003			3003
		（MC10）		（N3）	3. 0515	（A2×3）			Al-Mn1Cu
3103								3103	
3004	3004		A-M1G						
3005	3005		A-MG05						
3105	3105								
4A01	4043	S5	A-S5	4043A	AlSi5	A4043	AK		4043
（LT1）				（N21）					（AlSi5）
4A11	4032	SG121	A-S12UN	（38S）		A4032	1390		4032
（LD11）						（A4×5）	（AK9）		
4A13	4343					A4343			4343
（LT13）									
4A17	4047	S12	A-S12	4047A	AlSi12	A4047			4047
（LT17）				（N2）					（AlSi12）
4004	4004								
4032	4032	SG121	A-S12UN			A4032			
						（A4×5）			
4043	4043	S5		4043A	AlSi5	A4043			

续表 1-8

中国 (GB)	美国 (AA)	加拿大 (CSA)	法国 (NF)	英国 (BS)	德国 (DIN)	日本 (JIS)	俄罗斯 (ГОСТ)	欧洲铝业协会 (EAA)	国际 (ISO)
				(N21)	3.2345				
4043A								4043A	
4047	4047	S12		4047A		A4047			
				(N2)					
4047A								4047A	
5A01									
(2101,LF15)									
5A02	5052	5052	A-G2C	5251	AlMg2.5	A5052	1520		5052
(LF2)		(GR20)		(N4)	3.3523	(A2×1)	(АМГ2)		AlMg2.5
5A03	5154	GR40	A-G3M	5154A	AlMg3	A5154	1530		5154
(LF3)				(N5)	3.3535	(A2×9)	(АМГ3)		AlMg3
5A05	5456	GM50R	A-G5	5556A	AMg5	A5456	1550		5456
(LF5)				(N61)			(АМГ5)		AlMg5Mn0.4
5B05							1551		
(LF10)							(АМГ5П)		
5A06							1560		
(LF6)							(АМГ6)		
5B06									
(LF14)									
5A12									
(LF12)									
5A13									
(LF13)									
5A30									
(2103,LF16)									
5A33									
(LF33)									
5A41									
(LT41)									
5A43	5457					A5457			5457
(LF43)									
5A66									

续表 1-8

中国 (GB)	美国 (AA)	加拿大 (CSA)	法国 (NF)	英国 (BS)	德国 (DIN)	日本 (JIS)	俄罗斯 (ГОСТ)	欧洲铝业协会 (EAA)	国际 (ISO)
(LT66)									
5005	5005		A-G0. 6	5251	AlMg1	A5005			
				(N4)	3. 3515	(A2×8)			
5019								5019	
5050	5050		A-G1	3L. 44	AlMg1				
					3. 3515				
5251								5251	
5052	5052	5052	A-G2	2L. 55	AlMg2	A5052			5251
		(GR20)		2L. 56, L. 80	3. 3515	(A2×1)			Al-Mg2
5154	5154	GR40	A-G3	L. 82	AlMg3	A5154			5154
					3. 3535	(A2×9)			Al-Mg3
5154A	5154A								
5454	5454								
5554	5554	GM31P				A5554			
5754	5754								
5056	5056	5056	A-G5	5056A	AlMg5	A5056			5056A
(LF5-1)		(GM50R)		(N6, 2L. 58)	3. 3555	(A2×2)			Al-Mg5
5356	5356	5356		5056A	AlMg5	A5356			
		(GM50P)		(N6, 2L. 58)	3. 3555				
5456	5456								
5082	5082								
5182	5182								
5083	5083	5083		5083	AlMg4. 5Mn	A5083	1540		5083
(LF4)		(GM41)		(N8)	3. 3547	(A2×7)	(AMГ4)		Al-Mg4. 5Mn0. 7
5183	5183		A-G5	(N6)		A5183			Al-Mg5
5086	5086		A-G4MC						5086
									Al-Mg4
6A02	6151	(SG11P)				A6151	1340		6151
(LD2)						(A2×6)	(AB)		
6B02									
(LD2-1)									
6A51									

续表 1-8

中国(GB)	美国(AA)	加拿大(CSA)	法国(NF)	英国(BS)	德国(DIN)	日本(JIS)	俄罗斯(ГОСТ)	欧洲铝业协会(EAA)	国际(ISO)
(651)									
6101	6101		A-GS/L	6101A	E-AlMgSi0.5	A6101			
				(91E)	3.2307	(ABC×2)			
6101A				6101A					
				(91E)					
6005	6005								
6005A			6005A						
6351	6351	6351	A-SGM	6082	AlMgSi1				6351
		(SG11R)		(H30)	3.2351				Al-Si1Mg
6060								6060	
6061	6061	6061	A-GSUC	6061	AlMgSiCu	A6061	1330		6061
(LD30)		(GS11N)		(H20)	3.3211	(A2×4)	(АД33)		AlMg1SiCu
6063	6063	6063	A-GS	6063	AlMgSi0.5	A6063	1310		6063
(LD31)		(GS10)		(H19)	3.3205	(A2×5)	(АД31)		AlMg0.7Si
6063A				6063A					
6070	6070								
(LD2-2)									
6181								6181	
6082								6082	
7A01	7072				AlZn1	A7072			
(LB1)					3.4415				
7A03	7178						1940		AlZn7MgCu
(LC3)							(B94)		
7A04							1950		
(LC4)							(B95)		
7A05									
(705)									
7A09	7075	7075	A-ZSGU	L95	AlZnMgCu1.5	A7075			7075
(LC9)		(ZG62)			3.4365				AlZn5.5MgCu
7A10	7079				AlZnMgCu0.5	A7N11			
(LC10)					3.4345				
7A15									

续表 1-8

中国（GB）	美国（AA）	加拿大（CSA）	法国（NF）	英国（BS）	德国（DIN）	日本（JIS）	俄罗斯（ГОСТ）	欧洲铝业协会（EAA）	国际（ISO）
（LC15,157）									
7A19									
（919,LC19）									
7A31									
（183-1）									
7A33									
（LB733）									
7A52									
（LC52,5210）									
A7003						A7003			
（LC12）									
7005	7005					7N11			
7020								7020	
7022								7022	
7050	7050								
7075	7075	7075	A-Z5GU		AlZnMgCu1.5	A7075			
		（ZG62）			3.4365	（A3×6）			
7475	7475								
8A06							AД		
（L6）									
8011	8011								
（LT98）									
8090								8090	

注：1. GB—中国国家标准，AA—美国铝业协会，CSA—加拿大国家标准，NF—法国国家标准，BS—英国国家标准，DIN—德国工业标准，JIS—日本工业标准，ГОСТ—前苏联国家标准，EAA—欧洲铝业协会，ISO—国际标准化组织；

2. 各国牌号中括号内的是旧牌号；

3. 德国工业标准和国际标准化组织的铝合金牌号有两种表示方法，一种是用字母、元素符号与数字表示，另一种是完全用数字表示；

4. 表内列出的各国相关牌号只是近似对应的，仅供参考。

1.2.2.4 中国变形铝及铝合金状态代号及表示方法

根据 GB/T 16475—1996 标准规定，基础状态代号用一个英文大写字母表示。细分状态代号采用基础状态代号后跟一位或多位阿拉伯数字的表示方法。

A 基础状态代号

基础状态代号分为 5 种，如表 1-9 所示。

表 1-9 基础状态代号

代号	名 称	说 明 与 应 用
F	自由加工状态	适用于在成形过程中，对于加工硬化和热处理条件无特殊要求的产品，该状态产品的力学性能不作规定
O	退火状态	适用于经完全退火获得最低强度的加工产品
H	加工硬化状态	适用于通过加工硬化提高强度的产品，产品在加工硬化后可经过（也可不经过）使强度有所降低的附加热处理。 H 代号后面必须跟有两位或三位阿拉伯数字
W	固溶热处理状态	一种不稳定状态，仅适用于经固溶热处理后，室温下自然时效的合金，该状态代号仅表示产品处于自然时效阶段
T	热处理状态 （不同于 F、O、H 状态）	适用于热处理后，经过（或不经过）加工硬化达到稳定状态的产品。 T 代号后面必须跟有一位或多位阿拉伯数字

B 细分状态代号

（1）H（加工硬化）的细分状态，即在字母 H 后面添加两位阿拉伯数字（称为 HXX 状态），或三位阿拉伯数字（称为 HXXX 状态）表示 H 的细分状态。

1）HXX 状态代号表示如下：

H 后面的第一位数字表示获得该状态的基本处理程序，例如：

H1——单纯加工硬化状态。适用于未经附加热处理，只经加工硬化即获得所需强度的状态。

H2——加工硬化及不完全退火的状态。适用于加工硬化程度超过成品规定要求后，经不完全退火，使强度降低到规定指标的产品。

对于室温下自然时效软化的合金，H2 与对应的 H3 具有相同的最小极限抗拉强度值；对于其他合金，H2 与对应的 H1 具有相同的最小极限抗拉强度值，但伸长率比 H1 稍高。

H3—加工硬化及稳定化处理的状态。适用于加工硬化后经低温热处理或加工过程中受热作用致使其力学性能达到稳定的产品。H3 状态仅适用于在室温下逐渐时效软化（除非经稳定化处理）的合金。

H4—加工硬化及涂漆处理的状态。适用于加工硬化后，经涂漆处理导致不完全退火的产品。

H 后面的第二位数字表示产品的加工硬化程度。数字 8 表示硬状态。通常采用 O 状态的最小抗拉强度与表 1-10 规定的强度差值之和，来规定 HX8 状态的最小抗拉强度值。对于 O（退火）和 HX8 状态之间的状态，应在 HX 代号后分别添加 1 ~7 的数字来表示，在 HX 后添加数字 9 表示比 HX8 加工硬化程度更大的超硬状态。各种 HXX 细分状态代号及对应的加工硬化程度如表 1-11 所示。

表 1-10 HX8 状态与 O 状态的最小抗拉强度的差值

O 状态的最小抗拉强度/MPa	HX8 状态与 O 状态的最小抗拉强度差值/MPa	O 状态的最小抗拉强度/MPa	HX8 状态与 O 状态的最小抗拉强度差值/MPa
≤40	55	165 ~200	100
45 ~60	65	205 ~240	105
65 ~80	75	245 ~280	110
85 ~100	85	285 ~320	115
105 ~120	90	≥325	120
125 ~160	95		

表 1-11 HXY 细分状态代号与加工硬化程度

细分状态代号	加 工 硬 化 程 度
HX1	抗拉强度极限为 O 与 HX2 状态的中间值
HX2	抗拉强度极限为 O 与 HX4 状态的中间值
HX3	抗拉强度极限为 HX2 与 HX4 状态的中间值
HX4	抗拉强度极限为 O 与 HX8 状态的中间值
HX5	抗拉强度极限为 HX4 与 HX6 状态的中间值

续表 1-11

细分状态代号	加 工 硬 化 程 度
HX6	抗拉强度极限为 HX4 与 HX8 状态的中间值
HX7	抗拉强度极限为 HX6 与 HX8 状态的中间值
HX8	硬状态
HX9	超硬状态，最小抗拉强度极限值超 HX8 状态至少 10MPa

注：当按表中确定的 HX1 ~ HX9 状态抗拉强度极限值不是以 0 或 5 结尾时，应修正至以 0 或 5 结尾的相邻较大值。

2）HXXX 状态代号表示如下：

H111—适用于终退火后又进行了适量的加工硬化，但加工硬化程度又不及 H11 状态的产品。

H112—适用于热加工成形的产品。该状态产品的力学性能有规定要求。

H116—适用于 $w(\mathrm{Mg}) \geqslant 4.0\%$ 的 5 × × × 系合金制成的产品。这些产品具有规定的力学性能和抗剥落腐蚀性能要求。

花纹板的状态代号与其对应的压花前的板材状态代号如表 1-12 所示。

表 1-12 花纹板与其对应的压花前的板材状态代号对照

花纹板的状态代号	压花前的板材状态代号	花纹板的状态代号	压花前的板材状态代号
H114	O	H154 H254 H354	H14 H24 H34
H124 H224 H324	H11 H21 H31	H164 H264 H364	H15 H25 H35
H134 H234 H334	H12 H22 H32	H174 H274 H374	H16 H26 H36
H144 H244 H344	H13 H23 H33	H184 H284 H384	H17 H27 H37

续表 1-12

花纹板的状态代号	压花前的板材状态代号	花纹板的状态代号	压花前的板材状态代号
H194	H18	H195	H19
H294	H28	H295	H29
H394	H38	H395	H39

（2）T 的细分状态，即在字母 T 后面添加一位或多位阿拉伯数字表示 T 的细分状态。

1）TX 状态，即在 T 后面添加 0 ~ 10 的阿拉伯数字，表示的细分状态（称为 TX 状态），如表 1-13 所示。T 后面的数字表示对产品的基本处理程序。

表 1-13 TX 细分状态代号说明与应用

状态代号	说 明 与 应 用
T0	固溶热处理后，经自然时效再通过冷加工的状态。 适用于经冷加工提高强度的产品
T1	由高温成形过程冷却，然后自然时效至基本稳定的状态。 适用于由高温成形过程冷却后，不再进行冷加工（可进行矫直、矫平，但不影响力学性能极限）的产品
T2	由高温成形过程冷却，经冷加工后自然时效至基本稳定的状态。 适用于由高温成形过程冷却后，进行冷加工或矫直、矫平以提高强度的产品
T3	固溶热处理后进行冷加工，再经自然时效至基本稳定的状态。 适用于在固溶热处理后，进行冷加工或矫直、矫平以提高强度的产品
T4	固溶热处理后自然时效至基本稳定的状态。 适用于固溶热处理后，不再进行冷加工（可进行矫直、矫平，但不影响力学性能极限）的产品
T5	由高温成形过程冷却，然后进行人工时效的状态。 适用于由高温成形过程冷却后，不经过冷加工（可进行矫直、矫平，但不影响力学性能极限），予以人工时效的产品
T6	固溶热处理后进行人工时效的状态。 适用于固溶热处理后，不再进行冷加工（可进行矫直、矫平，但不影响力学性能极限）的产品

续表 1-13

状态代号	说明与应用
T7	固溶热处理后进行过时效的状态。 适用于固溶热处理后，为获取某些重要特性，在人工时效时，强度在时效曲线上越过了最高峰点的产品
T8	固溶热处理后经冷加工，然后进行人工时效的状态。 适用于经冷加工或矫直、矫平以提高强度的产品
T9	固溶热处理后人工时效，然后进行冷加工的状态。 适用于经冷加工提高强度的产品
T10	由高温成形过程冷却后，进行冷加工，然后人工时效的状态。 适用于经冷加工或矫直、矫平以提高强度的产品

注：某些6×××系合金，无论是炉内固溶热处理，还是从高温成形过程急冷以保留可溶性组分在固溶体中，均能达到相同的固溶热处理效果，这些合金的 T3、T4、T6、T7、T8 和 T9 状态可采用上述两种。

2）TXX 状态及 TXXX 状态（消除应力状态除外），即在 TX 状态代号后面再添加一位阿拉伯数字（称为 TXX 状态），或添加两位阿拉伯数字（称为 TXXX 状态），表示经过了明显改变产品特性（如力学性能、抗腐蚀性能等）的特定工艺处理的状态，如表 1-14 所示。

表 1-14 TXX 及 TXXX 细分代号说明与应用

状态代号	说明与应用
T42	适用于自 O 或 F 状态固溶热处理后，自然时效到充分稳定状态的产品，也适用于需方任何状态的加工产品热处理后，力学性能达到 T42 状态的产品
T62	适用于自 O 或 F 状态固溶热处理后，进行人工时效的产品，也适用于需方对任何状态的加工产品热处理后，力学性能达到 T62 状态的产品
T73	适用于固溶热处理后，经过时效以达到规定的力学性能和抗应力腐蚀性能指标的产品
T74	与 T73 状态定义相同。该状态的抗拉强度大于 T73 状态的，但小于 T76 状态
T76	与 T73 状态定义相同。该状态的抗拉强度分别高于 T73、T74 状态的，抗应力腐蚀断裂性能分别低于 T73、T74 状态的，但其抗剥落腐蚀性能仍较好

续表 1-14

状态代号	说明与应用
T7X2	适用于自 O 或 F 状态固溶热处理后，进行人工过时效处理，力学性能及抗腐蚀性能达到 T7X 状态的产品
T81	适用于固溶热处理后，经 1% 左右的冷加工变形提高强度，然后进行人工时效的产品

3）消除应力状态，即在上述 TX 或 TXX 或 TXXX 状态代号后面再添加“51”或“510”或“511”或“54”，表示经历了消除应力处理的产品状态代号，如表 1-15 所示。

表 1-15　消除应力状态代号说明与应用

状态代号	说明与应用
TX51 TXX51 TXXX51	适用于固溶热处理或自高温成形过程冷却后，按规定量进行拉伸的厚板、轧制或冷精整的棒材以及模锻件、锻环或轧制环，这些产品拉伸后不再进行矫直。 厚板的永久变形量为 1.5% ~3%；轧制或冷精整棒材的永久变形量为 1% ~3%；模锻件、锻环或轧制环的永久变形量为 1% ~5%
TX510 TXX510 TXXX510	适用于固溶热处理或自高温成形过程冷却后，按规定量进行拉伸的挤制棒、型和管材，以及拉制管材，这些产品拉伸后不再进行矫直。 挤制棒、型和管材的永久变形量为 1% ~3%；拉制管材的永久变形量为 1.5% ~3%
TX511 TXX511 TXXX511	适用于固溶热处理或自高温成形过程冷却后，按规定量进行拉伸的挤制棒、型和管材，以及拉制管材，这些产品拉伸后略微矫直以符合标准公差。 挤制棒、型和管材的永久变形量为 1% ~3%；拉制管材的永久变形量为 1.5% ~3%
TX52 TXX52 TXXX52	适用于固溶热处理或高温成形过程冷却后，通过压缩来消除应力，以产生 1% ~5% 的永久变形量的产品
TX54 TXX54 TXXX54	适用于在终锻模内通过冷整形来消除应力的模锻件

（3）W 的消除应力状态。正如 T 的消除应力状态代号表示方法，可在 W 状态代号后面添加相同的数字（如 51、52、54），以表示不稳定的固溶热处理及消除应力状态。

（4）原状态代号与新状态代号的对照如表 1-16 所示。

表 1-16 原状态代号与新状态代号对照

旧代号	新代号	旧代号	新代号	旧代号	新代号
M	O	T	HX9	MCS	T62
R	H112 或 F	CZ	T4	MCZ	T42
Y	HX8	CS	T6	CGS1	T73
Y1	HX6	CYS	TX51、TX52 等	CGS2	T76
Y2	HX4	CZY	T0	CGS3	T74
Y4	HX2	CSY	T9	RCS	T5

注：原以 R 状态交货的，提供 CZ、CS 试样性能的产品，其状态可分别对应新代号 T42、T62。

（5）中国变形铝合金状态代号与国际（ISO）的状态代号对照如表 1-17 所示。

表 1-17 中国变形铝合金状态代号与国际状态代号对照表

国际铝材状态代号（ISO 2107—1983）		中国铝材状态代号（GB）	国际铝材状态代号（ISO 2107—1983）		中国铝材状态代号（GB）
字母牌号	四位数字牌号		字母牌号	四位数字牌号	
M	H112	—	TB	T4	T4
F	F	F	TC	T2	T2
O	O	O	TD	T3	T3
H1B、H2B、H3B	H12、H22、H32	HX2	TE	T5	T5
H1D、H2D、H3D	H14、H24、H34	HX4	TE	T6	T6
H1F、H2F、H3F	H16、H26、H36	HX6	TG	T10	T10
H1H、H2H、H3H	H18、H28、H38	HX8	TH	T8	T8
H1J、H2J、H3J	H19、H29、H39	HX9	TL	T9	T9
TA	T1	T1	TM	T7	T7

1.2.3 变形铝合金的化学成分

本节主要介绍变形铝合金的成分与牌号，其中各主要国家的牌号对照见表1-8。

变形铝合金的成分用质量分数表示，数量有范围的为相应合金元素的最小值和最大值，无范围的为杂质元素的最大含量。未标明铝含量的，铝的含量为其余。

按中国GB/T 3190—1996标准制定的中国变形铝合金的化学成分，如表1-18所示。为适用于以压力加工方法生产的铝及铝合金加工产品（板、带、箔、管、棒、型、线和锻件）及其所用的铸锭和板坯，表中，含量有上、下限者为合金元素；含量为单个数值者，铝为最低限，其他杂质元素为最高限。“其他”一栏是指未列出或未规定数值的金属元素。表头未列出的某些元素，当有极限含量要求时，其具体规定列于空白栏中。

按美国标准和ISO的变形铝合金化学成分、按日本标准（JIS）变形铝及铝合金化学成分、按前苏联ГОСТ4784—74的变形铝及铝合金化学成分以及按德国标准（DIN1725—83）的铝及铝合金化学成分，可参照表1-8和表1-18所列化学成分确定，必要时可查阅有关参考资料。

1.2.4 变形铝合金的特性

1.2.4.1 变形铝合金的物理性能

主要变形铝合金的物理性能见表1-19。

1.2.4.2 变形铝合金的化学性能

铝是一种电负性金属，其电极电位为 -0.5 ~ -3V，99.99%铝在5.3% NaCl + 0.3% H_2O 中对甘汞参比电极的电位为（-0.87 + 0.01）V。虽然从热力学上来看，铝是最活泼的工业金属之一，但是在许多氧化性介质、水、大气、大部分中性溶液、许多弱酸性介质与强氧化性介质中，铝具有相当高的稳定性。这是因为铝在上述介质中，能在其表面上形成一层致密的连续的氧化物膜。这种氧化物的摩尔分数约比铝的大30%。这层氧化膜是处于压应力作用下，当它遭

表 1-18 中国变形铝合金的化学成分

（质量分数，%）

序号	牌号	Si	Fe	Cu	Mn	Mg	Cr	Ni	Zn		Ti	Zr	其他		Al	备注
													单个	合计		
1	1A99	0.003	0.003	0.005									0.002		99.99	LG5
2	1A97	0.015	0.015	0.005									0.005		99.97	LG4
3	1A95	0.030	0.030	0.010									0.005		99.95	
4	1A93	0.040	0.040	0.010									0.007		99.93	LG3
5	1A90	0.060	0.060	0.010									0.01		99.90	LG2
6	1A85	0.08	0.10	0.01									0.01		99.85	LG1
7	1A80	0.15	0.15	0.03	0.02	0.02			0.03	Ca 0.03，V 0.05	0.03		0.02		99.80	
8	1A80A	0.15	0.15	0.03	0.02	0.02			0.06	Ca0.03	0.02		0.02		99.80	
9	1070	0.20	0.25	0.04	0.03	0.03			0.04	V 0.05	0.03		0.03		99.70	
10	1070A	0.20	0.25	0.03	0.03	0.03			0.07		0.03		0.03		99.70	
11	1370	0.10	0.25	0.02	0.01	0.02	0.01		0.04	Ca0.03，V + Ti0.02，B 0.02			0.02	0.10	99.70	
12	1060	0.25	0.35	0.05	0.03	0.03			0.05	V 0.05	0.03		0.03		99.60	
13	1050	0.25	0.40	0.05	0.05	0.05			0.05	V 0.05	0.03		0.03		99.50	
14	1050A	0.25	0.40	0.05	0.05	0.05			0.07		0.05		0.03		99.50	
15	1A50	0.30	0.30	0.01	0.05	0.05			0.03	Fe + Si 0.45			0.03		99.50	LB2
16	1350	0.10	0.40	0.05	0.01		0.01		0.05	Ca0.03，V + Ti0.02，B0.05			0.03	0.10	99.50	

续表 1-18

序号	牌号	Si	Fe	Cu	Mn	Mg	Cr	Ni	Zn		Ti	Zr	其他		Al	备注
													单个	合计		
17	1145	Si + Fe 0.55		0.05	0.05	0.05			0.05	V 0.05	0.03		0.03		99.45	
18	1035	0.35	0.60	0.10	0.05	0.05			0.10	V 0.05	0.03		0.03		99.35	
19	1A30	0.10 ~ 0.20	0.15 ~ 0.30	0.05	0.01	0.01		0.01	0.02		0.02		0.03		99.30	L4-1
20	1100	Si + Fe 0.95		0.05 ~ 0.20	0.05				0.10	①			0.05	0.15	99.00	
21	1200	Si + Fe 1.00		0.05	0.05				0.10		0.05		0.05	0.15	99.00	
22	1235	Si + Fe 0.65		0.05	0.05	0.05			0.10	V 0.05	0.06		0.03		99.35	
23	2A01	0.50	0.50	2.2 ~ 3.0	0.20	0.20 ~ 0.50			0.10		0.15		0.05	0.10	余量	LY1
24	2A02	0.30	0.30	2.6 ~ 3.2	0.45 ~ 0.70	2.0 ~ 2.4			0.10		0.15		0.05	0.10	余量	LY2
25	2A04	0.30	0.30	3.2 ~ 3.7	0.50 ~ 0.80	2.1 ~ 2.6			0.10	Be 0.001 ~0.010	0.05 ~ 0.40		0.05	0.10	余量	LY4
26	2A06	0.50	0.50	3.8 ~ 4.3	0.50 ~ 1.0	1.7 ~ 2.3			0.10	Be 0.001 ~0.005	0.03 ~ 0.15		0.05	0.10	余量	LY6
27	2A10	0.25	0.20	3.9 ~ 4.5	0.30 ~ 0.50	0.15 ~ 0.30			0.10		0.15		0.05	0.10	余量	LY10

续表 1-18

序号	牌号	Si	Fe	Cu	Mn	Mg	Cr	Ni	Zn		Ti	Zr	其他		Al	备注
													单个	合计		
28	2A11	0.70	0.70	3.8~4.8	0.40~0.8	0.40~0.80		0.10	0.30	Fe+Ni 0.70	0.15		0.05	0.10	余量	LY11
29	2B11	0.50	0.50	3.8~4.5	0.40~0.8	0.40~0.80			0.10		0.15		0.05	0.10	余量	LY8
30	2A12	0.50	0.50	3.8~4.9	0.30~0.9	1.2~1.8		0.10	0.30	Fe+Ni 0.50	0.15		0.05	0.10	余量	LY12
31	2B12	0.50	0.50	3.8~4.5	0.30~0.7	1.2~1.6			0.10		0.15		0.05	0.10	余量	LY9
32	2A13	0.7	0.60	4.0~5.0		0.30~0.50			0.6		0.15		0.05	0.10	余量	LY13
33	2A14	0.6~1.2	0.70	3.9~4.8	0.40~1.0	0.40~0.80		0.10	0.30		0.15		0.05	0.10	余量	LD10
34	2A16	0.30	0.30	6.0~7.0	0.40~0.8	0.05			0.10		0.10~0.20	0.20	0.05	0.10	余量	LY16
35	2B16	0.25	0.30	5.8~6.8	0.20~0.40	0.05				V 0.05~0.15	0.08~0.20	0.10~0.25	0.05	0.10	余量	
36	2A17	0.30	0.30	6.0~7.0	0.40~0.8	0.25~0.45			0.10		0.10~0.20		0.05	0.10	余量	LY17

续表 1-18

序号	牌号	Si	Fe	Cu	Mn	Mg	Cr	Ni	Zn		Ti	Zr	其他		Al	备注
													单个	合计		
37	2A20	0.20	0.30	5.8 ~ 6.8		0.02			0.10	V 0.05 ~ 0.15 B 0.001 ~ 0.01	0.07 ~ 0.16	0.10 ~ 0.25	0.05	0.15	余量	LY20
38	2A21	0.20	0.20 ~ 0.60	3.0 ~ 4.0	0.05	0.8 ~ 1.2		1.8 ~ 2.3	0.20		0.05		0.05	0.15	余量	
39	2A25	0.06	0.06	3.6 ~ 4.2	0.50 ~ 0.7	1.0 ~ 1.5		0.06					0.05	0.10	余量	
40	2A49	0.25	0.8 ~ 1.2	3.2 ~ 3.8	0.30 ~ 0.6	1.8 ~ 2.2		0.8 ~ 1.2			0.08 ~ 0.12		0.05	0.15	余量	
41	2A50	0.7 ~ 1.2	0.7	1.8 ~ 2.6	0.40 ~ 0.8	0.40 ~ 0.8		0.10	0.30	Fe + Ni 0.7	0.15		0.05	0.10	余量	LD5
42	2B50	0.7 ~ 1.2	0.7	1.8 ~ 2.6	0.40 ~ 0.8	0.40 ~ 0.8	0.01 ~ 0.20	0.10	0.30	Fe + Ni 0.7	0.02 ~ 0.10		0.05	0.10	余量	LD6
43	2A70	0.35	0.9 ~ 1.5	1.9 ~ 2.5	0.20	1.4 ~ 1.8		0.9 ~ 1.5	0.30		0.02 ~ 0.10		0.05	0.10	余量	LD7
44	2B70	0.25	0.9 ~ 1.4	1.8 ~ 2.7	0.20	1.2 ~ 1.8		0.8 ~ 1.4	0.15	Pb 0.05, Sn 0.05 Ti + Zr 0.20	0.10		0.05	0.15	余量	
45	2A80	0.50 ~ 1.2	1.0 ~ 1.6	1.9 ~ 2.5	0.20	1.4 ~ 1.8		0.9 ~ 1.5	0.30		0.15		0.05	0.10	余量	LD8

续表 1-18

序号	牌号	Si	Fe	Cu	Mn	Mg	Cr	Ni	Zn		Ti	Zr	其他		Al	备注
													单个	合计		
46	2A90	0.50 ~ 1.0	0.50 ~ 1.0	3.5 ~ 4.5	0.20	0.40 ~ 0.8		1.8 ~ 2.3	0.30		0.15		0.05	0.10	余量	LD9
47	2004	0.20	0.20	5.5 ~ 6.5	0.10	0.50			0.10		0.05	0.30 ~ 0.50	0.05	0.15	余量	
48	2011	0.40	0.7	5.0 ~ 6.0					0.30	Bi 0.20 ~0.6 Pb 0.20 ~0.6			0.05	0.15	余量	
49	2014	0.50 ~ 1.2	0.7	3.9 ~ 5.0	0.40 ~ 1.2	0.20 ~ 0.8	0.10		0.25	③	0.15		0.05	0.15	余量	
50	2014A	0.50 ~ 0.9	0.50	3.9 ~ 5.0	0.40 ~ 1.2	0.20 ~ 0.8	0.10	0.10	0.25	Ti + Zr0.20	0.15		0.05	0.15	余量	
51	2214	0.50 ~ 1.2	0.30	3.9 ~ 5.0	0.40 ~ 1.2	0.20 ~ 0.8	0.10		0.25	③	0.15		0.05	0.15	余量	
52	2017	0.20 ~ 0.8	0.7	3.5 ~ 4.5	0.40 ~ 1.0	0.40 ~ 0.8	0.10		0.25	③	0.15		0.05	0.1S	余量	
53	2017A	0.20 ~ 0.8	0.7	3.5 ~ 4.5	0.40 ~ 1.0	0.40 ~ 1.0	0.10		0.25	Ti + Zr0.25			0.05	0.15	余量	
54	2117	0.8	0.7	2.2 ~ 3.0	0.20	0.20 ~ 0.50	0.10		0.25				0.05	0.15	余量	

续表 1-18

序号	牌号	Si	Fe	Cu	Mn	Mg	Cr	Ni	Zn		Ti	Zr	其他		Al	备注
													单个	合计		
55	2218	0.9	1.0	3.5 ~ 4.5	0.20	1.2 ~ 1.8	0.10	1.7 ~ 2.3	0.25				0.05	0.15	余量	
56	2618	0.10 ~ 0.25	0.9 ~ 1.3	1.9 ~ 2.7		1.3 ~ 1.8		0.9 ~ 1.2	0.10		0.04 ~ 0.10		0.05	0.15	余量	
57	2219	0.20	0.30	5.8 ~ 6.8	0.20 ~ 0.40	0.02			0.10	V0.05 ~0.15	0.20 ~ 0.10	0.10 ~ 0.25	0.05	0.15	余量	LY19
58	2024	0.50	0.50	3.8 ~ 4.9	0.30 ~ 0.9	1.2 ~ 1.8	0.10		0.25	③	0.15		0.05	0.15	余量	
59	2124	0.20	0.30	3.8 ~ 4.9	0.30 ~ 0.9	1.2 ~ 1.8	0.10		0.25	③	0.15		0.05	0.15	余量	
60	3A21	0.6	0.7	0.2	1.0 ~ 1.6	0.05			0.10④		0.15		0.05	0.10	余量	LF21
61	3003	0.6	0.7	0.05 ~ 0.20	1.0 ~ 1.5				0.10				0.05	0.15	余量	
62	3103	0.50	0.7	0.10	0.9 ~ 1.5	0.30	0.10		0.20	Ti + Zr0.10			0.05	0.15	余量	
63	3004	0.30	0.7	0.25	1.0 ~ 1.5	0.8 ~ 1.3			0.25				0.05	0.15	余量	

续表 1-18

序号	牌号	Si	Fe	Cu	Mn	Mg	Cr	Ni	Zn		Ti	Zr	其他		Al	备注
													单个	合计		
64	3005	0.6	0.7	0.30	1.0 ~ 1.5	0.20 ~ 0.6	0.10		0.25		0.10		0.05	0.15	余量	
65	3105	0.6	0.7	0.30	0.30 ~ 0.8	0.20 ~ 0.8	0.20		0.40		0.10		0.05	0.15	余量	
66	4A01	4.5 ~ 6.0	0.6	0.20					Zn + Sn 0.10		0.15		0.05	0.15	余量	LT1
67	4A11	11.5 ~ 13.5	1.0	0.50 ~ 1.3	0.20	0.8 ~ 1.3	0.10	0.50 ~ 1.3	0.25		0.15		0.05	0.15	余量	LD11
68	4A13	6.8 ~ 8.2	0.50	Cu + Zn 0.15	0.50	0.05				Ca 0.10	0.15		0.05	0.15	余量	LT13
69	4A17	11.0 ~ 12.5	0.50	Cu + Zn 0.15	0.50	0.05				Ca 0.10	0.15		0.05	0.15	余量.	LT17
70	4004	9.0 ~ 10.5	0.8	0.25	0.10	1.0 ~ 2.0			0.20				0.05	0.15	余量	
71	4032	11.0 ~ 13.5	1.0	0.50 ~ 1.3		0.8 ~ 1.3	0.10	0.50 ~ 1.3	0.25				0.05	0.15	余量	
72	4043	4.5 ~ 6.0	0.8	0.30	0.05	0.05			0.10	①	0.20		0.05	0.15	余量	

续表 1-18

序号	牌号	Si	Fe	Cu	Mn	Mg	Cr	Ni	Zn		Ti	Zr	其他		Al	备注
													单个	合计		
73	4043A	4.5 ~ 6.0	0.6	0.30	0.15	0.20			0.10	①	0.15		0.05	0.15	余量	
74	4047	11.0 ~ 13.0	0.8	0.30	0.15	0.10			0.20	①			0.05	0.15	余量	
75	4047A	11.0 ~ 13.0	0.6	0.30	0.15	0.10			0.20	①	0.15		0.05	0.15	余量	
76	5A01	Si + Fe 0.40		0.10	0.30 ~ 0.7	6.0 ~ 7.0	0.10 ~ 0.20		0.25		0.15	0.10 ~ 0.20	0.05	0.15	余量	LF15
77	5A02	0.40	0.40	1.10	或Cr 0.15 ~ 0.40	2.0 ~ 2.8				Si + Fe 0.6	0.15		0.05	0.15	余量	LF2
78	5A03	0.50 ~ 0.80	0.50	0.10	0.30 ~ 0.6	3.2 ~ 3.8			0.20		0.15		0.05	0.10	余量	LF3
79	5A05	0.50	0.50	0.10	0.30 ~ 0.6	4.8 ~ 5.5			0.20				0.05	0.10	余量	LF5
80	5B05	0.40	0.40	0.20	0.20 ~ 0.6	4.7 ~ 5.7				Si + Fe 0.6	0.15		0.05	0.10	余量	LF10
81	5A06	0.40	0.40	0.10	0.50 ~ 0.8	5.8 ~ 6.8			0.20	Be 0.0001 ~ 0.005②	0.02 ~ 0.10		0.05	0.10	余量	LF6

续表 1-18

序号	牌号	Si	Fe	Cu	Mn	Mg	Cr	Ni	Zn		Ti	Zr	其他		Al	备注
													单个	合计		
82	5B06	0.40	0.40	0.10	0.50~0.8	5.8~6.8			0.20	Be 0.0001~0.005②	0.10~0.30		0.05	0.10	余量	LF14
83	5A12	0.30	0.30	0.05	0.40~0.8	8.3~9.6		0.10	0.20	Be 0.005 Sb 0.004~0.05	0.05~0.15		0.05	0.10	余量	LF12
84	5A13	0.30	0.30	0.05	0.40~0.80	9.2~10.5		0.10	0.20	Be 0.005 Sb 0.004~0.05	0.05~0.15		0.05	0.10	余量	LF13
85	5A30	Si + Fe 0.40		0.10	0.50~1.0	4.7~5.5			0.25	Cr 0.05~0.20	0.03~0.15		0.05	0.10	余量	LF16
86	5A33	0.35	0.35	0.10	0.10	6.0~7.5			0.50~1.5	Be0.0005~0.005②	0.05~0.15	0.10~0.30	0.05	0.10	余量	LF33
87	5A41	0.40	0.40	0.10	0.30~0.6	6.0~7.0			0.20		0.02~0.10		0.05	0.10	余量	LT41
88	5A43	0.40	0.40	0.10	0.15~0.40	0.6~1.4					0.15		0.05	0.15	余量	LF43
89	5A66	0.005	0.01	0.005		1.5~2.0							0.005	0.01	余量	LT66
90	5005	0.30	0.7	0.20	0.20	0.50~1.1	0.10		0.25				0.05	0.15	余量	

续表 1-18

序号	牌号	Si	Fe	Cu	Mn	Mg	Cr	Ni	Zn		Ti	Zr	其他		Al	备注
													单个	合计		
91	5019	0.40	0.50	0.10	0.10 ~ 0.6	4.5 ~ 5.6	0.20		0.20	Mo + Cr 0.1 ~ 0.6	0.20		0.05	0.15	余量	
92	5050	0.40	0.7	0.20	0.10	1.1 ~ 1.8	0.10		0.25				0.05	0.15	余量	
93	5251	0.40	0.50	0.15	0.10 ~ 0.50	1.7 ~ 2.4	0.15		0.15		0.15		0.05	0.15	余量	
94	5052	0.25	0.40	0.10	0.10	2.2 ~ 2.8	0.15 ~ 0.35		0.10				0.05	0.15	余量	
95	5154	0.25	0.40	0.10	0.10	3.1 ~ 3.9	0.15 ~ 0.35		0.20	①	0.20		0.05	0.15	余量	
96	5154A	0.50	0.50	0.10	0.50	3.1 ~ 3.9	0.25		0.20	① Mn + Cr 0.10 ~ 0.50	0.20		0.05	0.15	余量	
97	5454	0.25	0.40	0.10	0.50 ~ 1.0	2.4 ~ 3.0	0.05 ~ 0.20		0.25		0.20		0.05	0.15	余量	
98	5554	0.25	0.40	0.10	0.50 ~ 1.0	2.4 ~ 3.0	0.05 ~ 0.20		0.25	①	0.05 ~ 0.20		0.05	0.15	余量	
99	5754	0.40	0.40	0.10	0.50	2.6 ~ 3.6	0.30		0.20	Mn + Cr 0.10 ~ 0.60	0.15		0.05	0.15	余量	

续表 1-18

序号	牌号	Si	Fe	Cu	Mn	Mg	Cr	Ni	Zn		Ti	Zr	其他		Al	备注
													单个	合计		
100	5056	0.30	0.40	0.10	0.05 ~ 0.20	4.5 ~ 5.5	0.05 ~ 0.20		0.10				0.05	0.15	余量.	LF5-1
101	5356	0.25	0.40	0.10	0.05 ~ 0.20	4.5 ~ 5.5	0.05 ~ 0.20		0.10	①	0.06 ~ 0.20		0.05	0.15	余量	
102	5456	0.25	0.40	0.10	0.50 ~ 1.0	4.7 ~ 5.5	0.05 ~ 0.20		0.25		0.20		0.05	0.15	余量	
103	5082	0.20	0.35	0.15	0.15	4.0 ~ 5.0	0.15		0.25		0.10		0.05	0.15	余量	
104	5182	0.20	0.35	0.15	0.20 ~ 0.50	4.0 ~ 5.0	0.10		0.25		0.10		0.05	0.15	余量	
105	5083	0.40	0.40	1.0		4.0 ~ 4.9	0.05 ~ 0.25		0.25		0.15		0.05	0.15	余量	LF4
106	5183	0.40	0.40	0.10	0.50 ~ 1.0	4.3 ~ 5.2	0.05 ~ 0.25		0.25	①	0.15		0.05	0.15	余量	
107	5086	0.40	0.50	0.10	0.20 ~ 0.7	3.5 ~ 4.5	0.05 ~ 0.25		0.25		0.15		0.05	0.15	余量	
108	6A02	0.50 ~ 1.2	0.50	0.20 ~ 0.6	或 Cr 0.15 ~ 0.35	0.45 ~ 0.9			0.20		0.15		0.05	0.10	余量	LD2

续表 1-18

序号	牌号	Si	Fe	Cu	Mn	Mg	Cr	Ni	Zn		Ti	Zr	其他		Al	备注
													单个	合计		
109	6B02	0.7 ~ 1.1	0.40	0.10 ~ 0.40	0.10 ~ 0.30	0.40 ~ 0.8			0.15		0.01 ~ 0.04		0.05	0.10	余量	LD2-1
110	6A51	0.50 ~ 0.7	0.50	0.15 ~ 0.35		0.45 ~ 0.6			0.25	Sn 0.15 ~ 0.35	0.01 ~ 0.04		0.05	0.15	余量	
111	6101	0.30 ~ 0.7	0.50	0.10	0.03	0.35 ~ 0.8	0.03		0.10	B 0.06			0.03	0.10	余量	
112	6101A	0.30 ~ 0.7	0.40	0.05		0.40 ~ 0.9							0.03	0.10	余量	
113	6005	0.6 ~ 0.9	0.35	0.10	0.10	0.40 ~ 0.6	0.10		0.10		0.10		0.05	0.15	余量	
114	6005A	0.50 ~ 0.9	0.35	0.30	0.50	0.40 ~ 0.7	0.30		0.20	Mn + Cr 0.12 ~ 0.50	0.10		0.05	0.15	余量	
115	6351	0.7 ~ 1.3	0.50	0.10	0.40 ~ 0.8	0.40 ~ 0.8			0.20		0.20		0.05	0.15	余量	
116	6060	0.30 ~ 0.6	0.10 ~ 0.3	0.10	0.10	0.35 ~ 0.6	0.05		0.15		0.10		0.05	0.15	余量	
117	6061	0.40 ~ 0.8	0.7	0.15 ~ 0.40	0.15	0.8 ~ 1.2	0.04 ~ 0.35		0.25		0.15		0.05	0.15	余量	LD30

续表 1-18

序号	牌号	Si	Fe	Cu	Mn	Mg	Cr	Ni	Zn		Ti	Zr	其他		Al	备注
													单个	合计		
118	6063	0.20 ~ 0.6	0.35	0.10	0.10	0.45 ~ 0.9	0.10		0.10		0.10		0.05	0.15	余量	LD31
119	6063A	0.30 ~ 0.6	0.15 ~ 0.35	0.10	0.15	0.6 ~ 0.9	0.05		0.15		0.10		0.05	0.15	余量	
120	6070	1.0 ~ 1.7	0.50	0.15 ~ 0.40	0.40 ~ 1.0	0.50 ~ 1.2	0.10		0.25		0.15		0.05	0.15	余量	LD2-2
121	6181	0.8 ~ 1.2	0.45	0.10	0.15	0.6 ~ 1.0	0.10		0.20		0.10		0.05	0.15	余量	
122	6082	0.7 ~ 1.3	0.50	0.10	0.40 ~ 1.0	0.6 ~ 1.2	0.25		0.20		0.10		0.05	0.15	余量	
123	7A01	0.30	0.30	0.01					0.9 ~ 1.3	Si + Fe 0.45			0.03		余量	LB1
124	7A03	0.20	0.20	1.8 ~ 2.4	0.10	1.2 ~ 1.6	0.05		6.0 ~ 6.7		0.02 + 0.08		0.05	0.10	余量	LC3
125	7A04	0.50	0.50	1.4 ~ 2.0	0.20 ~ 0.6	1.8 ~ 2.8	0.10 ~ 0.25		5.0 ~ 7.0		0.10		0.05	0.10	余量	LC4
126	7A05	0.25	0.25	0.20	0.15 ~ 0.40	1.1 ~ 1.7	0.05 ~ 0.15		4.4 ~ 5.0		0.02 ~ 0.06	0.10 ~ 0.25	0.05	0.15	余量	

续表 1-18

序号	牌号	Si	Fe	Cu	Mn	Mg	Cr	Ni	Zn		Ti	Zr	其他		Al	备注
													单个	合计		
127	7A09	0.50	0.50	1.2 ~ 2.0	0.15	2.0 ~ 3.0	0.16 ~ 0.30		5.1 ~ 6.1		0.10		0.05	0.10	余量	LC9
128	7A10	0.30	0.30	0.50 ~ 1.0	0.20 ~ 0.35	3.0 ~ 4.0	0.10 ~ 0.20		3.2 ~ 4.2		0.10		0.05	0.10	余量	LC10
129	7A15	0.50	0.50	0.50 ~ 1.0	0.10 ~ 0.40	2.4 ~ 3.0	0.10 ~ 0.30		4.4 ~ 5.4	Be 0.005 ~ 0.01	0.05 ~ 0.01		0.05	0.15	余量	LC15
130	7A19	0.30	0.40	0.08 ~ 0.30	0.30 ~ 0.50	1.3 ~ 1.9	0.10 ~ 0.20		1.5 ~ 5.3	Be 0.0001 ~ 0.004②		0.08 ~ 0.20	0.05	0.15	余量	LC19
131	7A31	0.30	0.6	0.10 ~ 0.40	0.20 ~ 0.40	2.5 ~ 3.3	0.10 ~ 0.20		3.6 ~ 4.5	Be 0.0001 ~ 0.0010	0.02 ~ 0.10	0.08 ~ 0.25	0.05	0.15	余量	
132	7A33	0.25	0.30	0.25 ~ 0.55	0.05	2.2 ~ 2.7	0.10 ~ 0.20		4.6 ~ 5.4		0.05		0.05	0.10	余量	
133	7A52	0.25	0.30	0.05 ~ 0.20	0.20 ~ 0.50	2.0 ~ 2.8	0.15 ~ 0.25		4.0 ~ 4.8		0.05 ~ 0.18	0.05 ~ 0.15	0.05	0.15	余量	LC52
134	7003	0.30	0.35	0.20	0.30	0.50 ~ 1.0	0.20		5.0 ~ 6.5		0.20	0.05 ~ 0.25	0.05	0.15	余量	LC12
135	7005	0.35	0.40	0.10	0.20 ~ 0.7	1.0 ~ 1.8	0.06 ~ 0.20		4.0 ~ 5.0		0.01 ~ 0.06	0.08 ~ 0.20	0.05	0.15	余量	
136	7020	0.35	0.40	0.20	0.05 ~ 0.50	1.0 ~ 1.4	0.10 ~ 0.35		4.0 ~ 5.0	Zr + Ti 0.08 ~ 0.25		0.08 ~ 0.20	0.05	0.15	余量	

续表 1-18

序号	牌号	Si	Fe	Cu	Mn	Mg	Cr	Ni	Zn		Ti	Zr	其他		Al	备注
													单个	合计		
137	7022	0.50	0.50	0.50 ~ 1.0	0.10 ~ 0.40	2.6 ~ 3.9	0.10 ~ 0.30		4.3 ~ 5.2	Zr + Ti 0.20			0.05	0.15	余量	
138	7050	0.12	0.15	2.0 ~ 2.6	0.10	1.9 ~ 2.6	0.04		5.7 ~ 6.7		0.06	0.08 ~ 0.15	0.05	0.15	余量	
139	7075	0.40	0.50	1.2 ~ 2.0	0.30	2.1 ~ 2.9	0.18 ~ 0.28		5.1 ~ 6.1	⑤	0.20		0.05	0.15	余量	
140	7475	0.10	0.12	1.2 ~ 1.9	0.06	1.9 ~ 2.6	0.18 ~ 0.25		5.2 ~ 6.2		0.06		0.05	0.15	余量	
141	8A06	0.55	0.50	0.10	0.10	0.10			0.10	Fe + Si 1.0			0.05	0.15	余量	L6
142	8011	0.50 ~ 0.9	0.6 ~ 1.16	0.10	0.20	0.05	0.05		0.10		0.08		0.05	0.15	余量	
143	8090	0.20	0.30	1.0 ~ 1.6	0.10	0.6 ~ 1.3	0.10		0.25	Li 2.2 ~ 2.7	0.10	0.04 ~ 0.16	0.05	0.15	余量	

① 用于电焊条和焊带、焊丝时，铍含量不大于0.0008%（质量分数）；

② 铍含量均按规定量加入，可不做分析；

③ 仅在供需双方商定时，对挤压和锻造产品规定 Ti + Zr 含量不大于0.20%（质量分数）；

④ 作铆钉线材的3A21 合金的锌含量应不大于0.03%（质量分数）；

⑤ 仅在供需双方商定时，对挤压和锻造产品规定 Ti + Zr 含量不大于0.25%（质量分数）。

表 1-19 变形铝合金的物理性能

合金代号	材料状态	密度ρ /g·cm⁻³	临界温度/℃		平均线胀系数α /K⁻¹				质量热容c /J·(kg·K)⁻¹				热导率λ /W·(m·K)⁻¹					电导率K（相当于铜的）/%	20℃时的电阻系数 /Ω·mm²·m⁻¹
			上限	下限	20~100℃	20~200℃	20~300℃	20~400℃	100℃	200℃	300℃	400℃	25℃	100℃	200℃	300℃	400℃		
1035(L4) 8A06(L6)	退火的 冷作硬化的	2.71	657	643	24.0×10⁻⁶	24.7×10⁻⁶	25.6×10⁻⁶		946	962	999	994	226.1 217.7					59 57	0.0292 (0℃)
5A02(LF2)	退火的 半冷作硬化的 冷作硬化的	2.68	652	627	23.8×10⁻⁶	24.5×10⁻⁶	25.4×10⁻⁶		968	1005	1047	1089	154.9	159.1	163.3	163.3	167.5	40	0.0476
5A03(LF3)	退火的 半冷作硬化的	2.67	640	610	23.5×10⁻⁶		25.2×10⁻⁶	26.1	879	921	1005	1047	146.5	150.7	154.9	159.1	159.1	35	0.0496
5A05(LF5)	退火的 半冷作硬化的	2.65	620	580	23.9×10⁻⁶	24.8×10⁻⁶	25.9×10⁻⁶		921				121.4	125.6	129.8	138.2	146.5	29 27	0.0640
5A06(LF6)	退火的	2.64			23.7×10⁻⁶	24.7×10⁻⁶	25.5×10⁻⁶	26.5	921	1005	1047	1089	117.2	121.4	125.6	129.8	138.2	26	0.0710
5B05(LF10)	退火的	2.65	638	568	23.9×10⁻⁶	24.8×10⁻⁶	25.9×10⁻⁶		921	963	1005	1047	117.2	125.6	134.0	142.3	146.5	29	

续表 1-19

合金代号	材料状态	密度 ρ /g · cm^{-3}	临界温度/℃		平均线胀系数 α /K^{-1}				质量热容 c /J · $(kg \cdot K)^{-1}$				热导率 λ /W · $(m \cdot K)^{-1}$					电导率 K（相当于铜的）/%	20℃时的电阻系数 /$\Omega \cdot mm^2 \cdot m^{-1}$
			上限	下限	20～100℃	20～200℃	20～300℃	20～400℃	100℃	200℃	300℃	400℃	25℃	100℃	200℃	300℃	400℃		
5A12(LF12)		2.61				23.3×10^{-6}	24.2×10^{-6}	26.4						119.3	142.3	134.0	142.3		0.0770
3A21(LF21)	退火的 半冷作硬化的 冷作硬化的	2.74	654	643	23.2×10^{-6}	24.3×10^{-6}	25.0×10^{-6}		1089	1172	1298	1298	180.0 163.3 154.9	188.4 159.1 154.9	180.0	184.2	188.4	50 41 40	0.034
2A01(LY1)	退火的 淬火和自然时效	2.76	648	510	23.4×10^{-6}	24.5×10^{-6}	25.2×10^{-6}		921	1005	1089	1172	163.3 154.9	171.7	180.0	184.2	192.6	40	0.039
2A02(LY2)	淬火和人工时效	2.75			23.6×10^{-6}	25.2×10^{-6}	26×10^{-6}		837	921	921	963	134.0	142.4	150.7	159.1	171.7		0.055
2A06(LY6)	淬火和自然时效	2.76							876	963	1047	1089		138.2	150.7	171.7			0.061
2B11(LY8) 2A11(LY11)	淬火和自然时效 退火的	2.80	639	535	22.9×10^{-6}	24×10^{-6}	25×10^{-6}		921	963	1005	1047	117.2 171.7	129.8	150.7	171.7	175.8 175.8	30 45	0.054

到破坏时，又会立即形成。在普通大气中，铝表面形成的氧化膜厚度相当薄，其厚度是温度的函数，在室温下，厚约2.5~5.0μm。

在水蒸气中形成的氧化膜较厚。在相对湿度为100%的室温下，氧化膜的厚度约比在干燥大气中形成的厚1倍。在湿环境中，铝表面上的氧化膜是复式的，靠铝的那一层为氧化物膜，而外层却含有羟基化合物。在高温下以及在铝合金（特别是含有铜与镁的合金）表面上会形成更加复杂的氧化物膜，同时氧化物膜的成长也不是时间的简单函数。

铝及铝合金的腐蚀是一个很复杂的过程，既受环境因素的影响，又与合金的性质有关。在环境因素中，既有物理方面的因素，又有化学方面的因素。属于前者的有温度、运动、搅拌、压力与散杂电流，属于后者的有成分、杂质（类型与多少）。变形铝合金的化学特性如表1-20所示。

表1-20 变形铝合金化学特性

<table>
<tr><th>合金系列</th><th>代 号</th><th>化 学 特 性</th></tr>
<tr><td>纯铝</td><td>1035
1050A
1060
1070A
1200</td><td>铝的化学活泼性很高。20℃时其标准电位为 -1.69V，易与空气中的氧作用形成一层牢固、致密的氧化膜，把标准电位提高到 -0.5V，所以铝在大气中是耐蚀的。杂质增加能破坏氧化膜的连续性或形成微电池，会降低其耐蚀性。
铝在纯水中的耐蚀性，主要取决于水温、水质和铝的纯度。水温低于50℃时，随水质和铝纯度的提高，铝的耐蚀性能提高，腐蚀类型以点腐蚀为主，若水中含有少量活性离子（Cl^-、Cu^+等），铝的耐蚀性急剧降低。
铝在酸、碱中的耐蚀性比较<table><tr><th>介 质</th><th>耐蚀情况</th><th>介 质</th><th>耐蚀情况</th></tr><tr><td>海水</td><td>弱</td><td>浓硝酸、浓醋酸</td><td>好</td></tr><tr><td>氨、硫气体</td><td>好</td><td>碱、氨水、石灰水</td><td>不好</td></tr><tr><td>氟、氯、溴、碘</td><td>不好</td><td>有机酸</td><td>略弱</td></tr><tr><td>盐酸、氢氟酸、稀醋酸</td><td>不好</td><td>稀硝酸</td><td>较好</td></tr><tr><td>硫酸、磷酸、亚硫酸</td><td>好</td><td>食盐</td><td>不好</td></tr></table>铝在石油类、乙醇（酒精）、丙酮、乙醛、苯、甲苯、二甲苯、煤油等介质中耐蚀性良好</td></tr>
</table>

续表 1-20

合金系列	代号	化学特性
铝锰系合金（防锈铝）	3A21	有优良的耐蚀性，在大气和海水中的耐蚀性与纯铝相当，在稀盐酸溶液（1:5）中的耐蚀能力比纯铝高而比铝-镁合金低。这类合金在冷变形状态下有剥落腐蚀倾向，此倾向随冷变形程度的增加而增大
铝镁系合金（防锈铝）	5A02、5A03 5A05、5A06 5A12、5A13、 5B05、5B06	耐蚀性良好，在工业区和海洋气氛中均有较高的耐蚀性，在中性或近于中性的淡水、海水、有机酸、乙醇，汽油以及浓硝酸中的耐蚀性也很好。合金的耐蚀性与β(Mg_2Al_3)的析出和分布有关，因为β相的标准电位为-1.24V。相对于α(Al)固溶体是阴极区，在电解质中它首先被溶解。含镁量较低的LF2、LF3合金，基本上是单相固溶体或析出少量，分散的β相，故合金的耐蚀性很高；若含镁量超过5%，β相沿晶界析出形成网膜时，则合金的耐蚀性（如晶间腐蚀和应力腐蚀）严重恶化
铝铜镁系合金(硬铝)	2A01、2A02 2A04、2A06 2B11、2B12 2A10、2A11 2A12、2A13	这类合金的耐蚀性能比纯铝及防锈铝合金低，腐蚀类型以晶间腐蚀为主。一般情况下，硬铝在淬火自然时效状态下耐蚀性较好，在170℃左右进行人工时效时，材料的晶间腐蚀倾向增加。若在人工时效前给以预先变形，将能改善其耐蚀性能。 为了提高硬铝在海洋和潮湿大气中的耐蚀性，可用包上一层纯铝的方法，进行人工保护，包铝的纯度要大于99.5%，对薄板材其包铝层的厚度每边不应小于板厚的4%
铝铜锰系合金(硬铝)	2A16 2A17	这类合金中的铜含量较高，其耐蚀性低于铝-铜-镁系硬铝合金，为了提高其板材耐蚀性，可进行表面包铝，但由于基体铜含量较高，易于铜扩散，故其耐蚀性仍低于LY12合金的包铝板材。LY16合金挤压制品耐蚀性不高，在160~170℃进行10~16h人工时效时具有应力腐蚀倾向，且其焊缝和过渡区间腐蚀倾向较高，应采用阳极氧化和涂漆保护。LY17合金人工时效状态应力腐蚀稳定性合格，用阳极化保护，可提高耐蚀性
铝镁硅和铝铜镁硅系合金(锻铝)	6A02、6B02 6070、2A50 2B50、2A14	铝镁硅系合金（LD2、LD2-1、LD2-2）耐蚀性能良好，无应力腐蚀破裂倾向，在淬火人工时效状态下合金有晶间腐蚀倾向；合金中铜含量愈多，这种倾向愈大。 铝铜镁硅系合金（LD5、LD6、LD10），由于铜含量增加，合金的耐蚀性低。LD10比LD5 LD6合金的晶间腐蚀倾向较大(因其铜含量高)，尤其经过350℃以上高温退火，其晶间腐蚀倾向加大。但在淬火人工时效状态下合金一般耐蚀性能较好，因此不妨碍合金的使用

续表 1-20

合金系列	代 号	化 学 特 性
铝铜镁铁镍系合金（锻铝）	2A70、2A80 2A90	这类合金有应力腐蚀倾向，制品用阳极氧化和重铬酸钾填充，是防止腐蚀的一种可靠方法
铝锌镁铜系合金（超硬铝）	7A03、7A04 7A09、7A10	超硬铝合金一般比硬铝合金的化学耐蚀性高，但比铝-锰、铝-镁、铝-镁-硅系合金低。带有包铝层的超硬铝板材，其耐蚀性能大为提高。 对于不进行包铝的挤压材料和锻件，可用阳极氧化或喷涂等方法进行表面保护。超硬铝合金在淬火自然时效状态下的耐应力腐蚀性较差，但在淬火人工时效状态下，其耐蚀性反而增高，研究证明，采用分级时效工艺能够减少其应力腐蚀敏感性

1.2.4.3 变形铝合金的加工特征

A 可机加工性

变形铝合金具有优良的可机加工性。但是在各种变形铝合金中，以及在这些合金产出后具有的各种状态中，机加工特性的变化相当大，这就需要在加工过程中使用特殊的机床或技术。

B 化学铣削

在碱溶液或酸溶液中以化学浸蚀法除去金属是一种常规的专业化缩减厚度的作业。应用这种方法能均匀地除去复杂的大表面积上的金属，而且非常经济。该工艺方法广泛应用于浸蚀航空航天用的预制零部件，以得到最大的强度/质量比。整体加强的铝机翼和机身部分需经化学铣削，可以产出最佳的横截面和最小的蒙皮厚度。建筑工程的铝制桁条、纵梁、楼面梁和框架也常用此法制备。

C 可成形性

这是许多变形铝合金较重要的特性之一。特定的拉伸强度、屈服强度、可延展性和相应的加工硬化率支配着允许变形量的变化。商业上可提供的变形铝合金在不同状态下成形性的额定值取决于成形的工艺方法，这些额定值在做金属加工特性的定性对照中仅能起大致的指导作用，即不能定量地作为成形性的极限值。状态的选择取决于成形作业的程度与性质。对于像深拉、轧制成形或小半径弯曲之类的深度成形作业而言，可能需要退火状态。通常，人们选择能一直加工成形的强度最高的状态。对变形不太强烈的成形作业而言，可选择中等程度的状态，甚至完全硬化的状态。

可热处理强化的合金可以成形而用于要求强度/质量比高的地方。这类合金的退火状态是加工的最佳条件。但是应考虑尺寸变化和挠曲，这些变化和挠曲是由后继的热处理和矫直或其他所需的尺寸控制步骤造成的。紧跟在固溶热处理和淬火以后成形的合金（T3，T4 或 W 状态）几乎同退火的合金一样，可由自然时效或人工时效进行硬化。处于 W 状态的零部件可在低温下（大约 -30 ~ -35℃或更低）存放很长时间，这可作为一种抑制自然时效和保存一种可接受的可成形性程度的手段。经固溶热处理和淬火但未经人工时效的合金材料（T3，T4 或 W 状态）一般仅适合于不能在淬火后直接进行的一些轻度成形作业，如弯曲、轻度拔制或中等程度的拉伸成形。经固溶热处理和人工时效（T6 状态）的合金一般不适合于成形作业。

D 可锻性

变形铝合金可以锻造成形状复杂、品种繁多的锻件，它们具有很宽的最终部件锻造设计标准的选择范围（基于预定的用途）。变形铝合金锻件，特别是封闭模生产的锻件，与热锻的碳钢和（或）合金钢相比，通常可以制成更精确的最终外形。对于一种给定锻件形状的变形铝合金来说，锻造温度可以变化很大，这主要取决于被锻造的合金的化学成分、所用的锻造工艺方法、锻造应变率、加工的锻件种类、润滑条件及锻造与锻模温度等。

一般认为，作为一类合金，变形铝合金比碳钢及许多合金钢难以锻造。但是与镍/钴基合金和钛合金相比，变形铝合金的可锻性要强得多，特别是在用常规锻造生产工艺的条件下，此时锻模只加温到 540℃（1000F）或更低。

连接铝可用各式各样的方法连接，包括熔焊、电阻焊、硬钎焊、软钎焊、粘结以及铆接和栓接之类的机械方法。影响铝焊接的因素包括氧化铝覆盖层、热导率、线（热）膨胀系数、熔化特性、电导率等。

1.2.5 主要铝合金的相组成及相图选编

1.2.5.1 主要工业变形铝合金的相组成

工业变形铝合金及铝合金半连续铸造状态下的相组成，如表1-21所示。

表1-21 工业变形铝合金及铝合金半连续铸造状态下的相组成

合金			主要相组成(少量的或可能的)
类别	系	牌号	
1×××系合金	Al	1A85~1A99	$\alpha + FeAl_3$　$Al_{12}Fe_3Si$
		1070A~1A06	$\alpha + Al_{12}Fe_3Si$
2×××系合金	Al-Cu-Mg	2A01	$\theta(CuAl_2)$、Mg_2Si、$N(Al_7Cu_2Fe)$、$\alpha(Al_{12}Fe_3Si)$、[S]
		2A02	$S(Al_2CuMg)$、Mg_2Si、N、$(FeMn)_3SiAl_{12}$、[S]、$(FeMn)Al_6$
		2A04	$S(Al_2CuMg)$、Mg_2Si、N、$(FeMn)_3SiAl_{12}$、[S]、$(FeMn)Al_6$
		2A06	$S(Al_2CuMg)$、Mg_2Si、N、$(FeMn)_3SiAl_{12}$、[S]、$(FeMn)Al_6$
		2A10	$\theta(CuAl_2)$、Mg_2Si、$N(Al_7Cu_2Fe)$、$(FeMn)_3SiAl_{12}$、$S(Al_2CuMg)$、$(FeMn)Al_6$
		2A11	$\theta(CuAl_2)$、Mg_2Si、$N(Al_7Cu_2Fe)$、$(FeMn)_3SiAl_{12}$、[S]、$(FeMn)Al_6$
		2B11	$\theta(CuAl_2)$、Mg_2Si、$N(Al_7Cu_2Fe)$、$(FeMn)_3SiAl_{12}$、[S]、$(FeMn)Al_6$
		2A12	$S(Al_2CuMg)$、$\theta(CuAl_2)$、Mg_2Si、$N(Al_7Cu_2Fe)$、$(FeMn)_3SiAl_{12}$、[S]、$(FeMn)Al_6$
		2B12	$S(Al_2CuMg)$、$\theta(CuAl_2)$、Mg_2Si、$N(Al_7Cu_2Fe)$、$(FeMn)_3SiAl_{12}$、[S]、$(FeMn)Al_6$
		2A13	$\theta(CuAl_2)$、Mg_2Si、$N(Al_7Cu_2Fe)$、$\alpha(Al_{12}Fe_3Si)$、[S]

续表 1-21

合金			主要相组成(少量的或可能的)
类别	系	牌号	
2×××系合金	Al-Cu-Mn	2A16	θ($CuAl_2$)、N(Al_7Cu_2Fe)、$(FeMn)_3SiAl_{12}$、[$(FeMn)Al_6$、$TiAl_3$、$ZrAl_3$]
		2A17	θ($CuAl_2$)、N(Al_7Cu_2Fe)、$(FeMn)_3SiAl_{12}$、Mg_2Si、[S]、$(FeMn)Al_6$
	Al-Cu-Mg-Si-Mn	2A50	Mg_2Si、W、θ($CuAl_2$)、AlFeMnSi、[S]
		2B50	Mg_2Si、W、θ($CuAl_2$)、AlFeMnSi、[S]
		2Al4	Mg_2Si、W、θ($CuAl_2$)、AlFeMnSi
	Al-Cu-Mg-Fe-Ni-Si	2A70	S(Al_2CuMg)、$FeNiAl_9$、[Mg_2Si、N(Al_7Cu_2Fe)或Al_6Cu_3Ni]
		2A80	S(Al_2CuMg)、$FeNiAl_9$、[Mg_2Si、N(Al_7Cu_2Fe)或Al_6Cu_3Ni]
		2A90	S(Al_2CuMg)、θ($CuAl_2$)、$FeNiAl_9$、Mg_2Si、Al_6Cu_3Ni、[α($Al_{12}Fe_3Si$)]
3×××系合金	Al-Mn	3A21	$(FeMn)Al_6$、$(FeMn)_3SiAl_{12}$
4×××系合金	Al-Si	4A01	Si(共晶)、β(Al_5FeSi)
		4A13	Si(共晶)、β(Al_5FeSi)、AlFeMnSi
		4A17	Si(共晶)、β(Al_5FeSi)、AlFeMnSi
		4A11	Si(共晶)、S(Al_2CuMg)、$FeNiAl_9$、Mg_2Si、β(Al_5FeSi)、[初晶硅]
		4043	Si(共晶)、α(Fe_2SiAl_8)、β(Al_5FeSi)、$FeAl_3$
5×××系合金	Al-Mg	5A02	Mg_2Si、$(FeMn)Al_6$、[β(Al_5FeSi)]
		5A03	Mg_2Si、$(FeMn)Al_6$、[β(Al_5FeSi)]
		5082	Mg_2Si、$(FeMn)Al_6$、[β(Al_5FeSi)]
		5A43	Mg_2Si、$(FeMn)Al_6$、[β(Al_5FeSi)]
		5A05	β(Mg_5Al_8)、Mg_2Si、$(FeMn)Al_6$
		5A06	β(Mg_5Al_8)、$(FeMn)Al_6$
		5B06	β(Mg_5Al_8)、$(FeMn)Al_6$、[$TiAl_2$]

续表 1-21

合金			主要相组成(少量的或可能的)
类别	系	牌号	
5×××系合金	Al-Mg	5A33	β(Mg_5Al_8)、Mg_2Si、[($FeMn$)Al_6]
		5A12	β(大量)、Mg_2Si
		5A13	β(大量)、Mg_2Si、($FeMn$)Al_6
		5A41	β(Mg_5Al_8)、Mg_2Si、($FeMn$)Al_6
		5A66	[β]
	Al-Mg-Si-Cu	5183	Mg_2Si、W、$(FeMn)_3Si_2Al_{15}$、[$(FeCr)_4Si_4Al_{13}$]
		5086	Mg_2Si、W、$(FeMn)_3Si_2Al_{15}$
6×××系合金	Al-Mg-Si 及 Al-Mg-Si-Cu	6061	Mg_2Si、$(FeMn)_3Si_2Al_{15}$
		6063	Mg_2Si、$(FeMn)_3Si_2Al_{15}$
		6070	Mg_2Si、$(FeMn)_3Si_2Al_{15}$
7×××系合金	Al-Zn-Mg	7003	η、T($Al_2Mg_3Zn_3$)、Mg_2Si、AlFeMnSi、[$ZnAl_3$ 初晶]
	Al-Zn-Mg-Cu	7A03	η、T($Al_2Mg_3Zn_3$)、S、[AlFeMnSi、Mg_2Si]
		7A04	T(AlZnMgCu)、Mg_2Si、AlFeMnSi、[η]
		7A09	T(AlZnMgCu)、Mg_2Si、AlFeMnSi、[$CrAl_7$]
		7A10	T(AlZnMgCu)、Mg_2Si、AlFeMnSi
8×××系合金	Al-Mg-Zn	8A06	$FeAl_3$、α(AlFeSi)、β
		8011	η、T($Al_2Mg_3Zn_3$)、S、[AlFeMnSi、Mg_2Si]
		8090	α(Al)、Al_3Li、Al_3Zr

1.2.5.2 铝合金相图选编

铝合金相图很多，下面仅选编一些常用的二元和三元相图。相图中使用的温标是国际委员会 1968 年 10 月决定采用的新温标 K 和国际实用摄氏温度℃。它们之间的差值为 273.15K。

A 铝合金二元相图选编

图 1-17 ~ 图 1-23 选编的二元相图有铝-铜、铝-硅、铝-锰、铝-镁、铝-锌、铝-锂、铝-铁二元相图，必要时可参阅有关手册。

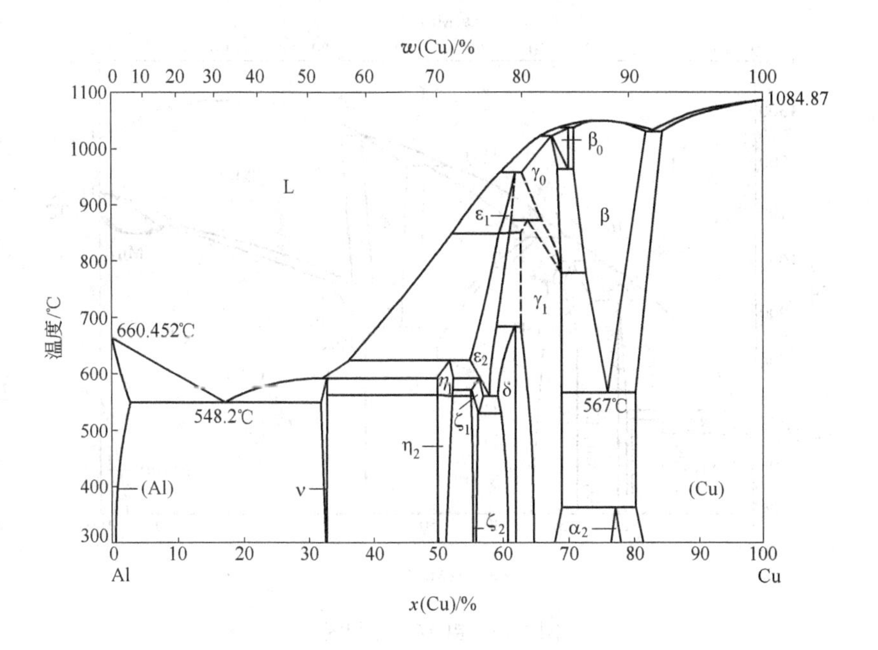

图 1-17 铝-铜二元相图

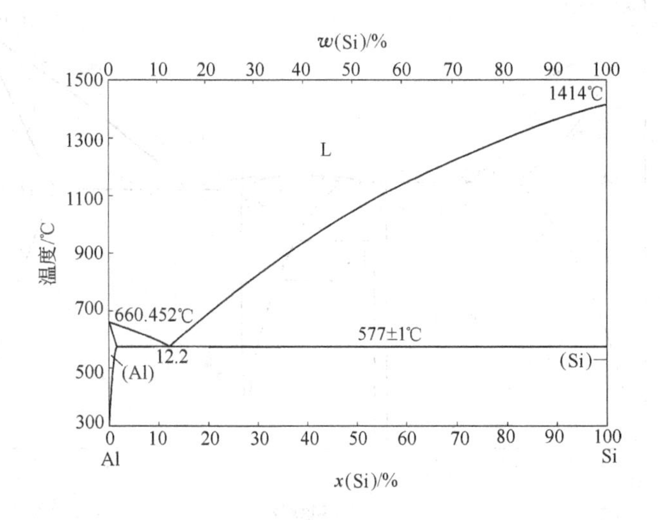

图 1-18 铝-硅二元相图

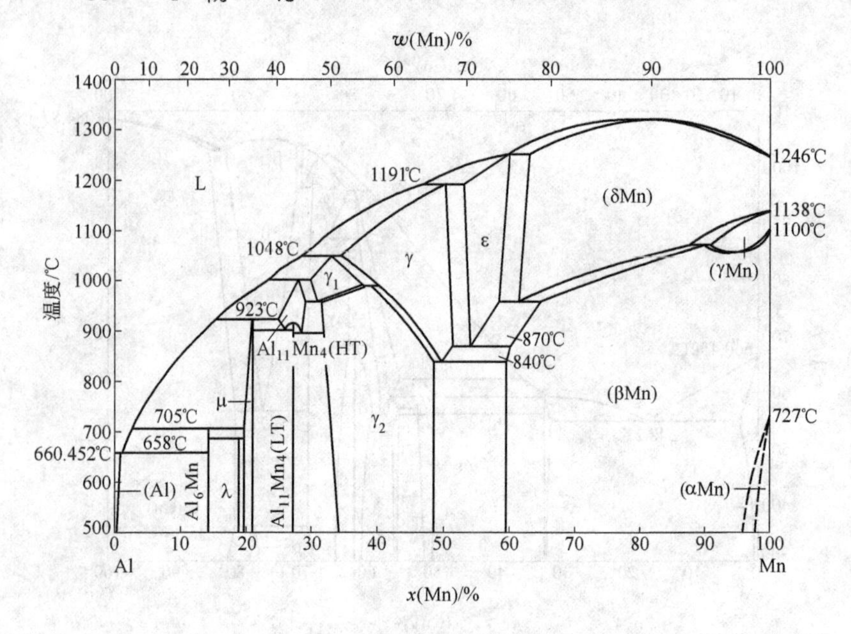

图 1-19　铝-锰二元相图

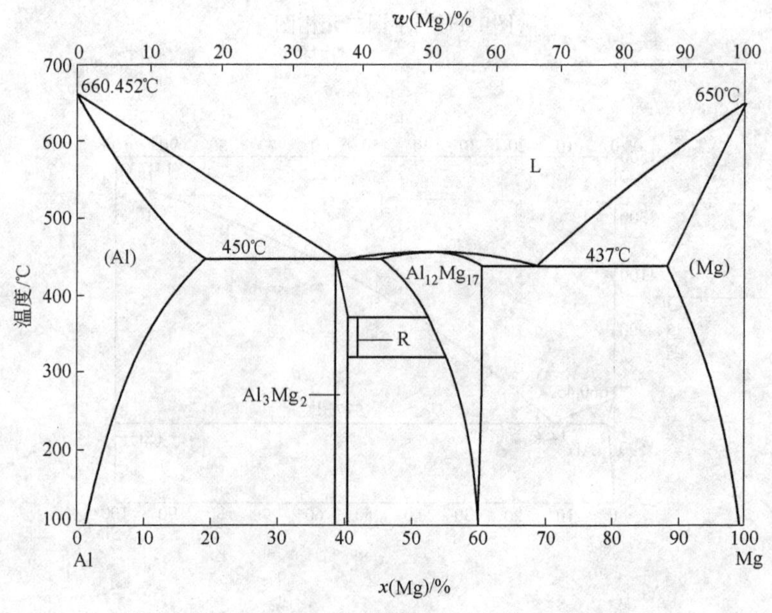

图 1-20　铝-镁二元相图

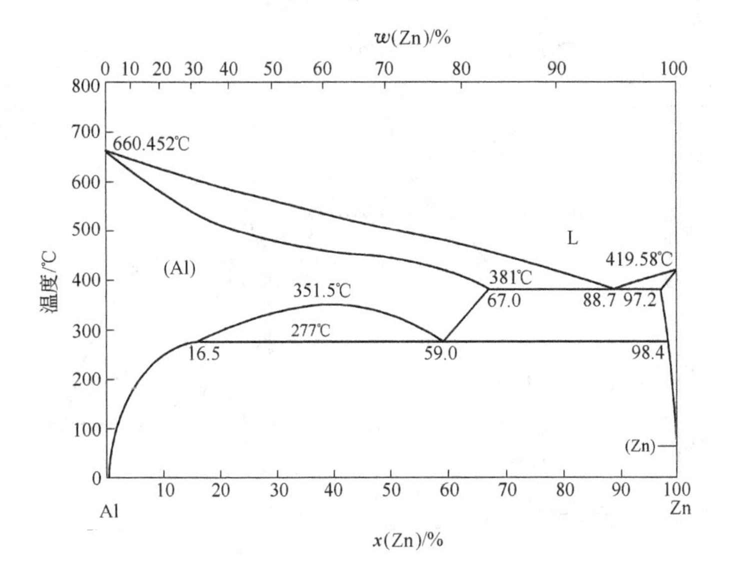

图 1-21 铝-锌二元相图

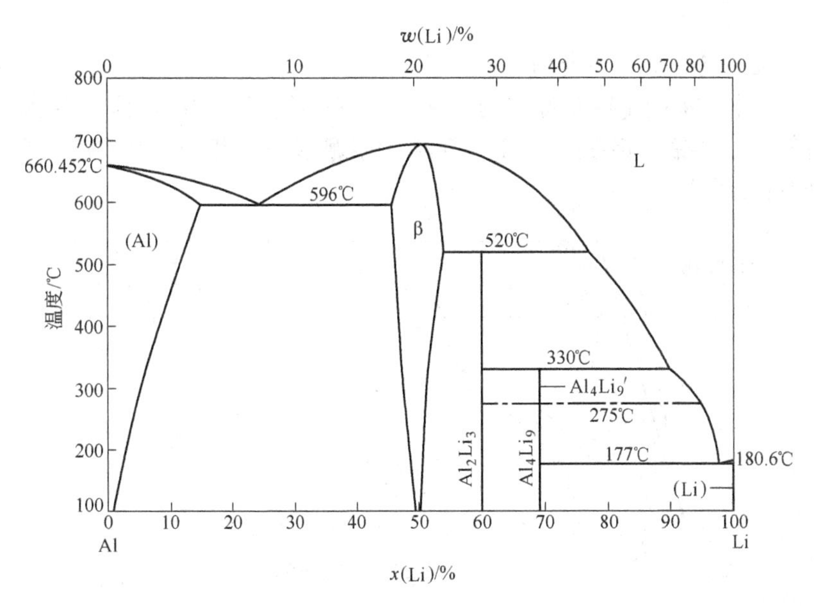

图 1-22 铝-锂二元相图

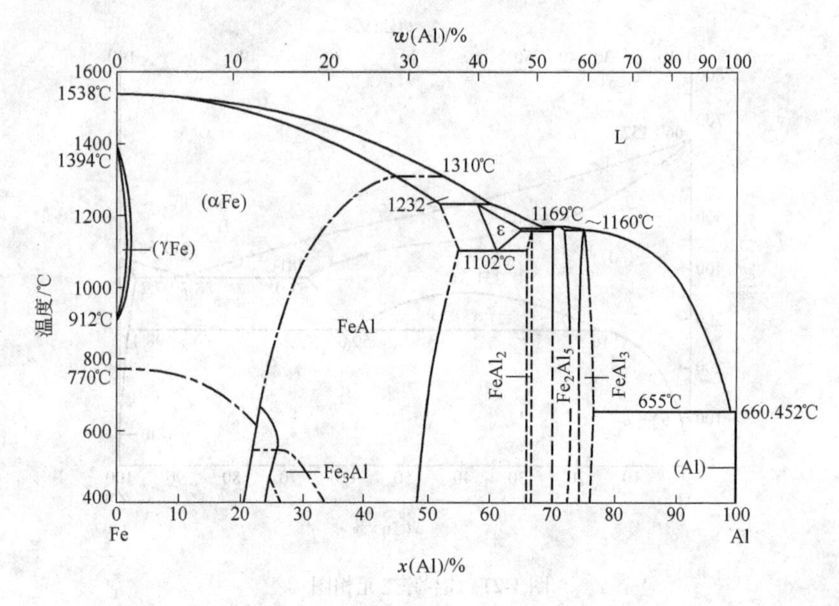

图 1-23 铝-铁二元相图

B 铝合金三元相图选编

图 1-24 ~ 图 1-30 选编的三元相图有铝-铜-铁、铝-铜-锌、铝-铜-镁、铝-铜-锰、铝-镁-硅、铝-镁-锌、铝-硼-钛三元相图，必要时可参阅有关手册。

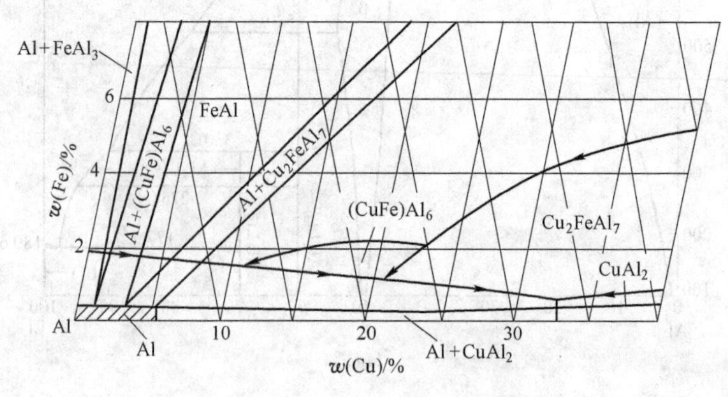

图 1-24 铝-铜-铁三元相图

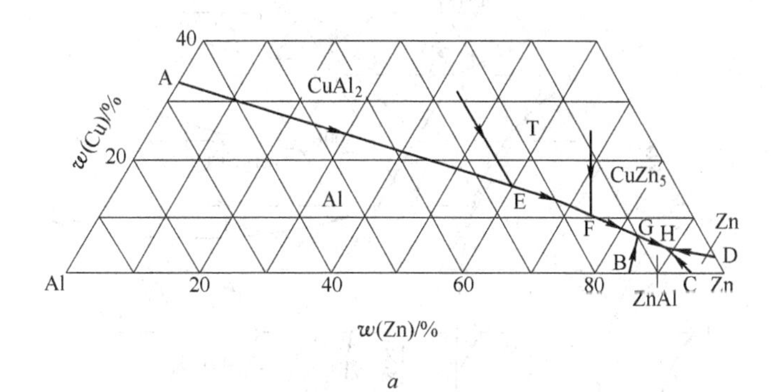

a

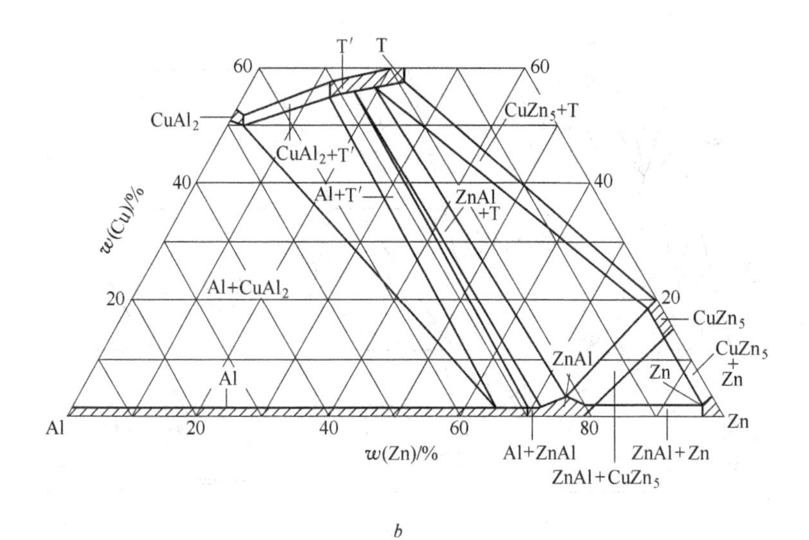

b

图 1-25 铝-铜-锌三元相图

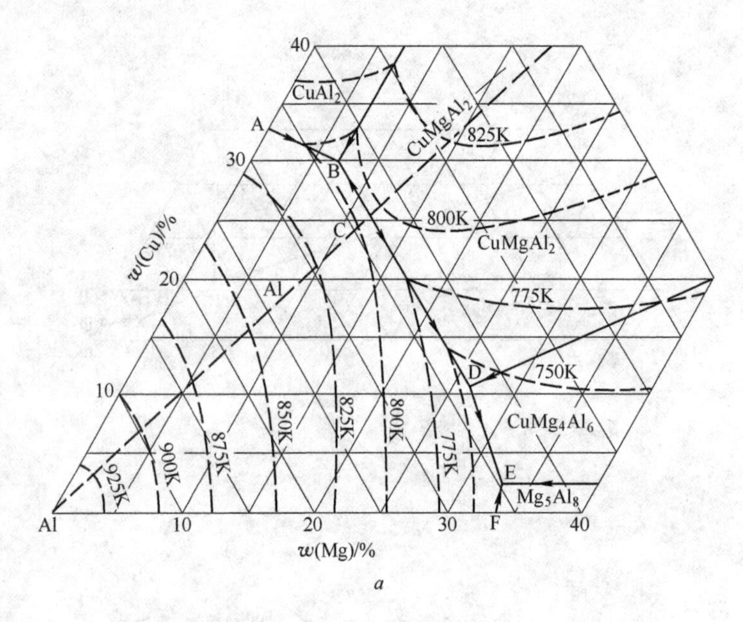

a

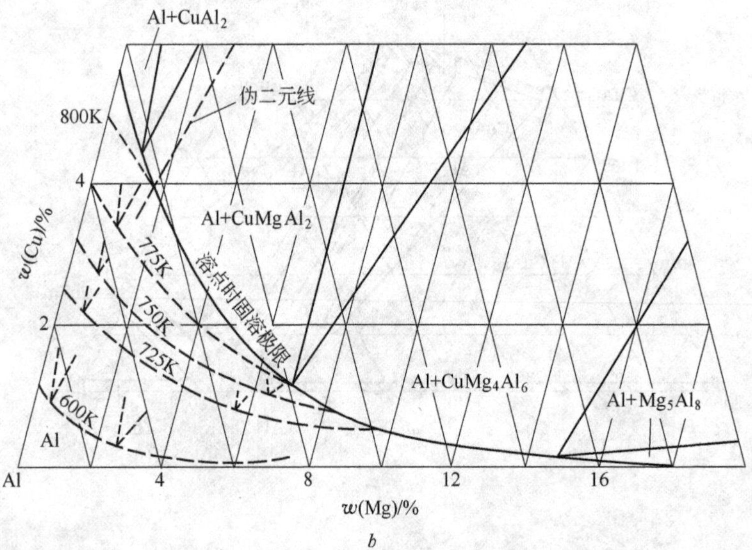

b

图 1-26 铝-铜-镁三元相图

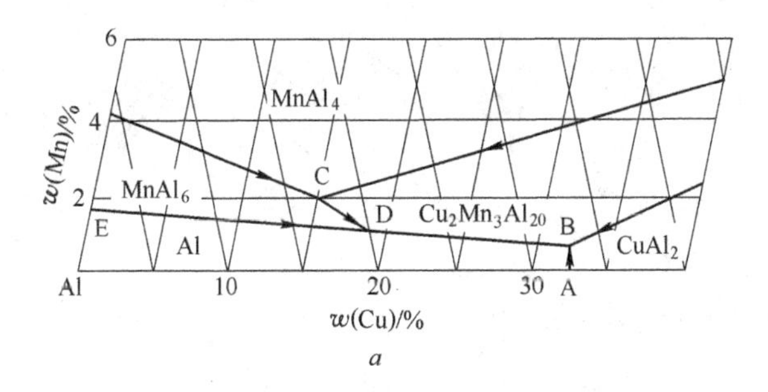

a

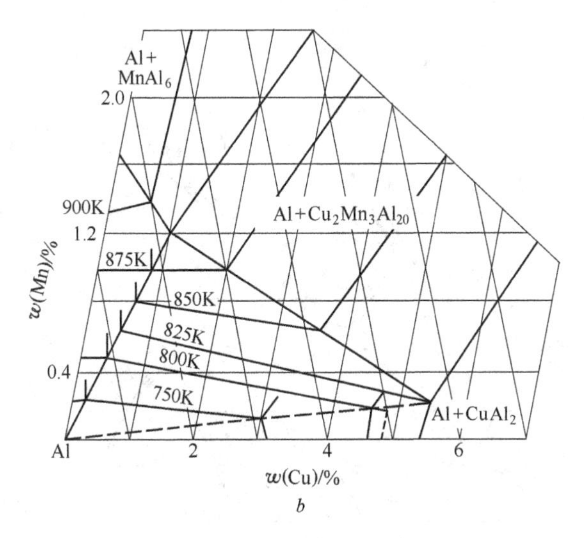

b

图 1-27 铝-铜-锰三元相图

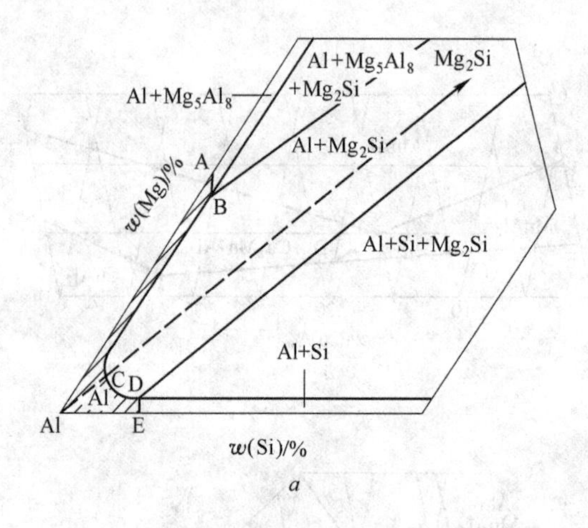

a

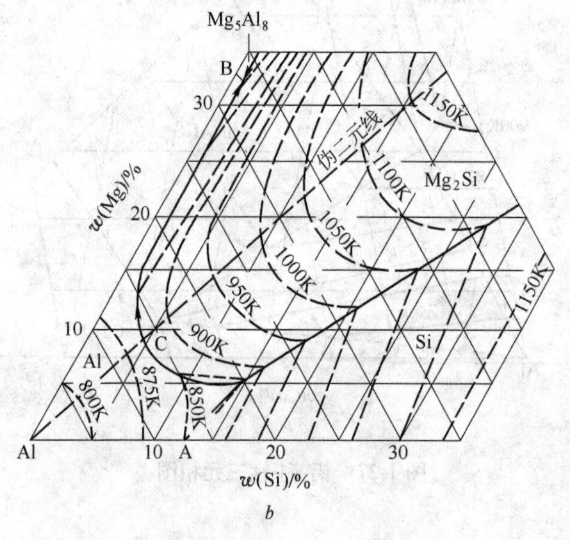

b

图 1-28 铝-镁-硅三元相图

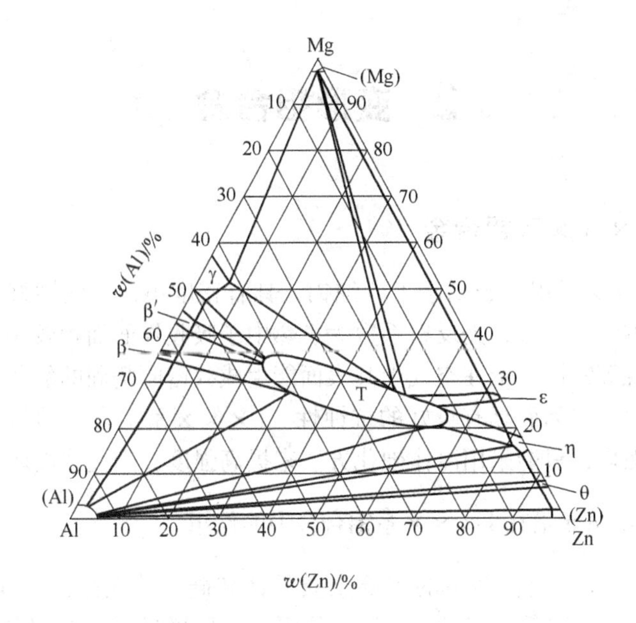

图 1-29 铝-镁-锌三元相图

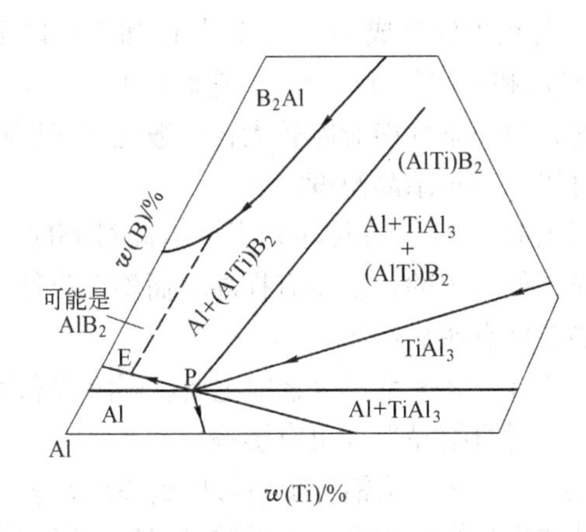

图 1-30 铝-硼-钛三元相图

2 变形铝合金

2.1 1×××系铝合金

1×××系铝合金属于工业纯铝，具有密度小、导电性好、导热性高、溶解潜热大、光反射系数大、热中子吸收界面面积较小及外表色泽美观等特性。铝在空气中其表面能生成致密而坚固的氧化膜，阻止氧的侵入，因而具有较好的抗蚀性。1×××系铝合金用热处理方法不能强化，只能采用冷作硬化方法来提高强度，因此强度较低。

2.1.1 微量元素在1×××系铝合金中的作用

1×××系铝合金中的主要杂质是铁和硅，其次是铜、镁、锌、锰、铬、钛、硼等，以及一些稀土元素，这些微量元素在部分1×××系铝合金中还起合金化的作用，并且对合金的组织和性能均有一定的影响。

（1）铁：铁与铝可以生成 $FeAl_3$，铁与硅和铝可以生成三元化合物 α(Al、Fe、Si）和 β(Al、Fe、Si)，它们是1×××系铝合金中的主要相，硬而脆，对力学性能影响较大，一般是使强度略有提高，而塑性降低，并可以提高再结晶温度。

（2）硅：硅与铁是铝中的共存元素。当硅过剩时，以游离硅状态存在，硬而脆，使合金的强度略有提高，而塑性降低，并对高纯铝的二次再结晶晶粒度有明显影响。

（3）铜：铜在1×××系铝合金中主要以固溶状态存在，对合金的强度有些贡献，对再结晶温度也有影响。

（4）镁：镁在1×××系铝合金中可以是添加元素，并主要以固溶状态存在，其作用是提高强度，对再结晶温度的影响较小。

（5）锰和铬：锰、铬可以明显提高再结晶温度，但对细化晶粒的作用不大。

（6）钛和硼：钛、硼是1×××系铝合金的主要变质元素，既可以细化铸锭晶粒，又可以提高再结晶温度并细化晶粒。但钛对再结晶温度的影响与铁和硅的含量有关，当含有铁时，其影响非常显著；当含有少量的硅时，其作用减小；但当 $w(Si)=0.48\%$ 时，钛又可以使再结晶温度显著提高。

添加元素和杂质对1×××系铝合金的电学性能影响较大，一般均使导电性能降低，其中镍、铜、铁、锌、硅使导电性能降低较少，而钒、铬、锰、钛则使导电性能降低较多。此外，杂质的存在会破坏铝表面形成氧化膜的连续性，使铝的抗蚀性降低。

2.1.2　1×××系铝合金材料的典型性能

1×××系铝合金材料的典型性能见表2-1～表2-9。

表2-1　1×××系铝合金材料的热学性能

合金	液相线温度/℃	固相线温度/℃	线膨胀系数		体膨胀系数/$m^3\cdot(m^3\cdot K)^{-1}$	质量热容/$J\cdot(kg\cdot K)^{-1}$	热导率/$W\cdot(m\cdot K)^{-1}$	
			温度/℃	平均值/$\mu m\cdot(m\cdot K)^{-1}$			O状态	H18状态
1050	657	646	-50～20 20～100 20～200 20～300	21.8 23.6 24.5 25.5	68.1×10^{-6} (20℃)	900 (20℃)	231 (20℃)	
1060	657	646	-50～20 20～100 20～200 20～300	21.8 23.6 24.5 25.5	68×10^{-6} (20℃)	900 (20℃)	234 (25℃)	
1100	657	643	-50～20 20～100 20～200 20～300	21.8 23.6 24.5 25.5	68×10^{-6} (20℃)	904 (20℃)	222 (20℃)	218 (20℃)
1145	657	646	-50～20 20～100 20～200 20～300	21.8 23.6 24.5 25.5	68×10^{-6} (20℃)	904 (20℃)	230 (20℃)	227 (20℃)

续表 2-1

合金	液相线温度/℃	固相线温度/℃	线膨胀系数		体膨胀系数/m^3·(m^3·K)$^{-1}$	质量热容/J·(kg·K)$^{-1}$	热导率/W·(m·K)$^{-1}$	
			温度/℃	平均值/μm·(m·K)$^{-1}$			O 状态	H18 状态
1199	660	660	-50~20 20~100 20~200 20~300	21.8 23.6 24.5 25.5	溶解热 390 kJ/(kg·K)	900 (25℃)	243 (20℃)	
1350	657	646	-50~20 20~100 20~200 20~300	21.8 23.6 24.5 25.5	68×10^{-6} (20℃)	900 (20℃)	234	230 (H19)

表 2-2 1××× 系铝合金材料的电学性能

合金	20℃时体积电导率/%IACS		20℃时体积电阻率/nΩ·m		20℃时体积电阻温度系数/nΩ·m·K^{-1}		电极电位①/V
	O	H18	O	H18	O	H18	
1050	61.3		28.1		0.1		
1060	62	61	27.8	28.3	0.1	0.1	-0.84
1100	59	57	29.2	30.2	0.1	0.1	-0.83
1145	61	60	28.3	28.7	0.1	0.1	
1199	64.5		26.7		0.1		
1350	61.8	61.0 (H1X)	27.9	28.2 (H1X)	0.1 (各种状态)		-0.84

①测定条件：25℃，在 NaCl 53g/L + H_2O_2 3g/L 溶液中，用 0.1N 甘汞电极作标准电极。

表 2-3 1××× 系铝合金材料的典型室温力学性能

合金	状态	$\sigma_{0.2}$/MPa	σ_b/MPa	δ/%	硬度 HB①	抗剪强度/MPa	疲劳强度②/MPa
1050	O	28	76	39		62	
	H14	103	110	10		69	
	H16	124	131	8		76	
	H18	145	159	7		83	

续表 2-3

合金	状态	$\sigma_{0.2}$/MPa	σ_b/MPa	δ/%	硬度 HB①	抗剪强度/MPa	疲劳强度②/MPa
1060③	O	28	69	43	19	48	21
	H12	76	83	16	23	55	28
	H14	90	97	12	26	62	34
	H16	103	110	8	30	69	45
	H18	124	131	6	35	76	45
1100③	O	34	90	35	23	62	34
	H12	103	110	12	28	69	41
	H14	117	124	9	32	76	48
	H16	138	145	6	38	83	62
	H18	152	165	5	44	90	62
1145④⑤	O	34	75	40			
	H18	117	145	5			
1350	O	28	83	23		55	
	H12	83	97			62	
	H14	97	110			69	
	H16	110	124			76	
	H19	165	186	1.5		103	

①载荷 500kg，钢球直径 10mm；②$5\times10^8$ 次循环，R. R. Moore 型试验；③厚 1.6mm 板；④0.02～0.15mm 的素箔；⑤冷加工率。O 状态素箔的 $\sigma_{b\,max}=95$MPa，H19 素箔的 $\sigma_{b\,min}=140$MPa，箔材厚度为 0.02～0.15mm。

表 2-4 1×××系铝合金板材的标定力学性能（GB 3617、GB 3880）

合 金	状 态	厚度/mm	力学性能（不小于）	
			σ_b/MPa	δ_{10}/%
1070A 1060 1050 1035 1100 1200	O	0.3～0.5	100	20
		0.51～0.9		25
		0.91～6.0		28
	H14	0.3～0.4	100	3
		0.41～0.7		4
		0.71～1.0		5
		1.1～6.0		6
	H18	0.3～0.9	140	2
		0.91～4.0	140	3
		4.1～6.0	130	4

表 2-5 1×××系铝合金箔材的标定力学性能（GB 3198）

合 金	厚度/mm	σ_{bmin}/MPa		δ_{min}/%	
		O	H18	O	H18
1070A、1060、1050A、1035、1200	0.006				
	0.007～0.010	30	100	0.5	
	0.012～0.025	30	100	1.0	
	0.026～0.040	30	100	2.0	0.5
	0.020～0.050	40	120	3.0	0.5

表 2-6 电解电容器铝箔的纵向室温力学性能（GB 3615）

合 金	状 态	厚度/mm	σ_{bmin}/MPa	δ_{min}/%
1A85	O	0.030～0.090	25	2
1A90	H18	0.030～0.090	100	0.5
1A93	O	0.100～0.200	30	3
1A97	H18	0.100～0.200	100	0.5

表 2-7 电力和一般有机介质电容器铝箔纵向室温力学性能（GB 3616）

合 金	状 态	厚度/mm	抗拉强度 σ_b/MPa	伸长率 δ/%（L_0 = 100mm）
1070A、1060、1050、1035、1145、1235	O、H18	0.006～0.007		
	O	>0.007～0.01	≥30	≥0.5
	H18	>0.007～0.01	≥100	
	O	>0.01～0.016	≥30	≥1.0
	H18	>0.01～0.016	≥110	≥0.5

表 2-8 1×××系铝合金热挤压管棒材的室温纵向力学性能（GB 4437、GB 3191）

合 金	材料	供应状态	试样状态	壁厚或直径/mm	σ_b/MPa	$\sigma_{0.2}$/MPa	δ/%	
							50mm	δ
1070A、1060、1050A、1035、1100、1200	管	O	O	所有	≥60～95		25	≥22
		H112	H112		≥60		25	≥22
		O	O		≥60～100		25	≥23
		O	O		≥75～105		25	≥22
		H112	H112		≥75		25	≥22

续表 2-8

合 金	材料	供应状态	试样状态	壁厚或直径/mm	σ_b/MPa	$\sigma_{0.2}$/MPa	δ/% 50mm	δ/% δ
1060	棒	O	O	≤150	≥60~95	≥15		≥22
		H112	H112		≥60	≥15		≥22
1070A		H112	H112		≥55	≥15		
1050A		H112	H112		≥65	≥20		
1200		H112	H112		≥75	≥20		
1035		O	O					
		H112	H112		≤120			≥25

表 2-9 1A50 导线的室温力学性能（GB 3195）

直径/mm	H19		O	
	抗拉强度 σ_b/MPa（不小于）	伸长率 δ/%（不小于）	抗拉强度 σ_b/MPa（不小于）	伸长率 δ/%（不小于）
0.80~1.00	162	1.0	74	10
>1.00~1.50	157	1.2	74	12
>1.50~2.00	157	1.5	74	12
>2.00~3.00	157	1.5	74	15
>3.00~4.00	137	1.5	74	18
>4.00~4.50	137	2.0	74	18
>4.50~5.00	137	2.0	74	18

注：1035-H18 铆钉线材的抗剪强度不小于 60MPa（GB 3196）。

2.1.3 1×××系铝合金的工艺性能

1×××系铝合金的工艺性能见表 2-10，变形工艺参数和再结晶温度见表 2-11，过烧温度见表 2-12，材料的特性比较见表 2-13。

表 2-10 1×××系铝合金材料的工艺性能

熔炼温度/℃	铸造温度/℃	轧制温度/℃	挤压温度/℃	退火温度/℃
720~760	700~760	290~500	250~450	低温 210~260 完工 310~410

表 2-11　1×××系铝合金的变形工艺参数和再结晶温度

牌号	品种	规格或型号/mm	变形温度/℃	变形程度/%	加热方式	保温时间/min	再结晶温度/℃		备注
							开始	终止	
1060	热轧板	10.5	300~350	96	空气炉	120		400~405	热轧状态已开始再结晶
	冷轧板	0.5 2.0	室温	92 75	空气炉	60	190~200 200	260~270 320	
	棒材	φ10.5	350	98		120			挤压状态已完全再结晶
	冷轧管材	D38×2.0 D110×3.0	室温	63 45	空气炉	120	200	300 350	
1035	热轧板	8.0	300~350	97	盐浴炉	10		400~415	热轧状态已开始再结晶
	冷轧板	1.0	室温	87.5	盐浴炉 空气炉	10 20	230~235 200~205	305~310 285~290	
	棒材	φ10	350	92					挤压状态已完全再结晶
	二次挤压管材	D50×41	350	96					挤压状态已完全再结晶
	带材	60×6	350	96	盐浴炉	10		450~460	挤压状态已开始再结晶
	冷轧管材	D18×16	室温	59	盐浴炉	10	280~285	355~360	

表 2-12　1×××系铝合金的过烧温度

序号	牌号	过烧温度/℃
1	1060	645
2	1100	640
3	1350	645

表2-13 1×××系铝合金材料的各种特性比较

合金	状态	腐蚀性能		可塑性③（冷加工）	机械加工性③	可钎焊性④	可焊性④		
		一般①	应力腐蚀开裂②				气焊	电弧焊	接触点焊和线焊
1060	O	A	A	A	E	A	A	A	B
	H12	A	A	A	E	A	A	A	A
	H14	A	A	A	D	A	A	A	A
	H16	A	A	B	D	A	A	A	A
	H18	A	A	B	D	A	A	A	A
1100	O	A	A	A	E	A	A	A	B
	H12	A	A	A	E	A	A	A	A
	H14	A	A	A	D	A	A	A	A
	H16	A	A	B	D	A	A	A	A
	H18	A	A	C	D	A	A	A	A
1350	O	A	A	A	E	A	A	A	B
	H12，H111	A	A	A	E	A	A	A	A
	H14，H24	A	A	A	D	A	A	A	A
	H16，H26	A	A	B	D	A	A	A	A
	H18	A	A	B	D	A	A	A	A

① A～E的等级是根据对试样断续喷洒氯化钠溶液，按性能逐渐降低的次序排列的。A级和B级合金可用在工业及海洋气氛中而不必保护。一般至少应对C、D、E级合金的接触面进行保护。

② 应力腐蚀开裂的等级是凭使用经验和把试样置于3.5%氯化钠溶液中，进行交替浸入试验结果确定的。A在使用和实验室试验过程中无损坏例证；B在使用中无损坏例证，短横向试样在实验室试验中损坏很有限；C在相对于晶粒组织上的短横向上，因承受张应力的作用而在使用时发生损坏，长横向试样在实验室试验时损坏很有限；D用于承受纵向或长横向应力，使用时发生的损坏很有限。

③ A～D的可塑性（冷加工）等级和A～E的机械加工性等级，是按性能逐渐降低的次序排列的。

④ A～D的可钎焊性和可焊性等级，按下列次序排列：A根据工业上的工艺规程和方法得到的一般可焊性；B用特殊方法得到的可焊性，或为了达到目的而改进焊接工艺规程和可焊性的初步试验，通过具体操作而得到的可焊性；C由于裂纹的敏感性或耐蚀性和力学性能降低，可焊性受到限制；D尚未研究出普遍采用的焊接方法。

1×××系铝合金的塑性高，可以进行各种形式的压力加工。1×

××系铝合金的焊接性能和耐蚀性能良好，但切削性差。

2.1.4 1×××系铝合金的品种、状态和典型用途

1×××系铝合金的品种、状态和典型用途见表2-14。

表2-14 1×××系铝合金的品种、状态和典型用途

合金	主要品种	状态	典型用途
1050	板、带、箔材 管、棒、线材 挤压管材	O、H12、H14、H16、H18 O、H14、H18 H112	导电体，食品、化学和酿造工业用挤压盘管，各种软管，船舶配件，小五金件，烟花粉
1060	板、带材 箔材 厚板 拉伸管 挤压管、型、棒、线材 冷加工棒材	O、H12、H14、H16、H18 O、H19 O、H12、H14、H112 O、H12、H14、H18、H113 O、H112 H14	要求耐蚀性与成形性均高的场合，但对强度要求不高的零部件，如化工设备、船舶设备、铁道油罐车、导电体材料、仪器仪表材料、焊条等
1100	板、带材 箔材 厚板 拉伸管 挤压管、型、棒、线材 冷加工棒材 冷加工线材 锻件和锻坯 散热片坯料	O、H12、H14、H16、H18 O、H19 O、H12、H14、H112 O、H12、H14、H16、H18、H113 O、H112 O、H12、H14、F O、H12、H14、H16、H18、H112 H112、F O、H14、H18、H19、H25、H111、H113、H211	用于加工需要有良好的成形性和高的抗蚀性，但不要求有高强度的零部件，例如化工设备、食品工业装置与贮存容器、炊具、压力罐、薄板加工件、深拉或旋压凹形器皿、焊接零部件、热交换器、印刷版、铭牌、反光器具、卫生设备零件和管道、建筑装饰材料、小五金件等
1145	箔材 散热片坯料	O、H19 O、H14、H19、H25、H111、H113、H211	包装及绝热铝箔、热交换器

续表 2-14

合金	主要品种	状　态	典 型 用 途
1350	板、带材 厚板 挤压管、型、棒、线材 冷加工圆棒 冷加工异形棒 冷加工线材	O、H12、H14、H16、H18 O、H12、H14、H112 H112 O、H12、H14、H16、H22、H24、H26 H12、H111 O、H12、H14、H16、H19、H22、H24、H26	电线、导电绞线、汇流排、变压器带材
1A90	箔材 挤压管	O、H19 H112	电解电容器箔、光学反光沉积膜、化工用管道

2.2 2×××系铝合金

2×××系铝合金是以铜为主要合金元素的铝合金。它包括 Al-Cu-Mg 合金、Al-Cu-Mg-Fe-Ni 合金和 Al-Cu-Mn 合金等，这些合金均属热处理可强化铝合金，其特点是强度高，通常称为硬铝合金。其耐热性能和加工性能良好，但耐蚀性不好，在一定条件下会产生晶间腐蚀。因此，板材往往需要包覆一层纯铝或一层对芯板有电化学保护的6×××系铝合金，以大大提高其耐腐蚀性能。其中，Al-Cu-Mg-Fe-Ni 合金具有极为复杂的化学组成和相组成，它在高温下有高的强度，并具有良好的工艺性能，主要用于锻压在 150～250℃以下工作的耐热零件；Al-Cu-Mn 合金的室温强度虽然低于 Al-Cu-Mg 合金 2A12 和 2A14 的，但在 225～250℃或更高温度下强度却比二者的高，并且合金的工艺性能良好，易于焊接，主要应用于耐热可焊的结构件及锻件。该系合金广泛应用于航空和航天领域。

2.2.1 合金元素和杂质元素在2×××系铝合金中的作用

（1）Al-Cu-Mg 合金。Al-Cu-Mg 系合金的主要合金牌号有 2A01、2A02、2A06、2A10、2A11、2A12 等，主要添加元素有铜、镁和锰，它们对合金有如下作用：

1）当 $w(Mg)$ 为1%～2%，$w(Cu)$ 从1.0%增加到4%时，淬火状态的合金抗拉强度从200MPa提高到380MPa；淬火自然时效状态下合金的抗拉强度从300MPa增加到480MPa。$w(Cu)$ 为1%～4%，$w(Mg)$ 从0.5%增加到2.0%时，合金的抗拉强度增加；继续增加 $w(Mg)$ 时，合金的强度降低。

2）$w(Cu)=4.0\%$ 和 $w(Mg)=2.0\%$ 时，合金抗拉强度值最大，$w(Cu)=3\%\sim4\%$ 和 $w(Mg)=0.5\%\sim1.3\%$ 的合金，其淬火自然时效效果最好。试验指出，$w(Cu)=4\%\sim6\%$ 和 $w(Mg)=1\%\sim2\%$ 的Al-Cu-Mg三元合金，在淬火自然时效状态下，合金的抗拉强度可达490～510MPa。

3）由 $w(Mn)=0.6\%$ 的Al-Cu-Mg合金在200℃和160MPa应力下的持久强度试验值可知，含 $w(Cu)=3.5\%\sim6\%$ 和 $w(Mg)=1.2\%\sim2.0\%$ 的合金，持久强度最高。这时合金位于Al-S(Al_2CuMg)伪二元截面上或这一区域附近。远离伪二元截面的合金，即当 $w(Mg)<1.2\%$ 和 $w(Mg)>2.0\%$ 时，其持久强度降低。若 $w(Mg)$ 提高到3.0%或更大时，合金持久强度将迅速降低。

在250℃和100MPa应力下试验，也得到了相似的规律。文献指出，在300℃下持久强度最大的合金，位于镁含量较高的Al-S二元截面以右的 $\alpha+S$ 相区中。

4）$w(Cu)=3\%\sim5\%$ 的Al-Cu二元合金，在淬火自然时效状态下耐蚀性能很低。加入0.5%Mg，降低 α 固溶体的电位，可部分改善合金的耐蚀性。$w(Mg)>1.0\%$ 时，合金的局部腐蚀增加，腐蚀后伸长率急剧降低。

5）$w(Cu)>4.0\%$，$w(Mg)>1.0\%$ 的合金，镁会降低铜在铝中的溶解度，合金在淬火状态下，有不溶解的 $CuAl_2$ 和S相，这些相的存在加速了腐蚀。$w(Cu)=3\%\sim5\%$ 和 $w(Mg)=1\%\sim4\%$ 的合金，它们位于同一相区，在淬火自然时效状态耐蚀性能相差不多。α-S相区的合金比 α-$CuAl_2$-S区域的耐蚀性能差。晶间腐蚀是Al-Cu-Mg系合金的主要腐蚀倾向。

Al-Cu-Mg合金中加锰，主要目的是为了消除铁的有害影响和提高耐蚀性能。锰能稍许提高合金的室温强度，但使塑性有所降低。锰还能延迟和减弱Al-Cu-Mg合金的人工时效过程，提高合金的耐热强度。锰也是使Al-Cu-Mg合金具有挤压效应的主要因素之一。w(Mn)一般低于1.0%，含量过高，能形成粗大的（FeMn）Al_6脆性化合物，降低合金的塑性。

Al-Cu-Mg合金中添加的少量微量元素有钛和锆，杂质主要是铁、硅和锌等，其影响如下：

钛：合金中加钛能细化铸态晶粒，减少铸造时形成裂纹的倾向性。

锆：少量的锆和钛有相似的作用，细化铸态晶粒，减少铸造和焊接裂纹的倾向性，提高铸锭和焊接接头的塑性。加锆不影响含锰合金冷变形制品的强度，对无锰合金强度稍有提高。

硅：w(Mg)低于1.0%的Al-Cu-Mg合金，w(Si)超过0.5%，能提高人工时效的速度和强度，而不影响自然时效能力。因为硅和镁形成了Mg_2Si相，有利于提高人工时效效果。但w(Mg)提高到1.5%时，经淬火自然时效或人工时效处理后，合金的强度和耐热性能随w(Si)的增加而下降。因而，w(Si)应尽可能降低。此外，w(Si)增加将使2A12、2A06等合金铸造形成裂纹倾向增大，铆接时塑性下降。因此，合金中的w(Si)一般限制在0.5%以下。要求塑性高的合金，w(Si)应更低些。

铁：铁和铝形成$FeAl_3$化合物；铁并溶入铜、锰、硅等元素所形成的化合物中，这些不溶入固溶体中的粗大化合物，会降低合金的塑性，变形时合金易于开裂，并使强化效果明显降低。而少量的铁（小于0.25%）对合金力学性能影响很小，可改善铸造、焊接时裂纹的形成倾向，但使自然时效速度降低。为获得高塑性的材料，合金中的铁和硅含量应尽量低些。

锌：少量的锌（w(Zn)=0.1%～0.5%）对Al-Cu-Mg合金的室温力学性能影响很小，但使合金耐热性降低。合金中w(Zn)应限制在0.3%以下。

（2）Al-Cu-Mg-Fe-Ni合金。本系合金的主要合金牌号有2A70、2A80、2A90等，各合金元素有如下作用：

1）铜和镁：铜、镁含量对上述合金室温强度和耐热性能的影响与 Al-Cu-Mg 合金的相似。由于该系合金中铜、镁含量比 Al-Cu-Mg 合金的低，使合金位于 α + S（Al_2CuMg）两相区中，因而合金具有较高的室温强度和良好的耐热性；另外，铜含量较低时，低浓度的固溶体分解倾向小，这对合金的耐热性是有利的。

2）镍：镍与合金中的铜可以形成不溶解的三元化合物，镍含量低时会形成（AlCuNi），镍含量高时会形成 $Al_3(CuNi)_2$，因此镍的存在，能降低固溶体中铜的浓度。对淬火状态晶格常数的测定结果也证明合金固溶体中铜溶质原子的贫化。当铁含量很低时，镍含量增加能降低合金的硬度，减小合金的强化效果。

3）铁：铁和镍一样，也能降低固溶体中铜的浓度。当镍含量很低时，合金的硬度随铁含量的增加，开始时是明显降低，但当铁含量达到某一数值后，硬度又开始提高。

4）镍和铁：在 AlCu2. 2Mg1. 65 合金中同时添加铁和镍时，淬火自然时效、淬火人工时效、淬火和退火状态下的硬度变化特点相似，均在镍、铁含量相近的部位出现一个最大值，相应在此处其淬火状态下的晶格常数出现一极小值。

当合金中铁含量大于镍含量时，会出现 Al_7Cu_2Fe 相。而当合金中镍含量大于铁含量时，则会出现 AlCuNi 相。上述含铜三元相的出现，会降低固溶体中铜的浓度，只有当铁、镍含量相等时，则全部生成 Al_9FeNi 相。在这种情况下，由于没有过剩的铁或镍去形成不溶解的含铜相，则合金中的铜除形成 S(Al_2CuMg) 相外，同时也增加了铜在固溶体中的浓度，这有利于提高合金强度及其耐热性。

铁、镍含量可以影响合金耐热性。Al_9FeNi 相是硬脆的化合物，在 Al 中溶解度极小，经锻造和热处理后，当它们弥散分布于组织中时，能够显著地提高合金的耐热性。例如在 AlCu2. 2Mg1. 65 合金中 $w(Ni) = 1.0\%$，加入 $w(Fe) = 0.7\% \sim 0.9\%$ 的合金持久强度值最大。

5）硅：在 2A80 合金中加入 $w(Si) = 0.5\% \sim 1.2\%$，可提高合金的室温强度，但使合金的耐热性降低。

6）钛：2A70 合金中加入 $w(Ti) = 0.02\% \sim 0.1\%$，细化铸态晶粒，提高锻造工艺性能，对耐热性有利，但对室温性能影响不大。

（3）Al-Cu-Mn 合金。本系合金主要合金牌号有 2A16、2A17 等，其主要合金元素有如下作用：

1）铜：在室温和高温下，随着铜含量提高，合金强度增大。w(Cu) 达到5.0%时，合金强度接近最大值。另外，铜能改善合金的焊接性能。

2）锰：锰是提高耐热合金的主要元素，它提高固溶体中原子的激活能，降低溶质原子的扩散系数和固溶体的分解速度。当固溶体分解时，析出T相（$Al_{20}Cu_2Mn_3$）的形成和长大过程也非常缓慢，所以合金在一定高温下长时间受热时性能也很稳定。添加适当的锰（w(Mn)=0.6%~0.8%），能提高合金淬火和自然时效状态的室温强度和持久强度。但锰含量过高，T相增多，使界面增加，会加速扩散作用，降低合金的耐热性。另外，锰也能降低合金焊接时的裂纹倾向。

Al-Cu-Mn合金中添加的微量元素有镁、钛和锆，而主要杂质元素有铁、硅、锌等，其影响如下：

1）镁：在2A16合金中铜、锰含量不变的情况下，添加w(Mg)=0.25%~0.45%而成为2A17合金。镁可以提高合金的室温强度，并改善150~225℃以下的耐热强度。然而，温度再升高时，合金的强度明显降低。但加入镁能使合金的焊接性能变坏，故在用于耐热可焊的2A16合金中，杂质w(Mg)≤0.05%。

2）钛：钛能细化铸态晶粒，提高合金的再结晶温度，降低过饱和固溶体的分解倾向，使合金高温下的组织稳定。但w(Ti)>0.3%时，生成粗大针状晶体$TiAl_3$化合物，使合金的耐热性有所降低。规定合金的w(Ti)=0.1%~0.2%。

3）锆：在2219合金中加入w(Zr)=0.1%~0.25%时，能细化晶粒，并提高合金的再结晶温度和固溶体的稳定性，从而提高合金的耐热性，改善合金的焊接性和焊缝的塑性。但w(Zr)高时，能生成较多的脆性化合物$ZrAl_3$。

4）铁：合金中的w(Fe)>0.45%时，形成不溶解相Al_7Cu_2Fe，能降低合金淬火时效状态的力学性能和300℃时的持久强度。所以限制w(Fe)<0.3%。

5）硅：少量硅（w(Si)≤0.4%）对室温力学性能影响不明显，但降低300℃时的持久强度。w(Si)>0.4%时，还降低室温力学性能。因此限制 $w(\mathrm{Si})<0.3\%$。

6）锌：少量锌（$w(\mathrm{Zn})=0.3\%$）对合金室温性能没有影响，但能加快铜在 Al 中的扩散速度，降低合金 300℃时的持久强度，故限制 $w(\mathrm{Zn})<0.1\%$。

2.2.2 2×××系铝合金材料的典型性能

2×××系铝合金材料的典型性能见表 2-15～表 2-18。

表 2-15 2×××系铝合金材料的热学性能

合金	液相线温度/℃	固相线温度/℃	初熔温度/℃	线膨胀系数		体膨胀系数（20℃）/m³·(m³·K)⁻¹	质量热容（20℃）/J·(kg·K)⁻¹	热导率(20℃)/W·(m·K)⁻¹
				温度/℃	平均值/μm·(m·K)⁻¹			
2011	638	541	535	-50～20 20～100 20～200 20～300	21.4 23.1 24.0 25.0	67×10^{-6}	864	T3、T4:152; T8:173
2014	638	507		-50～20 20～100 20～200 20～300	20.8 22.5 23.4 24.4	65.1×10^{-6}		O:192; T3、T4、T451:134; T6、T651、T652:155
2017	640	513		20～100	23.6			O:193; T4:134(25℃)
2024	638	502	502	-50～20 20～100 20～200 20～300	21.1 22.9 23.8 24.7	66.0×10^{-6}	875	O:190; T3、T36、T351、T361、T4:120; T6、T81、T851、T861:151
2036	650	554	510	-50～20 20～100 20～200 20～300	21.6 23.4 24.3 25.2	67.5×10^{-6}	882	O:198; T4:195
2048				21～104	23.5		926(100℃)	T851:159
2124	638	502	502	-50～20 20～100 20～200 20～300	21.1 22.9 23.8 24.7	66.0×10^{-6}	882	O:191; T851:152

续表 2-15

合金	液相线温度/℃	固相线温度/℃	初熔温度/℃	线膨胀系数		体膨胀系数(20℃)/m³·(m³·K)⁻¹	质量热容(20℃)/J·(kg·K)⁻¹	热导率(20℃)/W·(m·K)⁻¹
				温度/℃	平均值/μm·(m·K)⁻¹			
2218	635	532	504	-50~20 20~100 20~200 20~300	20.7 22.4 23.3 24.2	6.5×10^{-5}	871	T61:148; T72:155
2219	643		543	-50~20 20~100 20~200 20~300	20.8 22.5 23.4 24.4	6.5×10^{-5}	864	O:170; T31、T37:116; T62、T81、T87:130
2319	643		543	-50~20 20~100 20~200 20~300	20.8 22.5 23.4 24.4	6.5×10^{-5}	864	O:170
2618	638	549	502	-50~20 20~100 20~200 20~300	20.8 22.3 23.2 24.1	6.5×10^{-5}	875	T61:146
2A01				-50~20 20~100 20~200 20~300	21.8 23.4 24.5 25.2		924	T4:122
2A02				-50~20 20~100 20~200 20~300	 23.6 25.2 26.0		840(100℃)	T6:135
2A06							882(100℃)	T6:139(100℃)
2A11	639	535		-50~20 20~100 20~200 20~300	21.8 22.9 24.0 25.0		924(100℃)	T4:118(25℃)
2A12	638	502		-50~20 20~100 20~200 20~300	21.4 22.7 23.8 24.7		924(100℃)	T4:193(25℃)
2A10							924(100℃)	T6:147(25℃)
2A14	638	510		-50~20 20~100 20~200 20~300	21.6 22.5 23.6 24.5		840(100℃)	T6:160(25℃)

续表 2-15

合金	液相线温度/℃	固相线温度/℃	初熔温度/℃	线膨胀系数		体膨胀系数(20℃)/m³·(m³·K)⁻¹	质量热容(20℃)/J·(kg·K)⁻¹	热导率(20℃)/W·(m·K)⁻¹
				温度/℃	平均值/μm·(m·K)⁻¹			
2A16				20~100 20~200 20~300 20~400	22.6 24.7 27.3 30.2			T6:138(25℃) 143(100℃) 147(200℃) 156(300℃)
2A17				20~100 20~200 20~300 20~400	19.0 23.8 26.8 33.7		756(50℃)	T6:130(25℃) 139(100℃) 151(200℃) 168(300℃)
2A50							840(100℃) 840(150℃) 882(200℃) 924(250℃) 966(300℃)	T6:177(25℃) 181(100℃) 185(200℃) 185(300℃) 189(400℃)
2A60				20~100 100~200 200~300 300~400 400~500	21.4 23.7 26.2 30.5 35.6		840(100℃) 882(150℃) 924(200℃) 966(250℃) 1008(300℃)	T6:164(25℃) 168(100℃) 172(200℃) 177(300℃) 181(400℃)
2A70				20~100 20~200 20~300 100~200 200~300 300~400	19.6 21.7 23.2 22.4 23.9 24.8		798(100℃) 840(150℃) 840(200℃) 882(250℃) 924(300℃) 966(400℃)	T6:143(25℃) 147(100℃) 151(200℃) 160(300℃) 164(400℃)
2A80				20~100 20~200 20~300 100~200 200~300 300~400	21.8 23.9 24.9 22.6 24.3 24.9		840(100℃) 882(150℃) 924(200℃) 966(250℃) 966(300℃) 1008(350℃) 1050(400℃)	T6:147(25℃) 151(100℃) 160(200℃) 168(300℃) 172(400℃)
2A90				-50~28 20~100 20~200 20~300	21.1 22.3 23.3 24.2		756(100℃) 798(150℃) 840(200℃) 924(250℃) 966(300℃) 1008(350℃) 1008(400℃)	T6:156(25℃) 160(100℃) 164(200℃) 172(300℃) 181(400℃)

表 2-16　2×××系铝合金材料的电学性能

合金	20℃时体积电导率 /%IACS	20℃时电阻率 /nΩ·m	20℃时电阻温度系数 /nΩ·m·K⁻¹	电极电位 /V
2011	T3、T4：39； T8：45	T3、T4：44； T8：38	T3、T4、T8：0.1	T3、T4：-0.39； T8：-0.83
2014	O：50； T3、T4、T451：34； T6、T651、T652：40	O：34； T3、T4、T451：51； T6、T651、T652：43	O、T3、T4、 T451、T6、T651、 T652：0.1	T3、T4、T451：-0.68； T6、T651、T652：-0.78
2017	O：50，158%IACS（质量分数）； T4：34，108%IACS（质量分数）	O：0.035Ω·mm²/m； T4：0.05Ω·mm²/m		
2024 包铝 2024	O：50； T3、T36、T351、T361、T4：30； T6、T81、T851、T861：38	O：34； T3、T36、T351、T361、T4：57； T6、T81、T851、T861：45	各种状态：0.[illegible]	T3、T4、T361：-68； T6、T81、T861：-0.80； 包铝 2024：-0.83
2036	O：50；T4：41	O：33；T4：42	O、T4：0.1	-0.75
2048	T851：42	T851：40		
2124	O：50；T851：39	O：34.5	O、T851：0.1	T851：-0.80
2218	T61：38；T72：40	T61：45；T72：43	T61、T72：0.1	
2219 包铝 2219	O：44； T31、T37、T351：28； T62、T81、T87、T851：30	O：39； T31、T37、T351：62； T62、T81、T87、T851：57	各种状态：0.1	T31、T37、T351：-0.64； T62、T81、T87、T851：-0.80

续表 2-16

合金	20℃时体积电导率 /%IACS	20℃时电阻率 /nΩ · m	20℃时电阻温度系数 /nΩ · m · K^{-1}	电极电位 /V
2319	O：44	O：39	2.94×10^{-3}	
2618	T61：37	T61：47	T61：0.1	
2A01	T4：40	T4：39		
2A02		T4：55		
2A06		T6：61		
2A10		T6：50.4		
2A11	O：45；T4：30	O、T4：54		
2A12	O：50；T4：30	O：44；T4：73		
2A14	T6：40	T6：43		
2A16	T6：61			
2A17	T6：54			
2A50		T4：41		
2A60		T4：43		
2A70		T6：55		
2A80		T6：50		
2A90		T6：47		

表 2-17 2××× 系铝合金材料的典型室温力学性能

合金	弹性模量 E/GPa	切变模量 G/GPa	屈服强度 $\sigma_{0.2}$/MPa	抗拉强度 σ_b/MPa	伸长率 δ_{10}/%	泊松比 μ	布氏硬度① HB	抗剪强度 σ_τ/MPa	疲劳强度 σ_{-1}⑤/MPa
2011 -T3	70	26	296②	379	15②③	0.33	95	221	124
-T8	70	26	310	407	12③	0.33	100	241	124
2014 -O	72.4	28	97	186	18③	0.33	45	125	90
-T4	72.4	28	290④	427	20③	0.33	105	260	140
-T6	72.4	28	414	483	13③	0.33	135	240	125
包铝 2014 -O	71.7	28	69	172	21⑦	0.33		125	
-T3⑥	71.7	28	276	434	20⑦	0.33		255	
-T4⑥	71.7	28	255	421	22⑦	0.33		255	
-T6⑥	71.7	28	414	469	10⑦	0.33		285	
2014 -O	72.4	27.5	70	180	22③	0.33	45	125	90
-T4、T451	72.4	27.5	275	427	22③	0.33	105	262	125
2024 -O	72.4	27.5	70	185	20⑦	0.33	47	125	90
-T3	72.4	27.5	345	485	18⑦	0.33	120	285	140
-T4	72.4	27.5	325	470	20⑦	0.33	120	285	140
-T351	72.4	27.5	395	495	13⑦	0.33	130	290	125
包铝 2024 -O	72.4	27.5	75	180	20	0.33		125	
-T3	72.4	27.5	310	450	10	0.33		275	
-T4、-T351	72.4	27.5	290	440	19	0.33		275	
-T361	72.4	27.5	365	460	11	0.33		285	
-T81、-T851	72.4	27.5	415	450	6	0.33		275	
-T861	72.4	27.5	455	485	6	0.33		290	

续表 2-17

合金	弹性模量 E/GPa	切变模量 G/GPa	屈服强度 $\sigma_{0.2}$/MPa	抗拉强度 σ_b/MPa	伸长率 δ_{10}/%	泊松比 μ	布氏硬度[①] HB	抗剪强度 σ_τ/MPa	疲劳强度 σ_{-1}[⑤]/MPa
2036-T4[⑧]	70.3		195	340	24		80HR,15T		124[⑨]
2048-T851 厚板									
纵　向	70		416	457	8				
横　向	72		420	465	7				
短横向	77		406	463	6				
2124-T851									
35 ~ 50mm 厚板									
纵　向	72		440	490	9	0.33			
长横向	72		435	490	9	0.33			
短横向	72		420	470	5	0.33			
50.1 ~ 75mm 厚板									
纵　向	72		440	480	9	0.33			
长横向	72		435	470	8	0.33			
短横向	72		420	465	4	0.33			
2218-T61	74.4	27.5	303	407	13	0.33	115		125[⑤]
-T71	74.4	27.5	276	345	11	0.33	105		
-T72	74.4	27.5	255	331	11	0.33	95	205	
2219-O	73.8		76	172	18	0.33			103[⑤]
-T42	73.8		186	359	20	0.33			
-T31、-T351	73.8		248	359	17	0.33			
-T37	73.8		317	393	11	0.33			
-T62	73.8		290	414	10	0.33			
-T81、-T851	73.8		352	455	10	0.33			

续表 2-17

合　金	弹性模量 E/GPa	切变模量 G/GPa	屈服强度 $\sigma_{0.2}$/MPa	抗拉强度 σ_b/MPa	伸长率 δ_{10}/%	泊松比 μ	布氏硬度[1] HB	抗剪强度 σ_τ/MPa	疲劳强度 σ_{-1}[5]/MPa
2218-T61	74.4	28.0	372	440	10	0.33	115	260	125
模锻件[10],厚不大于100mm									
试样平行于晶粒流向	74.4	28.0	310	400	4[11][12]				
试样不平行于晶粒流向	74.4	28.0	290	380	4[11]				
自由锻件[10][13],厚不大于50mm									
纵　向	74.4	28.0	325	400	7				
长横向	74.4	28.0	290	380	5				
短横向	74.4	28.0	290	360	4				
厚大于50～75mm									
纵　向	74.4	28.0	315	395	7				
长横向	74.4	28.0	290	380	5				
短横向	74.4	28.0	290	360	4				
厚大于75～100mm									
纵　向	74.4	28.0	310	385	7				
长横向	74.4	28.0	275	365	5				
短横向	74.4	28.0	270	350	4				
轧制环,厚不大于64mm[14]									
切　向	74.4	28.0	285	380	6				
轴　向	74.4	28.0	285	380	5				

续表 2-17

合金	弹性模量 E/GPa	切变模量 G/GPa	屈服强度 $\sigma_{0.2}$/MPa	抗拉强度 σ_b/MPa	伸长率 δ_{10}/%	泊松比 μ	布氏硬度[1] HB	抗剪强度 σ_τ/MPa	疲劳强度 σ_{-1}[5]/MPa
2A01 -O	71	27	60	160	24	0.31	38		
-T4	71	27	170	300	24	0.31	70	260	85
2A02 -淬火			300	440	20				
-H14			400	540	10				
2A06 -T4	68		300	440	20				
-H14	68		440	540	10				
2A10 -T4	71	27		400	20	0.31		260	
2A11 -O				180	20				
-T4	71	27	250	410	15	0.31	115	270	125
2A12 -O	72	27		180	21	0.31			
-T4	72	27	380	520	12	0.31			
-T6	72	27	430	470	6	0.31			
2A14-T6	72	27	38	48	10	0.33	135		125[15]
2A16-T6	69		300	400	10				
2A17-T6	70		350	430	9				
2A50[16]-T6	72	27	300	420	12	0.33			130

续表 2-17

合金	弹性模量 E/GPa	切变模量 G/GPa	屈服强度 $\sigma_{0.2}$/MPa	抗拉强度 σ_b/MPa	伸长率 δ_{10}/%	泊松比 μ	布氏硬度① HB	抗剪强度 σ_τ/MPa	疲劳强度 σ_{-1}⑤/MPa
2A60⑯-T6	72	27	320	410		0.33			130
2A70⑯-T6									
纵　向	72	27	330	440	20	0.33			
长横向	72	27	330	430	16	0.33			
短横向	72	27	320	430	16	0.33			
2A80⑰-T6									
纵　向	72	27	350	420	10.5	0.33			135⑯
长横向	72	27	360	425	6.5	0.33			130⑯
短横向	72	27	360	390	5	0.33			
2A90⑱-T6	72	27	280	440	9	0.33	105	270	119

①载荷500kg，钢球直径10mm；②不适用于厚度或直径小于3.2 mm的线材；③试样直径13mm；④模锻件的$\sigma_{0.2}$约低20%；⑤R. R. Moore试验，5×10^8次循环；⑥薄板厚度小于1mm时强度稍低；⑦板厚1.6mm；⑧板材；⑨$10^7$次循环；⑩也适用于热处理前进行过切削加工的锻件，但加工厚度不得小于锻后厚度的一半；⑪试样取自锻件；⑫如试样单独取自锻造试棒，则δ稍高一些；⑬最大截面面积$930cm^2$，不适用于顶锻小块与轧制环；⑭仅适用于外径/壁厚值大于10mm的环形件；⑮2×10^6次循环；⑯锻件；⑰挤压型材；⑱挤压棒材。

表 2-18 2××× 系合金不同温度下的力学性能

合金及状态	温度/℃	$\sigma_{0.2}$/MPa	σ_b/MPa	δ/%	合金及状态	温度/℃	$\sigma_{0.2}$/MPa	σ_b/MPa	δ/%
2011-T3①	24	296	379	15	2024-T3 薄板①	149	310	379	11
	100	234	324	16		204	138	186	23
	149	131	193	25		260	62	76	55
	204	76	110	35		316	41	52	75
	260	26	45	45		371	28	34	100
	316	12	21	90	2024-T4、T351 厚板	-196	421	579	19
	371	10	16	125		-80	338	490	19
2017-T4① -T451	-196	365	550	28		-28	324	476	19
	-80	290	448	24		24	324	469	19
	-28	283	440	23		100	310	434	19
	24	275	427	22		149	248	310	17
	100	270	393	18		204	131	179	27
	149	207	275	15		260	62	76	55
	204	90	110	35		316	41	52	75
	260	52	62	45		371	28	34	100
	316	35	40	65	2024-T6、T651	-196	469	579	11
	371	24	30	70		-80	407	496	10
2024-T3 薄板①	-196	427	586	18		-28	400	483	10
	-80	359	503	17		24	393	476	10
	-28	352	496	17		100	372	448	10
	24	345	483	17		149	248	310	17
	100	331	455	16		204	131	179	27

续表 2-18

合金及状态	温度/℃	$\sigma_{0.2}$/MPa	σ_b/MPa	δ/%
2024-T6、T651	260	62	76	55
	316	41	52	75
	371	28	34	100
2024-T81、T851	-196	538	586	8
	-80	476	510	7
	-28	469	503	7
	24	448	483	7
	100	427	455	8
	149	338	379	11
	204	138	186	23
	260	62	76	55
	316	41	52	75
	371	28	34	100
2024-T861 厚板	-196	586	634	5
	-80	531	558	5
	-28	510	538	5
	24	490	517	5
	100	462	483	6
	149	331	372	11
	204	117	145	28
	260	62	76	55
	316	41	52	75
	371	28	34	100

合金及状态	温度/℃	$\sigma_{0.2}$/MPa	σ_b/MPa	δ/%
2A06-T4 2mm 板材	20	300	440	20
	100	280	420	16
	150	270	400	16
	175	260	375	16
	200	245	360	16
	250	240	290	10
	300	160	190	13
2A10-T6 线材	100	250②	260	22
	150	220	305	22.5
	200	190	270	23
	250	130	240	23
	300	90	150	23
2A14-T6 锻件②	220	290	330	4
	250	240	270	4
	270	225	260	5
	300	185	230	8
	310	130	190	17
	330	130	185	19.5
	350	100	184	19
	400	90	182	20
	450	110	225	17
	500	120	240	16

续表 2-18

合金及状态	温度/℃	$\sigma_{0.2}$/MPa	σ_b/MPa	δ/%
2A16-T6	-70		410	12
	20	250	400	12
	150	220	345	11
	200	210	300	12
	250	160	240	11
	270	150	220	10
	300	130	180	14
	350	90	120	19
	400	40	50	28
2A80-T4 挤压带材	20	320	390	9.5
	100	310	380	9
	150	305	355	9.5
	200	290	325	8
	250	250	280	8
	300	145	165	10.5
	350	50	75	3.5
T6 挤压棒材 φ60mm	20		430	9
	-40		425	8.5
	-70		420	8.5
	-196		510	8.5
2014-T6① -T651	-196	496	579	14
	-80	448	510	13
2014-T6① -T651	-28	427	496	13
	24	414	483	13
	100	393	439	15
	149	241	276	20
	204	90	110	38
	260	52	66	52
	316	34	45	65
	371	24	30	72
2218-T61①	-195	360	495	15
	-80	310	420	14
	-30	305	405	13
	25	305	405	13
	100	290	385	15
	150	240	285	17
	205	110	150	30
	260	40	70	70
	315	20	40	85
	370	17	30	100
2219-T62	-196	338	503	16
	-80	303	434	13
	-28	290	414	12
	24	276	400	12

续表 2-18

合金及状态	温度/℃	$\sigma_{0.2}$/MPa	σ_b/MPa	δ/%
2219-T62	100	255	372	14
	149	227	310	17
	204	172	234	20
	260	133	186	21
	316	55	69	40
	371	26	30	75
2219-T81、T851	-196	421	572	15
	-80	372	490	13
	-28	359	476	12
	24	345	455	12
	100	324	414	15
	149	276	338	17
	204	200	248	20
	260	159	200	21
	316	41	48	55
	371	26	30	75
2618-T61①	-196	421	538	12
	-80	379	462	11
	-28	372	441	10
	24	372	441	10
	100	372	427	10
	149	303	345	14
2618-T61①	204	179	221	24
	260	62	90	50
	316	31	52	80
	371	24	34	120
2A01-T4 线材	100		180②	
	150		170	
	200		140	
	250		110	
	300		60	
2A02-T4 挤压带材 60mm×100mm	20		490	10
	-40		500	12
	-70		520	12
	100	390	456	15.6
	150	290	436	16.0
	200	280	380	16.0
	250	170	240	16.9
	300	110	170	21.5
	350	60	110	27.6
2A11-T4	20	225	435	22
	100	195	375	25
	150	180	330	27
	200		280	29

续表 2-18

合金及状态	温度/℃	$\sigma_{0.2}$/MPa	σ_b/MPa	δ/%	合金及状态	温度/℃	$\sigma_{0.2}$/MPa	σ_b/MPa	δ/%
2A11-T4	250	110	140	33	挤压棒材 φ30mm	150	340	440	13
2A12-T4 板材 1.2 ~ 2.5mm	20	290	440	19		200	300	410	11
	100	275	410	16		250	220	260	10
	125	270	400	18		300	140	170	10
	150	265	380	19	2A70-T6 棒材 φ80mm	20	275	415	13
	175	255	350	18		100	270	390	13
	200	245	330	11		150	270	365	12.5
	250	195	220	13		200	240	315	11
	300	115	150	13		250	175	280	6
2A12-T451	20	300	440	20		300	140	160	8
	100	280	420	16	2A70-T6 2mm 板材	20	280	430	18
	150	270	400	16		250		210	15
	175	260	375	16		300		130	20
	200	245	360	16	2A90	20	280	440	9
	250	240	290	10		150		360	10
	300	160	190	13		200		290	14
挤压棒材 φ30mm	20	390	530	10		250		210	14
	100	380	490	12					

①试验条件:在所指温度下无负载加热 10000h,然后以 35MPa/min 的施载速度试验至 $\sigma_{0.2}$,再以 $8.3\times10^{-4}s^{-1}$ 的应变速率拉至断裂;
②在每个温度加热 60min 后的室温力学性能。

2.2.3 2×××系铝合金的工艺性能

2×××系铝合金的工艺性能见表2-19 ~ 表2-23。

表2-19 2×××系铝合金材料的熔炼、铸造与压力加工温度范围

合金	熔炼温度/℃	铸造温度/℃	轧制温度/℃	挤压温度/℃	锻造温度/℃
2A01	700 ~ 750	715 ~ 730		320 ~ 450	
2A02	700 ~ 750	715 ~ 730		440 ~ 460	380 ~ 470
2A06	700 ~ 750	715 ~ 730	390 ~ 430	440 ~ 460	
2A10	700 ~ 750	715 ~ 730		320 ~ 450	
2A11	700 ~ 750	690 ~ 710	390 ~ 430	320 ~ 450	380 ~ 470
2A12	700 ~ 750	690 ~ 710	390 ~ 430	400 ~ 450	380 ~ 470
2A14	700 ~ 750	715 ~ 730	390 ~ 430	400 ~ 450	380 ~ 480
2A16	700 ~ 750	710 ~ 730	390 ~ 430	440 ~ 460	400 ~ 460
2A17	700 ~ 750	715 ~ 730		440 ~ 460	
2A50	700 ~ 750	715 ~ 730	410 ~ 500	370 ~ 450	380 ~ 480
2A60	700 ~ 750	715 ~ 730		370 ~ 450	380 ~ 480
2A70	720 ~ 760	715 ~ 730		370 ~ 450	380 ~ 480
2A80	720 ~ 760	715 ~ 730		370 ~ 450	380 ~ 480
2A90	720 ~ 760	715 ~ 730		370 ~ 450	

表2-20 2×××系铝合金的热处理规范

合金	退火规范	固溶处理温度/℃	时效规范
2011 2014	413℃ 413℃	524 502	T8:160℃,14h T6:锻件171℃,10h 其他材料160℃,18h
2017	冷加工材料的为340 ~ 350℃, 对热处理后的材料为415℃	500 ~ 510	自然时效
2024	413℃	493	T8、T10:191℃,8 ~ 16h
2036	薄板:385℃,2 ~ 3h	500	自然时效
2124	413℃	493	T8、T10:191℃,8 ~ 16h
2218		510	T61:170℃,10h T72:240℃,6h

续表 2-20

合金	退火规范	固溶处理温度/℃	时效规范
2219	415℃	535	165 ~ 190℃,18 ~ 36h
2319	413℃		
2618		530	T61:200℃,20h
2A01	330 ~ 450℃	495 ~ 505	自然时效
2A02		495 ~ 505	T6:165 ~ 170℃,15 ~ 17h
2A06	360 ~ 410℃,1 ~ 5h	503 ~ 507	自然时效
			T6:125 ~ 135℃,12 ~ 14h
2A10	330 ~ 450℃	510 ~ 520	70 ~ 80℃,24h
2A11	390 ~ 410℃	495 ~ 510	自然时效
	350 ~ 370℃		
2A12	390 ~ 450℃	496 ~ 540	自然时效
	350 ~ 370℃		T6:185 ~ 195℃,6 ~ 12h
2A14		499 ~ 505	T6:150 ~ 160℃,4 ~ 15h
2A16	370 ~ 410℃	528 ~ 540	T6:160 ~ 170℃,10 ~ 16h
			200 ~ 220℃,8 ~ 12h
2A17		520 ~ 530	T6:180 ~ 195℃,12 ~ 16h
2A50	350 ~ 400℃	510 ~ 515	T6:150 ~ 160℃,6 ~ 12h
2A60		505 ~ 515	T6:150 ~ 160℃,6 ~ 12h
2A70	380 ~ 430℃	525 ~ 535	T6:180 ~ 190℃,10 ~ 16h
2A80	380 ~ 430℃	525 ~ 530	T6:165 ~ 180℃,8 ~ 14h
2A90		515 ~ 520	T6:165 ~ 170℃,2 ~ 10h
2A14		499 ~ 505	T6:150 ~ 160℃,4 ~ 15h

表 2-21 2×××系铝合金的变形工艺参数和再结晶温度

牌号	品种	规格或型号/mm	变形温度/℃	变形程度/%	加热方式	保温时间/min	再结晶温度/℃		备注
							开始	终止	
2A06	冷轧板	3.0	室温	40	空气炉	60	280	360	
2A11	热轧板	6.0	420	96	空气炉	20	310 ~ 315	355 ~ 360	
	冷轧板	1.0	室温	84	空气炉	20	250 ~ 255	275 ~ 280	
	棒材	$\phi 10$	370 ~ 420	97	空气炉	20	360 ~ 365	535 ~ 540	
	冷轧管材	$D18 \times 15$	室温	98	空气炉	20	270 ~ 275	315 ~ 320	

续表 2-21

牌号	品种	规格或型号/mm	变形温度/℃	变形程度/%	加热方式	保温时间/min	再结晶温度/℃		备注
							开始	终止	
2A12	热轧板	6.0	420	96	空气炉	20	350~355	495~500	
	冷轧板	1.0	室温	83	空气炉	20	270~275	305~310	
	棒材	$\phi90$	370~420	90	空气炉	20	380~385	530~535	
	挤压管材	$D83\times27$	370~420	90	空气炉	20	380~385	535~540	
	冷轧管材	$D31\times4.0$	室温	75	空气炉	20	290	310	
2A14	冷轧板	2.0	室温	60	空气炉	60	260	350	
2A16	冷轧板	1.6	室温	53	空气炉	60	270	350	
2A17	棒材	$\phi30$	370~420	90	空气炉		510	525	
2A50	棒材	$\phi150$	350	87	盐浴炉	20	380~385	550~555	
2A80	冷轧板		室温		空气炉	60	200	300	

表 2-22　2×××系铝合金的过烧温度

序号	牌号	过烧温度/℃	备注	序号	牌号	过烧温度/℃	备注
1	2A01	535		13	2117	510 550	不同资料介绍
2	2A02	515 510~515	不同资料介绍	14	2018	505	
3	2A06	510 518	不同资料介绍	15	2218	505	
4	2A10	540		16	2219	543 545	不同资料介绍
5	2A11	514~517 512	不同资料介绍	17	2618	550	
6	2011	540		18	2A50	545 >525	不同资料介绍
7	2A12	505 506~507	不同资料介绍	19	2B50	550 >525	不同资料介绍
8	2A14	509 515	不同资料介绍	20	2A70	545	
9	2014	505 510 513~515	不同资料介绍	21	2A90	>520	
10	2A16	547 545	不同资料介绍	22	2024	500 501	不同资料介绍
11	2A17	535 540	不同资料介绍	23	2025	520	
12	2017	510 513	不同资料介绍	24	2036	555	

表 2-23 2××× 系铝合金材料的特性比较

合金和状态	腐蚀性能		可塑性[3]（冷加工）	机械加工性[3]	可钎焊性[4]	可焊性[4]		
	一般[1]	应力腐蚀开裂[2]				气焊	电弧焊	接触点焊和线焊
2011-T3	D[5]	D	C	A	D	D	D	D
T4,T451	D[5]	D	B	A	D	D	D	D
T8	D[5]	B	D	A	D	D	D	D
2014-O				D	D	D	D	B
T3,T4,T451	D[5]	C	C	B	D	D	B	B
T6,T651,T6510,T6511	D	C	D	B	D	D	B	B
2017-T4,T451	D[5]	C	C	B	D	D	B	B
2024-O				D	D	D	D	D
T4,T3,T351,T3510,T3511	D[5]	C	C	B	D	C	B	B
T361	D[5]	C	D	B	D	D	C	B
T6	D	B	C	B	D	D	C	B
T861,T81,T851,T8510,T8511	D	B	D	B	D	D	C	B
2117-T4	C	A	B	C	D	D	B	B
2218-T61	D	C						C
T72	D	C		B	D	D	C	B
2219-O					D	D	A	B
T31,T351,T3510,T3511	D[5]	C	C	B	D	A	A	A
T37	D[5]	C	D	B	D	A	A	A
T81,T851,T8510,T8511	D	B	D	B	D	A	A	A
T87	D	B	D	B	D	A	A	A
2618-T61	D	C		B	D	D	C	B

①、②、③、④同表 2-13 表注；⑤较厚的截面，其等级应力为 E 级。

2.2.4 2×××系铝合金的品种和典型用途

2×××系铝合金的品种、状态和典型用途见表2-24。

表2-24 2×××系铝合金的品种、状态和典型用途

合金	品种	状态	典型用途
2011	拉伸管 冷加工棒材 冷加工线材	T3、T4511、T8 T3、T4、T451、T8 T3、T8	螺钉及要求有良好切削性能的机械加工产品
2014、2A14	板材 厚板 拉伸管 挤压管、棒、型、线材 冷加工棒材 冷加工线材 锻件	T3、T4、T6 O、T451、T651 O、T4、T6 O、T4、T4510、T4511、T6、T6510、T6511 O、T4、T451、T6、T651 O、T4、T6 F、T4、T6、T652	应用于要求高强度与硬度(包括高温)的场合。重型锻件、厚板和挤压材料用于飞机结构件,多级火箭第一级燃料槽与航天器零件,车轮、卡车构架与悬挂系统零件
2017、2A11	板材 挤压型材 冷加工棒材 冷加工线材 铆钉线材 锻件	O、T4 O、T4、T4510、T4511 O、H13、T4、T451 O、H13、T4 T4 F、T4	这是第一个获得工业应用的2×××系合金,目前的应用范围较窄,主要为铆钉、通用机械零件、飞机、船舶、交通、建筑结构件、运输工具结构件,螺旋桨与配件
2024、2A12	板材 厚板 拉伸管 挤压管、型、棒、线材 冷加工棒材 冷加工线材 铆钉线材	O、T3、T361、T4、T72、T81、T861 O、T351、T361、T851、T861 O、T3 O、T3、T3510、T3511、T81、T8510、T8511 O、T13、T351、T4、T6、T851 O、H13、T36、T4、T6 T4	飞机结构(蒙皮、骨架、肋梁、隔框等)、铆钉、导弹构件、卡车轮毂、螺旋桨元件及其他各种结构件
2036	汽车车身薄板	T4	汽车车身钣金件
2048	板材	T851	航空航天器结构件与兵器结构零件

续表 2-24

合金	品种	状态	典型用途
2117	冷加工棒材和线材 铆钉线材	O、H13、H15 T4	用作工作温度不超过 100℃ 的结构件铆钉
2124	厚板	O、T851	航空航天器结构件
2218	锻件 箔材	F、T61、T71、T72 F、T61、T72	飞机发动机和柴油发动机活塞，飞机发动机汽缸头，喷气发动机叶轮和压缩机环
2219、2A16	板材 厚板 箔材 挤压管、型、棒、线材 冷加工棒材 锻件	O、T31、T37、T62、T81、T87 O、T351、T37、T62、T851、T87 F、T6、T852 O、T31、T3510、T3511、T62、T81、T8510 T8511、T851 T6、T852	航天火箭焊接氧化剂槽与燃料槽，超音速飞机蒙皮与结构零件，工作温度为 -270 ~ 300℃。焊接性好，断裂韧性高，T8 状态有很高的抗应力腐蚀开裂能力
2319	线材	O、H13	焊接 2219 合金的焊条和填充焊料
2618、2A70	厚板 挤压棒材 锻件与锻坯	T651 O、T6 F、T61	厚板用作飞机蒙皮，棒材、模锻件与自由锻件用于制造活塞，航空发动机汽缸、汽缸盖、活塞、导风轮、轮盘等零件，以及要求在温度 150 ~ 250℃ 条件下工作的耐热部件
2A01	冷加工棒材和线材 铆钉线材	O、H13、H15 T4	用作工作温度不超过 100℃ 的结构件铆钉
2A02	棒材 锻件	O、H13、T6 T4、T6、T652	工作温度为 200 ~ 300℃ 的涡轮喷气发动机的轴向压气机叶片、叶轮和盘等
2A04	铆钉线材	T4	用作工作温度为 120 ~ 250℃ 结构件的铆钉
2A06	板材 挤压型材 铆钉线材	O、T3、T351、T4 O、T4 T4	工作温度为 150 ~ 250℃ 的飞机结构件及工作温度为 125 ~ 250℃ 的航空器结构铆钉

续表 2-24

合金	品　种	状　态	典型用途
2A10	铆钉线材	T4	强度比 2A01 合金的高,用于制造工作温度不高于 100℃ 的航空器结构铆钉
2A10	铆钉线材	T4	用作工作温度不超过 100℃ 的结构件铆钉
2A17	锻件	T6、T852	工作温度为 225 ~ 250℃ 的航空器零件,很多用途被 2A16 合金所取代
2A50	锻件、棒材、板材	T6	形状复杂的中等强度零件
2B50	锻件	T6	航空器发动机压气机轮、导风轮、风扇、叶轮等
2A80	挤压棒材 锻件与锻坯	O、T6 F、T61	航空器发动机零部件及其他工作温度高的零件,该合金锻件几乎完全被 2A70 合金取代
2A90	挤压棒材 锻件与锻坯	O、T6 F、T61	航空器发动机零部件及其他工作温度高的零件,该合金锻件逐渐被 2A70 合金取代

2.3 3×××系铝合金

3×××系铝合金是以锰为主要合金元素的铝合金，属于热处理不可强化铝合金。它的塑性高，焊接性能好，强度比 1×××系铝合金高，而耐蚀性能与 1×××系铝合金相近，是一种耐腐蚀性能良好的中等强度铝合金，其用途广，用量大。

2.3.1 合金元素和杂质元素在3×××系铝合金中的作用

（1）锰：锰是3×××系铝合金中唯一的主合金元素，其含量一般在 1.0% ~1.6% 范围内，合金的强度、塑性和工艺性能良好，锰与铝可以生成 $MnAl_6$ 相。合金的强度随锰含量的增加而提高，当

$w(Mn)>1.6\%$时，合金强度随之提高，但由于形成大量脆性化合物$MnAl_6$，合金变形时容易开裂。随着$w(Mn)$的增加，合金的再结晶温度相应地提高。该系合金由于具有很大的过冷能力，因此在快速冷却结晶时，产生很大的晶内偏析，锰的浓度在枝晶的中心部位低，而在边缘部位高，当冷加工产品存在明显的锰偏析时，在退火后易形成粗大晶粒。

（2）铁：铁能溶于$MnAl_6$中形成$(FeMn)Al_6$化合物，从而降低锰在铝中的溶解度。在合金中加入$w(Fe)=0.4\%\sim0.7\%$，但要保证$w(Fe+Mn)\leqslant1.85\%$，可以有效地细化板材退火后的晶粒，否则，形成大量的粗大片状$(FeMn)Al_6$化合物，会显著降低合金的力学性能和工艺性能。

（3）硅：硅是有害杂质。硅与锰形成复杂三元相$T(Al_{12}Mn_3Si_2)$，该相也能溶解铁，形成（Al、Fe、Mn、Si）四元相。若合金中铁和硅同时存在，则先形成$\alpha(Al_{12}Fe_3Si_2)$或$\beta(Al_9Fe_2Si_2)$相，会破坏铁的有利影响。故应控制合金中$w(Si)<0.6\%$。硅也能降低锰在铝中的溶解度，而且比铁的影响大。铁和硅可以加速锰在热变形时从过饱和固溶体中的分解过程，也可以提高一些力学性能。

（4）镁：少量的镁（$w(Mg)\approx0.3\%$）能显著地细化该系合金退火后的晶粒，并稍许提高其抗拉强度。但同时也会损害退火材料的表面光泽。镁也可以是Al-Mg合金中的合金化元素，添加$w(Mg)=0.3\%\sim1.3\%$，合金强度提高，伸长率（退火状态）降低，因此发展出Al-Mg-Mn系合金。

（5）铜：合金中$w(Cu)=0.05\%\sim0.5\%$，可以显著提高其抗拉强度。但含有少量的铜（$w(Cu)=0.1\%$），便能使合金的耐蚀性能降低，故应控制合金中$w(Cu)<0.2\%$。

（6）锌：$w(Zn)<0.5\%$时，对合金的力学性能和耐蚀性能无明显影响，考虑到合金的焊接性能，限制$w(Zn)<0.2\%$。

2.3.2 3×××系铝合金材料的典型性能

3×××系铝合金材料的典型性能见表2-25～表2-32。

表 2-25 3×××系铝合金材料的热学性能

合金	液相线温度/℃	固相线温度/℃	线膨胀系数		体膨胀系数/$m^3 \cdot (m^3 \cdot K)^{-1}$	质量热容/$J \cdot (kg \cdot K)^{-1}$	热导率(20℃)/$W \cdot (m \cdot K)^{-1}$
			温度/℃	平均值/$\mu m \cdot (m \cdot K)^{-1}$			
3003	654	643	-50~20 20~100 20~200 20~300	21.5 23.2 24.1 25.1	67×10^{-6} (20℃)	893 (20℃)	O:193 H12:163 H14:159 H18:155
3004	654	629	-50~20 20~100 20~200 20~300	21.5 23.2 24.1 25.1	67×10^{-6} (20℃)	893 (20℃)	O:162
3105	657	638	-50~20 20~100 20~200 20~300	21.8 23.6 24.5 25.5	68×10^{-6} (20℃)	897 (20℃)	173
3A21	654	643	-50~20 20~100 20~200 20~300	21.6 23.2 24.3 25.0		1092(100℃) 1176(200℃) 1302(300℃) 1302(400℃)	25℃、H18:156 25℃、H14:164 25℃、O:181 100℃:181 200℃:181

表 2-26 3×××系铝合金材料的电学性能

合金	电导率/% IACS		电阻率/nΩ·m		20℃时各种状态的电阻温度系数/nΩ·m·K^{-1}	电极电位①/V
	状态	20℃	状态	20℃		
3003	O H12 H14 H18	50 42 41 40	O H12 H14 H18	34 41 42 43	0.1	3003 合金及包铝合金芯层的：-0.83 7072 合金包铝层的：-0.96
3004	O	42	O	41	0.1	未包铝的及包铝合金芯层的：-0.84 7072 合金包铝层的：-0.96
3105	O	45	O	38.3	0.1	-0.84
3A21	O H14 H18	50 41 40		34	0.1	-0.85

① 测定条件：25℃，在 NaCl 53g/L + H_2O_2 3g/L 溶液中，用0.1N 甘汞电极作标准电极。

表 2-27 3003 及 3004 合金在不同温度时的典型力学性能

温度/℃	3003 合金				3004 合金			
	状态	σ_b/MPa	$\sigma_{0.2}$/MPa	δ/%	状态	σ_b/MPa	$\sigma_{0.2}$/MPa	δ/%
-200	O	230	60	46	O	290	90	38
-100	O	150	52	43	O	200	80	31
-30	O	115	45	41	O	180	69	26
25	O	110	41	40	O	180	69	25
100	O	90	38	43	O	180	69	25
200	O	60	30	60	O	96	65	55
300	O	29	17	70	O	50	34	80
400	O	18	12	75	O	30	9	90
-200	H14	250	170	30	H34	360	235	26
-100	H14	175	155	19	H34	270	212	17
-30	H14	150	145	16	H34	245	200	13
25	H14	150	145	16	H34	240	200	12
100	H14	145	130	16	H34	240	200	12
200	H14	96	62	20	H34	145	105	35
300	H14	29	17	70	H34	50	34	80
400	H14	18	12	75	H34	30	19	90

续表 2-27

温度/℃	3003 合金				3004 合金			
	状态	σ_b/MPa	$\sigma_{0.2}$/MPa	δ/%	状态	σ_b/MPa	$\sigma_{0.2}$/MPa	δ/%
-200	H18	290	230	23	H18	400	295	20
-100	H18	230	210	12	H18	310	267	10
-30	H18	210	190	10	H18	290	245	7
25	H18	200	185	10	H18	280	245	6
100	H18	180	145	10	H18	275	245	7
200	H18	96	62	18	H18	150	105	30
300	H18	29	17	70	H18	50	34	80
400	H18	18	12	75	H18	30	19	90

注：无负载在不同温度下保温 10000h，然后以 35MPa/min 的加载速度向试样施加负载至屈服强度，再以 5%/min 的变形速度施加负载，直至试样断裂所测得的性能。

表 2-28　3003 合金的力学性能

状态与厚度	抗拉强度 σ_b/MPa		屈服强度 $\sigma_{0.2}$/MPa	伸长率 δ/%	硬度① HB	抗剪强度 σ_τ/MPa	疲劳强度② σ_{-1}/MPa
典型性能							
O	110		42	30~40	28	76	48
H12	130		125	10~20	35	83	55
H14	150		145	8~15	40	97	62
H16	175		175	5~14	47	105	69
H18	200		185	4~10	55	110	69
性能范围	min	max	min				
O(0.15~76mm)	97	130	≥34	14~25			
H12(0.40~50mm)	115	160	≥83	3~10			
H14(0.22~25mm)	140	180	≥115	1~10			
H16(0.15~4.0mm)	165	205	≥145	1~4			
H18(0.15~3.2mm)	185		≥165	1~4			
H112(6.0~12.0mm)	115		69	8			
H112(>12~50.0mm)	105		41	12			
H112(>50.0~75mm)	100		41	8			
O③(0.15~12.5mm)	90	125	31	14~25			
O③(12.6~70mm)	97	130	34	23			
H12(0.42~12.5mm)	110	150	77	4~9			
H12(12.6~50mm)	115	160	83	10			
H14(0.22~12.5mm)	130	170	110	1~8			
H14(12.6~50mm)	140	180	115	10			
H16(0.15~4mm)	160	200	140	1~4			
H18(0.15~3.2mm)	180			1~4			

续表 2-28

状态与厚度	抗拉强度 σ_b/MPa	屈服强度 $\sigma_{0.2}$/MPa	伸长率 δ/%	硬度① HB	抗剪强度 σ_τ/MPa	疲劳强度② σ_{-1}/MPa
性能范围						
H112(6~12.5mm)	110		62	8		
H112(12.6~50mm)	105		41	12		
H112(50.0~75mm)	100		41	18		

①4.9kN 载荷，ϕ10mm 钢球，施载 30s；②R. R. Moore 试验，5×10^8 次循环；③包铝的 3003 合金的性能，实际上，包覆以 7072 合金的 3003 合金的力学性能除硬度和疲劳强度略有降低外，其余均与没有包覆层的 3003 合金的相同。

表 2-29 3004 合金的力学性能

状态与厚度	抗拉强度 σ_b/MPa	屈服强度 $\sigma_{0.2}$/MPa	伸长率 δ/%	硬度① HB	抗剪强度 σ_τ/MPa	疲劳强度② σ_{-1}/MPa
典型性能						
O	180	69	20~25	45	110	97
H32	215	170	10~17	52	115	105
H34	240	200	9~12	63	125	105
H36	260	230	5~9	70	140	110
H38	285	250	4~6	77	145	110
性能范围	min	max	min			
O(0.15~75mm)	150	200	≥59	10~18		
H32(0.43~50mm)	195	240	≥145	1~6		
H34(0.22~25mm)	220	260	≥170	1~5		
H36(0.15~4.0mm)	240	285	≥195	1~4		
H38(0.15~3.2mm)	260		≥215	1~4		
H112(6.3~75mm)	160		≥62	7		
O③(0.15~12.5mm)	145	195	55	10~18		
O③(12.6~75mm)	150	200	59	16		
H32(0.43~12.5mm)	185	235	140	1~6		
H32(12.6~50mm)	195	240	145	6		
H34(0.22~12.5mm)	215	255	165	1~5		
H34(12.6~25mm)	220	260	170	5		
H36(0.15~4mm)	235	275	185	1~4		
H38(0.15~3.2mm)	255			1~4		
H112(6.3~12.5mm)	150		59	7		
H112(12.6~75mm)	160		62	7		

①4.9kN 载荷，ϕ10mm 钢球，施载 30s；②R. R. Moore 试验，5×10^8 次循环；③包铝的 3004 合金的性能，实际上，包覆以 7072 合金的 3004 合金的力学性能除硬度和疲劳强度外，其余均与没有包覆层的 3004 合金的相同。

表 2-30 镁、铁、硅含量对 Al-Mn 合金力学性能的影响

成分				状态	抗拉强度 σ_b/MPa	屈服强度 $\sigma_{0.2}$/MPa	伸长率 δ/%	布氏硬度 HB
w(Mg)/%	w(Fe)/%	w(Si)/%	w(Mn)/%					
	0.24	0.12	1.51	H18	224	203	3.6	51
				O	110	56	34.3	28
0.29	0.19	0.11	1.50	H18	270	250	3.1	63
				O	132	70	27.6	35
0.47	0.23	0.12	1.50	H18	289	268	4.1	73
				O	140	74	24.5	39
0.8～1.3	0.7	0.3	1.0～1.5	H18	288	252	5	77
				O	181	70	20	45

注：前3种合金的伸长率为δ_{10}，是用圆形试样测得的，第四种合金的伸长率为δ_5，是用板材试样测得的。

表 2-31 3A21 合金 2mm 板材的室温力学性能

状态	弹性模量 E/MPa	剪切模量 G/MPa	屈服强度 $\sigma_{0.2}$/MPa	抗拉强度 σ_b/MPa	伸长率 δ_{10}/%	断面收缩率 ψ/%	抗剪强度 σ_τ/MPa	布氏硬度 HB	疲劳强度 σ_{-1}①/MPa
O	71000	27000	50	130	23	70	8	300	50
H14	71000	27000	130	170	10	55	100	400	65
H18	71000	27000	180	220	5	50	110	550	70

①R. R. Moore 试验,5×10^8 次循环。

表 2-32 3A21 合金在不同温度的力学性能

温度/℃	状态	抗拉强度 σ_b/MPa	屈服强度 $\sigma_{0.2}$/MPa	伸长率 δ_{10}/%
-78	H18	160	120	34
25	O	115	40	40
	H14	150	130	16
150	O	80	35	47
	H14	125	105	17
200	O	55	30	50
	H14	100	65	22
260	O	40	25	60
	H14	75	35	25
315	O	30	20	60
	H14	40	20	40
370	O	20	15	60
	H14	20	15	60

2.3.3 3×××系铝合金的工艺性能

3×××系铝合金的工艺性能见表2-33~表2-37。

表2-33 3×××系铝合金材料的工艺性能

熔炼温度/℃	铸造温度/℃	轧制温度/℃	挤压温度/℃	退火温度/℃
720~760	710~730	440~520	320~450	低温260~360，高温370~490

表2-34 3×××系铝合金的变形工艺参数和再结晶温度

牌号	品种	规格或型号/mm	变形温度/℃	变形程度/%	加热方式	保温时间/min	再结晶温度/℃		备注
							开始	终止	
3A21	冷轧板	1.25	室温	84	盐浴炉	10	320~330	530~535	完全再结晶
		1.25		84	空气炉	30	320~325	515~520	
	棒材	φ110	380	90	盐浴炉 空气炉	60	520~525	550~560	不完全再结晶
	冷轧管材	D37×2.0	室温	85	空气炉	10	330~335	520~530	
3004							290	300	

表2-35 铸锭均匀化和冷变形对3A21合金板材晶粒度的影响

（500℃，1h退火）

冷变形度/%	未均匀化	600℃均匀化
	晶粒数/个·cm^{-2}	
60	20~30	150~250
70	20~30	300~600
80	30~60	400~700
90	40~50	400~700
95	100~150	400~700

表2-36 3×××系铝合金的过烧温度

序号	牌号	过烧温度/℃
1	3003	640
2	3004	630
3	3105	635

表 2-37 3×××系铝合金材料的特性比较

合金和状态	腐蚀性能		可塑性[3]（冷加工）	机械加工性[3]	可钎焊性[4]	可焊性[4]		
	一般[1]	应力腐蚀开裂[2]				气焊	电弧焊	接触点焊和线焊
3003-O	A	A	A	E	A	A	A	A
H12	A	A	A	E	A	A	A	A
H14	A	A	B	D	A	A	A	A
H16	A	A	C	D	A	A	A	A
H18	A	A	C	D	A	A	A	A
H25	A	A	B	D	A	A	A	A
3004-O	A	A	A	D	B	B	A	B
H32	A	A	B	D	B	B	A	A
H34	A	A	B	D	B	B	A	A
H36	A	A	C	D	B	B	A	A
H38	A	A	C	D	B	B	A	A
3105-O	A	A	A	E	B	B	A	B
H12	A	A	B	E	B	B	A	A
H14	A	A	B	D	B	B	A	A
H16	A	A	C	D	B	B	A	A
H18	A	A	C	D	B	B	A	A
H25	A	A	B	D	B	B	A	A

①、②、③、④同表 2-13 表注。

2.3.4 3×××系铝合金的品种和典型用途

3×××系铝合金的品种和典型用途见表 2-38。

表 2-38 3×××系铝合金的品种和典型用途

合金	品 种	状 态	典型用途
3003、3A21	板材	O、H12、H14、H16、H18	用于加工需要有良好的成形性能、高的抗蚀性或可焊性好的零部件，或既要求有这些性能又需要有比 1×××系合金强度高的工件，如运输液体产品的槽和罐、压力罐、储存装置、热交换器、化工设备、飞机油箱、油路导管、反光板、厨房设备、洗衣机缸体、铆钉、焊丝
	厚板	O、H12、H14、H112	
	拉伸管	O、H12、H14、H16、H18、H25、H113	
	挤压管、型、棒、线材	O、H112	
	冷加工棒材	O、H112、F、H14	
	冷加工线材	O、H112、H12、H14、H16、H18	
	铆钉线材	O、H14	
	锻件	H112、F	
	箔材	O、H19	
	散热片坯料	O、H14、H18、H19、H25、H111、H113、H211	

续表 2-38

合金	品种	状态	典型用途
包铝的3003合金	板材 厚板 拉伸管 挤压管	O、H12、H14、H16、H18 O、H12、H14、H112 O、H12、H18、H25、H113 O、H112	房屋隔断、顶盖、管路等
3004	板材 厚板 拉伸管 挤压管	O、H32、H34、H36、H38 O、H32、H34、H112 O、H32、H36、H38 O	全铝易拉罐罐身，要求有比3003合金更高强度的零部件，化工产品生产与储存装置，薄板加工件，建筑挡板、电缆管道、下水管，各种灯具零部件等
包铝的3004合金	板材 厚板	O、H131、H151、H241、H261、H341、H361、H32、H34、H36、H38 O、H32、H34、H112	房屋隔断、挡板、下水管道、工业厂房屋顶盖
3105	板材	O、H12、H14、H16、H18、H25	房间隔断、挡板、活动房板，檐槽和落水管，薄板成形加工件，瓶盖和罩帽等

2.4 4×××系铝合金

4×××系铝合金是以硅为主要合金元素的铝合金，其大多数合金属于热处理不可强化铝合金，只有含铜、镁和镍的合金，以及与热处理强化合金焊接后吸纳了某些元素时，才可以通过热处理强化。该系合金由于硅含量高，熔点低，熔体流动性好，容易补缩，并且不会使最终产品产生脆性，因此主要用于制造铝合金焊接的添加材料，如钎焊板、焊条和焊丝等。另外，由于该系一些合金的耐磨性能和高温性能好，也被用来制造活塞及耐热零件。含 $w(\mathrm{Si}) \approx 5\%$ 的合金，经阳极氧化上色后呈黑灰色，因此适宜做建筑材料以及制造装饰件。

2.4.1 合金元素和杂质元素在4×××系铝合金中的作用

（1）硅：硅是该系合金中的主要合金成分，硅含量 $w(\mathrm{Si}) =$

4.5% ~13.5%。硅在合金中主要以 α + Si 共晶体和 β(Al_5FeSi)形式存在，硅含量增加，其共晶体增加，合金熔体的流动性增加，同时合金的强度和耐磨性也随之提高。

（2）镍和铁：镍与铁可以形成不溶于铝的金属间化合物，能提高合金的高温强度和硬度，而又不降低其线膨胀系数。

（3）铜和镁：铜和镁可以生成 Mg_2Si、$CuAl_2$ 和 S 相，提高合金的强度。

（4）铬和钛：铬和钛可以细化晶粒，改善合金的气密性。

2.4.2 4×××系铝合金材料的典型性能

4×××系铝合金材料的典型性能见表 2-39 ~ 表 2-43。

表 2-39 4×××系铝合金材料的热学性能

合金	液相线温度/℃	固相线温度/℃	线膨胀系数		体膨胀系数/m^3·(m^3·K)$^{-1}$	质量热容/J·(kg·K)$^{-1}$	热导率/W·(m·K)$^{-1}$	
			温度/℃	平均值/μm·(m·K)$^{-1}$			O 状态	T6 状态
4032①	571	532	20 −50 ~ 20 20 ~ 100 20 ~ 200 20 ~ 300	 18.0 19.5 20.2 21.0	56×10^{-6}	864	155	141
4043	630	575	20 ~ 100	22.0				

①合金的共晶温度为 532℃。

表 2-40 4×××系铝合金材料的电学性能

合金	20℃时体积电导率/%IACS		20℃时体积电阻率/nΩ·m		20℃时体积电阻温度系数/nΩ·m·K^{-1}		电极电位/V
	O	T6	O	T6	O	T6	
4032	40	36	43.1	47.9	0.1	0.1	
4043	42		41				

表 2-41 4032-T6 合金在不同温度时的典型力学性能

温度/℃	抗拉强度 σ_b/MPa	屈服强度 $\sigma_{0.2}$/MPa	伸长率 δ/%
-200	460	337	11
-100	415	325	10
-30	385	315	9
25	380	315	9
100	345	300	9
200	90	62	30
300	38	24	70
400	21	12	90

表 2-42 4032-T6 合金在不同温度的疲劳强度

温度/℃	循环次数	疲劳强度/MPa	温度/℃	循环次数	疲劳强度/MPa
24	10^4	359	204	10^5	186
	10^5	262		10^6	138
	10^6	207		10^7	90
	10^7	165		10^8	55
	10^8	124		5×10^8	48
	5×10^8	114			
149	10^5	207	260	10^5	131
	10^6	165		10^6	83
	10^7	124		10^7	55
	10^8	90		10^8	34
	5×10^8	79		5×10^8	34

表 2-43 4043 合金焊丝的典型力学性能

直径/mm	状态	抗拉强度 σ_b/MPa	屈服强度 $\sigma_{0.2}$/MPa	伸长率 δ/%
5.0	H16	205	180	1.7
3.2	H14	170	165	1.3
1.6	H18	185	270	0.5
1.2	H16	200	185	0.4
5.0	O	130	50	25
3.2	O	115	55	30
1.6	O	145	65	22
1.2	O	110	55	29

2.4.3 4×××系铝合金的工艺性能

4×××系铝合金的工艺性能见表2-44、表2-45。

表2-44 4×××系铝合金材料的工艺性能

合金	熔炼温度/℃	铸造温度/℃	热加工温度/℃	退火温度/℃
4A13	700~720	680~700	430~480	415
4032	700~750	700~730	320~480	
4043	690~720	670~690	400~450	

表2-45 4×××系铝合金均匀化的过烧温度

序号	牌号	过烧温度/℃
1	4A11	536
2	4032	530
3	4004	560
4	4043	575
5	4045	575
6	4343	575

4032合金淬火制度为(504~516)℃/4min,人工时效制度为(168~174)℃/(8~12)h。

2.4.4 4×××系铝合金的品种和典型用途

4×××系铝合金的品种和典型用途见表2-46。

表2-46 4×××系铝合金的品种和典型用途

合金	品种	状态	典型用途
4A11	锻件	F、T6	活塞及耐热零件
4A13	板材	O、F、H14	板状和带状的硬钎焊料,散热器钎焊板和箔的钎焊层
4A17	板材	O、F、H14	板状和带状的硬钎焊料,散热器钎焊板和箔的钎焊层

续表 2-46

合金	品种	状 态	典 型 用 途
4032	锻件	F、T6	活塞及耐热零件
4043	线材和板材	O、F、H14、H16、H18	铝合金焊接填料，如焊带、焊条、焊丝
4004	板材	F	钎焊板、散热器钎焊板和箔的钎焊层

2.5 5×××系铝合金

5×××系铝合金是以镁为主要合金元素的铝合金，属于不可热处理强化铝合金。该系合金密度小，强度比1×××系和3×××系铝合金的高，属于中高强度铝合金，疲劳性能和焊接性能良好，耐海洋大气腐蚀性好。为了避免高镁合金产生应力腐蚀，对最终冷加工产品要进行稳定化处理，或控制最终冷加工量，并且限制使用温度（不超过65℃）。该系合金主要用作焊接结构件，并应用在船舶领域。

2.5.1 合金元素和杂质元素在5×××系铝合金中的作用

5×××系铝合金的主要成分是镁，并添加少量的锰、铬、钛等元素，而杂质元素主要有铁、硅、铜、锌等。

（1）镁：镁主要以固溶状态和β(Mg_2Al_3 或 Mg_5Al_8)相存在，虽然镁在合金中的溶解度随温度降低而迅速减小，但由于析出形核困难，核心少，析出相粗大，因而合金的时效强化效果低，一般都是在退火或冷加工状态下使用。因此，该系合金也称为不可强化铝合金。该系合金的强度随镁含量的增加而提高，塑性则随之而降低，其加工工艺性能也随之变差。镁含量对合金的再结晶温度影响较大，当$w(Mg)<5\%$时，再结晶温度随镁含量的增加而降低，当$w(Mg)>5\%$时，再结晶温度则随镁含量的增加而升高。镁含量对合金的焊接性能也有明显影响，当$w(Mg)<6\%$时，合金的焊接裂纹倾向随镁含量的增加而降低，当$w(Mg)>6\%$时，则相反；当

$w(Mg)<9\%$时，焊缝的强度随镁含量的增加而显著提高，此时塑性和焊接系数虽逐渐略有降低，但变化不大，当$w(Mg)>9\%$时，其强度、塑性和焊接系数均明显降低。

(2) 锰：5×××系铝合金中，通常$w(Mn)<1.0\%$。合金中的锰部分固溶于基体，其余以$MnAl_6$相的形式存在于组织中。锰可以提高合金的再结晶温度，阻止晶粒粗化，并使合金强度略有提高，尤其对屈服强度更为明显。在高镁合金中，添加锰可以使镁在基体中的溶解度降低，减少焊缝裂纹倾向，提高焊缝和基体金属的强度。

(3) 铬：铬和锰有相似的作用，可以提高基体金属和焊缝的强度，减少焊接热裂倾向，提高耐应力腐蚀性能，但使塑性略有降低。某些合金中可以用铬代替锰。就强化效果来说，铬不如锰，若两元素同时加入，其效果比单一加入的大。

(4) 铍：在高镁合金中加入微量的铍（$w(Be)=0.0001\%\sim0.005\%$），能降低铸锭的裂纹倾向和改善轧制板材的表面质量，同时减少熔炼时镁的烧损，并且还能减少在加热过程中材料表面形成的氧化物。

(5) 钛：高镁合金中加入少量的钛，可细化晶粒。

(6) 铁：铁与锰和铬能形成难溶的化合物，从而降低锰和铬在合金中的作用，当铸锭组织中形成较多硬脆化合物时，容易产生加工裂纹。此外，铁还降低该系合金的耐腐蚀性能，因此一般应控制$w(Fe)<0.4\%$，对于焊丝材料最好限制$w(Fe)<0.2\%$。

(7) 硅：硅是有害杂质（5A03合金除外），硅与镁形成Mg_2Si相，由于镁含量过剩，会降低Mg_2Si相在基体中的溶解度，所以不但强化作用不大，而且降低合金的塑性。轧制时，硅比铁的负作用更大些，因此一般应限制$w(Si)<0.5\%$。5A03合金中$w(Si)=0.5\%\sim0.8\%$，可以减低焊接裂纹倾向，改善合金的焊接性能。

(8) 铜：微量的铜就能使合金的耐蚀性能变差，因此应限制$w(Cu)<0.2\%$，有的合金限制得更严格些。

(9) 锌：$w(Zn)<0.2\%$时，对合金的力学性能和耐腐蚀性能没有明显影响。在高镁合金中添加少量的锌，抗拉强度可以提高10~

20MPa。应限制合金中的杂质 $w(Zn)<0.2\%$ 。

（10）钠：微量杂质钠能强烈损害合金的热变形性能，出现“钠脆性”，在高镁合金中更为突出。消除钠脆性的办法是使富集于晶界的游离钠变成化合物，可以采用氯化方法使之产生 NaCl 并随炉渣排出，也可以采用添加微量锑的方法。

2.5.2　5×××系铝合金材料的典型性能

5×××系铝合金材料的典型性能见表2-47～表2-59。

表2-47　5×××系铝合金材料的电学性能

合金	20℃时体积电导率 /%IACS		20℃时体积电阻率 /nΩ·m		20℃时体积电阻温度系数 /nΩ·m·K^{-1}		电极电位[①] /V
	O	H38	O	H38	O	H38	
5050	50	50	34	34	0.1	0.1	-0.83
5052	35	35	49.3	49.3	0.1	0.1	-0.85
5056[②]	29	27	59	64	0.1	0.1	-0.87
5083	29	29	59.5	59.5	0.1	0.1	-0.91
5086[②]	31	31	56	56	0.1	0.1	-0.86
5154	32	32	53.9	53.9	0.1	0.1	-0.86
5182	31	31	55.6	55.6	0.1	0.1	
5252	35	35	49	49	0.1	0.1	
5254	32	32	54	54	0.1	0.1	-0.86
5356	29		59.4		0.1	0.1	-0.87
5454	34	34	51	51	0.1	0.1	-0.86
5456	29	29	59.5	59.5	0.1	0.1	-0.87
5457	46	46	37.5	37.5	0.1	0.1	-0.84
5652	35	35	49	49	0.1	0.1	-0.85
5657	54	54	32	32	0.1	0.1	
5A02	40	40	47.6	47.6	0.1	0.1	
5A03	35	35	49.6	49.6	0.1	0.1	
5A05	64	64			0.1	0.1	
5A01	26	26	71	71	0.1	0.1	
5A12			77	77	0.1	0.1	

①测定条件：25℃，在 NaCl 53g/L + H_2O_2 3g/L 溶液中，用0.1N甘汞电极作标准电极；

②含有包覆层的合金。

表 2-48 5×××系铝合金材料的热学性能

合金	液相线温度/℃	固相线温度/℃	线膨胀系数		体膨胀系数/$m^3 \cdot (m^3 \cdot K)^{-1}$	质量热容/$J \cdot (kg \cdot K)^{-1}$	热导率/$W \cdot (m \cdot K)^{-1}$	
			温度/℃	平均值/$\mu m \cdot (m \cdot K)^{-1}$			O状态	H18状态
5005	652	632	-50~20 20~100 20~200 20~300	21.9 23.7 24.6 25.6	68×10^{-6}(20℃)	900(20℃)	205(20℃)	205(20℃)
5050	652	627	-50~20 20~100 20~200 20~300	21.8 23.8 24.7 25.6		900(20℃)	191(20℃)	191(20℃)
5052	649	607	-50~20 20~100 20~200 20~300	22.1 23.8 24.8 25.7	69×10^{-6}(20℃)			
5056	638	568	-50~20 20~100 20~200 20~300	22.5 24.1 25.2 26.1	70×10^{-6}(20℃)	904(20℃)	120(20℃)	112(20℃)
5083	638	574	-50~20 20~100 20~200 20~300	22.3 24.2 25.0 26.0	70×10^{-6}(20℃)	900(20℃)	120(20℃)	

续表 2-48

合金	液相线温度/℃	固相线温度/℃	线膨胀系数		体膨胀系数/$m^3 \cdot (m^3 \cdot K)^{-1}$	质量热容/$J \cdot (kg \cdot K)^{-1}$	热导率/$W \cdot (m \cdot K)^{-1}$	
			温度/℃	平均值/$\mu m \cdot (m \cdot K)^{-1}$			O 状态	H18 状态
5086	640	585	-50~20 20~100 20~200 20~300	22.0 23.8 24.7 25.8	69×10^{-6} (20℃)	900 (20℃)	127 (20℃)	
5154	643	593	-50~20 20~100 20~200 20~300	22.1 23.9 24.9 25.9	69×10^{-6} (20℃)	900 (20℃)	127 (20℃)	
5182	638	577	-50~20 20~100 20~200 20~300	22.2 24.1 25.0 26	70×10^{-6} (20℃)	904 (20℃)	123 (20℃)	
5252	649	607	-50~20 20~100 20~200 20~300	23.0 23.8 24.7 25.8	69×10^{-6} (20℃)	900 (20℃)	138 (20℃)	
5254	643	593	-50~20 20~100 20~200 20~300	22.1 24.0 24.9 25.9	69×10^{-6} (20℃)	900 (20℃)	127 (20℃)	

续表 2-48

合金	液相线温度/℃	固相线温度/℃	线膨胀系数		体膨胀系数/$m^3\cdot(m^3\cdot K)^{-1}$	质量热容/$J\cdot(kg\cdot K)^{-1}$	热导率/$W\cdot(m\cdot K)^{-1}$	
			温度/℃	平均值/$\mu m\cdot(m\cdot K)^{-1}$			O 状态	H18 状态
5356	638	574	-50~20 20~100 20~200 20~300	22.3 24.2 25.1 26.1	70×10^{-6}（20℃）	904（20℃）	116（20℃）	
5454	646	602	-50~20 20~100 20~200 20~300	21.9 23.7 24.6 25.6	68×10^{-6}（20℃）	900（20℃）	134（20℃）	
5456	638	570	-50~20 20~100 20~200 20~300	22.1 23.9 24.8 25.6	69×10^{-6}（20℃）	900（20℃）	116（20℃）	
5457	654	629	-50~20 20~100 20~200 20~300	21.9 23.7 24.6 25.6	68×10^{-6}（20℃）	900（20℃）	177（20℃）	
5652	649	607	-50~20 20~100 20~200 20~300	22.0 23.8 24.7 25.8	69×10^{-6}（20℃）	900（20℃）	137（20℃）	

续表 2-48

合金	液相线温度 /℃	固相线温度 /℃	线膨胀系数		体膨胀系数 $/m^3 \cdot (m^3 \cdot K)^{-1}$	质量热容 $/J \cdot (kg \cdot K)^{-1}$	热导率$/W \cdot (m \cdot K)^{-1}$	
			温度 /℃	平均值 $/\mu m \cdot (m \cdot K)^{-1}$			O 状态	H18 状态
5657	657	638	-50~20 20~100 20~200 20~300	21.9 23.7 24.6 25.6	68×10^{-6} （20℃）	900 （20℃）		
5A02	650	620	-50~20 20~100 20~200 20~300	22.2 23.8 24.9 25.8		947 （20℃）	156 （20℃）	
5A03	640	610	20~100 20~200 20~300 20~400	23.5 25.2 23.1		882 （20℃）	147 （20℃）	
5A05	620	580				924（20℃）	122（20℃）	
5A06			20~200 20~300 20~400	24.7 25.5 26.5		924 （20℃）	118 （20℃）	
5A12			20~200 20~300 20~400	23.3 24.2 26.4				

表 2-49　5052 合金的典型力学性能

状态	抗拉强度① σ_b/MPa	屈服强度① $\sigma_{0.2}$/MPa	伸长率① δ/%	硬度② /HB	抗剪强度 σ_τ/MPa	疲劳强度③ σ_{-1}/MPa
O	195	90	25	46	125	110
H32	230	195	12	60	140	115
H34	260	215	10	68	145	125
H36	275	240	8	73	160	130
H38	290	255	7	77	165	140

①低温抗拉强度与伸长率比室温时更高或与其相等；②试验条件：4.9kN 载荷，直径 10mm 钢球，施载时间 30s；合金的抗剪屈服强度约为拉伸屈服强度的 55%，而其抗压屈服强度大致与抗拉屈服强度相当。③R. R. Moore 试验，5×10^8 次循环。

表 2-50　5056 合金在不同温度时的典型拉伸性能

状态	温度/℃	抗拉强度① σ_b/MPa	屈服强度① $\sigma_{0.2}$/MPa	伸长率 δ/%
O	24	290	150	35
O	149	214	117	55
O	204	152	90	65
O	260	110	69	80
O	316	76	48	100
O	371	41	28	130
H38	24	414	345	15
H38	149	262	214	30
H38	204	179	124	50
H38	260	110	69	80
H38	316	76	48	100
H38	371	41	28	130

①在所示温度下无载荷保温 10000h 后测得的强度性能；以 35MPa/min 的应力增加速度试验至屈服强度，而后以 5%/min 的应变增加速度继续试验至拉断。

表 2-51　5083 合金的典型力学性能

状态	抗拉强度① σ_b/MPa	屈服强度① $\sigma_{0.2}$/MPa	伸长率①② δ/%	抗剪强度 σ_τ/MPa	疲劳强度③ σ_{-1}/MPa
O	290	145	22	172	
H112	303	193	16		
H116	317	228	16		160
H321	317	228	16		160
H323、H32	324	248	10		
H343、H34	345	283	9		

①低温抗拉强度、伸长率与室温时的相当或稍高一些；②厚 1.6mm 板材；③R. R. Moore 试验，5×10^8 次循环。合金的抗剪屈服强度约为拉伸屈服强度的 55%，抗压屈服强度与抗拉屈服强度相当。

表 2-52　5086 合金的最低力学性能

状态及厚度	抗拉强度 σ_b/MPa		屈服强度 $\sigma_{0.2}$/MPa	伸长率①δ/%
	min	max	min	min
典型性能				
O	260		115	22
H32、H116	290		205	12
H34	325		255	10
H112	270		130	14
性能范围				
O(0.5 ~50mm)	240	305	95	15 ~18
H32(0.5 ~50mm)	275	325	195	6 ~12
H34(0.22 ~25mm)	305	350	235	4 ~10
H36(0.15 ~4mm)	325	370	260	3 ~6
H38(0.15 ~0.5mm)	345		285	3
H112(4.7 ~12.5mm)	250		125	8
H112(12.6 ~25mm)	240		110	10
H112(25.1 ~50mm)	240		95	14
H112(50.1 ~75mm)	235		95	14
H116(1.6 ~50mm)	275		195	8 ~10

①试样标距为 50mm 或 $5d$，d 为试样工作部分的直径。对列出有一定范围的伸长率来说，其值取决于材料厚度。5086-O 合金的抗剪强度 160MPa，H34 状态的为 185MPa；合金的剪切屈服强度约为抗拉屈服强度的 55%。5086 合金的压缩屈服强度约与其拉伸屈服强度相当。

表 2-53　5154 合金的最低力学性能

状态与厚度	抗拉强度 σ_b/MPa	屈服强度 $\sigma_{0.2}$/MPa	伸长率① δ/%	硬度② HB	抗剪强度 σ_τ/MPa	疲劳强度③ σ_{-1}/MPa
典型性能						
O	240	117	27	58	152	117
H32	270	207	15	67	152	124
H34	290	228	13	73	165	131
H36	310	248	12	78	179	138

续表 2-53

状态与厚度	抗拉强度 σ_b/MPa	屈服强度 $\sigma_{0.2}$/MPa	伸长率① δ/%	硬度② HB	抗剪强度 σ_τ/MPa	疲劳强度③ σ_{-1}/MPa
典型性能						
H38	330	269	10	80	193	145
H112	240	117	25	63		117
性能范围	min	max	min			
O(0.5~75mm)	205	285	75	12~18		
H32(0.5~50mm)	250	295	180	5~2		
H34(0.22~25mm)	270	315	200	4~10		
H36(0.15~4mm)	290	340	220	3~5		
H38(0.15~3.2mm)	310		240	3~5		
H112(6.3~12.5mm)	220		125	8		
H112(12.6~75mm)	205		75	11~15		

①试样标距为50mm或4*d*，*d*为试样工作部分的直径，对一定范围的伸长率来说，其最小值取决于材料厚度；②4.9kN载荷，直径10mm钢球，施载时间30s；③R. R. Moore试验，5×10^8次循环。5154合金剪切屈服强度约为拉伸屈服强度的55%，合金的抗压屈服强度与抗拉屈服强度相当。

表 2-54　5182合金的典型力学性能

状态	抗拉强度① σ_b/MPa	屈服强度① $\sigma_{0.2}$/MPa	伸长率①② δ/%	硬度③ HB	抗剪强度 σ_τ/MPa	疲劳强度④ σ_{-1}/MPa
O	276	138	25	58	152	138
H32	317	234	12			
H34	338	283	10			
H19⑤	421	393	4			

①低温强度及伸长率与室温时的相等或更高些；②厚1.6mm板材；③载荷4.9kN，直径10mm钢球，施载时间30s；④R. R. Moore试验，5×10^8次循环；⑤供制造全铝易拉罐拉环用。合金的抗剪屈服强度约为抗拉屈服强度的55%，其抗压屈服强度约与抗拉屈服强度相当。

表 2-55 5456 合金的拉伸性能

状态	厚度	抗拉强度 σ_b/MPa		屈服强度 $\sigma_{0.2}$/MPa		伸长率 δ/%	
O	典型性能	310		159		24①	
H111	典型性能	324		228		18①	
H112	典型性能	310		165		22①	
H321②、H116③	典型性能	352		255		16①	
	性能范围	min	max	min	max	50mm min④	5d min
O	1.20~6.30mm	290	365	130	205	16	..
O	6.31~80.00mm	285	360	125	205	16	14
O	80.01~120.00mm	275		120			12
O	120.01~160.00mm	270		115			12
O	160.01~200.00mm	265		105			10
H112	6.30~40.00mm	290		130		12	10
H112	40.01~80.00mm	285		125			10
H116③⑤	1.60~30.00mm	315		230		10	10
H116③⑤	30.01~40.00mm	305		215			10
H116③⑤	40.01~80.00mm	287		200			10
H116③⑤	80.01~110.00mm	275		170			10
H321	4.00~12.50mm	315	405	230	315	12	
H321	12.51~40.00mm	305	385	215	305		10
H321	40.01~80.00mm	285	385	200	295		10
H323	1.20~6.30mm	330	400	250	315	6~8	
H343	1.20~6.30mm	365	435	285	350	6~8	

①ϕ12.5mm 试样；②不适宜于制造在海水中工作的零部件；③也适用于过去的 H117 状态；④50mm 的试样适用于厚度不大于 12.5mm 的材料，而 5d 的试样适用于厚度大于 12.5mm 的材料；⑤此种材料应满足买方的剥落腐蚀试样。H321、H116 状态的抗剪强度为 207MPa，其硬度为 90HB。

表 2-56 5A02、5A03、5A05、5A06、5A12 合金的室温典型力学性能

合金	状态	抗拉强度 σ_b/MPa	屈服强度 $\sigma_{0.2}$/MPa	伸长率 δ/%	硬度[①] HB	冲击韧性 a_K/MPa	疲劳强度 σ_{-1}/MPa
5A02	O	190	80	23	45	88.2×10^4	120
	H14	250	210	6	60		125
	H18	320		4			
	H112	180		21			
5A03	O	235	120	22	58		115
	H14	270	230	8	75		13[①]
	H112	230	145	14.5			
5A05	O	305	150	20	65		140[②]
	H112	315	170	18			
5A06	O	340	160	20	70		130[②]
	H14	350	345	13			
	H112	340	190	20			
5A12	O	40	220	25		30.4×10^4	
	H112	580	500	10			

注：疲劳强度是用 R. R. Moore 试验机测定的。

①$2\times10^7$ 次循环；②$5\times10^8$ 次循环。

表 2-57 5A02、5A03、5A06、5A12 合金经不同温度退火后的室温力学性能

温度/℃	5A02			5A03			5A06			5A12		
	σ_b/MPa	$\sigma_{0.2}$/MPa	δ_{10}/%	σ_b/MPa	$\sigma_{0.2}$/MPa	δ_{10}/%	σ_b/MPa	$\sigma_{0.2}$/MPa	δ_{10}/%	σ_b/MPa	$\sigma_{0.2}$/MPa	δ_{10}/%
150	280		8.5	340	290	6	450	340	12	520	40	8
180				330	290	7	440	330	13	510	40	7
200	270		9	320	280	8	450	320	13	450	40	7
220	270		9				430	320	15			
240	260		10				420	310	16			
245				280	200	15				450	320	8
270				230	120	22						
280	230		15				400	270	18			
300	210		23	240	110	23	390	240	18			
320	200		23				360	160	22			
350	200		23	230	120	24	360	170	23	410	250	22
400	205		25	230	120	23	360	170	24			
450	190		25	230	120	22	360	170	24	400	220	23
500				230	110	24	360	170	25	400	200	23

表 2-58 5A02、5A03、5A05 合金的低温力学性能

温度/℃	5A02①			5A03①			5A05②		
	σ_b/MPa	$\sigma_{0.2}$/MPa	δ_{10}/%	σ_b/MPa	$\sigma_{0.2}$/MPa	δ_{10}/%	σ_b/MPa	$\sigma_{0.2}$/MPa	δ_{10}/%
-50				225	95	25	300	140	31
-70	190		40						
-74				230	95	29			
-80							300	150	27
-100							310	150	35
-196	310		50	330	100	43	420	170	41.5

①棒材；②板材。

表 2-59 5A02、5A03、5A05、5A06、5A12 合金的高温力学性能

温度/℃	合金①	抗拉强度 σ_b/MPa	屈服强度 $\sigma_{0.2}$/MPa	伸长率 δ/%
20	5A02	200	70	29.0
	5A03	235	100	22.0
	5A05	315	150	27.5
	5A06	325	160	24.5
	5A12	420		22
100	5A02	195	75	30.0
	5A03	230	100	22.5
	5A05	295	135	42.5
	5A06	305	150	31.5
	5A12	350		37
150	5A02	180	80	37.5
	5A03	195	100	44.0
	5A05			
	5A06	250	135	37.0
	5A12			
200	5A02	145	80	54.0
	5A03	140	90	52.0
	5A05	165	120	62.5
	5A06	195	125	43.5
	5A12	210		37
250	5A02	115	75	55.0
	5A03	80	70	73.0
	5A05			
	5A06	160	105	45.0
	5A12	140		39
300	5A02	75	65	54.0
	5A03	65	60	89.0
	5A05	80	75	106.5
	5A06	130	80	48.0
	5A12	66		62
350	5A02	50	45	58.0
	5A03	40	35	102.0
	5A05			
	5A06			
	5A12			
400	5A05	250	200	99.0

①除5A02合金为棒材外，其他合金均为板材。

2.5.3　5×××系铝合金的工艺性能

5×××铝合金的工艺性能见表2-60～表2-63。

表2-60　5×××系铝合金的工艺性能

合　金	熔炼温度/℃	铸造温度/℃	热加工温度/℃	退火温度/℃
5005	700～750	715～730	260～510	345
5050	700～750	715～730	260～510	345
5052	700～750	715～730	260～510	345
5056	700～750	710～720	315～480	415
5083	700～750	710～720	315～480	415
5086	700～750	690～710	315～480	345
5154	700～750	710～720	260～510	345
5252	700～750	710～720	260～510	345
5254	700～750	710～720	260～510	345
5356	700～750	710～720	260～510	345
5454	700～750	710～720	260～510	345
5456	700～750	710～720	260～510	345
5457	700～750	710～720	260～510	345
5652	700～750	715～730	260～510	345
5657	700～750	710～720	260～510	345
5A02	700～750	715～730	320～470	340～410
5A03	700～750	710～720	320～470	290～390
5A05	700～750	700～720	320～470	300～410
5A06	700～750	690～715	320～470	300～410
5A12	700～750	690～710	320～470	390～450

表2-61　5×××系铝合金的变形工艺参数和再结晶温度

牌号	品　种	规格或型号/mm	变形温度/℃	变形程度/%	加热方式	保温时间/min	再结晶温度/℃	
							开始	终了
5A02	冷轧板	2.0	室温	80	空气炉	60	240～250	300～305
	冷轧板	4.0		35		120	260	300
	冷拉管材	$D90\times2.0$		30		120	210	300
	冷轧管材	$D50\times1.5$		69		120	200	310
5A03	冷轧板	1.8	室温	60	空气炉	60	240	270
		0.9		80	空气炉	60	230～235	260～265
		0.8		90	盐浴槽	10	250	280
5A05	冷轧板	3.6	室温	60	空气炉	60	225～230	250～255
		1.8		80				

续表 2-61

牌号	品种	规格或型号/mm	变形温度/℃	变形程度/%	加热方式	保温时间/min	再结晶温度/℃	
							开始	终了
5A06	冷轧板	2.0	室温	40	空气炉	60	230	290
		3.6		60		60	240	280
		1.9		80	盐浴槽	60	235~240	270~275
		0.8		87		10	240	
5A12	冷轧板	4.4	室温	8	盐浴槽	60	310	530
				50			290	350
				60			270	310

表 2-62 5×××系铝合金的过烧温度

序号	牌 号	过烧温度/℃	序号	牌 号	过烧温度/℃
1	5005	630	9	5254	590
2	5050	625	10	5356	575
3	5052	605	11	5454	600
4	5056	565	12	5456	570
5	5083	580	13	5457	630
6	5086	585	14	5652	605
7	5154	590	15	5657	635
8	5252	605			

表 2-63 5×××系铝合金材料的特性比较

合金和状态	腐蚀性能		可塑性③(冷加工)	机械加工性③	可钎焊性④	可焊性④		
	一般①	应力腐蚀开裂②				气焊	电弧焊	接触点焊和线焊
5005-O	A	A	A	E	B	A	A	B
H12	A	A	A	E	B	A	A	A
H14	A	A	B	D	B	A	A	A
H16	A	A	C	D	B	A	A	A
H18	A	A	C	D	B	A	A	A
H32	A	A	A	E	B	A	A	A
H34	A	A	B	D	B	A	A	A
H36	A	A	C	D	B	A	A	A
H38	A	A	C	D	B	A	A	A
5050-O	A	A	A	E	B	A	A	B
H32	A	A	A	D	B	A	A	A
H34	A	A	B	D	B	A	A	A
H36	A	A	C	C	B	A	A	A
H38	A	A	C	C	B	A	A	A

续表 2-63

合金和状态	腐蚀性能		可塑性③(冷加工)	机械加工性③	可钎焊性④	可焊性④		
	一般①	应力腐蚀开裂②				气焊	电弧焊	接触点焊和线焊
5052－O	A	A	A	D	C	A	A	B
H32	A	A	B	D	C	A	A	A
H34	A	A	B	C	C	A	A	A
H36	A	A	C	C	C	A	A	A
H38	A	A	C	C	C	A	A	A
5056－O	A⑤	B⑤	A	D	D	C	A	B
H111	A⑤	B⑤	A	D	D	C	A	A
H12、H32	A⑤	B⑤	B	D	D	C	A	A
H14、H34	A⑤	B⑤	B	C	D	C	A	A
H18、H38	A⑤	C⑤	C	C	D	C	A	A
H192	A⑤	D⑤	D	B	D	C	A	A
H392	A⑤	D⑤	D	B	D	C	A	A
5083-O	A⑤	B⑤	B	D	D	C	A	B
H321、H116	A⑤	B⑤	C	D	D	C	A	A
H111	A⑤	B⑤	C	D	D	C	A	A
5086－O	A⑤	A⑤	A	D	D	C	A	B
H32、H116	A⑤	A⑤	B	D	D	C	A	A
H34	A⑤	B⑤	B	C	D	C	A	A
H36	A⑤	B⑤	C	C	D	C	A	A
H38	A⑤	B⑤	C	C	D	C	A	A
H111	A⑤	A⑤	B	D	D	C	A	A
5154－O	A⑤	A⑤	A	D	D	C	A	B
H32	A⑤	A⑤	B	D	D	C	A	A
H34	A⑤	A⑤	B	C	D	C	A	A
H36	A⑤	A⑤	C	C	D	C	A	A
H38	A⑤	A⑤	C	C	D	C	A	A
5454－O	A	A	A	D	D	C	A	B
H32	A	A	B	D	D	C	A	A
H34	A	A	B	C	D	C	A	A
H111	A	A	B	D	D	C	A	A
5456－O	A⑤	B⑤	B	D	D	C	A	B
H32、H116	A⑤	B⑤	C	D	D	C	A	A

①、②、③、④同表 2-13 表注；⑤高温长时间保温的材料，其等级可能不同。

2.5.4 5×××系铝合金的品种和典型用途

5×××系铝合金的品种和典型用途见表2-64。

表2-64 5×××系铝合金的品种和典型用途

合金	品种	状态	典型用途
5005	板材 厚板 冷加工棒材 冷加工线材 铆钉线材	O、H12、H14、H16、H18、H32、H34、H36、H38 O、H12、H14、H32、H34、H112 O、H12、H14、H16、H22、H24、H26、H32 O、H19、H32 O、H32	与3003合金相似，具有中等强度与良好的抗蚀性。用作导体、炊具、仪表板、壳与建筑装饰件。阳极氧化膜比3003合金上的氧化膜更加明亮，并与6063合金的色调协调一致
5050	板材 厚板 拉伸管 冷加工棒材 冷加工线材	O、H32、H34、H36、H38 O、H112 O、H32、H34、H36、H38 O、F O、H32、H34、H36、H38	薄板可作为制冷机与冰箱的内衬板，汽车气管、油管，建筑小五金、盘管及农业灌溉管
5052	板材 厚板 拉伸管 冷加工棒材 冷加工线材 铆钉线材 箔材	O、H32、H34、H36、H38 O、H32、H34、H112 O、H32、H34、H36、H38 O、F、H32 O、H32、H34、H36、H38 O、H32 O、H19	此合金有良好的成形加工性能、抗蚀性、可焊性、疲劳强度与中等的静态强度，用于制造飞机油箱、油管，以及交通车辆、船舶的钣金件、仪表、街灯支架与铆钉线材等
5056	冷加工棒材 冷加工线材 铆钉线材 箔材	O、F、H32 O、H111、H12、H14、H18、H32、H34、H36、H38、H192、H392 O、H32 H19	镁合金与电缆护套、铆接镁的铆钉、拉链、筛网等；包铝的线材广泛用于加工农业捕虫器罩，以及需要有高抗蚀性的其他场合
5083	板材 厚板 挤压管、型、棒、线材 锻件	O、H116、H321 O、H112、H116、H321 O、H111、H112 H111、H112、F	用于需要有高的抗蚀性、良好的可焊性和中等强度的场合，诸如船舶、汽车和飞机板焊接件；需要严格防火的压力容器、制冷装置、电视塔、钻探设备、交通运输设备、导弹零件、装甲等

续表 2-64

合金	品 种	状 态	典型用途
5086	板材 厚板 挤压管、型、棒、线材	O、H112、H116、H32、H34、H36、H38 O、H112、H116、H321 O、H111、H112	用于需要有高的抗蚀性、良好的可焊性和中等强度的场合，诸如舰艇、汽车、飞机、低温设备、电视塔、钻井设备、运输设备、导弹零部件与甲板等
5154	板材 厚板 拉伸管 挤压管、型、棒、线材 冷加工棒材 冷加工线材	O、H32、H34、H36、H38 O、H32、H34、H112 O、H34、H38 O、H112 O、H112、F O、H112、H32、H34、H36、H38	焊接结构、贮槽、压力容器、船舶结构与海上设施、运输槽罐
5182	板材	O、H32、H34、H19	薄板用于加工易拉罐盖，汽车车身板、操纵盘、加强件、拖架等零部件
5252	板材	H24、H25、H28	用于制造有较高强度的装饰件，如汽车、仪器等的装饰性零部件，在阳极氧化后具有光亮透明的氧化膜
5254	板材 厚板	O、H32、H34、H36、H38 O、H32、H34、H112	过氧化氢及其他化工产品容器
5356	线材	O、H12、H14、H16、H18	焊接镁含量大于3%的铝－镁合金焊条及焊丝
5454	板材 厚板 拉伸管 挤压管、型、棒、线材	O、H32、H34 O、H32、H34、H112 H32、H34 O、H111、H112	焊接结构，压力容器，船舶及海洋设施管道
5456	板材 厚板 锻件	O、H32、H34 O、H32、H34、H112 H112、F	装甲板、高强度焊接结构、贮槽、压力容器、船舶材料
5457	板材	O	经抛光与阳极氧化处理的汽车及其他设备的装饰件
5652	板材 厚板	O、H32、H34、H36、H48 O、H32、H34、H112	过氧化氢及其他化工产品贮存容器

续表 2-64

合金	品 种	状 态	典型用途
5657	板材	H241、H25、H26、H28	经抛光与阳极氧化处理的汽车及其他装备的装饰件,但在任何情况下必须确保材料具有细的晶粒组织
5A02	同5052合金	同5052合金	飞机油箱与导管,焊丝,铆钉,船舶结构件
5A03	同5254合金	同5254合金	中等强度焊接结构件,冷冲压零件,焊接容器,焊丝,可用来代替5A02合金
5A05	板材 挤压型材 锻件	O、H32、H34、H112 O、H111、H112 H112、F	焊接结构件,飞机蒙皮骨架
5A06	板材 厚板 挤压管、型、棒材 线材 铆钉线材 锻件	O、H32、H34 O、H32、H34、H112 O、H111、H112 O、H111、H12、H14、H18、H32、H34、H36、H38 O、H32 H112、F	焊接结构,冷模锻零件,焊接容器受力零件,飞机蒙皮骨架部件,铆钉
5A12	板材 厚板 挤压型、棒材	O、H32、H34 O、H32、H34、H112 O、H111、H112	焊接结构件,防弹甲板

2.6 6×××系铝合金

6×××系铝合金是以镁和硅为主要合金元素并以 Mg_2Si 相为强化相的铝合金，属于热处理可强化铝合金。该系合金具有中等强度，耐蚀性高，无应力腐蚀破裂倾向，焊接性能良好，焊接区腐蚀性能不变，成形性和工艺性能良好等优点。当合金中含铜时，合金的强度可接近2×××系铝合金的强度，工艺性能优于2×××系铝合金，但耐蚀性变差，合金有良好的锻造性能。该系合金中用得最多的是6061和6063合金，它们具有最佳的综合性能和经济性。其主要产品为挤压型材，该合金使用量最大的为建筑型材。6×××系合金大致可分为三组。

第一组合金有平衡的镁、硅含量，镁和硅的总量质量分数不超过1.5%，Mg_2Si 一般质量分数为0.8%～1.2%。典型的是6063铝合金，其固溶处理温度高，淬火敏感性低，挤压性能好，挤压后可直接风淬，抗蚀性高，阳极氧化处理效果好。

第二组合金的镁、硅总量较高，$w(Mg_2Si)$ 为1.4%左右。镁、硅比（质量分数）亦为1.73∶1的平衡成分。该组合金加入了适量的铜以提高强度，同时加入适量的铬以抵消铜对抗蚀性的不良影响。典型的是6061铝合金，其抗拉强度比6063铝合金约高70MPa，但淬火敏感性较高，不能实现风淬。

第三组合金的镁、硅总质量分数是1.5%，但有过剩的硅，其作用是细化 Mg_2Si 质点，同时硅沉淀后亦有强化作用。但硅易于在晶界偏析，将引起合金脆化，降低塑性。加入铬（如6151铝合金）或锰（如6351铝合金），有助于减小过剩硅的不良作用。

2.6.1 合金元素和杂质元素在6×××系铝合金中的作用

6×××系铝合金的主要合金元素有镁、硅、铜，其作用如下：

（1）镁和硅的作用。镁、硅含量的变化对退火状态的Al-Mg-Si合金抗拉强度和伸长率的影响不明显。

随着镁、硅含量的增加，Al-Mg-Si合金淬火自然时效状态的抗拉强度提高，伸长率降低。当镁、硅总含量一定时，镁、硅含量之比对性能也有很大影响。固定镁含量，合金的抗拉强度随着硅含量的增加而提高。固定 Mg_2Si 相的含量，增加硅含量，合金的强化效果提高，而伸长率稍有提高。固定硅含量，合金的抗拉强度随着镁含量的增加而提高。含硅量较小的合金，抗拉强度的最大值位于 $\alpha(Al)$-Mg_2Si-Mg_2Al_3 三相区内。Al-Mg-Si合金三元合金抗拉强度的最大值位于 $\alpha(Al)$-Mg_2Si-Si三相区内。

镁、硅对淬火人工时效状态合金的力学性能的影响规律，与淬火自然时效状态合金的基本相同，但抗拉强度有很大提高，最大值仍位于 $\alpha(Al)$-Mg_2Si-Si三相区内，同时伸长率相应降低。

合金中存在剩余Si和 Mg_2Si 时，随其数量的增加，耐蚀性能降低。但当合金位于 $\alpha(Al)$-Mg_2Si 二相区以及 Mg_2Si 相全部固溶于基体的单相区内的合金，耐蚀性最好。所有合金均无应力腐蚀破裂倾向。

合金在焊接时，焊接裂纹倾向性较大，但在 α(Al)-Mg_2Si 二相区中，成分 w(Si)=0.2%～0.4%，w(Mg)=1.2%～1.4%的合金和在 α(Al)-Mg_2Si-Si 三相区中，成分 w(Si)=1.2%～2.0%，w(Mg)=0.8%～2.0%的合金，其焊接裂纹倾向较小。

（2）铜的作用。Al-Mg-Si 合金中添加铜后，铜在组织中的存在形式不仅取决于铜含量，而且受镁、硅含量的影响。当铜含量很少，w(Mg)：w(Si)比为1.73：1时，则形成 Mg_2Si 相，铜全部固溶于基体中；当铜含量较多，w(Mg)：w(Si)比小于1.08时，可能形成 W($Al_4CuMg_5Si_4$)相，剩余的铜则形成 $CuAl_2$；当铜含量多，w(Mg)：w(Si)比大于1.73时，可能形成 S(Al_2CuMg)和 $CuAl_2$ 相。W 相与 S 相、$CuAl_2$ 相和 Mg_2Si 相不同，固态下只部分溶解参与强化，其强化作用不如 Mg_2Si 相的大。

合金中加入铜，不仅显著改善合金在热加工时的塑性，而且增强热处理强化效果，还能抑制挤压效应，降低合金因加锰后所出现的各向异性。

6×××系铝合金中的微量添加元素有锰、铬、钛，而杂质元素主要有铁、锌等，其作用如下：

（1）锰：合金中加锰，可以提高强度，改善耐蚀性、冲击韧性和弯曲性能。在 AlMg0.7Si1.0 合金中添加铜、锰，当 w(Mn)<0.2%时，随着锰含量的增加，合金的强度提高很大。锰含量继续增加，锰与硅形成 AlMnSi 相，损失一部分形成 Mg_2Si 相所必需的硅，而 AlMnSi 相的强化作用比 Mg_2Si 相小。因而，合金强化效果下降。

锰和铜同时加入时，其强化效果不如单独加锰的好，但可使伸长率提高，并改善退火状态制品的晶粒度。

合金中加入锰后，由于锰在 α 相中产生严重的晶内偏析，影响合金的再结晶过程，造成退火制品的晶粒粗化。为获得细晶粒材料，铸锭必须进行高温均匀化（550℃），以消除锰偏析。退火时以快速升温为好。

（2）铬：铬和锰有相似的作用。铬抑制 Mg_2Si 相在晶界的析出，延缓自然时效过程，提高人工时效后的强度。铬可细化晶粒，使再结晶后的晶粒呈细长状，因而可提高合金的耐蚀性，适宜的 $w(Cr)$ = 0.15% ~ 0.3%。

（3）钛：6×××系铝合金中添加 $w(Ti)$ = 0.02% ~ 0.1% 和 $w(Cr)$ = 0.01% ~ 0.2%，可以减少铸锭的柱状晶组织，改善合金的锻造性能，并细化制品的晶粒。

（4）铁：含少量的铁（$w(Fe)$ < 0.4% 时）对力学性能没有不利影响，并可以细化晶粒。$w(Fe)$ > 0.7% 时，生成不溶的（AlMnFeSi）相，会降低制品的强度、塑性和耐蚀性能。合金中含有铁时，能使制品表面阳极氧化处理后的色泽变坏。

（5）锌：少量杂质锌对合金的强度影响不大，其 $w(Zn)$ ≤ 0.3%。

2.6.2 6×××系铝合金材料的典型性能

6×××系铝合金材料的典型性能见表 2-65 ~ 表 2-76。

表 2-65 6×××系铝合金材料的热学性能

合金	液相线温度/℃	固相线温度/℃	线膨胀系数		体膨胀系数/$m^3\cdot(m^3\cdot K)^{-1}$	质量热容/$J\cdot(kg\cdot K)^{-1}$	热导率/$W\cdot(m\cdot K)^{-1}$		
			温度/℃	平均值/$\mu m\cdot(m\cdot K)^{-1}$			O 状态	T4	T6
6005	654	607	20 ~ 100	23.4			167(T5)		
6009	650		−50 ~ 20 20 ~ 100 20 ~ 200 20 ~ 300	21.6 23.4 24.3 25.2	69×10^{-6} (20℃)	897 (20℃)	205 (20℃)	172 (20℃)	180 (20℃)
6010	650	585	−50 ~ 20 20 ~ 100 20 ~ 200 20 ~ 300	21.5 23.2 24.1 25.1	67×10^{-6} (20℃)	897 (20℃)	202 (20℃)	151 (20℃)	180 (20℃)
6061	652	682	20 ~ 100	23.6		896 (20℃)	180 (20℃)	154 (20℃)	167 (20℃)
6063	655	615	−50 ~ 20 20 ~ 100 20 ~ 200 20 ~ 300	21.8 23.4 24.5 25.6		900 (20℃)	218 (20℃)	193(T1) 209(T5) (25℃)	201 (25℃)

续表 2-65

合金	液相线温度/℃	固相线温度/℃	线膨胀系数		体膨胀系数/m^3·(m^3·K)$^{-1}$	质量热容/J·(kg·K)$^{-1}$	热导率/W·(m·K)$^{-1}$		
			温度/℃	平均值/μm·(m·K)$^{-1}$			O 状态	T4	T6
6066	645	563	20～100	23.2		887 (20℃)			147 (20℃)
6070	649	566				891 (20℃)			172 (20℃)
6101	654	621	-50～20 20～100 20～200 20～300	21.7 23.5 24.4 25.4		895 (20℃)			218 (20℃)
6151	650	588	-50～20 20～100 20～200 20～300	21.8 23.0 24.1 25.0		895 (20℃)	205 (20℃)	163 (20℃)	175 (25℃)
6201	654	607	-50～20 20～100 20～200 20～300	21.6 23.4 24.3 25.2		895 (20℃)	205(T8) (25℃)		
6205	645	613	20～100	23.0			172(T1) (25℃)	188(T5) (25℃)	
6262	650	585	20～100	23.4			172(T9) (20℃)		
6351	650	555	20～80	23.4					176 (25℃)
6463	654	621	20～100	23.4			192(T1) (25℃)	209(T5) (25℃)	201 (25℃)
6A02			-50～20 20～100 20～200 20～300	21.8 23.5 24.3 25.4		798 (100℃)		155 (25℃)	

表 2-66 6××× 系铝合金材料的电学性能

合金	20℃时体积电导率/%IACS			20℃时体积电阻率/nΩ·m			20℃时体积电阻温度系数/nΩ·m·K^{-1}			电极电位①/V
	O	T4	T6	O	T4	T6	O	T4	T6	
6005		49(T5)			35(T5)					
6009	54	44	47	31.9	39.2	36.7	0.1	0.1	0.1	
6010	53	39	44	32.5	44.2	39.2	0.1	0.1	0.1	
6061	47	40	40							
6063	58	50(T1) 55(T5)	43(T6、T83)	30	35(T1) 32(T5)	33(T6、T83)				
6066	40		37	43		47	0.1		0.1	
6070			44			39			0.1	
6101	59(T61) 58(T63)	60(T64) 58(T65)	57	29.2(T61) 29.7(T65)	28.7(T64) 29.7(T65)	30.2	0.1	0.1	0.1	
6151	54	42	45	32	41	38	0.1	0.1	0.1	-0.83
6201	45(T1)	49(T5)		37(T1)	35(T5)					
6262	44(T9)			39(T9)						
6351			46			38			0.1	
6463	50(T1)	55(T5)	53(T6)	34(T1)	31(T5)	33(T6)			0.1	
6A02	55	45								

①测定条件：25℃，在 NaCl 53g/L + H_2O_2 3g/L 溶液中，用 0.1N 甘汞电极作标准电极。

表 2-67 6009 及 6010 合金的典型抗拉性能

试样取向	6009 合金			6010 合金		
	抗拉强度 σ_b/MPa	屈服强度 $\sigma_{0.2}$/MPa	伸长率 δ/%	抗拉强度 σ_b/MPa	屈服强度 $\sigma_{0.2}$/MPa	伸长率 δ/%
T4						
纵向	234	131	24	296	186	23
横向及 45°方向	228	124	25	290	172	24
T6						
纵向	345	324	12	386	372	11
横向及 45°方向	338	298	13	379	352	12

表 2-68 6061 合金的典型力学性能

状 态	抗拉强度 σ_b/MPa	屈服强度 $\sigma_{0.2}$/MPa	伸长率 δ/%		抗剪强度 σ_τ/MPa	疲劳强度① σ_{-1}/MPa	硬度② HB
			ϕ1.6mm 试样	ϕ13mm 试样			
未包铝的 6061 合金							
O	124	55	25	30	83	62	30
T4、T451	241	145	22	25	165	97	65
T6、T651	310	276	12	17	207	97	95
包铝的 6061 合金							
O	117	48	25		76	62	30
T4、T451	228	131	22		152	97	65
T6、T651	290	255	12		186	97	95

①R. R. Moore 试验，5×10^8 次循环；②4.9kN 载荷，直径 10mm 钢球，施载时间 30s。

表 2-69 6063 合金的典型力学性能

状态	抗拉强度 σ_b①/MPa	屈服强度 $\sigma_{0.2}$①/MPa	伸长率 δ①②/%	硬度③HB	抗剪强度 σ_τ/MPa	疲劳强度 σ_{-1}/MPa
O	90	48		25	69	55
T1③	152	90	20	42	97	62
T4	172	90	22			
T5	186	145	12	60	117	69
T6	241	214	12	73	152	69
T83	255	241	9	82	152	
T831	207	186	10	70	124	
T832	290	269	12	95	186	

①试验条件：载荷 4.9kN，直径 10mm 钢球，施载时间 30s；②R. R. Moore 试验，5×10^8 次循环；③过去为 T42 状态。

表 2-70 6066 合金的力学性能

状 态	抗拉强度 σ_b/MPa	屈服强度 $\sigma_{0.2}$/MPa	伸长率① δ/%	硬度② HB	抗剪强度 σ_τ/MPa	疲劳强度③ σ_{-1}/MPa
典型性能						
O	150	83	18	43	97	
T4、T451	360	207	18	90	200	
T6 、T651	395	359	12	120	234	110
性能范围(挤压件)						
O	200(max)	125(max)	16(min)			
T4、T4510、T4511	275(min)	170(min)	14(min)			
T42	275(min)	165(min)	14(min)			
T6 、T6510、T6511	345(min)	310(min)	8(min)			
T62	345	290	8			
性能范围(模锻件)						
T6	345	310				

①标距为 50mm 或 4*d*, *d* 为试样工作部分的直径；②试验条件：载荷 4.9kN，直径 10mm 钢球，施载时间 30s；③R. R. Moore 试验，5×10^8 次循环。

表 2-71 6070 合金的典型力学性能

状 态	抗拉强度 σ_b/MPa	屈服强度 $\sigma_{0.2}$/MPa	伸长率 δ/%	硬度① HB	抗剪强度 σ_τ/MPa	疲劳强度② σ_{-1}/MPa
O	145	69	20	35	97	62
T4	317	172	20	90	206	90
T6	379	352	10	120	234	97

①试验条件：载荷 4.9kN，直径 10mm 钢球，施载时间 30s；②R. R. Moore 试验，5×10^8 次循环。

表 2-72 6101-T6 合金在不同温度时的典型力学性能

温度 /℃	抗拉强度① σ_b/MPa	屈服强度 $\sigma_{0.2}$/MPa	伸长率② δ/%	温度 /℃	抗拉强度① σ_b/MPa	屈服强度 $\sigma_{0.2}$/MPa	伸长率② δ/%
-196	296	228	24	149	145	131	20
-80	248	207	20	204	69	48	40
-28	234	200	19	260	33	23	80
24	221	193	19	316	24	16	100
100	193	172	20	371	17	12	105

①在所示温度下无载荷保温 10000h 后，然后以 35MPa/min 的应力施加速度试验至屈服强度，而后以 5%/min 的应变速度拉至断裂。T6 合金典型室温力学性能：抗拉强度 σ_b 为 221MPa，屈服强度 $\sigma_{0.2}$ 为 193MPa，伸长率 δ 为 15 %；抗剪强度 σ_τ 为 138MPa；布氏硬度 HB 为 71（载荷 4.9kN、ϕ10mm，施加时间 30s）。②标距 50mm。

表 2-73 6262 合金在不同温度时的典型力学性能

温度 /℃	抗拉强度 σ_b/MPa	屈服强度 $\sigma_{0.2}$/MPa	伸长率 δ/%	温度 /℃	抗拉强度 σ_b/MPa	屈服强度 $\sigma_{0.2}$/MPa	伸长率 δ/%
T651							
-196	414	324	22	-28	414	386	10
-80	338	290	18	24	400	379	10
-28	324	283	17	100	365	359	10
24	310	276	17	149	262	255	14
100	290	262	18	204	103	90	34
149	234	214	20	260	59	41	48
T9				316	32	19	85
-196	510	462	14	371	24	10	95
-80	427	400	10				

注：在所示温度下无载荷保温10000h后测得的最低强度性能，以35 MPa/min的应力施加速度试验至屈服强度，而后以5%/min的应变速度拉至断裂。T9状态材料的其他典型室温力学性能：抗剪强度 σ_τ 为400MPa；疲劳强度 σ_{-1} 为90MPa（R. R. Moore试验，5×10^8 次循环）；布氏硬度HB为120（载荷4.9kN、ϕ10mm钢球，施加时间30s）。

表 2-74 6351 合金的典型力学性能

状态	抗拉强度 σ_b/MPa	屈服强度 $\sigma_{0.2}$/MPa	伸长率 δ/%	硬度① HB	抗剪强度 σ_τ/MPa	疲劳强度② σ_{-1}/MPa
T4	248	152	20			90
T6	310	283	14	95	200	90
T54	207	138	10			90

①试验条件：载荷4.9kN，直径10mm钢球，施载时间30s；

②R. R. Moore试验，5×10^8 次循环。

表 2-75 6463 合金的典型力学性能

状态	抗拉强度 σ_b/MPa	屈服强度 $\sigma_{0.2}$/MPa	伸长率 δ/%	硬度① HB	抗剪强度 σ_τ/MPa	疲劳强度② σ_{-1}/MPa
T1	152	90	20	42	97	69
T5	186	145	117	60	117	69
T6	241	214	152	74	152	69

①试验条件：载荷4.9 kN，直径10mm钢球，施载时间30s；

②R. R. Moore试验，5×10^8 次循环。

表 2-76 6A02 合金的典型力学性能

状态	抗拉强度 σ_b/MPa	屈服强度 $\sigma_{0.2}$/MPa	伸长率 δ/%	硬度① HB	抗剪强度 σ_τ/MPa	疲劳强度② σ_{-1}/MPa
O	120		30	30		63
T4	220	120	22	65		98
T6	330	280	16	95		98

①试验条件：载荷 4.9 kN，直径 10mm 钢球，施载时间 30s；
②R. R. Moore 试验，5×10^8 次循环。

2.6.3 6×××系铝合金的工艺性能

6×××系铝合金的工艺性能见表 2-77 ~ 表 2-81。

表 2-77 6×××系铝合金材料的熔炼、铸造与压力加工温度范围

合金	熔炼温度/℃	铸造温度/℃	轧制温度/℃	挤压温度/℃	锻造温度/℃
6A02	700 ~ 750	700 ~ 740	410 ~ 500	370 ~ 450	400 ~ 500
6061	720 ~ 750	710 ~ 730		350 ~ 500	350 ~ 500
6063	720 ~ 760	710 ~ 730		480 ~ 500	350 ~ 500
6070	700 ~ 750	700 ~ 740	410 ~ 500	370 ~ 450	400 ~ 500

表 2-78 6×××系铝合金材料的热处理规范

合金	退火温度及工艺	固溶温度及工艺	时效温度及工艺
6005	415℃	547℃	175℃
6009	415℃	555℃	175℃
6010	415℃	565℃	175℃
6061		530℃	轧制产品:160℃ ×18h; 挤压或锻造产品:175℃ ×(8 ~ 12)h
6063	415℃ ×(2 ~ 3)h, 以28℃/h 的降温速度从415℃冷至260℃	520℃	T5:205℃ ×1h;或 190℃ ×2h;或175℃ ×8h
6066	415℃、2 ~ 3h	530℃	175℃ ×8h
6070	415℃	545℃	160℃ ×18h
6101	415℃	510℃ ×1h	174℃ ×(6 ~ 8)h
6151	413℃ ×(2 ~ 3)h, 以不大于 27℃/h 的速度炉冷至260℃	(510 ~ 525)℃ × 4min、冷水淬火;锻件在65 ~ 100℃热水中淬火	(165 ~ 175)℃ ×(8 ~ 12)h

续表 2-78

合金	退火温度及工艺	固溶温度及工艺	时效温度及工艺
6201	415℃	510℃	150℃ ×4h
6205	415℃	525℃	175℃ ×6h
6262	415℃ ×(2~3)h	540℃ ×(8~12)h	170℃ ×(8~12)h
6351	350℃ ×4h	505℃	170℃ ×6h
6463	415℃	520℃	T6:175℃ ×8h;或 180℃ ×6h; T5:205℃ ×1h;或 180℃ ×3h
6A02	370~410℃	510~525	(150~165)℃ ×(8~15)h

表 2-79 6×××系铝合金的变形工艺参数和再结晶温度

牌号	品种	规格或型号 /mm	变形温度 /℃	变形程度 /%	加热方式	保温时间 /min	再结晶温度/℃	
							开始	终了
6A02	冷轧板	1.0	室温	85	盐浴槽	20	250~255	285~290
		3.0		57	空气炉	60	260	350
	冷拉管材	4.0	室温	50~55	空气炉	20	250~270	320~350
	棒材	ϕ10	350	98.6	盐浴槽	20	挤压时	445~450

注：挤压状态已开始再结晶。

表 2-80 6×××系铝合金的过烧温度

序号	牌号	过烧温度/℃	备 注	序号	牌号	过烧温度/℃	备 注
1	6A02	565 595	不同资料介绍	9	6151	590	
2	6005	605		10	6201	610	
3	6053	575		11	6253	580	
4	6061	580 582	不同资料介绍	12	6262	580	
5	6063	615		13	6463	615	
6	6066	560 566	不同资料介绍	14	6951	615	
7	6070	565		15	6151	590	
8	6101	620					

表 2-81 6×××系铝合金材料的特性比较

合金和状态	腐蚀性能		可塑性[3]（冷加工）	机械加工性[3]	可钎焊性[4]	可焊性[4]		
	一般[1]	应力腐蚀开裂[2]				气焊	电弧焊	接触点焊和线焊
6005-T1，T5					A	A	A	A
6061-O	B	A	A	D	A	A	A	B
T4、T451、T4510、T4511	B	B	B	C	A	A	A	A
T6、T651、T652、T6510、T6511	B	A	C	C	A	A	A	A
6063-T1	A	A	B	D	A	A	A	A
T4	A	A	B	D	A	A	A	A
T5、T52	A	A	B	C	A	A	A	A
T6	A	A	C	C	A	A	A	A
T83、T831、T832	A	A	C	C	A	A	A	A
6066-O	C	A	B	D	D	D	B	B
T4、T4510、T4511	C	B	C	C	D	D	B	B
T6、T6510、T6511	C	B	C	B	D	D	B	B
6070-T4、T4511	B	B	B	C	B	A	A	A
T6	B	B	C	C	B	A	A	A

续表 2-81

合金和状态	腐蚀性能		可塑性[3]（冷加工）	机械加工性[3]	可钎焊性[4]	可焊性[4]		
	一般[1]	应力腐蚀开裂[2]				气焊	电弧焊	接触点焊和线焊
6101-T6、T63	A	A	C	C	A	A	A	A
T61、T64	A	A	B	D	A	A	A	A
6201-T81	A	A		C	A	A	A	A
6262-T6、T651、T6510、T6511	B	A	C	B	A	A	A	A
T9	B	A	D	B	A	A	A	A
6351-T1			C	C	C	B	A	B
T4	A		C	C	C	B	A	B
T5	A		C	C	C	B	A	A
T6	A		C	C	C	B	A	A
6463-T1	A	A	B	D	A	A	A	A
T5	A	A	B	C	A	A	A	A
T6	A	A	C	C	A	A	A	A

①、②、③、④同表 2-13 表注。

2.6.4 6×××系铝合金的品种和典型用途

6×××系铝合金的品种和典型用途见表2-82。

表2-82 6×××系铝合金的品种和典型用途

合金	品种	状态	典型用途
6005	挤压管、棒、型、线材	T1、T5	挤压型材与管材，用于要求强度大于6063合金的结构件，如梯子、电视天线等
6009	板材	T4、T6	汽车车身板
6010	板材	T4、T6	汽车车身板
6061	板材 厚板 拉伸管 挤压管、棒、型、线材 导管 轧制或挤压结构型材 冷加工棒材 冷加工线材 铆钉线材 锻件	O、T4、T6 O、T451、T651 O、T4、T6 O、T1、T4、T4510、T4511、T51、T6、T6510、T6511 T6 T6 O、H13、T4、T541、T6、T651 O、H13、T4、T6、T89、T913、T94 T6 F、T6、T652	要求有一定强度、可焊性与抗蚀性高的各种工业结构件，如制造卡车、塔式建筑、船舶、电车、铁道车辆、家具等用的管、棒、型材
6063	拉伸管 挤压管、棒、型、线材 导管	O、T4、T6、T83、T831、T832 O、T1、T4、T5、T52、T6 T6	建筑型材，灌溉管材，供车辆、台架、家具、升降机、栅栏等用的挤压材料，以及飞机、船舶、轻工业部门、建筑物等用的不同颜色的装饰构件
6066	拉伸管 挤压管、棒、型、线材 锻件	O、T4、T42、T6、T62 O、T4、T4510、T4511、T42、T6、T6510、T6511、T62 F、T6	焊接结构用锻件及挤压材料
6070	挤压管、棒、型、线材 锻件	O、T4、T4511、T6、T6511、T62 F、T6	重载焊接结构与汽车工业用的挤压材料与管材，桥梁、电视塔、航海用元件、机器零件导管等

续表 2-82

合金	品种	状态	典型用途
6101	挤压管、棒、型、线材 导管 轧制或挤压结构型材	T6、T61、T63、T64、T65、H111 T6、T61、T63、T64、T65、H111 T6、T61、T63、T64、T65、H111	公共汽车用高强度棒材、高强度母线、导电体与散热装置等
6151	锻件	F、T6、T652	用于模锻曲轴零件、机器零件与生产轧制环，水雷与机器部件，既要求有良好的可锻性能、高的强度，又要求有良好抗蚀性的用途
6201	冷加工线材	T81	高强度导电棒材与线材
6205	板材 挤压材料	T1、T5 T1、T5	厚板、踏板与高冲击的挤压件
6262	拉伸管 挤压管、棒、型、线材 冷加工棒材 冷加工线材	T2、T6、T62、T9 T6、T6510、T6511、T62 T6、T651、T62、T9 T6、T9	要求抗蚀性优于 2011 和 2017 合金的有螺纹的高应力机械零件(切削性能好)
6351	挤压管、棒、型、线材	T1、T4、T5、T51、T54、T6	车辆的挤压结构件，水、石油等的输送管道，控压型材
6463	挤压棒、型、线材	T1、T5、T6、T62	建筑与各种器械型材，以及经阳极氧化处理后有明亮表面的汽车装饰件
6A02	板材 厚板 管、棒、型材 锻件	O、T4、T6 O、T4、T451、T6、T651 O、T4、T4511、T6、T6511 F、T6	飞机发动机零件，形状复杂的锻件与模锻件，要求有高塑性和高抗蚀性的机械零件

2.7 7×××系铝合金

7×××系铝合金是以锌为主要合金元素的铝合金，属于热处理可强化铝合金。合金中加镁，则为 Al-Zn-Mg 合金。合金具有良好的热变形性能，淬火范围很宽，在适当的热处理条件下能够得到较高的强度，焊接性能良好，一般耐蚀性较好，有一定的应力腐蚀倾向，是高强可焊的铝合金。Al-Zn-Mg-Cu 合金是在 Al-Zn-Mg 合金基础上通过添加铜发展起来的，其强度高于 2 × × × 系铝合金，一般称为超高强铝合金。合金的屈服强度接近于抗拉强度，屈强比高，比强度也很高，但塑性和高温强度较低，可用作常温、120℃以下使用的承力结构件，合金易于加工，有较好的耐腐蚀性能和较高的韧性。该系合金广泛应用于航空和航天领域，并成为这个领域中最重要的结构材料之一。

2.7.1 合金元素和杂质元素在 7 × × × 系铝合金中的作用

2.7.1.1 Al-Zn-Mg 合金

Al-Zn-Mg 合金中的锌、镁是主要合金元素，其质量分数一般不大于 7.5%。

(1) 锌和镁：该合金随着锌、镁含量的增加，其抗拉强度和热处理效果一般也随之增大。合金的应力腐蚀倾向与锌、镁的质量分数之总和有关，高镁低锌或高锌低镁的合金，只要锌、镁的质量分数之和不大于 7%，合金就具有较好的耐应力腐蚀性能。合金的焊接裂纹倾向随镁含量的增加而降低。

Al-Zn-Mg 系合金中的微量添加元素有锰、铬、铜、锆和钛，杂质主要有铁和硅。

(2) 锰和铬：添加锰和铬能提高合金的耐应力腐蚀性能，$w(\mathrm{Mn})=0.2\%\sim0.4\%$ 时，效果显著。加铬的效果比加锰大，如果锰和铬同时加入，则减少应力腐蚀倾向的效果就更好，$w(\mathrm{Cr})=0.1\%\sim0.2\%$ 为宜。

(3) 锆：锆能显著地提高 Al-Zn-Mg 系合金的可焊性。在 AlZn5Mg3Cu0.35Cr0.35 合金中加入 0.2% Zr 时，焊接裂纹显著降低。锆还能够提高合金的再结晶终了温度，在 AlZn4.5Mg1.8Mn0.6 合金中，$w(\mathrm{Zr})>0.2\%$ 时，合金的再结晶终了温度在 500℃ 以上，因此，材料在淬火以后仍保留着变形组织。含锰的 Al-Zn-Mg 合金添加 $w(\mathrm{Zr})=0.1\%\sim0.2\%$，还可提高合金的耐应力腐蚀性能，但锆比铬的作用低些。

(4) 钛：合金中添加钛能细化合金在铸态时的晶粒，并可改善合金的可焊性，但其效果比锆低。若钛和锆同时加入则效果更好。在 $w(Ti)=0.12\%$ 的 AlZn5Mg3Cr0.3Cu0.3 合金中，$w(Zr)>0.15\%$ 时，合金有较好的可焊性和伸长率，可获得与单独加入 $w(Zr)>0.2\%$ 时相同的效果。钛也能提高合金的再结晶温度。

（5）铜：Al-Zn-Mg 系合金中加少量的铜，能提高耐应力腐蚀性能和抗拉强度，但合金的可焊性有所降低。

（6）铁：铁能降低合金的耐蚀性和力学性能，尤其对锰含量较高的合金更为明显。所以，铁含量应尽可能低，应限制 $w(Fe)<0.3\%$。

（7）硅：硅能降低合金强度，并使弯曲性能稍降，焊接裂纹倾向增加，应限制 $w(Si)<0.3\%$。

2.7.1.2 Al-Zn-Mg-Cu 合金

Al-Zn-Mg-Cu 合金为热处理可强化合金，起主要强化作用的元素为锌和镁，铜也有一定强化效果，但其主要作用是提高材料的抗腐蚀性能。

（1）锌和镁：锌、镁是主要强化元素，它们共同存在时会形成 $\eta(MgZn_2)$ 和 $T(Al_2Mg_2Zn_3)$ 相。η 相和 T 相在铝中溶解度很大，且随温度升降剧烈变化，$MgZn_2$ 在共晶温度下的溶解度达 28%，在室温下会降低到 4% ~ 5%，有很强的时效强化效果，锌和镁含量的提高可使强度、硬度大大提高，但会使塑性、抗应力腐蚀性能和断裂韧性降低。

（2）铜：当 $w(Zn):w(Mg)>2.2$，且铜含量大于镁含量时，铜与其他元素能产生强化相 $S(CuMgAl_2)$ 而提高合金的强度，但在与之相反的情况下 S 相存在的可能性很小。铜能降低晶界与晶内电位差，还可以改变沉淀相结构和细化晶界沉淀相，但对 PFZ 的宽度影响较小，它可抑制沿晶开裂的趋势，因而可改善合金的抗应力腐蚀性能。然而当 $w(Cu)>3\%$ 时，合金的抗蚀性反而变坏。铜能提高合金过饱和程度，合金在 100 ~200℃时可加速人工时效过程，扩大 G.P 区的稳定温度范围，提高抗拉强度、塑性和疲劳强度。此外，美国 F. S. Lin 等研究铜含量对 7×××系铝合金疲劳强度的影响，发现铜含量在不太高的范围内，随着铜含量的增加，周期应变疲劳抗力和断裂韧性提高，并在腐蚀介质中降低裂纹扩展速率，但铜的加入有产生晶间腐蚀和点腐蚀的倾向。另有资料介绍，铜对断裂韧性的影响与 $w(Zn):w(Mg)$ 比值有关，当比值较小时，铜含量愈高，韧性愈差；当比值大时，即使铜含量较高，韧性仍然很好。

(3) 锰、铬：添加少量的过渡族元素锰、铬等，对合金的组织和性能有明显的影响。这些元素可在铸锭均匀化退火时产生弥散的质点，阻止位错及晶界的迁移，从而提高再结晶温度，有效地阻止晶粒的长大，可细化晶粒，并保证组织在热加工及热处理后保持未再结晶或部分再结晶状态，使强度提高的同时具有较好的抗应力腐蚀性能。在提高抗应力腐蚀性能方面，加铬比加锰效果好。加入 $w(Cr)=0.45\%$ 时，其抗应力腐蚀开裂寿命要比加同量锰时长几十至上百倍。

(4) 锆：最近出现用锆代替铬和锰的趋势。锆可大大提高合金的再结晶温度，无论是热变形还是冷变形，在热处理后均可得到未再结晶组织，锆还可提高合金的淬透性、可焊性、断裂韧性、抗应力腐蚀性能等，是Al-Zn-Mg-Cu系合金中很有发展前途的微量添加元素。

(5) 钛和硼：钛、硼能细化合金在铸态时的晶粒，并提高合金的再结晶温度。

(6) 铁和硅：铁和硅在7×××系铝合金中是有害杂质，主要来自于原材料，以及熔炼、铸造中使用的工具和设备。这些杂质主要以硬而脆的 $FeAl_3$ 和游离的硅形式存在。这些杂质还与锰、铬形成 $(FeMn)Al_6$、$(FeMn)Si_2Al_5$、$Al(FeMnCr)$ 等粗大化合物。$FeAl_3$ 有细化晶粒的作用，但对抗蚀性影响较大，随着不溶相含量的增加，不溶相的体积分数也在增大，这些难溶的第二相在变形时会破碎并拉长，出现带状组织，粒子沿变形方向呈直线状排列，由短的互不相连的条状组成。由于杂质颗粒分布在晶粒内部或者晶界上，在塑性变形时，在部分颗粒－基体边界上发生孔隙，产生微细裂纹，成为宏观裂纹源，同时它也促使裂纹的过早发展。此外，它对疲劳裂纹的成长速度有较大的影响，在破坏时它具有一定的减少局部塑性的作用，这可能与杂质数量增加使颗粒之间距离缩短，从而减少裂纹尖端周围塑性变形流动性有关。因为含铁、硅的相在室温下很难溶解，起到缺口作用，容易成为裂纹源而使材料发生断裂，对伸长率，特别是对合金的断裂韧性有非常不利的影响。因此，新型合金在设计及生产时，对铁、硅的含量控制较严，除采用高纯金属原料外，在熔铸过程中还应采取一些措施，避免这两种元素混入合金中。

2.7.2 7×××系铝合金材料的典型性能

7×××系铝合金材料的典型性能见表2-83～表2-99。

表2-83 7005合金的典型力学性能

状 态	抗拉强度 σ_b/MPa	屈服强度 $\sigma_{0.2}$/MPa	伸长率 δ/%	抗剪强度 σ_τ/MPa	疲劳强度 σ_{-1}/MPa	K_{IC} /MPa·$m^{1/2}$
O	193	83	20	117		T6351：L-T 51.3
T53	393	345	15	221		T-L 44
T6、T63、T6351	372	317	12	214		S-L 30.3

注：旋转梁试样，循环10^8次，T6351厚板。光滑试样，115～130MPa；60°切口试样，20～50MPa；T53挤压件：光滑试样，130～150MPa；60°切口试样，20～50MPa。轴向（$R=0$），循环10^8次。光滑试样：T6351厚板195MPa，T53挤压件231MPa。

表2-84 7039合金①在不同状态下的典型力学性能

状态	抗拉强度 σ_b/ MPa		屈服强度 $\sigma_{0.2}$/ MPa		伸长率 δ/ %		抗压屈服强度 /MPa		抗剪强度 σ_τ/ MPa		支撑强度② /MPa		布氏硬度③ HB
	纵向	横向	纵向	横向	纵向	横向	纵向	横向	纵向	横向	纵向	横向	
T64	450	450	380	380	13	13	400	415	270	255	910	910	133
T61	400	400	380	380	14	14	380	407		235		827	123
O	277	277	103	103	22	22							61

①厚度为6～75mm板材；②$e/d=2.0$，e为边距，d为杆柱直径；③载荷4.9kN，直径10mm钢球，施载时间30s。

表 2-85 7×××系铝合金材料的热学性能

合金	液相线温度/℃	固相线温度/℃	线膨胀系数		体膨胀系数/$m^3 \cdot (m^3 \cdot K)^{-1}$	质量热容/$J \cdot (kg \cdot K)^{-1}$	热导率/$W \cdot (m \cdot K)^{-1}$		
			温度/℃	平均值/$\mu m \cdot (m \cdot K)^{-1}$			O	T53、T63、T5361、T6351	T6
7005	643	604	-50~20 20~100 20~200 20~300	21.4 23.1 24.0 25.0	67.0×10^{-6}（20℃）	875（20℃）	166	148	137
7039	638	482	20~100	23.4			125~155		
7049	627	588	20~100	23.4		960（100℃）	154（25℃）		
7050①	635	524	-50~20 20~100 20~200 20~300	21.7 23.5 24.4 25.4	68.0×10^{-6}	860（20℃）	180	154（T76、T7651）	157（T736、T73651）
7072	657	641	-50~20 20~100 20~200 20~300	21.8 23.6 24.5 25.5	68.0×10^{-6}		227		
7075②	635	477⑤			68.0×10^{-6}	960（100℃）	130（T6、T62、T651、T652）	150（T76、T7651）	155（T73、T7351、T7352）

续表 2-85

合 金	液相线温度/℃	固相线温度/℃	线膨胀系数		体膨胀系数/m³·(m³·K)⁻¹	质量热容/J·(kg·K)⁻¹	热导率/W·(m·K)⁻¹		
			温度/℃	平均值/μm·(m·K)⁻¹			O	T53、T63 T5361、T6351	T6
7175[3]	635	477[5]	−50～20 20～100 20～200 20～300	21.6 23.4 24.3 25.2	68.0×10^{-6}	864 （20℃）	177	142	155（T736、T73652）
7178	629	477[5]	−50～20 20～100 20～200 20～300	21.7 23.5 24.4 25.4	68.0×10^{-6}	856 （20℃）	180	127（T6、T651）	152（T76、T7651）
7475[4]	635	477[5]	−50～20 20～100 20～200 20～300	21.6 23.4 24.3 25.2	68.0×10^{-6} （20℃）	865 （20℃）	177	155（T61、T651） 142；155（T761、T7651） 163（T7351）	
7A03			20～100 100～200 200～300 300～400	21.9 24.85 28.87 32.67		714（100℃） 924（200℃） 1050（300℃）	155（25℃） 160（100℃） 164（200℃） 168（300℃）		
7A04			20～100 20～200 20～300	23.1 24.1 24.1 26.2			155（25℃） 160（100℃） 164（200℃） 164（300℃） 160（400℃）		

①经过固溶处理的加工产品的初熔温度为488℃；②铸态材料的共晶温度为477℃，经过固溶处理的加工产品的初熔温度为532℃；③铸态材料的共晶温度为477℃，经过固溶处理的加工产品的初熔温度为532℃；④经过固溶处理的加工产品的初熔温度为538℃，而共晶温度为477℃；⑤共晶温度。

表 2-86 7×××系铝合金材料的电学性能

合金	20℃时体积电导率/% IACS			20℃时体积电阻率/nΩ·m			20℃时体积电阻温度系数/nΩ·m·K^{-1}
	O	T53、T5351、T63、T6351	T6	O	T53、T5351、T63、T6351	T6	
7005	43	38	35	40.1	45.4	49.3	0.1
7039	32~40	32~40	32~40				0.1
7049	40	40	40	43	43	43	0.1
7050	47	39.5(T76、T7651)	40.5(T736、T73651)	36.7	43.6(T76、T7651)	42.6(T736、T73651)	0.1
7072	60			28.7			0.1
7075	33(T6、T62、T651、T652)	38.5(T76、T7651)	40(T73、T7351、T7352)	52.2(T6、T62、T651、T652)	44.8(T76、T7651)	43.1(T73、T7351、T7352)	0.1
7175	46	36(T66)	40(T736、T73652)	37.5	47.9(T66)	43.1(T736、T73652)	0.1
7178	46	32(T6、T651)	39(T76、T7651)	37.5	53.9(T6、T651)	44.2(T76、T7651)	0.1
7475	46	36(T61、T651);42(T7351)	40(T761、T7651)	37.5	47.9(T61、T651);41.1(T7351)	43.1(T761、T7651)	0.1
7A03				44.0(T4)			0.1
7A04	30(T4)			42.0(T4)			

表 2-87 7050 合金的最低力学性能

尺寸(mm)与方向	抗拉强度[1] σ_b/MPa	屈服强度[2] $\sigma_{0.2}$/MPa	伸长率[1][2] δ/%	抗压屈服强度/MPa	抗剪强度 σ_τ/MPa	支撑强度[3]/MPa	支撑屈服强度/MPa
模锻件(AMS4111),T73 状态							
平行于晶粒流向							
≤50	496	427	7	441	283	917	662
>50~100	490	421	7	434	276	903	655
>100~125	483	414	7	427	269	890	641
垂直于晶粒流向							
≤25	490	421	3	434	283	917	662
>25~100	483	414	3~2	427	276	903	655
>100~25	469	400	2	414	269	890	641
挤压件(AMS4157),T73511 状态							
≤75							
纵 向	510	441	7	448	276	758	
长横向	483	414	5	420	276	993	

续表 2-87

尺寸(mm)与方向	抗拉强度[1] σ_b/MPa	屈服强度[2] $\sigma_{0.2}$/MPa	伸长率[1,2] δ/%	抗压屈服强度 /MPa	抗剪强度 σ_τ/MPa	支撑强度[3] /MPa	支撑屈服强度 /MPa
>75~125							
纵　向	496	427	7	435	269	738	
长横向	469	400	5	407	269	965	
挤压件(AMS4157),T75511 状态							
≤75							
纵　向	538	483	7	490	290		586
长横向	524	469	5	475	290		724
>75~125							
纵　向	524	469	7	475	283		572
长横向	510	455	5	462	283		696

①只列有一个数值的为最小值；②标距 50mm，或 $4d$，d 为试样工作部分的直径，列有数值范围的，表示其最低伸长率随材料厚度而变化；③$e/d=2.0$，e 为边距，d 为杆柱直径。

表 2-88 7050 合金在不同温度时的典型力学性能

温度/℃		在指定温度下保温时间/h	在指定温度下			保温后的室温下		
			抗拉强度 σ_b/MPa	屈服强度 $\sigma_{0.2}$/MPa	伸长率[①] δ/%	抗拉强度 σ_b/MPa	屈服强度 $\sigma_{0.2}$/MPa	伸长率[①] δ/%
T73651厚板	24		510	455	11	510	455	11
	100	0.1~10	441	427	13	510	455	11
		100	448	434	13	510	462	12
		1000	441	427	14	510	455	12
		10000	441	421	15	510	441	12
	149	0.1	393	386	16	510	455	11
		0.5	393	386	17	510	448	12
		10	393	386	18	503	441	12
		100	359	332	19	483	407	13
		1000	290	276	21	407	317	13
		10000	221	193	29	331	228	14
	177	0.1	359	345	19	510	448	12
		0.5	352	345	20	496	441	12
		10	324	310	22	469	400	13
		100	248	234	25	386	296	13
		1000	193	172	31	317	214	14
		10000	159	124	40	248	152	15
	204	0.1	303	290	22	490	434	12
		0.5	290	276	23	469	421	12
		10	221	207	27	386	283	13
		100	165	152	32	317	200	14
		1000	131	110	45	262	138	16
		10000	117	90	54	234	117	19

续表 2-88

温度/℃		在指定温度下保温时间/h	在指定温度下			保温后的室温下		
			抗拉强度 σ_b/MPa	屈服强度 $\sigma_{0.2}$/MPa	伸长率[①] δ/%	抗拉强度 σ_b/MPa	屈服强度 $\sigma_{0.2}$/MPa	伸长率[①] δ/%
T73652锻件	196		662	572	13			
	80		586	503	14			
	28		552	476	15			
	24		524	455	15	524	455	15
	100	0.1~10	462	427	16	524	455	15
		100	469	434	16	524	462	15
		1000	462	427	17	524	524	16
		10000	462	241	17	517	517	16
	149	0.1	414	386	17	517	455	15
		0.5	414	386	17	510	448	15
		10	407	386	18	503	441	16
		100	365	352	20	483	407	17
		1000	290	276	23	407	317	17
		10000	221	193	29	331	228	15
	177	0.1	379	345	19	510	448	15
		0.5	365	345	20	496	441	16
		10	324	310	22	469	400	16
		100	248	234	25	386	296	17
		1000	193	172	31	317	214	17
		10000	159	124	40	248	152	18
	204	0.1	324	290	22	503	434	15
		0.5	296	276	23	483	421	15
		10	221	207	27	386	283	16
		100	165	152	32	317	200	17
		1000	131	110	45	262	138	19
		10000	117	90	54	234	117	22

①标距 50mm。

表 2-89　7050 合金在 10^7 次循环时的典型轴向疲劳性能

产　品	状　态	应力比 R	疲劳强度(最大应力)/MPa	
			光滑试样	缺口试样①
厚板,25 ~ 150mm	T6	0.0	190 ~ 290	
	T73XXX	0.0	170 ~ 300	50 ~ 90
挤压件,厚 29.5mm	T76511	0.5	320 ~ 340	110 ~ 125
	T76511	0.0	180 ~ 210	70 ~ 80
	T76511	-1.0	130 ~ 150	35 ~ 50
模锻件,厚 25 ~ 150mm	T736	0.0	210 ~ 275	75 ~ 115
自由锻件 144mm × 559mm × 2130mm	T73652,纵向	0.5	325	145
	T73652,纵向	0.0	225	90
	T73652,纵向	-1.0	145	50
	T73652,纵向	0.5	275	115
	T73652,长横向	0.0	170	90
	T73652,长横向	-1.0	125	50
	T73652,长横向	0.5	260	115
	T73652,短横向	0.0	170	60
	T73652,短横向	-1.0	115	50

①缺口试样疲劳系数 $K_1 = 3.0$。

表 2-90　7050 合金的平面应变断裂韧性

状态及方向	最小值 /MPa · $m^{1/2}$	平均值 /MPa · $m^{1/2}$	状态及方向	最小值 /MPa · $m^{1/2}$	平均值 /MPa · $m^{1/2}$
厚板(T73651)			T-L		31.9
L-T	26.4	35.2	S-L		26.4
T-L	24.2	29.7	模锻件(T736)		
S-L	22.0	28.6	L-T	27.5	36.3
挤压件(T7651X)			T-L,S-L	20.9	25.3
L-T		30.8	自由锻件(T73652)		
T-L		26.4	L-T	29.7	36.3
S-L		20.9	T-L	18.7	23.1
挤压件(T7351X)			S-L	17.6	22.0
L-T		45.1			

表 2-91 7050-T3651 合金板材的断裂应力与蠕变强度

温度/℃	应力施加时间/h	断裂应力/MPa	蠕变强度/MPa			
			1.0%	0.5%	0.2%	0.1%
24	0.1	510	496	476	455	448
	1	503	483	462	448	441
	10	490	469	455	441	441
	100	476	455	448	441	434
	1000	469	448	441		
100	0.1	441	434	427	421	414
	1	427	414	407	400	386
	10	407	393	365	345	331
	100	379	372	365	345	331
	1000	359	352	345	317	
149	0.1	372	365	359	345	324
	1	345	338	324	303	290
	10	310	303	290	269	228
	100	262	255	271	193	152
	1000	179	179	165	145	124

表 2-92 7072 合金空调箔的力学性能范围

状态	抗拉强度(最小) σ_b/MPa	抗拉强度(最大) σ_b/MPa	屈服强度(最小) $\sigma_{0.2}$/MPa	伸长率(最小) δ①/%
O	55	90	21	15~20
H14	97	131	83	1~3
H18	131			1~2
H19	145			1
H25	107	148	83	2~3
H111、H211	62	97	41	12

①标距 50mm。本栏数据有一定范围的表示带箔的标定最低性能因材料厚度不同而异。

表 2-93 7075 合金在不同温度下的典型力学性能

温度/℃	抗拉强度 σ_b/MPa	屈服强度① $\sigma_{0.2}$/MPa	伸长率② δ/%	温度/℃	抗拉强度 σ_b/MPa	屈服强度① $\sigma_{0.2}$/MPa	伸长率② δ/%
T6、T651				T73、T7351			
-196	703	634	9	-196	634	496	14
-80	621	545	11	-80	545	462	14
-28	593	517	11	-28	524	448	13
24	572	503	11	24	503	434	13
100	483	448	14	100	434	400	15
149	214	186	30	149	214	186	30
204	110	87	55	204	110	90	55
260	76	62	65	260	76	62	65
316	55	45	70	316	55	45	70
371	41	32	70	371	41	32	70

①在所示温度下无载荷保温10000h 测得的最低力学性能，先以35MPa/min 的应力施加速度试验至屈服强度，而后以5%/min 的应变速度拉至断裂；②标距 50mm。

表 2-94 7075 合金的力学性能

状态及厚度	抗拉强度 σ_b/MPa	屈服强度 $\sigma_{0.2}$/MPa	伸长率① δ/%	状态及厚度	抗拉强度 σ_b/MPa	屈服强度 $\sigma_{0.2}$/MPa	伸长率① δ/%
典型性能				包铝薄板、厚板			
O	228	103	17	O			
T6、T651	572	503	11	0.2~1.5mm	248(max)	138(max)	9~10
T73	503	434		1.6~4.7mm	262(max)	138(max)	10
Alclad O	221	97	17	4.8~12.6mm	269(max)	145(max)	10
T6、T651	524	462	11	12.7~25mm	276(max)		10
最低性能薄板与厚板				包铝的薄板			
				T6			
O	276max	145max	10	0.2~0.28mm	469	400	5
薄板				0.30~0.99mm	483	414	7
T6、T62				1.0~1.5mm	496	427	8
0.2~0.28mm	510	434	5	1.6~4.7mm	503	434	8
0.3~0.99mm	524	462	7	4.8~6.3mm	517	441	8
0.3~3.1mm	538	469	8	T73			
3.2~6.3mm	538	476	8	1.0~1.5mm	434	352	8
T73	462	386	8	1.6~4.7mm	441	359	8
T76	502	427	8	4.8~6.3mm	455	372	8
厚板				3~4.7mm	496	393	8
T62、T651				4.8~6.3mm	483	407	8
6.3~12.6mm	538	462	9	包铝的厚板			
12.7~25.0mm	538	469	7	T62、T651			
25.1~50mm	531	462	6	6.3~12.6mm	517	448	9
50.1~63.5mm	524	441	5	12.7~25.0mm	538②	469②	7
64~76mm	496	421	5	26~50mm	531②	462②	6
76.1~88mm	490	400	5	51~63mm	524②	441②	5
88.1~100mm	462	372	3	64~75mm	496②	421②	5
T7351				76~88mm	490②	400②	5
6.35~50mm	476	393	6~7	89~100mm	462②	372	3
50.1~63.5mm	455	359	6	T7351			
64~76mm	441	338	6	6.3~12.6mm	455	372	8
T7651				12.7~25.0mm	476	393	7
6.3~12.6mm	496	421	8	T7651			
12.7~25.0mm	490	414	6	6.3~12.6mm	476	400	8
				12.7~25.0mm	490②	414②	6

①标距 50mm 或 $4d$，d 为试样缩颈部分直径，本栏数据如为范围值，则表示材料伸长率随其厚度而变化；②厚度不小于 13mm 的厚板，所列数值仅适用于未包铝的材料，如有包铝层则其性能略低些，而下降量则取决于包铝层厚度。

表 2-95 7075 合金的典型平面应变断裂韧性

方向	产品	状态	最低值 /MPa·m$^{1/2}$	平均值 /MPa·m$^{1/2}$	最大值 /MPa·m$^{1/2}$
L-T 向	厚板	T651	27.5	38.6	29.7
		T7351		33.0	
	挤压型材	T6510、T6511	38.6	30.8	35.2
		T73110、T73111	34.1	36.3	37.4
	锻件	T652	26.4	28.6	30.8
		T7352	29.7	34.1	38.5
T-L 向	厚板	T651	22.0	24.2	25.3
		T7351	27.5	31.9	36.3
	挤压型材	T6510、T6511	20.9	24.2	28.6
		T73110、T73111	24.2	26.4	30.8
	锻件	T652		25.3	
		T7352	25.3	27.5	28.6
S-L 向	厚板	T651	16.5	17.6	19.8
		T7351	20.9	22.0	23.1
	挤压型材	T6510、T6511	19.8	20.9	24.2
		T73110、T73111		22.0	
	锻件	T652		18.7	
		T7352	20.9	23.1	27.5

表 2-96 7A04 合金型材的低温力学性能

温度/℃	状态	截面面积 /mm×mm	抗拉强度 σ_b/MPa	伸长率 δ_5/%	截面收缩率 ψ/%	冲击韧性 a_K/J·m^{-2}
20	T6	65×6.7	630	10	15	9.81×10^4
-40			660	8	13	9.81×10^4
-70			660	8	14	9.81×10^4
-196			800	7	9	9.81×10^4

表 2-97 7A04-T6 合金的典型室温力学性能

取样部位	试样方向	抗拉强度 σ_b/MPa	屈服强度 $\sigma_{0.2}$/MPa	缺口试样的抗拉强度[①] σ_b/MPa	伸长率 δ_5/%	截面收缩率 ψ/%
飞机大梁型材						
薄缘板	纵向	640	550		11	11
	横向	550	480		8.0	7
	高向	560	500		9.0	7
厚缘板	纵向	600	520		12	19
	横向	570	510		7.0	6
	高向	580	510		6.5	9
厚缘板中心	纵向	590	530		11	15
	横向	500	460		3.5	
	高向	510	470		2.6	
飞机挤压大头型材						
型材部分	纵向	595	545		8	15
	横向					
	高向					
端头部分	纵向	620	565	705	8.5	15
	横向	560	515	570	5.5	3.5
	高向	530			5.0	
自由锻件(1000mm×300mm×120mm)						
边缘	纵向	550	490	720	9.5	23
	横向	530	480	610	8.5	18
	高向	530	470	670	4	10
中心	纵向	560	500	740	10.5	21.5
	横向	540	490	680	5.5	12
	高向	520	480	610	3	5
模锻件	纵向	610	550	730	10	16
	横向	490	440	550	3.5	8.5
	高向	470	440	550	3	8.5

①试样带有 0.75mm 的圆形缺口。

表 2-98 7A04-T6 合金的高温力学性能

材料	试验温度/℃	弹性模量 E/MPa	抗拉强度 σ_b/MPa	屈服强度 $\sigma_{0.2}$/MPa	伸长率 δ/%
厚度不大于2.5mm的板材	20	67000	520	440	14
	100	62000	480	410	14
	125	59000	470	400	14
	150	56000	410	350	15
	175	54000	370	320	16
	200	51000	280	240	11
	250	47000	150	120	16
	300		85	70	31
飞机梁型材	20	72000	600	550	6
	100	64500	530	500	8
	125	63500	520	490	5
	150	61500	430	400	7
	200	57500	330	310	4
	250	49000	160	150	16
	300	43500	100	80	23

表 2-99 7×××系合金典型力学性能或力学性能保证值

合金	品种	规格/mm	状态	试样方向	σ_b/MPa	$\sigma_{0.2}$/MPa	δ/%	K_{IC}/MPa·$m^{1/2}$
7001	挤压件		T6		689	640	13	
7049	挤压件	≤76	T73511	L	510	441	7	
				LT	483	414	5	
			T76511	L	538	483	7	
				LT	524	469	5	
7075	厚板	25.4	T651		570	505	11	24
			T7351	L	515	434	10.7	28.3(LT)
				TL	509	434	11.5	23.2(TL)
7175	自由锻件	51~76	T74	L	503	434	9	33.0(LT)
				TL	490	414	5	27.5(TL)
				ST	476	414	4	23.1(ST)
7475	厚板	25.4	T651	L	524	462	6	33.0(LT)
				TL	531	462	6	31.0(TL)
			T7651	L	476	407	6	36.3(LT)
				TL	483	407	6	33.0(TL)
			T7351	L	469	393	10	42.0(LT)
				TL	469	393	9	35.0(TL)

续表 2-99

合金	品种	规格/mm	状态	试样方向	σ_b/MPa	$\sigma_{0.2}$/MPa	δ/%	K_{IC}/MPa · $m^{1/2}$
7150	厚板	25.4	T7651	L	606	565	12	26.4(ST)
				LT	606	599	12	29.7(LT)
			T7751	L	606	565	12	26.4(ST)
				LT	606	599	11	29.7(LT)
	挤压件	25.4	T76511	L	675	634	12	26.4(ST)
				LT	606	606	11	29.7(LT)
			T77511	L	648	634	12	24.2(ST)
				LT	599	613	8	29.7(LT)
7055	厚板	25.4	T7751	L	648	634	11	26.4(ST)
				LT	648	620	10	28.6(LT)
	挤压件		T77511	L	661	641	10	27.5(ST)
				LT	620	606	10	33.0(LT)
B93ПЧ		≤150	T1	L	470	432	6	26.7(LT)
				ST	470	432	2	23.6(ST)
			T3	L	412	334	8	37.8(LT)
				ST	412	334	4	36.8(ST)
B95	厚板	26~50	T1	LT	530	460	6	
B95ПЧ	厚板	40	T2	LT	490	410	7	
B95OЧ		≤75	T2	L	470	421	7	43.5(LT)
				ST	451	401	3	24.5(ST)
			T3	L	451	383	7	45.6(LT)
				ST	422	363	3	29.7(ST)
B96Ц	挤压件	10~20	T1	L	650	620	7	
B96Ц1	挤压件	50	T1	L	720	680	6	
				LT	680	640	5	
			T2	L	640	590	8	
B96Ц3	模锻件		T1	L	640	610	8	
			T3	L	510	450	9	

2.7.3　7×××系铝合金的工艺性能

7×××系铝合金的工艺性能见表 2-100 ~ 表 2-104。

表 2-100　7×××系铝合金材料的熔炼、铸造与压力加工温度范围

合金	熔炼温度/℃	铸造温度/℃	轧制温度/℃	挤压温度/℃	锻造温度/℃
7A03	700~750	700~730		300~450	
7A04	720~750	715~730	370~410	300~450	380~450

续表 2-100

合金	熔炼温度/℃	铸造温度/℃	轧制温度/℃	挤压温度/℃	锻造温度/℃
7A09	700~750	685~700(方) 720~730(圆)	370~410	300~450	380~450
7A10	700~750	690~700(方) 720~730(圆)		350~440	
7A52	720~760	690~705(方) 720~750(圆)	370~410	320~450	380~450
7175	700~750	685~700(方) 720~730(圆)		380~420	380~420
7475	700~750	700~720	380~410		
7B04	700~750	690~710(方) 720~760(圆)	380~420	380~420	380~400
7050	700~750	690~720(方) 730~750(圆)	380~410	380~410	380~420

表 2-101　7×××系铝合金材料的热处理规范

合金	退　火	固　溶	时效及其他
7005	O:345℃	400℃	T53:挤压机淬火后,室温自然时效 72h,而后进行阶段人工时效:(100~110)℃×8h,(145~155)℃×16h
7039	O:(415~455)℃×(2~3)h、空冷;再加热至230℃×4h、空冷或加热至355~370℃、空冷。消除应力退火(355~370)℃×2h,空冷	(460~500℃)×2h,冷水淬火;板材490~500℃,挤压材460~470℃	T6:120℃×(20~24)h,空冷
7050	415℃	475℃	120~175℃
7072	345℃		
7075	415℃	465~480℃	T6:120℃;T7:两级时效,在107℃处理后,再在163~177℃处理
7076	O:415~455℃、2h、空冷;再加热至232℃×4h、空冷或加热至(355~370)℃、2h,空冷至232℃×4h、空冷		T4:493℃,水中淬火;T6:固溶处理后于120℃时效24h,空冷

续表 2-101

合金	退 火	固 溶	时效及其他
7175	415℃	515℃；477～485℃保温，在较低温度淬火	120～175℃
7178	415℃	468℃	T6、T7：121℃×24h
7475	415℃	465～477℃保温后于515℃淬火	120～175℃
7A04	390～430℃	465～475℃	125～135℃，12～24h①；135～140℃，16h②；两级时效(115～125)℃×3h，(155～165)℃×5h

①包铝的板材；②未包铝的板材。

表 2-102 7×××系铝合金的变形工艺参数和再结晶温度

牌号	品种	规格或型号/mm	变形温度/℃	变形程度/%	加热方式	保温时间/min	再结晶温度/℃	
							开始	终了
7A04	冷轧板	2.0	室温	60	空气炉	90	300	370
	挤压带材	2.0	370～420	98	空气炉	90	400	460
7A09	冷轧板	2.5	室温	58	空气炉	60	300	370

表 2-103 7×××系铝合金的过烧温度

序号	牌号	过烧温度/℃	序号	牌号	过烧温度/℃
1	7001	475	4	7003	620
2	7A04	490①	5	7178	475
		525②			477
		475③	6	7079	482
		477③			480
3	7075	535	7	7A31	580
		525			590

①第一过烧温度；②第二过烧温度；③不同资料介绍。

表 2-104 7×××系铝合金材料的各种特性比较

合金和状态	腐蚀性能		可塑性（冷加工）③	机械加工性③	可钎焊性④	可焊性④		
	一般①	应力腐蚀开裂②				气焊	电弧焊	接触点焊和线焊
7005-T53					B	C	A	A
7049-T73，T7352	C	B	D	B	D	D	C	B
7050-T73510，T73511 T74，T7451 T74510，T74511 T7452，T7651 T76510，T76511	C	B	D	B	D	D	C	B
7475-O					D	D	D	B
T61，T651	C	C	D	B	D	D	B	B
T761，T7351	C	B	D	B	D	D	D	B
7075-O				D	D	D	C	B
T6，T651，T652 T6510，T6511	C⑤	C	D	B	D	D	C	B
T73，T7351	C	B	D	B	D	D	C	B
7175-T24，T7452，T7454	C	B	D	B	D	C	B	B
7178-O					D	D	C	B
T6，T651 T6510，T6511	C⑤	C	D	B	D	D	C	B

①、②、③、④同表 2-13 表注。⑤较厚的截面，其等级应力为 E 级。

2.7.4 7×××系铝合金的品种和典型用途

7×××系铝合金的品种和典型用途见表2-105。

表2-105 7×××系铝合金的品种和典型用途

合金	品种	状态	典型用途
7005	挤压管、棒、型、线材 板材和厚板	T53 T6、T63、T6351	挤压材料,用于制造既要有高的强度又要有高的断裂韧性的焊接结构与钎焊结构,如交通运输车辆的桁架、杆件、容器;大型热交换器,以及焊接后不能进行固溶处理的部件;还可用于制造体育器材(如网球拍与垒球棒)
7039	板材和厚板	T6、T651	冷冻容器、低温器械与贮存箱,消防压力器材,军用器材、装甲板、导弹装置
7049	锻件 挤压型材 薄板和厚板	F、T6、T652、T73、T7352 T73511、T76511 T73	用于制造静态强度与7079-T6合金的相同而又要求有高的抗应力腐蚀开裂能力的零件,如飞机与导弹零件(起落架齿轮箱、液压缸和挤压件)。零件的疲劳性能大致与7075-T6合金的相等,而韧性稍高
7050	厚板 挤压棒、型、线材 冷加工棒材、线材 铆钉线材 锻件 包铝薄板	T7451、T7651 T73510、T73511、T74510、T74511、T76510、T76511 H13 T73 F、T74、T7452 T76	飞机结构件用中厚板、挤压件、自由锻件与模锻件(制造这类零件对合金的要求是抗剥落腐蚀、应力腐蚀开裂能力、断裂韧性与疲劳性能都高),飞机机身框架、机翼蒙皮、舱壁、桁条、加强筋、肋、托架、起落架支承部件、座椅导轨,铆钉
7072	散热器片坯料	O、H14、H18、H19、H23、H24、H241、H25、H111、H113、H211	空调器铝箔与特薄带材;2219、3003、3004、5050、5052、5154、6061、7075、7475、7178合金板材与管材的包覆层

续表 2-105

合金	品 种	状 态	典型用途
7075	板材 厚板 拉伸管 挤压管、棒、型、线材 轧制或冷加工棒材 冷加工线材 铆钉线材 锻件	O、T6、T73、T76 O、T651、T7351、T7651 O、T6、T73 O、T6、T6510、T6511、T73、T73510、T73511、T76、T76510、T76511 O、H13、T6、T651、T73、T7351 O、H13、T6、T73 T6、T73 F、T6、T652、T73、T7352	用于制造飞机结构及其他要求强度高、抗蚀性能强的高应力结构件，如飞机上、下翼面壁板，桁条，隔框等。固溶处理后塑性好，热处理强化效果特别好，在150℃以下有高的强度，并且有特别好的低温强度，焊接性能差，有应力腐蚀开裂倾向，双级时效可提高抗SCC性能
7175	锻件 挤压件	F、T74、T7452、T7454、T66 T74、T6511	用于锻造航空器用的高强度结构件，如飞机翼外翼梁、主起落架梁、前起落架动作筒、垂尾接头，火箭喷管结构件。T74材料有良好的综合性能，即强度、抗剥落腐蚀与抗应力腐蚀开裂性能、断裂韧性、疲劳强度都高
7178	板材 厚板 挤压管、棒、型、线材 冷加工棒材、线材 铆钉线材	O、T6、T76 O、T651、T7651 O、T6、T6510、T6511、T76、T76510 T76511 O、H13 T6	用于制造航空航天器用的要求抗压屈服强度高的零部件
7475	板材 厚板 轧制或冷加工棒材	O、T61、T761 O、T651、T7351、T7651 O	机身用的包铝的与未包铝的板材。其他既要有高的强度又要有高的断裂韧性的零部件，如飞机机身、机翼蒙皮、中央翼结构件、翼梁、桁条、舱壁、T-39隔板、直升机舱板、起落架舱门，子弹壳

续表 2-105

合金	品　种	状　态	典型用途
7A04	板材 厚板 拉伸管 挤压管、棒、型、线材 轧制或冷加工棒材 冷加工线材 铆钉线材 锻件	O、T6、T73、T76 O、T651、T7351、T7651 O、T6、T73 O、T6、T6510、T6511、T73、T73510、T73511、T76、T76510、T76511 O、H13、T6、T651、T73、T7351 O、H13、T6、T73 T6、T73 F、T6、T652、T73、T7352	飞机蒙皮、螺钉，以及受力构件（如大梁桁条、隔框、翼肋、起落架等）
7150	厚板 挤压件 锻件	T651、T7751 T6511、T77511 T77	大型客机的上翼结构，机体板梁凸缘，上面外板主翼纵梁，机身加强件，龙骨梁，座椅导轨。强度高，抗腐蚀性（剥落腐蚀）良好，是7050的改良型合金，在T651状态下比7075的高10%～15%，断裂韧性高10%，抗疲劳性能好，两者的抗SCC性能相似
7055	厚板 挤压件 锻件	T651、T7751 T77511 T77	大型飞机的上翼蒙皮、长桁架、水平尾翼、龙骨梁、座轨、货运滑轨。抗压和抗拉强度比7150的高10%，断裂韧性、耐腐蚀性与7150的相似

2.8　8×××系铝合金

2.8.1　8×××系铝合金中的相

8×××系铝合金中的相见表2-106。

表 2-106　8×××系铝合金中的相

合金	相组成（少量的或可能的）
8A06	$FeAl_3$、α（AlFeSi）、β
8011	η、T（$Al_2Mg_3Zn_3$）、S、[AlFeMnSi、Mg_2Si]
8090	α（Al）、Al_3Li、Al_3Zr

2.8.2 8×××系铝合金材料的典型性能

8×××系铝合金材料的典型性能见表2-107～表2-117。

表2-107 8076－H19线材典型拉伸性能

温度/℃	保温时间/h	在指定温度下的性能		保温后在室温下的性能		
		抗拉强度/MPa	屈服强度/MPa	抗拉强度/MPa	屈服强度/MPa	伸长率(25mm)/%
25		220	195	220	195	2.5
100	0.1	195	165	220	195	2.5
	0.5	195	165	220	195	2.5
	10	195	165	220	195	2.5
	100	185	165	215	185	2.5
	1000	185	165	205	185	2.5
	10000	180	160	205	180	2.5
150	0.1	150	130	215	195	2.5
	0.5	150	130	215	185	2.5
	10	150	130	200	180	2.5
	100	145	130	195	170	2.5
	1000	140	125	180	160	2.5
	10000	125	110	165	150	2.5
177	0.1	125	105	205	185	2.5
	0.5	125	105	195	170	2.5
	10	125	105	180	165	2.5
	100	115	105	170	150	2.5
	1000	110	95	160	145	4
	10000	95	85	140	125	12
205	0.1	105	75	195	170	2.5
	0.5	105	75	180	160	2.5
	10	95	75	165	150	2.5
	100	90	62	145	140	8
	1000	70	52	130	95	18
	10000	59	45	115	59	25
230	0.1	75	52	180	160	2.5
	0.5	75	52	165	150	3
	10	70	48	140	125	9
	100	52	38	125	85	18
	1000	48	34	110	55	28
	10000	45	33	110	48	28

续表 2-107

温度/℃	保温时间/h	在指定温度下的性能		保温后在室温下的性能		
		抗拉强度/MPa	屈服强度/MPa	抗拉强度/MPa	屈服强度/MPa	伸长率(25mm)/%
260	0.1	55	34	160	145	5
	0.5	55	34	145	125	8
	10	41	30	115	70	20
	100	38	29	110	52	27
	1000	38	29	110	45	28
	10000	38	29	110	45	28
315	0.1	28	21	125	75	20
	0.5	28	21	110	55	24
	10	27	21	110	48	27
	100	27	21	110	48	28
	1000	27	21	110	45	28
	10000	27	21	110	41	28
370	0.1	19	14	110	48	24
	0.5	19	14	110	45	26
	10	19	14	110	41	28
	100	19	14	110	38	30
	1000	19	14	110	38	30
	10000	19	14	110	38	30

表 2-108　8081-H112 典型拉伸性能

温度/℃	保温时间/h	抗拉强度/MPa	屈服强度/MPa	伸长率(50mm)/%
25		195	170	10
100	0.5	150	130	10
	10	150	130	11
	100	145	130	12
	1000	140	125	14
150	0.5	115	95	13
	10	115	95	15
	100	110	95	17
	1000	105	90	19
177	0.5	95	85	16
	10	95	85	19
	100	90	85	22
	1000	90	75	25
205	0.5	85	70	22
	10	85	66	25
	100	75	66	30
	1000	70	59	35

表 2-109　8081-H25 典型拉伸性能

温度/℃	保温时间/h	抗拉强度/MPa	屈服强度/MPa	伸长率(50mm)/%
25		165	150	13
100	0.5	130	115	15
	10	130	115	16
	100	130	115	18
	1000	130	115	20
150	0.5	105	90	16
	10	105	90	19
	100	105	90	22
	1000	105	90	25
177	0.5	90	75	18
	10	90	75	22
	100	90	75	25
	1000	90	75	28
205	0.5	85	66	22
	10	75	66	25
	100	75	66	30
	1000	70	59	35

表 2-110　8280-O 典型拉伸性能

温度/℃	保温时间/h	抗拉强度/MPa	屈服强度/MPa	伸长率(50mm)/%
25		115	48	28
100	0.5	110	48	40
	10	110	48	40
	100	110	48	40
	1000	110	48	40
150	0.5	90	41	50
	10	90	41	60
	100	90	41	65
	1000	85	41	65
177	0.5	70	34	70
	10	70	34	70
	100	70	34	80
	1000	59	34	65
205	0.5	52	30	90
	10	52	29	90
	100	48	28	100
	1000	41	24	85

表 2-111 8280-H14 典型拉伸性能

温度/℃	保温时间/h	抗拉强度/MPa	屈服强度/MPa	伸长率(50mm)/%
25		165	150	6
100	0.5	150	140	20
	10	150	140	20
	100	150	140	20
	1000	145	130	20
150	0.5	125	110	30
	10	115	105	30
	100	110	95	30
	1000	105	90	25
177	0.5	105	75	45
	10	95	75	40
	100	90	75	35
	1000	85	70	30
205	0.5	85	59	60
	10	75	59	50
	100	75	59	35
	1000	70	55	30

表 2-112 8090 合金不同温度下的比热容

θ/℃	-150	-100	-50	0	40	150	250
c/ J·(kg·℃)$^{-1}$	542	814	886	922	957	1160	1290

表 2-113 8090 合金拉伸性能（Q/6s915—1994）

品 种	试验状态	d 或 δ/mm	取样方向	σ_b/MPa	$\sigma_{0.2}$/MPa	δ_5/%
挤压型材、棒材	T8510	1~10	L	≥480	≥400	≥4
		>10~25	L	≥480	≥430	≥4
			LT	≥450	≥380	≥4

注：1. 名义直径或厚度大于25mm的挤压制品，性能要求由供需双方商定；
2. 经重复热处理的性能检验：σ_b 和 $\sigma_{0.2}$ 允许降低20MPa。

表 2-114 8090-T3 合金的低温力学性能

温度/K	方向	$\sigma_{0.2}$/MPa	σ_b/MPa	δ/%（38mm）	截面收缩率 ψ/%	断裂韧性 K_{IC}/MPa·$m^{1/2}$
295	纵向	217	326	12	18	
	横向	208	348	14	26	
76	纵向	248	458	22	27	88①
	横向	241	450	20	37	55②
20	纵向	272	609	28	28	
	横向	268	592	25	27	
4	纵向	280	605	26	28	67①
	横向	270	597	25	29	45②

①L-T 裂纹方向（裂纹平面及增长方向垂直于轧制方向）的韧性；②T-L 裂纹方向（裂纹平面及增长方向平行于轧制方向）的韧性。

表 2-115 8090 合金的化学铣削性能（以 2024 合金的数据作对比）

合金	化铣速度/mm·min^{-1}	基蚀比	缩进量/mm	表面粗糙度 RHR①	
				化铣前	化铣后
8090	0.084	1.3	0.3	140	55
2024	0.066	1.0	0.4	20	35

①RHR 粗糙度高度等级。

表 2-116 8090 合金的剥落腐蚀与 SCC 试验结果

状　态	产品	显微组织	剥落腐蚀等级①			SCC 阈值
			EXCO 试验②	MASTMA-ASIS 试验③	大气试验	
8090-T81(欠时效)	薄板	再结晶	EA	EA	P,EA	L-T 方向的为 60% $\sigma_{0.2}$
8090-T8(峰值时效)	薄板	再结晶	ED	EA	P	
8090-T8510、T8511(峰值时效)	挤压材	非再结晶				L-T 方向的为 75% $\sigma_{0.2}$
8090-T8771、T651(峰值时效)	厚板	非再结晶	表面 P		表面 P	短横向阈值为 105~140MPa
8090-T851	厚板	非再结晶	EC④	EB④	P,EA	
8090-T8(峰值时效)	薄板	非再结晶	EC	EB		L-T 方向的为 75% $\sigma_{0.2}$
8090(峰值时效)	锻件	非再结晶				短横向阈值为 140MPa

①按 ASTM G34 进行试验；P 为点蚀；EA 为表面腐蚀，有细微孔、薄碎片、小片或粉末，仅有轻微成层现象；EB 为中等腐蚀，成层明显，并深入金属内部；ED 为严重腐蚀，深入金属内部，并有金属损失。②按 ASTM G34 进行试验。③MASTMAASIS：以醋酸改型的盐雾 ASTM 间歇试验。④在 $T/2$ 平面处，T 为厚板。

表 2-117 8090-T6 合金焊件的拉伸性能

合 金	焊 丝	热处理	$\sigma_{0.2}$/MPa	σ_b/MPa	δ/%(50mm)
未焊的			429	504	6
8090-T6	Al	焊接状态	137	165	5
8090-T6	Al-5Si	焊接状态	165	205	3
8090-T6	Al-5Mg	焊接状态	176	228	4
7017-T6	Al-5Mg	自然时效 30d	220	340	8
8090-T6	Al-5Mg-Zr	焊接状态	183	235	4
8090-T6	8090	焊接状态	285	310	2
8090-T6	8090	焊接状态 + T6 状态	315	367	4
2219-T851	2319	焊接状态	185	300	5

2.9 新型变形铝合金

2.9.1 超塑铝合金

20 世纪 20 年代人们发现了金属的超塑性现象。1945 年，苏联科学院院士包契瓦尔（A. A. Бочвар）首次提出“超塑性”一词。

超塑材料只需要用很小的应力就能产生很大的变形量，超塑变形对于零部件的制作和金属的压力加工都有重要的实际意义：因为变形阻力小，可省力、节能，特别是对于成形形状复杂的大型整体部件尤为适用，可以免除焊接、铆接、螺接等工序，从而提高制品的强度和表面质量。超塑成形技术已应用于航空工业、建筑业、车辆和电气工业。

2.9.1.1 超塑铝合金的组织特征及晶粒细化的途径

A 组织特征

超塑变形是在低应力下的稳定变形，流动应力对应变速率极为敏感。美国巴科芬（Backofen W. A）提出了描述超塑宏观均匀变形的超塑性本构方程：

$$\sigma = K\dot{\varepsilon}^{m} \tag{2-1}$$

式中 σ——流动应力；

K——常数；

$\dot{\varepsilon}$——应变速率，s^{-1}；

m——σ 对 $\dot{\varepsilon}$ 敏感性指数，它受许多因素影响，可以用实验方法确定。

一种金属的 m 值越大时，其塑性也越大，两个参数的变化是同步的。m 值与应变速率和变形温度有关，只有当金属的 m 值位于其关系曲线的极大点附近时，才出现超塑性。

一般认为，金属和合金材料在一定条件下，其流动应力的应变速率敏感性指数 $m \geqslant 0.3$，显示特大伸长率（200% ~3000%）的性能称为超塑性。所谓一定条件是指金属材料的组织结构等内部条件和变形温度、变形速率等外部条件。按照获得超塑性的组织结构条件，主要可以分为细晶粒超塑性和相变超塑性，铝合金基本上都是属于细晶粒超塑性。细晶粒超塑性是材料具有细小等轴晶粒组织（晶粒度小于10μm，长短轴比小于1.4），在0.5 ~0.9T_m 温度区间（T_m 为材料熔点）和 $10^{-4}s^{-1} \sim 10^{-1}s^{-1}$ 应变速率范围内呈现的超塑性。晶粒越细小，长短轴之比越接近于1，则 m 值越大，超塑性也越好。如果材料的起始组织是细小等轴晶粒，但是在超塑变形温度下热稳定性差，晶粒容易粗化，那么仍然不能获得良好的超塑变形。细晶粒组织越稳定，在超塑变形过程中晶粒的长大速度越小，材料的超塑性就越好。因此，超塑铝合金须具备的组织特征是细晶组织，并且稳定性好。应该指出的是，纯铝是一个特例，它与一般超塑铝合金不同，大晶粒纯铝材料的伸长率比小晶粒材料的更大；铝的纯度越高，其超塑性越好，$w(Al)=99.5\%$ 的工业纯铝在温度350℃、应变速率 $1.3 \times 10^{-3}s^{-1}$ 的条件下超塑性变形时，伸长率为164%，m 值为0.3。

B 晶粒细化的途径

（1）共晶型超塑铝合金的晶粒细化。共晶型超塑铝合金如 Al-Ca-Zn 和 Al-Cu 等，将成分控制在共晶点附近，采用急冷铸造，以获得均匀的共晶组织，然后经过热变形、冷变形、退火或不退火处理，可以得到两相等轴细晶粒组织。

（2）添加少量过渡族元素细化晶粒。工业铝合金的成分往往远离共晶成分，在这些合金中加入少量锆、钛、铬等过渡族元素或稀土元素，能细化铸锭晶粒组织；在铸锭加工处理过程中析出大量弥散粒子，能抑制晶粒长大，提高细晶组织的热稳定性。

（3）采用形变热处理细化晶粒。对 Al-Zn-Mg-Cu 系和 Al-Zn-Mg 系铝合金采用形变热处理，见图 2-1，能获得适合超塑变形的等轴细晶粒。Al-Cu-Mg 系铝合金通过适当的形变热处理也能获得细晶组织，使材料具有超塑性能。

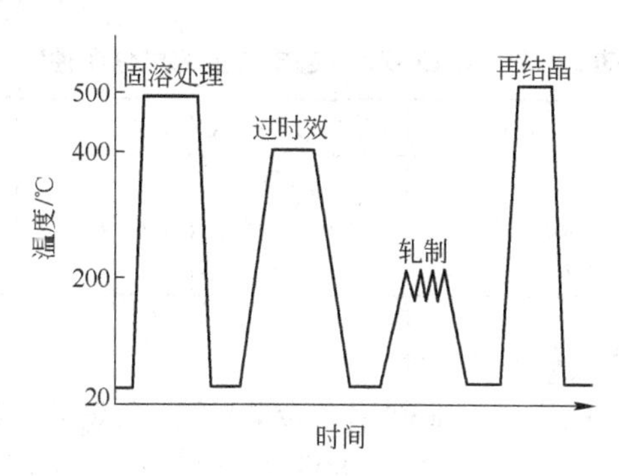

图 2-1 Al-Zn-Mg-Cu 系铝合金获得等轴细晶粒的形变热处理工艺示意图

（4）采用快速凝固和粉末冶金法细化晶粒。对铝合金熔体急冷铸造铸锭后进行热加工，可以获得原始细晶粒组织。将铝合金熔体喷雾成粉末，实现快速凝固，再将粉末经过冷压—脱气—加热—热压成坯锭—热加工（挤压、轧制或锻造）成材，也可以获得原始细晶粒组织。

2.9.1.2 超塑铝合金的成分、组织和性能

A Al-Ca-Zn 系超塑合金

Al-Ca 系超塑合金的密度小，超塑性好，可焊接，耐腐蚀，可进行表面处理，是综合性能较好的合金。它们的化学成分和超塑性能列于表 2-118。

表 2-118 Al-Ca-Zn 系超塑合金的成分和性能

合金成分（质量分数）/%	超塑变形温度/℃	应变速率/s^{-1}	伸长率/%	m 值
Al-Ca5-Zn4.5	500	1.6×10^{-2}	730	0.38
Al-Ca5-Zn4.8	550	1.67×10^{-2}	900	

B Al-Cu-Zr 系超塑合金

英国加拿大铝业公司（British Alcan）开发的 Al-Cu-Zr 系 2004 铝合金，又称为 Superal 100，有包铝层的称为 Superal 150，是已大批量生产的、应用较为广泛的中等强度超塑铝合金。其化学成分和超塑性能列于表 2-119。

表 2-119 Al-Cu-Zr 系超塑合金的成分和性能

合金成分(质量分数)/%	超塑变形温度/℃	应变速率/s^{-1}	伸长率/%	*m* 值
Al-Cu6-Zr0.5（2004）	430	1.3×10^{-3}	1680	0.5
Al-Cu6-Mg0.35-Zr0.42-Ge0.1(2004A)	430~450	1.67×10^{-3}	1320	0.5
Al-Cu6-Mg0.35-Zr0.4-Si0.15	450		1350	

C Al-Cu-Mg 系超塑合金

Al-Cu-Mg 系的常用工业硬铝合金 2A12，在热轧、冷轧、退火和自然时效各种状态下，在 430~480℃超塑成形时，都能实现 130% 以上的伸长率，该合金的超塑性有重要的实用意义。其化学成分和超塑性能列于表 2-120。

表 2-120 Al-Cu-Mg 系超塑合金的成分和性能

合金成分(质量分数)/%	超塑变形温度/℃	应变速率/s^{-1}	伸长率/%	*m* 值
Al-Cu4.6-Mg1.6-Mn0.5(2A12)	480	4.17×10^{-4}	480	0.6
	440	5×10^{-4}	330	0.36
	400	2.5×10^{-4}	254	
PMAl-Cu4.5-Mg1.5(PM2024)	350~475		70	0.29
Al-Cu2.4-Mg0.8-Si0.6(2A50)	555	1.6×10^{-4}	380	0.65
Al-Cu6-Mg0.35-Zr0.42-Ge0.1	430~450	1.67×10^{-3}	1320	0.5
Al-Cu6-Mg0.37-Zr0.4-Si0.15	450		1350	4

D Al-Mg 系超塑合金

Al-Mg 系合金有优良的耐腐蚀性能，在各工业领域有广泛应用。在 w(Al-Mg)=5%~6%时，合金中分别或同时加入少量锰、铬、锆、钛和稀土元素，可得到伸长率大的多种超塑合金，它们已用作超塑成形飞行器零部件、建筑用部件和一些壳罩形部件。其化学成分和超塑性能列于表 2-121。

表 2-121 Al-Mg 系超塑合金的成分和性能

合金成分(质量分数)/%	超塑变形温度/℃	应变速率/s^{-1}	伸长率/%	m 值
Al-Mg6-Mn0.6-Ti0.06(5A06)	470	3.3×10^{-4}	506	0.54
Al-Mg5.82-Mn0.44-Zr0.12(接近5A06)	500	3.33×10^{-4}	578	0.51
Al-Mg6-Mn0.6-La0.15(5A06-RE)	520	3.33×10^{-4}	800~1000	0.56
Al-Mg4.8-Mn0.75-Cr0.13(5083)	490	1.1×10^{-3}	460	0.5
Al-Mg5.8-Zr0.37-Mn0.16-Cr0.07	520	3.33×10^{-4}	885	0.6
Al-Mg5-Zr0.4-Cr0.12	560	1.1×10^{-3}	700	0.52
Al-Mg6-Zr0.4	460~520	5.2×10^{-2}	890	0.6

E Al-Zn-Mg-Zr 系超塑合金

Al-Zn-Mg 系合金是高强铝合金，含 $w(Zn)=4\%\sim10\%$、$w(Mg)=0.8\%\sim1.5\%$ 和 $w(Zr)=0.2\%\sim0.5\%$ 的各种成分铝合金都有较好的超塑性，有很好的发展前景。锌含量高，可提高合金中第二相的体积分数，从而提高超塑性能；锆含量高，不仅能细化铸锭晶粒，而且通过 $ZrAl_3$ 弥散粒子的作用提高合金的再结晶温度，在超塑变形温度下抑制晶粒长大，提高合金的超塑性。该系超塑合金已得到工业性应用。其化学成分和超塑性能列于表 2-122。

F Al-Zn-Mg-Cu 系超塑合金

Al-Zn-Mg-Cu 系的 7A04、7A09、7075 和 7475 等超强工业合金，广泛用于航空航天等各重要工业部门。用形变热处理方法得到细小等轴的再结晶晶粒组织，在超塑变形温度下晶粒长大缓慢，呈现很大的超塑性。该系合金力学性能好，强度高，用超塑成形技术制成航空航天器的零部件，有广泛的应用前景。其化学成分和超塑性能列于表 2-123。

G Al-Mg-Si 系、Al-Li 系和 Al-Sc 系超塑合金

Al-Mg-Si 系超塑合金成分由 α(Al) 和 Mg_2Si 相组成的伪二元共晶 Al-Mg-Si 合金，有很好的超塑性能，它们的化学成分和超塑性能列于表 2-124。

表 2-122 Al-Zn-Mg-Zr 系超塑合金的成分和性能

合金成分(质量分数)/%	超塑变形温度/℃	应变速率/s^{-1}	伸长率/%	m 值
Al-Zn(9～10)-Mg0.9～1.0-Zr0.3～0.45	550	$(0.55 \sim 1.1)\times10^{-2}$	620～1120	0.45～0.63
Al-Zn10.2-Mg0.9-Zr0.4	550	1.1×10^{-3}	1550	0.9
Al-Zn8-Mg1-Zr0.5	535	4×10^{-4}	1100	0.5
Al-Zn9-Mg1-Zr0.22	520	7×10^{-3}	550	0.65
Al-Zn6-Mg3	360	4×10^{-4}	220	0.3
Al-Zn5.7-Mg1.6-Zr0.14	520	2×10^{-4}	550	0.7
Al-Zn5.6-Mg1.56-Zr0.4	530	2.3×10^{-4}	500	0.7

表 2-123 Al-Zn-Mg-Cu 系超塑合金的成分和性能

合金成分(质量分数)/%	超塑变形温度/℃	应变速率/s^{-1}	伸长率/%	m 值
Al-Zn6.2-Mg2.7-Cu1.6(7A04)	500	8.3×10^{-4}	555	0.55
Al-Zn5.7-Mg2.4-Cu1.5(7475)	516	8.33×10^{-4}	1200	0.9
Al-Zn5.6-Mg2.5-Cu1.6(7A09)	500	$8.3\times10^{-4}\sim7\times10^{-3}$	1300	
Al-Zn5.8-Mg2.16-Cu1.39-Mn0.25-Cr0.14	516	8.33×10^{-4}	2300	0.85
Al-Zn7.6%-Mg2.75-Cu2.3-Zr0.15(俄 B96ц)	456	1.1×10^{-3}	850	0.6
PM Al-Zn5.6-Mg2.5-Cu1.6(PM7075)	350～475	$(0.033 \sim 33)\times10^{-3}$	190	0.41

表 2-124 Al-Mg-Si、Al-Li 和 Al-Sc 系超塑合金的成分与性能

合金成分(质量分数)/%	超塑变形温度/℃	应变速率/s^{-1}	伸长率/%	m 值
Al-Mg8. 2-Si4. 7	550	10^{-3}	650	0. 36
Al-Mg6. 5-Si7. 2	500	10^{-3}	400	0. 34
Al-Li3-Zr0. 5	450	3.3×10^{-3}	1035	
Al-Cu3-Li2-Mg1- Zr0. 15	500	1.2×10^{-3}	800	0. 4
PM Al-Cu3-Li2-Mg1-Zr0. 2	500	1.2×10^{-3}	700	0. 4
Al-Cu1. 2-Li2. 7-Mg0. 9-Zr0. 14	503	2.44×10^{-3}	1000	0. 45
Al-Cu4. 6-Li2. 1-Mg1. 3-Zr0. 16	500	10^{-4}	435	
Al-Cu2-Li2-Mg1. 5-Zr0. 5	500	10^{-4}	300	
Al-Cu2-Li2-Mg1. 5-Zr0. 8	490	10^{-3}	400	
Al-Sc0. 5	399	10^{-2}	92	
Al-Mg6-Sc0. 5	538	2×10^{-3}	157	
	399	10^{-2}	341	
	538	2×10^{-3}	>1050	
Al-Mg5. 18-Sc0. 32	500	5×10^{-3}	1147	0. 71
Al-Mg6. 26-Sc0. 22	538	1.67×10^{-3}	1200	0. 88

2.9.2 Al-Li 合金

锂是自然界中最轻的金属，其密度为534kg/m^3，是铝的1/5。在铝合金中添加锂可有效地降低密度，提高强度和弹性模量。在20世纪20年代初德国研制成被称为斯克龙（Scleron）的Al-Li合金，成分（质量分数，下同）为Al-Zn12%-Cu3%-Mn0.6%-Li0.1%，其强度比硬铝的高。由于当时受熔炼铸造技术的限制，没有形成工业性的生产和应用。

50年代，美国铝业公司（Alcoa）开发Al-Li合金熔炼铸造新技术，开始研制新的Al-Li合金，1957年推出命名为2020的合金，其成分为Al-Li1.1%-Cu4.5%-Mn0.5%-Cd0.2%。

60年代，苏联研制出ВАД23耐热Al-Li合金（其成分与美国2020合金的相近）和1420低密度、高强可焊Al-Li合金，后者的成分为Al-Li(1.9~2.3)%-Mg(4.5~6.0)%-Zr(0.08~0.15)%。

1973年世界石油危机以后，为了减轻飞机质量，提高性能和节省燃料，各国寻求新型轻质高强度飞机结构材料，对Al-Li合金的发展重新给予极大的关注，此后便成为铝合金新材料领域的热门研究课题。现在处于成熟阶段的Al-Li合金，按其化学成分可以归纳为Al-Li-Cu-Zr系、Al-Li-Cu-Mg-Zr系、Al-Li-Cu-Mg-Ag-Zr系和Al-Li-Mg-Zr系。美国铝业公司、雷诺兹金属公司（Roynolds Metals）、加拿大铝业公司、法国普基铝业公司和俄罗斯乌拉尔冶金厂等都进行了工业规模的Al-Li合金材料生产，产品用于航空航天工业。

目前，我国西南铝业（集团）有限责任公司建立了1t容量的Al-Li合金熔炼铸造机组，并且从俄罗斯引进了6t容量的Al-Li合金熔炼铸造装备和技术，可以生产出大规格的圆铸锭和扁铸锭，并加工成板材、型材及模锻件。

2.9.2.1 Al-Li 合金中各元素的作用

（1）锂：铝中每添加$w(\mathrm{Li})=1\%$的锂，可使密度约下降3%，弹性模量约升高5%。含少量锂的铝合金在时效过程中沉淀出均匀分布的球形共格强化相$\delta'(\mathrm{Al_3Li})$，可提高合金的强度和弹性模量。

（2）铜：铜能有效地改善 Al-Li 合金的性能，提高强度而不降低塑性。

（3）镁：镁有固溶强化作用，能增大无析区的强度，减少它的危害性。镁能减少锂在铝中的固溶度，从而增加 δ′相的体积分数，使合金进一步强化。在含铜、镁的 Al-Li 合金中，镁能与铝、铜形成 S 相（Al_2CuMg），多相沉淀有助于抑制合金变形时的平面滑移，改善合金的韧性和塑性。

（4）锆：在 Al-Li 合金中添加锆的作用，一是细化铸态晶粒；二是在铸锭均匀化处理时形成均匀弥散的 Al_3Zr，抑制变形 Al-Li 合金的再结晶，控制晶粒大小和形状。Al_3Zr 弥散粒子有助于减弱 Al-Li 合金变形时的平面滑移所引起的局部应变集中。

（5）银或钪：向合金中添加少量银或钪，以取代 δ′相中的一部分锂或铝，能显著改变 δ′相的晶格常数及 α(Al)-δ′之间的界面能，促进位错交叉滑移或绕过沉淀相，而不是切割沉淀相，从而减少平面滑移。在 Al-Li-Cu 合金中添加少量银有助于 T_1 相沉淀析出，提高强度。钪能形成 Al_3Sc 化合物，它的晶格在尺寸和结构上与铝的很相似，能细化合金的晶粒。

2.9.2.2　工业 Al-Li 合金的成分和性能

A　Al-Li-Cu-Zr 系合金

该系合金包括 2090、2097、2197、2297、1450、1451 和 1460 合金，它们的化学成分列于表 2-125，力学性能列于表 2-126。

表 2-125　Al-Li-Cu-Zr 系合金的化学成分（质量分数，%）

合金	Li	Cu	Zr	Ti	Mn	Mg	Sc	Ce	Zn	Si	Fe	其他		Al
												单个	合计	
2090	1.9～2.6	2.4～3.0	0.08～0.15	0.15	0.05	0.25			0.10	0.10	0.12	0.05	0.15	余量
2097	1.8～1.9	2.5～3.1	0.08～0.16	0.15	0.10～0.60	0.35			0.35	0.12	0.15	0.05	0.15	余量
2197	1.3～1.7	2.5～3.1	0.08～0.15	0.15	0.10～0.50	0.35			0.05	0.12	0.15	0.05	0.15	余量
2297	1.1～1.7	2.5～3.1	0.08～0.15	0.12	0.10～0.50	0.25			0.05	0.10	0.10	0.05	0.15	余量

续表 2-125

合金	Li	Cu	Zr	Ti	Mn	Mg	Sc	Ce	Zn	Si	Fe	其他		Al
												单个	合计	
1450	1.8~2.3	2.6~3.3	0.08~0.14	0.02~0.06		0.2		0.005~0.15		0.10	0.15	0.05	0.15	余量
1451	1.4~1.8	2.6~3.3	0.08~0.14	0.02~0.06						0.10	0.15	0.05	0.15	余量
1460	2.0~2.4	2.6~3.3	0.08~0.13	0.012~0.06		0.05	0.05~0.14			0.10	0.15	0.05	0.15	余量

表 2-126 Al-Li-Cu-Zr 系合金的力学性能

合金	产品与状态	方向	σ_b/MPa	$\sigma_{0.2}$/MPa	δ/%	K_{IC}/MPa·$m^{1/2}$
2090	0.8~3.2mm 板材,T83 状态	L LT 45°	530 505 440	517 503 440	3 5	L-T 44
	0.8~6.3mm 板材,T84 状态	L LT 45°	495 475 427	455 415 345	3 5 7	L-T 71 T-L 49
	厚≤3.2mm 挤压件,T86 状态 厚3.2~6.3mm 挤压件,T86 状态 厚6.4~12.7mm 挤压件,T86 状态	L L L LT	517 545 550 525	470 510 517 483	4 4 5	
1450	型材		>580	490	8.5	36
1451	板材,淬火—轧制(1%)—拉矫(2% ~4%)—时效 125℃,3h +150℃,20h		490	443	8.4	

注:L—纵向;LT—长横向;K_{IC}—平面应力断裂韧性;L-T—裂纹平面与方向垂直于轧制或挤压方向;T-L—裂纹平面与方向平行于轧制或挤压方向。

B Al-Li-Cu-Mg-Zr 系合金

该系合金包括国外的 2091、8090、8091、8093、1430、1440、1441 合金,以及我国的 Al-Li-Cu-Mg-Zr 合金。它们的化学成分列于表 2-127,力学性能列于表 2-128 和表 2-129。

表 2-127 Al-Li-Cu-Mg-Zr 系合金的化学成分(质量分数,%)

合金	Li	Cu	Mg	Zr	Mn	Cr	Zn	Ti	Si	Fe	Be	Sc	Y	其他杂质	
														单个	合计
2091	1.7~2.3	1.8~2.5	1.1~1.9	0.04~0.16	0.10	0.10	0.25	0.10	0.20	0.30				0.05	0.15

续表 2-127

合金	Li	Cu	Mg	Zr	Mn	Cr	Zn	Ti	Si	Fe	Be	Sc	Y	其他杂质	
														单个	合计
8090	2.2~2.7	1.0~1.6	0.6~1.3	0.04~0.16	0.10	0.10	0.25	0.10	0.20	0.30				0.05	0.15
8091	2.4~2.8	1.6~2.2	0.5~1.2	0.08~0.16	0.10	0.10	0.25	0.10	0.30	0.05				0.05	0.15
8093	1.6~2.6	1.0~1.6	0.9~1.6	0.04~0.14	0.10	0.10	0.25	0.10	0.10	0.10				0.05	0.15
1430	1.5~1.9	1.4~1.8	2.3~3.0	0.08 0.14				0.02~0.1	0.10	0.15	0.02~0.2	0.02~0.3	0.07		
1440	2.1~2.8	1.2~1.9	0.6~1.1	0.10~0.20				0.02	0.10	0.15					
1441	1.7~2.0	1.6~2.0	0.7~1.1	0.04~0.16	0.01~0.4			0.01~0.07	0.08	0.12					
中国合金	1.9~2.4	2.0~2.4	1.0~1.5	0.06~0.13											

表 2-128 8090 合金的力学性能

产品与状态	方向	σ_b/MPa	$\sigma_{0.2}$/MPa	δ/%	K_{IC}/MPa·$m^{1/2}$
薄板，T81	L LT 45°	345~440 385~450 380~435	295~350 290~325 265~340	8~10 10~12 14	L-T 94~145 ≥85
薄板，T8X	L LT 45°	470~490 450~485 380~415	380~425 350~440 305~345	4~5 4~7 4~11	L-T 75
厚板，T8151	L LT 45°	435~450 ≤435 ≤425	345~370 ≤325 ≤275	≤5 ≤5 ≤8	L-T 35~49 T-L 30~44 S-L 25
锻件，T852	L LT 45°	425~495 405~475 405~450	340~415 325~395 305~395	4~8 3~6 2~6	L-T 30 T-L 20 S-L 15
挤压件，T8511、T6511	L	460~510	395~450	3~6	

注：L—纵向；LT—长横向；L-T—裂纹平面与方向垂直于纵向；T-L—裂纹平面与方向平行于纵向；S-L—裂纹平面垂直于短横向，而裂纹方向平行于纵向；K_{IC}—平面应力断裂韧性。

表 2-129 Al-Li-Cu-Mg-Zr 系一些合金的力学性能

合金	状态,热处理制度	σ_b/MPa	$\sigma_{0.2}$/MPa	δ/%	K_{IC} /MPa·$m^{1/2}$
2091	T8X	460	370	15	40
8091	T851,固溶温度 530℃,时效 170℃,32h	555	515	6	22
1430	淬火—轧制(1%)—拉矫(1%～3%)—时效(100℃,3h)+(140℃,15min)	445	360	14.8	
1440			420		
1441	淬火—轧制(1%)—拉矫(2%～4%)—时效 150℃,24h	426	343	14.2	
中国合金	板材,预变形+时效	450～510	400～450	8～11	26～30
中国合金	锻件,双级或单级时效	462～483	348～372	7～9	26.2～31.8
中国合金	挤压管,双级时效	471～493	410～426	5～7	

注:K_{IC}—平面应变断裂韧性,短横向。

C Al-Li-Cu-Mg-Ag-Zr 系合金

美国雷诺兹金属公司和马丁·马里特公司(Martin Marietta)在 20 世纪 80 年代对焊接性能好的 Weldalite 049 Al-Li 合金进行了工业化生产的开发工作。这类合金的铜含量高于锂含量,加入少量银,添加少量锆和钛细化晶粒,其密度约为 2700 kg/m^3,性能特点是有很高的强度,可焊性能和断裂韧性好,集高强、可焊、低密度、耐腐蚀和抗疲劳性能于一体,还有很好的低温性能。2094、2095、2195 和 2096 合金属于这一类,它们相继于 20 世纪 90 年代初在铝业协会注册,并已投入批量生产。2195 合金被选定为宇宙飞船发射器的燃料容器壳体,取代以前使用的 2219 铝合金;美国还用 2195 合金取代 2219 铝合金制造航天飞机的外挂燃料箱,其箱体的质量大幅度减轻。这些合金的化学成分列于表 2-130,力学性能列于表 2-131。

表 2-130 Al-Li-Cu-Mg-Ag-Zr 系合金的化学成分(质量分数,%)

合金	Li	Cu	Mg	Ag	Zr	Mn	Zn	Ti	Si	Fe	其他		Al
											单个	合计	
2094	0.7～1.4	4.4～5.2	0.52～0.80	0.25～0.60	0.04～0.18	0.25	0.25	0.10	0.12	0.15	0.05	0.15	余量

续表 2-130

合金	Li	Cu	Mg	Ag	Zr	Mn	Zn	Ti	Si	Fe	其他		Al
											单个	合计	
2095	0.7~1.5	3.9~4.6	0.25~0.80	0.25~0.60	0.04~0.18	0.25	0.25	0.10	0.12	0.15	0.05	0.15	余量
2195	0.8~1.2	3.7~4.6	0.25~0.80	0.25~0.60	0.08~0.16	0.25	0.25	0.10	0.12	0.15	0.05	0.15	余量
2096	1.3~1.9	2.3~3.0	0.25~0.80	0.25~0.60	0.04~0.18	0.25	0.25	0.10	0.12	0.15	0.05	0.15	余量

表 2-131 Weldalite 049 合金制品纵向力学性能

产品与状态	σ_b/MPa	$\sigma_{0.2}$/MPa	δ/%	产品与状态	σ_b/MPa	$\sigma_{0.2}$/MPa	δ/%
挤压件 T3	529	407	16.6	板材(5mm 厚) T6	660	625	5.2
T4	591	438	15.7	T8	664	643	5.7
T6	720	680	3.7	锻件 T4	692	392	18.5
T8	713	692	5.3	T6(170℃,20h)	672	658	5.0

D Al-Li-Mg-Zr 系合金

该系合金有国外的1420、1421、1423 合金和我国的 Al-Li-Mg-Ag-Zr 合金。这类合金具有密度小（2470~2500kg/m^3），比强度高，比刚度大，疲劳裂纹扩展速度慢和可焊接性能好等优点。它们的化学成分列于表 2-132，力学性能列于表 2-133。

表 2-132 Al-Li-Mg-Zr 系合金的化学成分（质量分数,%）

合金	Li	Mg	Zr	Mn	Sc	Ag	Si	Fe	Al
1420	1.9~2.3	4.5~6.0	0.08~0.15				0.15	0.20	余量
1421	1.8~2.2	4.5~5.3	0.06~0.10	0.10~0.25	0.16~0.21		0.15	0.20	余量
1423	1.8~2.1	3.2~4.2	0.06~0.10		0.10~0.20		0.10	0.15	余量
中国合金	1.5	4.4	0.12			0.2			余量

表 2-133 Al-Li-Mg-Zr 系合金的力学性能

合金	产品与状态	方向	σ_b/MPa	$\sigma_{0.2}$/MPa	δ/%
1420	薄板(2.4mm 厚) T6	L	492	314	
		LT	503	318	11
	厚板(12mm 厚) T3	L	432	274	
		LT	426	241	18

续表 2-133

合金	产品与状态	方向	σ_b/MPa	$\sigma_{0.2}$/MPa	δ/%
1421	薄板(2.4mm 厚) T6	L	480	362	
		LT	508	355	14
中国合金	板材 T6		364	310	18.6

注：L—纵向，LT—长横向。

2.9.3 铝钪合金

2.9.3.1 概况

用微量钪(w(Sc) =0.07% ~0.35%)合金化的铝合金，称为铝钪合金或含钪铝合金。与不含钪的同类合金相比，铝钪合金强度高、塑韧性好、耐蚀性能和焊接性能优异，是继铝锂合金之后的新一代航天、航空、舰船用轻质结构材料。20 世纪 70 年代以后，俄罗斯科学院巴依科夫冶金研究院和全俄轻合金研究院相继对钪在铝合金中的存在形式和作用机制进行了系统的研究，开发了 Al-Mg-Sc、Al-Zn-Mg-Sc、Al-Zn-Mg-Cu-Sc、Al-Mg-Li-Sc 和 Al-Cu-Li-Sc 五个系列 17 个牌号的铝钪合金。产品方面主要是研发航天、航空、舰船的焊接荷重结构件以及碱性腐蚀介质环境用铝合金管材、铁路油罐、高速列车关键结构件等。

2.9.3.2 Al-Mg-Sc 系合金

在俄罗斯，这个系的合金有以下七个牌号：01570、01571、01545、01545K、01535、01523 和 01515。这些合金除镁含量不同外，都是用钪和锆微合金化的铝镁系合金。此外，合金中还添加有微量的锰和钛等。表 2-134 列出 Al-Mg-Sc 系合金热加工态或退火态的拉伸力学性能。

表 2-134 Al-Mg 和 Al-Mg-Sc 系合金成分和半成品力学性能

合金系	合金牌号	合金元素质量分数/%	热加工或退火态力学性能		
			σ_b/MPa	$\sigma_{0.2}$/MPa	δ/%
Al-Mg	AlMg1	Al-1.15Mg	120	50	28
Al-Mg-Sc	01515	Al-1.15Mg-0.4 (Sc + Zr)	250	160	16

续表 2-134

合金系	合金牌号	合金元素质量分数/%	热加工或退火态力学性能		
			σ_b/MPa	$\sigma_{0.2}$/MPa	δ/%
Al-Mg	AlMg2	Al-2.2Mg-0.4Mn	190	90	23
Al-Mg	AlMg3	Al-3.5Mg-0.45Mn-0.65Si	235	120	22
Al-Mg-Sc	01523	Al-2.1Mg-0.45(Sc+Zr)	270	200	16
Al-Mg	AlMg4	Al-4.2Mg-0.65Mn-0.06Ti	270	140	23
Al-Mg-Sc	01535	Al-4.2Mg-0.4(Sc+Zr)	360	280	20
Al-Mg	AlMg5	Al-5.3Mg-0.55Mn-0.06Ti	300	170	20
Al-Mg-Sc	01545	Al-5.2Mg-0.4(Sc+Zr)	380	290	16
Al-Mg	AlMg6	Al-6.3Mg-0.65Mn-0.06Ti	340	180	20
Al-Mg-Sc	01570	Al-5.8Mg-0.55(Sc+Cr+Zr)	400	300	15

A 01570 合金

这种合金的 w(Mg) = 5.3% ~ 6.3%，w(Mn) = 0.2% ~ 0.6%，w(Sc) = 0.17% ~ 0.35%，w(Zr) = 0.05% ~ 0.15%，w(Ti) = 0.01% ~ 0.05%，w(Cu) < 0.1%，w(Zn) < 0.1%，w(Fe) < 0.3%，w(Si) < 0.2%，其他杂质的质量分数总和 < 0.1%。为了改善合金熔体的特性，还可以加入微量的铍。

表 2-135 和表 2-136 分别列举了 01570 合金在不同试验温度下的超塑性指标和焊接接头的力学性能。

表 2-135 0.8mm 厚的 01570 合金板材在 $\dot{\varepsilon}$ = 7.2 × 10^{-3}/s 时的超塑性指标

试验温度/℃	$\dot{\varepsilon}$ = 7.2 × 10^{-3}/s 时的超塑性指标		
	δ/%	σ_s/MPa	m 值
400	320	21	0.33
425	380	17.5	0.38
450	480	12.5	0.47
475	730	10	0.6
500	850	8	0.53
525	670	6	—

表 2-136 不同试验温度下 01570 合金焊接接头的力学性能

试验温度/℃	焊接接头的拉伸强度		焊接接头的强度系数		冷弯角 $\alpha/(°)$	冲击韧性 $a_K/J\cdot cm^{-2}$	
	σ_{b1}/MPa	σ_{b2}/MPa	σ_{b1}/σ_b	σ_{b2}/σ_b		焊缝	半熔合区
-253	458	458	0.72	0.72		17	9.6
-196	492	479	0.95	0.93	66	22	14
20	402	334	1.0	0.83	180	34	22
150	319	271	1.0	0.85	180	28	20
250	146	144	1.0	0.99	180	22	16

注：σ_{b1}为带余高，σ_{b2}为不带余高。

01570 合金的焊接性能非常好，可以用氩弧焊焊接，也可以用电子束进行熔焊。在用 01571 焊丝焊接 01570 薄板时，所得焊接接头在有余高时，试验温度为 -196 ~ 250℃范围内，焊接接头强度与基体金属相同；无余高时，焊接接头的强度由焊缝铸造金属的强度决定，约为基体金属强度的 85%，在不需热处理强化的铝合金中焊接系数是最高的，航天工业中已用这种合金制作焊接承力件。

B 01571 合金

焊丝合金的成分为 w(Mg) = 5.5% ~ 6.5%、w(Sc) = 0.30% ~ 0.40%、w(Zr) = 0.1% ~ 0.2%、w(Ti) = 0.02% ~ 0.05%，以及微量的稀土和硼。这种合金用于氩弧焊焊接 Al-Mg-Sc 和 Al-Zn-Mg-Sc 系合金，主要以丝材形式供应用户。由于合金中加入了钪、锆、钛等微量元素，它们显著细化了焊缝的铸态组织，减弱了焊缝的热裂纹形成倾向。同时，由于焊缝结晶速度很高，微量钪、锆最大程度地溶入了 Al-Mg 合金固溶体中，随后冷却过程中，钪和锆以纳米级的 Al(Sc, Zr) 粒子析出，显著地提高了 Al-Mg-Sc 和 Al-Zn-Mg-Sc 合金焊接接头的强度。

C 01545 合金

该合金含 w(Mg) = 4.0% ~ 4.5% 以及微量钪和锆。由于镁含量较 01570 合金的低，加工成形性能比 01570 合金的好。在此基础上，俄罗斯又研制出了 01545K 合金，合金的 w(Mg) = 4.2% ~ 4.8%。这种合金在液氢温度下（20K）有很高的强度和塑性，可用作液氢-液氧的燃料航天器贮箱和相应介质条件下的焊接构件。

D 01535 合金

该合金含 $w(\mathrm{Mg})=3.5\%\sim4.5\%$ 的 Mg 以及微量的钪、锆。与 01570 和 01545 合金相比，该合金的镁含量低，强度也低一些，但合金的塑性好，有利于半成品的后续加工，也减少了分层脱落腐蚀和应力腐蚀的倾向。拉伸力学性能为 $\sigma_b \geqslant 360\mathrm{MPa}$，$\sigma_{0.2} \geqslant 290\mathrm{MPa}$，$\delta \geqslant 16\%$。这种合金主要应用于低温条件下的焊接构件，如用于液化气罐等。

E 01523 合金

这种合金含 $w(\mathrm{Mg})\approx2\%$ 和少量的钪和锆。由于镁含量低，合金有很好的抗蚀性、成形性和抗中子辐照性。但强度要比不含钪的 $\mathrm{AlMg_2}$ 合金高得多。表 2-137 列出 01523 合金板材及焊接接头的力学性能。

表 2-137 $\mathrm{AlMg_2}$ 和 01523 合金板材退火态和焊接接头力学性能

合金牌号	退火状态板材			焊接接头		
	σ_b/MPa	$\sigma_{0.2}$/MPa	δ/%	σ_b/MPa	$\sigma_{0.2}$/MPa	δ/%
$\mathrm{AlMg_2}$	190	80	23	180	120	0.94
01523	310	250	13	270	120	0.87

这种合金可用于高腐蚀介质中工作的焊接构件，包括运送 H_2S 含量高的原油的容器管道以及有中子辐照场合的焊接构件。

F 01515 合金

这种合金含 $w(\mathrm{Mg})\approx1\%$ 的 Mg 和少量 Sc 和 Zr。合金有较高的热导率和较高的屈服强度，可用于航天和航空工业的热交换器。表 2-138 列出这种合金退火态的力学性能。

表 2-138 01515 合金退火态力学性能

半成品	σ_b/MPa	$\sigma_{0.2}$/MPa	δ/%
板材（2mm 厚）	280	230	12
型 材	260	230	15

2.9.3.3 Al-Zn-Mg-Sc 系合金

在俄罗斯，这个系的合金有 01970 和 01975 两个牌号。其中 $w(Zn)=4.5\%\sim5.5\%$，$w(Mg)=2\%$，$w(Zn)/w(Mg)=2.6$。此外，还含有 $w(Cu)=0.35\%\sim1.0\%$ 的铜，以及 $w(Sc+Zn)=0.30\%\sim0.35\%$ 的钪、锆等。

A 01970 合金

这种合金有很高的抵抗再结晶的能力。即使冷变形量很大，合金的起始再结晶温度仍比淬火加热温度高。例如，冷变形量为 83% 的冷轧板，450℃ 固溶处理后水淬仍然保留了完整的非再结晶组织。01970 合金板材有很好的综合力学性能。表 2-139 列出时效态 01970 合金板材的力学性能。表 2-140 列出这种合金的超塑性测试结果。表 2-141 列出板厚为 2.5mm 的 01970 合金焊接接头力学性能。表 2-142 和表 2-143 分别列出这种合金锻件和挤压件的性能。

表 2-139 01970，1911 和 1903 合金薄板淬火和人工时效态合金的拉伸力学性能

合　金	σ_b/MPa	$\sigma_{0.2}$/MPa	δ/%	K_{IC}/MPa·$m^{1/2}$
01970	520	490	12	97
1911	416	356	11	77
1903	475	430	11	89

表 2-140 01970 合金在 475℃和应变速率为 6×10^{-3}/s 条件下的超塑性

板厚/mm	样品取向	σ_b/MPa	δ/%
2	平行于轧向	13.9	635
2	垂直于轧向	14.7	576

表 2-141 01970 合金板材焊接接头力学性能

合　金	σ_b/MPa	冷弯角 α/(°)	K_{CT}/MPa·$m^{1/2}$	σ_{cr}^{W}/MPa
01970	440	150	30	200
1911	360	143	28	175
1903	420	93	26	100

注：K_{CT} 为断裂韧性，σ_{cr}^{W} 为腐蚀应力。

表 2-142 01970 合金模锻件淬火和人工时效后的力学性能

样品取向	σ_b/MPa	$\sigma_{0.2}$/MPa	δ/%	K_{IC}/MPa · $m^{1/2}$
径向	490	440	14	51
纵向	490	440	14	38
短纵向	480	430	10	

表 2-143 01970 合金挤压材淬火和人工时效后的力学性能

半成品	样品取向	σ_b/MPa	$\sigma_{0.2}$/MPa	δ/%	K_{IC}/MPa · $m^{1/2}$
大型挤压材	纵向	480	440	11	70
	径向	450	420	12	39
型 材	纵向	500	450	10	

B 01975 合金

这种合金与01970 合金的化学组成很相近。唯一的区别在于合金中的含钪量较低，$w(Sc) \approx 0.07\%$。这种合金的可塑性好，挤压后空冷即可进行淬火处理。时效后的合金有高的强度、高的抗分层腐蚀能力、抗应力腐蚀能力以及优异的可焊性。表 2-144、表 2-145 和表 2-146分别列出这种合金人工时效态的力学性能。

表 2-144 01975 合金薄板时效态的力学性能

板厚/mm	σ_b/MPa	$\sigma_{0.2}$/MPa	δ/%
3	505	455	11.0
2	515	455	11.8
1	535	500	11.7

表 2-145 01975 合金中厚板时效态的力学性能

样品取向	σ_b/MPa	$\sigma_{0.2}$/MPa	δ/%	ψ/%	K_{IC}/MPa · $m^{1/2}$
纵向	440	395	17	52	67.5
横向	450	390	15	44	51.5
短横向	460	395	11	28	

表 2-146 01975 合金挤压型材时效态的力学性能

厚度/mm	σ_b/MPa	$\sigma_{0.2}$/MPa	δ/%	K_{IC}/MPa·$m^{1/2}$
30	550	510	13	77
3	530	490	10	

鉴于01975合金挤压制品有上述优异的综合性能，俄罗斯已建议将这种合金用于高速列车、地铁列车、桥梁等焊接负重结构。

C 01981 合金

该合金为俄罗斯研制的一种新的含铜的 Al-Zn-Mg-Sc 合金。这种合金有高的强度、高的弹性、低的各向异性和高的断裂抗力，具体数据尚未公开。

2.9.3.4 Al-Mg-Li-Sc 系合金

在商用01420铝锂合金（Al-5.5Mg-2Li-0.15Zr）基础上加入微量钪形成两种被称为01421、01423的新的合金。与所有铝锂合金一样，含钪铝锂合金均在惰性气体保护下进行熔炼和铸造。铸锭均匀化后再进行热加工、冷加工和固溶—时效处理。这三种合金密度约为2.5g/cm^3，可焊性也很好，已成功地应用于航天和航空部门。表2-147列出含钪（01421）和不含钪（01420）Al-Mg-Li-Zr合金的力学性能。

表 2-147 01420 和 01421 合金时效态的力学性能

合金牌号	半成品	σ_b/MPa	$\sigma_{0.2}$/MPa	δ/%
01420	棒材	500	380	8
01421	棒材	530	380	6

2.9.3.5 Al-Cu-Li-Sc 系合金

A 01460 合金

这种合金的成分为 Al-3Cu-2Li-(0.2～0.3)(Sc, Zr)。时效态合金力学性能为 $\sigma_b = 550$MPa，$\sigma_{0.2} = 490$MPa，$\delta = 7\%$，可以用氩弧焊方法进行焊接，焊接性能和低温性能好。测试温度从室温降到液氢温度。强度从550MPa增加到680MPa。伸长率则由7%增加到10%。俄罗斯已将这种材料用于制作航天低温燃料贮箱。

B 01464合金

近年来，俄罗斯在01460的基础上研制了01464合金，密度为2.65g/cm^3，弹性模量为70~80GPa，经热机械处理后，合金同时具有高的强度、塑性、耐蚀性、可焊性、抗冲击性和抗裂性。这种合金有高的热稳定性，可用于120℃下长期工作的航天航空构件。表2-148列出这种合金的力学性能。

表2-148 01464合金时效态的力学性能

半成品	取向	σ_b/MPa	$\sigma_{0.2}$/MPa	δ/%	K_{IC}/MPa·m$^{1/2}$
厚板	纵向	560	520	9	18
	横向	540	480	10	20
薄板	纵向	530	470	10	
	横向	520	470	13	
异形材	纵向	580	540	6	20

2.9.4 粉末冶金铝合金

2.9.4.1 概述

20世纪40年代，瑞士R. Irmanm等最早采用球磨制粉+粉末冶金工艺制备出粉末冶金铝材（SAP）。50年代，俄罗斯、美国、英国等国相继研制出多种牌号烧结铝。我国也于60年代中期研制出烧结铝（牌号为LT71、LT72）。

60年代初期，美国的P. Duwez采用喷枪法获得了非晶态Al-Si合金，从此，采用快速凝固技术研制新型粉末冶金铝合金，引起了世界范围内的关注。

70年代以来，人们发现仅靠传统的材料制备技术（如调整合金的成分、热处理制度等）来研制新型高性能铝合金越来越受到限制，而将快速凝固技术与粉末冶金工艺相结合却能获得令人满意的效果。它是通过将铝合金熔体雾化，经过快速凝固后获得粉末，再将粉末压制、烧结、压力加工成铝合金材料或半成品。该新技术综合运用了细晶强化、弥散强化、固溶强化和时效强化等强韧化机制，因而可研制出诸如具有高的强度、很好的抗应力腐蚀性能、较满意的断裂韧性和疲劳性能等综合性能好的新型高强高韧铝合金以及新型耐热铝合金。例如：美国铝业公司研制的高强铝合金7090、7091、CW67和耐热铝合金CU78、CZ42；凯撒铝及化学公司研制的高强度铝合金MR61和MR64；美国联合信号公司研制的耐热铝合金FVS0812、FVS1212和FVS0611。美国镍业公司为制取氧化物粒子弥散强化镍基合金而开发出一种制备粉末冶金合金的新工艺，即机械合金化+粉末冶金工艺，开发出高强度铝合金IN9021和IN9052。

80年代以来，我国一些高等院校和科研单位对快速凝固粉末冶金技术、喷射沉积技术、机械合金化粉末冶金技术都进行了卓有成效的研究，在研制耐热铝合金和高强度铝合金方面取得了一定的成果。现代粉末冶金技术已成为国内外发展新型铝合金的一个重要途径。

2.9.4.2 工业粉末冶金铝合金

粉末冶金铝合金按照性能可分为以下四类：粉末冶金高强度铝合金；粉末冶金低密度高弹性模量铝合金；粉末冶金耐热铝合金；粉末冶金耐磨铝合金和低膨胀系数铝合金。

A 粉末冶金高强度铝合金

该类合金主要有7090、7091、MR61、MR64、IN9021和IN9052合金。

(1) 7090合金和7091合金的成分见表2-149。该7×××系合金成分的特点是在7×××系IM铝合金基础上添加少量Co，在快速凝固过程中生成大量细小、稳定的Co_2Al_9、(Co，Fe) Al_9弥散强化粒子，可明显改善合金的综合性能，特别是耐腐蚀性能。其力学性能见表2-150和表2-151。

表2-149 7090和7091合金的化学成分（质量分数,%）

合金牌号	Zn	Mg	Cu	Fe	Co	O	Si	其余
7090	7.3~8.7	2.0~3.0	0.6~1.3	<0.15	1.0~1.9	0.2~0.5	<0.12	Al
7091	5.8~7.1	2.0~3.0	1.1~1.8	<0.15	0.2~0.6	0.2~0.5	<0.12	Al

表 2-150 PM7090、7091 合金和 IM7075 高强度铝合金挤压件的力学性能

合金		PM 合金在最终时效温度(163℃)时效时间①/h	取样方向	σ_b/MPa	$\sigma_{0.2}$/MPa	δ/%	NTS/TYS②	K_{IC}/MPa·$m^{1/2}$
PM	7090	3	纵向 长横向	669 593	641 545	11 6	1.14 0.76	31.8
	7090	6	纵向 长横向	621 565	593 517	10 9	1.20 0.93	41.7 20.8
	7091	6	纵向 长横向	614 552	586 503	12 11	1.34 1.13	46.0③ 24.1③
	7091	14	纵向 长横向	565 517	524 462	16 12	1.39 1.28	41.7③
IM	7075-T6		纵向 长横向	683 552	600 496	10 8	1.31 1.05	38.4③ 24.1③
	7075-T73		纵向 长横向	552 496	503 441	12 8	1.35 1.15	

①PM 合金在最终时效温度之前,经 448 ~493℃ 固溶处理 2h,水淬,初级时效 121℃ ×24h;
②缺口抗拉强度/抗拉屈服强度。

表 2-151 PM7090 合金和 IM7XXX 系合金厚板的短横向平面应变断裂韧性

合金		K_{IC}/MPa·$m^{1/2}$	$\sigma_{0.2}$/MPa
PM	7091-A①	Kq36.4	490
	7091-B②	28.6	503
IM	7475-T651	29.7	448
	7475-T7351	36.4	372
	7050-T73651	28.6	432
	7075-T651	19.8	448
	7075-T7351	22.0	372
	2124-T	24.2	420

①热压实时保压 10min;②热压实时保压 1min。

(2) MR61 和 MR64 合金。MR61 合金的名义成分(质量分数,%）为8.9Zn-2.5Mg-1.5Cu-0.6Co-0.2Zr，w(Si)≤0.1，w(Fe)≤0.2，w(O)≤0.5，余量为Al。MR64合金的名义成分（质量分数,%）为7.0Zn-2.3Mg-2.0Cu-0.2Co-0.2Zr-0.1Cr-0.3O，余量为Al。合金成分的特点是在7×××系IM铝合金基础上除含有少量Co外，还添加少量Zr或Cr，作为晶粒细化剂和稳定剂。这两个合金的性能与7090和7091合金近似。

（3）IN9021和IN9052合金。IN9021模拟IM2024铝合金的成分，即4.0Cu-1.5Mg-(0.80~1.1)C，w(Si)≤0.1，w(Fe)≤0.1，余量为Al。IN9052模拟IM5083铝合金的成分，为4.0Mg-(0.80~1.1)C，w(Si)≤0.1，w(Fe)≤0.1，余量为Al。IN9021和IN9052合金具有令人满意的抗拉强度、抗腐蚀性、断裂韧性和疲劳性能。IN9021-T4合金和IN9052-F合金既有IM7075-T6合金的力学性能，又有IM7075-T73合金的抗腐蚀性。

目前工业生产的粉末冶金坯锭尺寸达ϕ432mm×660mm，质量达150kg，并可加工成挤压件和锻件。粉末冶金高强度铝合金锻件典型性能见表2-152。

表2-152 PM和IM高强度铝合金锻件的典型性能

合金		取样方向	σ_b /MPa	$\sigma_{0.2}$ /MPa	δ /%	E /GPa	K_{IC} /MPa·m$^{1/2}$	应力腐蚀门槛值 /MPa	D /kg·m^{-3}
PM	7090-T7E71	纵向	614	579	10	72.4	纵-长横向 36	<310	2.85×10^3
		长横向	579	545	4				
	7091-T7E69	纵向	614	579	10	73.8	纵-长横向 32	约310	0.0082×10^3
		长横向	545	496	9				
	CW67-T7X2	纵向	606	579	14		纵-长横向 44		
		长横向	606	572	15				
	MR64-TX7-TX73	纵向	600	552	6			约310	
		长横向	559	496	9			约310	
	IN9021-T4	纵向	627	600	14	76.5	长横-纵向 37	约552	2.80×10^3
		长横向	600	586	11				
	IN9052	纵向	593	559	6	74.5	长横-纵向 30	约552	2.66×10^3
		长横向	565	552	2.5				

续表 2-152

合金		取样方向	σ_b /MPa	$\sigma_{0.2}$ /MPa	δ /%	E /GPa	K_{IC} /MPa·$m^{1/2}$	应力腐蚀门槛值 /MPa	D /kg·m^{-3}
IM	7075-T6	纵　向 长横向	641 552	572 490	12 9	71.4	纵-长横向 24	<69	2.80×10^{-3}
	7075-T73	纵　向	503	434	13	71.7	纵-长横向 35	>310	2.80×10^{-3}

B　粉末冶金低密度高弹性模量铝合金

这类合金是指 Al-Li 合金，见 Al-Li 合金章节。

C　粉末冶金耐热铝合金

20 世纪 70 年代以来，采用快速凝固法和机械合金化法相继研制出新型耐热铝合金，如 CU78、CZ42、FVS0812、FVS1212、FVS0611、Al-5Cr-2Zr、Al-5Cr-2Zr-1Mn。这类合金的合金化特点是含有两种或两种以上的在通常情况下不固溶于铝的过渡族金属（如 Fe、Ni、Ti、Zr、Cr、V、Mo 等），有的添加非金属（如 Si）。

机械合金化的耐热铝合金主要有 Al-Fe-Ni 系和 Al-Ti 系合金。

典型的快速凝固耐热铝合金主要有以下几种：

（1）Al-Fe-Ce 合金。Alcoa 公司研制出 P/M Al-Fe-Ce 耐热铝合金牌号为 CU78 和 CZ42，前者的名义成分（质量分数）为 Al-8.3% Fe-4% Ce，后者为 Al-7.1% Fe-6.0% Ce。

CU78 合金的性能与现有 IM 耐热铝合金 2219 相比，其模锻叶轮的室温屈服强度与 2219-T6 合金的相当，在 232℃ 和 228℃，其强度比 2219-T6 的高 53%；CU78 合金的断裂韧性基本合格；锻件室温高周期疲劳与 2219 合金的相当，在 232℃ 的疲劳强度至少保留 75%，见表 2-153。由于 CU78 的耐热性能好，可用它取代钛合金制造喷气发动机的涡轮，其成本可降低 65%，质量减轻 15%。

CZ42 合金薄板在温度 150℃ 以下，其比强度比 2024-T8 的典型力学性能稍高，而在更高的温度下，CZ42 合金的强度明显优于 2024-T8；在 260℃ 热暴露 100h，CZ42 合金薄板的强度比 2024-T8 高 50% 左右；在 316℃ 热暴露 100h 后，CZ42 合金薄板能保留 90% 以上的室温强度。

表 2-153　CU78 合金模锻叶轮的力学性能

试验方向	试验温度/℃	σ_b/MPa	$\sigma_{0.2}$/MPa	δ/%	K_{IC}/MPa·$m^{1/2}$
正切方向	24	455	358	12	13
径向	24	455	345	11	16
正切方向	232	310	276	10	16
径向	232	317	283	14	18
正切方向	288	241	214	14	
径向	288	255	228	10	

（2）Al-Fe-V-Si 合金。美国 Allied-Signal 公司研制出 Al-Fe-V-Si 耐热铝合金，牌号为 FVS0812（Al-8.5% Fe-1.3% V-1.7% Si），FVS1212（Al-12.4% Fe-1.2% V-2.3% Si），FVS0611（Al-5.5% Fe-0.5% V-1.1% Si）。

Al-Fe-V-Si 系合金正因为其中存在着大量细小（粒径小于 40nm）、粗化率低、类球状的 $Al_{12}(FeV)_3Si$ 弥散耐热强化相（FVS0812 中体积分数为 27%，FVS1212 中为 36%），在高温下能阻碍晶粒长大和抑制再结晶，因此，这些合金有很高的耐热性能。其力学性能见表 2-154 和表 2-155。

表 2-154　一些 PS-P/M Al-Fe-X 系合金在室温与 316℃高温下的力学性能（L-T 方向）

合　金	温度/℃	屈服强度 /MPa	抗拉强度 /MPa	伸长率 /%	断裂韧性 K_{IC}/MPa·$m^{1/2}$
Al-8Fe-7Ce	25	418.9	484.9	7.0	8.5
	316	178.1	193.8	7.6	7.9
Al-8Fe-2Mo-1V	25	323.5	406.6	6.7	9.0
	316	170.0	187.5	7.2	8.1
Al-10.5Fe-2.5V	25	464.1	524.5	4.0	5.7
	316	206.3	240.0	6.9	8.1
Al-8Fe-1.4V-1.7Si	25	362.5	418.8	6.0	36.4
	316	184.4	193.8	8.0	14.9

表 2-155 PS-P/M Al-Fe-V-Si 合金的力学性能

温度/℃	FVS0812 合金			FVS1212 合金			FVS0611 合金		
	σ_b/MPa	$\sigma_{0.2}$/MPa	δ/%	σ_b/MPa	$\sigma_{0.2}$/MPa	δ/%	σ_b/MPa	$\sigma_{0.2}$/MPa	δ/%
24	462	413	12.9	559	531	7.2	352	310	16.7
150	379	345	7.2	469	455	4.2	262	240	10.9
230	338	310	8.2	407	393	6.0	248	234	14.4
315	276	255	11.9	303	297	6.8	193	172	17.3

FVS0812 合金有很好的室温、高温综合性能，室温强度和断裂韧性与常规的 2××× 系合金相当，弹性模量（88GPa）比普通航空铝合金高 15%。FVS1212 合金具有很好的室温、高温强度，弹性模量（97GPa）比普通航空铝合金高 30%。FVS0611 合金的特点是室温成形性能好。

D 粉末冶金耐磨铝合金和低膨胀系数铝合金

采用快速凝固法制备高硅铝合金时初晶硅十分细小，且分布均匀，可明显提高其力学性能。若在 Al-Si 合金中添加 Cu、Mg 元素，能进一步提高室温强度；添加 Fe、Ni、Mn、Mo、Sr 等元素，除了提高室温强度之外，还明显提高热稳定性。高硅铝合金已成为快速凝固铝合金的主要系列之一，在日本、美国、俄罗斯、荷兰、德国等已进入实际应用阶段，用它取代汽车上传统的钢铁活塞、连杆等材料，可在保证强度和运动速度的前提下，质量减轻 30% ~ 60%。典型的快速凝固高硅铝合金成分和性能见表 2-156。

表 2-156 几种快速凝固高硅铝合金的成分和性能

合金成分(质量分数)/%	状态	凝固工艺	σ_b/MPa	$\sigma_{0.2}$/MPa	δ/%	α/K^{-1}
Al-12Si-1.1Ni	热挤	离心雾化	333	253	13	
Al-12Si-7.5Fe	热挤	气体雾化	325	260	8.5	
Al-20Si-7.5Fe	热挤	气体雾化	380	260	2	
Al-25Si-3.5Cu-0.5Mg	热挤	多级雾化	376			17.4×10^{-6}
Al-20Si-5Fe-1.9Ni	热挤	气体雾化	414		1.0	
Al-17Si-6Fe-4.5Cu-0.5Mg	热挤	喷射沉积	550	460	1.0	17.0×10^{-6}
Al-20Si-3Cu-1Mg-5Fe	热挤 + T6	气体雾化	535			
Al-25Si-2.5Cu-1Mg-0.5Mn	锻造	气体雾化	490		1.2	16.0×10^{-6}

2.9.5　铝基复合材料

2.9.5.1　概述

20 世纪 60 年代后，先后研制出碳纤维、硼纤维、碳化硅纤维和芳纶纤维等高性能纤维。用它们作增强体，用金属作基体制成复合材料是近代复合材料研究开发的重要课题，其中以铝（及铝合金）基复合材料研究为最多，尤其是 80 年代以来发展很快。铝基复合材料与树脂基复合材料一样，除了具有密度小、强度和模量高、线膨胀系数小等特点之外，它还耐较高温，有高的导热性和导电性，不可燃性，适用于航空航天工业、军事工业、汽车工业和其他民用工业。

铝基复合材料可划分为纤维增强型（包括短纤维）、颗粒和晶须增强型、层状型（交替叠层型）和定向凝固共晶型。

纤维增强型铝基复合材料有很好的综合性能。但是长纤维价格昂贵，制备工艺复杂，成本很高，因而发展和应用受到一定限制，目前主要用于航空航天工业、军事工业和少数民用工业。

颗粒增强型铝基复合材料的制备工艺比较简单，颗粒增强体的价格不高，因而成本较低，并且可以用铸造、热挤压、热锻压和热轧等常规热加工方法和设备制取。颗粒增强铝基复合材料的力学性能虽然没有纤维增强铝基复合材料那样高，但与基体铝合金相比，其硬度、模量、耐磨性能、抗疲劳性能、高温屈服强度和热稳定性能都要好很多。因为增强体在铝基体内是均匀弥散分布，复合材料是各向同性的，因而这类复合材料有很大的应用潜力。70 年代以来得到了迅速发展，也是现在国内外研究开发的热门课题，并且实际应用范围正在不断扩大。

2.9.5.2　铝基复合材料的基体与增强体

铝基复合材料常用的基体合金有工业纯铝，2014、2024、2009、6061、6013、7075、7475、7090 和 8009 等变形铝合金，以及 A356、A357、359 和 339 等铸造铝合金。

铝基复合材料的增强体具有强度高，模量大，耐热，耐磨，耐腐蚀，线膨胀系数小，导热和导电性能好，与铝（或铝合金）的润湿性、化学相容性好等特点。常用的增强体有硼纤维、碳（石墨）纤维、碳化硅纤维、氧化铝纤维、芳纶纤维、钨丝和钢丝等，以及它们的颗粒和晶须。一部分纤维的性能列于表2-157。

表2-157 增强体纤维的性能

纤维种类	组 成	直径/μm	密度/kg·m^{-3}	σ_b/MPa	E/GPa
B（W）	W芯，B	200	2570	3570	410
B（C）	C芯，B	100	2290	3280	360
B（W）-B_4C	B_4C涂层	145	2580	4000	370
BorSiC	SiC涂层	100	2580	3000	409
T300（PAN系，高强型）	C	6~7	1760	3500	230
M40（PAN系，高模型）	C	6~7	1810	2700	390
T1000（PAN系，超强型）	C	6~7	1720	7200	220
M60J（PAN系，高强高模型）	C	6~7	1940	3800	590
P120（沥青系，超模型）	C	7	2180	2100	810
SCS-6	C芯，SiC涂层	142	3440	2400	365
Nicalon	SiC	10~15	2550	3000	200
β-SiC	SiC晶须		3150	6900~34500	551~828
FP	Al_2O_3	20	3850	1370	382
钢丝		75	7200	4100	200
钨丝		25	19400	4000	407

2.9.5.3 实用铝基复合材料

A 纤维增强铝基复合材料

（1）硼/铝复合材料。它是发展得最早，也最为成熟的一种铝基复合材料，一般含硼纤维体积分数为50%，比强度和比刚度约为高强度铝合金的3倍，适合制作主承力结构件，可以在350℃温度下使用，对表面缺陷敏感性小，热膨胀系数小，导电性和导热性好，可进行电阻焊、钎焊、扩散焊和机械连接，适用于航空航天和军事工业。在使用过程中不老化，不放气。

（2）碳/铝复合材料。它具有高的比强度和比模量，热膨胀系数接近于零，尺寸稳定性好，已成功地用于人造卫星支架、空间望远镜和照相机的镜筒、人造卫星抛物面天线等。除了作为宇航结构材料之外，还越来越多地用于体育器具，例如网球拍、垒球棒、冰球棒、钓鱼竿、高尔夫球杆、自行车架、赛艇和滑雪板等。

碳/铝复合材料的制取，一般是将碳（石墨）纤维束通过反应器，用气相沉积一层 TiB_2，再在铝合金熔体中浸渍制成预浸复合丝，用扩散结合法将复合丝制成复合材料；也可以用等离子喷涂法将铝合金沉积在碳纤维上制成预制复合带，将复合带叠放在一起经热压制成复合材料。

(3) 碳化硅/铝复合材料。这种复合材料有很高的强度和模量，适用于航空工业。用含钛的碳化硅纤维作增强体制成的铝基复合材料，抗拉强度高达 1.1GPa，并且有很好的抗疲劳性能和抗冲击性能。

碳化硅/铝复合材料一般采用扩散粘结法制取，将 6061 铝合金箔缠绕在辊筒上，再缠绕 SiC 纤维，用等离子喷涂法沉积铝制成复合片，将复合片叠放后热压制成复合材料。

纤维增强铝基复合材料的室温性能列于表 2-158。

表 2-158 纤维增强铝基复合材料的室温性能

复合材料	纤维	纤维直径 /μm	纤维体积分数 /%	复合材料制法	ρ /kg·m^{-3}	σ_b /MPa	E /GPa	最高使用温度 /℃
B/Al	B	200	50	DH	2620	1480	221	350
B/Al	B，涂 B_4C	140	50	HM	2620	1517	221	350
C/Al	C	6	40	L + DB	2370	458	131	350
SiC/Al	SiC	140	50	DB，HM	2960	1724	214	350
Al_2O_3/Al	Al_2O_3	20	60	L	3450	586	262	350

注：DB 为扩散粘结法；HM 为热压成形法；L 为铝熔体浸渍法；表内的复合材料纤维都是单向排列，其拉伸方向与纤维轴向一致。

B 颗粒增强铝基复合材料

(1) SiC_p/A365（或 A357）复合材料。加拿大铝业公司在美国的分公司杜雷尔（Dural）铝基复合材料公司用 SiC 颗粒作增强体，用 A356 或 A357 铸造铝合金作基体，用搅拌铸造法制成复合材料。已用于制造人造卫星部件，飞机的液压管，直升机起落架和阀门，三叉戟导弹零部件，汽车制动盘、发动机活塞和齿轮箱等。

（2）F3S·××S 铝基复合材料。美国杜雷尔铝基复合材料公司开发的铸造型复合材料，用 SiC 颗粒作增强体，××代表 SiC_p 的体积分数（10%～20%），基体为近似 359 铸造铝合金的成分。在室温和高温下有好的强度、刚度、耐磨性能、抗蠕变性能和尺寸稳定性能，用作汽车零部件，如刹车部件、汽缸衬套、离合器压力板、动力传递部件等。

（3）F3K·××S 铝基复合材料。美国杜雷尔铝基复合材料公司开发的铸造型复合材料，用 SiC_p 作增强体，××代表 SiC_p 的体积分数（10%～20%），基体近似 339 铸造铝合金的成分。它有好的高温强度、刚度、耐磨性能和抗蠕变性能。用作汽车的汽缸衬套、刹车零部件、离合器压力板和动力传递部件等。

（4）SiC_p（或 Al_2O_3）/6061（或 2014）复合材料。美国杜雷尔铝基复合材料公司用 SiC 或 Al_2O_3 颗粒作增强体，用 6061 或 2014 变形铝合金作基体，用真空搅拌铸造法制成复合材料坯锭，再用热压力加工方法制成材料，适合作装甲防护材料，在相同试验条件下，它们的防护效果分别为均质装甲钢的 3.09 倍和 3.36 倍。SiC_p/6061 复合材料可取代 7075 铝合金制造飞机结构的导槽和角材。

杜雷尔铝基复合材料公司生产的颗粒增强铝基复合材料的性能列于表 2-159。

表 2-159 杜雷尔公司生产的颗粒增强铝基复合材料的室温性能

复合材料	颗粒体积分数/%	ρ /kg·m^{-3}	σ_b /MPa	$\sigma_{0.2}$ /MPa	δ /%	E /GPa	HRB	α (50～500℃) /℃$^{-1}$
SiC_p/A356	10	2760	303	283		81		
SIC_p/A356	15		331	324	0.3	90		
SiC_p/A356	20		352	331	0.4	97		
SiC_p/359-T6	10	2710	338	303	1.2	86	73	13.8×10^{-6}
SiC_p/359-T6	20	2770	359	338	0.4	99	77	11.9×10^{-6}
SiC_p/339-T6	10	2750	372	359	0.3	88	79	13.1×10^{-6}
SiC_p/339-T6	20	2810	372			101	86	11.5×10^{-6}

续表 2-159

复合材料	颗粒体积分数 /%	ρ /kg·m^{-3}	σ_b /MPa	$\sigma_{0.2}$ /MPa	δ /%	E /GPa	HRB	α (50～500℃) /℃$^{-1}$
Al_2O_3/6061	10		338	297	7.6	81		
Al_2O_3/6061	20		379	359	2.1	99		
Al_2O_3/2014	10		517	483	3.3	84		
Al_2O_3/2014	20		503	403	0.9	101		

（5）SiC_p/2009、SiC_p/2024、SiC_p/6061、SiC_p/6013、SiC_p/7475 和 SiC_p/7075 复合材料。美国先进复合材料公司（ACAM）用粉末冶金方法开发的这类复合材料，简称为 SXA，有极好的强度、刚度、抗疲劳等综合性能。它们是用细小的 SiC 颗粒作增强体，用近似于热处理可强化变形铝合金 2009、2024、6061、6013、7475 和 7075 的成分作基体，用粉末冶金方法制成坯锭后，用常规设备和技术挤压、锻造和轧制成材，并且可以进一步加工成零部件，也可以进行粘结、铆接、阳极氧化处理和电镀处理。它们除了具有好的力学性能之外，还有很好的尺寸稳定性、耐磨性能和抗腐蚀性能，纵向和横向的性能相差很小。可广泛地用于要求强度和刚度高，要求轻量化的场合。用它们制造的零部件，其质量可比常规铝合金制造的减轻 30% 左右。SiC_p/2024 复合材料可取代传统铝合金和钛合金制造直升机的起落架、机翼前缘加强筋和大的通用正弦形梁等。国外正在进行将颗粒增强铝基复合材料用于坦克和水陆两栖军用车履带板、火炮下架和炮管等兵器的试验。

这些铝基复合材料的性能列于表 2-160。

表 2-160　美国先进复合材料公司生产的颗粒增强铝基复合材料的性能

复合材料	颗粒体积分数 /%	制品	σ_b /MPa	$\sigma_{0.2}$ /MPa	δ /%	E /GPa
SiC_p/2009-T6	20	锻件	552	421	5	112
		挤压件	655	462	4	112
SiC_p/6061-T6	40	锻件	517	414	2	141
SiC_p/6013-T6	20	挤压件	552	448	6	112

(6) 我国开发的颗粒增强铝基复合材料。沈阳金属研究所、北京有色金属研究总院、上海交通大学、哈尔滨工业大学和中南大学等单位，对 SiC 和 Al_2O_3 颗粒、晶须增强的铝基复合材料进行了大量的研究工作，取得了一定的成果，研制的复合材料性能列于表 2-161。

表 2-161 我国开发的颗粒（晶须）增强铝基复合材料的性能

复合材料	颗粒体积分数/%	σ_b/MPa	δ/%	E/GPa
SiC_p/2A12①	15	506		100
SiC_p/2024	30	558	2.8	
SiC_p/6061	35	386		120
SiC_p/A356	20	322	1.0	120
SiCw/6061②	20	600~650		110
SiCw/7075②	20	750~800		120
SiCw/2A12	20	660~700		113~138
SiCw/6A02	20	598~608		122

①搅拌铸造法生产；②压铸法生产；其他为粉末冶金法生产。

C 层片铝基复合材料

目前主要的层片铝基复合材料商品名为 ARALL（aramid aluminium laminate）。它于 20 世纪 70 年代由荷兰的福格尔桑（Vogelsang L B）等开始研制，80 年代美国铝业公司对其加以改进，发展成为实用的新型复合材料，已开始用于飞机结构件。它是在一种特殊的航天用环氧树脂中嵌入 50% 的单向排列的芳酰胺纤维（aramid）增强体，制成预浸纤维增强层片，将这种层片与经阳极氧化处理的铝合金薄板交替叠放到一定厚度，然后粘结和热压固结，再进行变形量为 0.4% 的拉伸而成。这种材料密度小（2300kg/m^3 左右），有好的强度、刚度、韧性、抗疲劳性能和易加工性，纵向抗拉强度可达 770MPa，纵向抗疲劳性能是高强铝合金的 100~1000 倍。适用于制造航空航天器的大载荷、耐疲劳和耐破损的结构件，如机翼下蒙皮和机身。

现有产品为：ARALL-1 型，其中的铝基体为 7475-T61 或 7075-T6 合金薄板；ARALL-2 型，其中的铝基体为 2024-T8 合金薄板；ARALL-3 型，其中的铝基体为 7475-T76 合金薄板；ARALL-4 型，其中的铝基体为 2024-T8 合金薄板。

3 变形铝合金热处理分类及其对加工材组织性能的影响

3.1 概述

热处理是利用固态金属材料在加热、保温和冷却处理过程中发生相变，来改善金属材料的组织和性能，使它具有所要求的力学性能和物理性能。这种将金属材料在一定介质或空气中加热到一定温度并在此温度下保持一定时间，然后以某种冷却速度冷却到室温，从而改变金属材料的组织和性能的方法，称为热处理。

热处理是根据金属材料组织与温度间的变化规律，来研究和改善产品质量和性能变化规律的一门生产技术学科。热处理方法与其他加工方法不同，它是在不改变工件尺寸和形状的条件下，赋予产品以一定的组织和性能，是“质”的改变。因此，金属材料经过适当的热处理，质量可以大幅度地提高。

在机械制造和金属材料生产中，热处理是一项很重要的和要求很严格的生产工序，也是充分发挥材料潜力的重要手段，因此，必须掌握各种热处理的基本原理和影响因素，才能正确制定生产工艺，解决生产中出现的有关问题，做到优质高产。

3.2 变形铝合金热处理的分类

变形铝合金热处理的分类方法有两种：一种是按热处理过程中组织和相变的变化特点来分；另一种是按热处理目的或工序特点来分。变形铝合金热处理在实际生产中是按生产过程、热处理的目的和操作特点来分类的，没有统一的规定，不同的企业可能有不同的分类方法，现将铝合金材料加工企业最常用的几种热处理方法介绍如下：

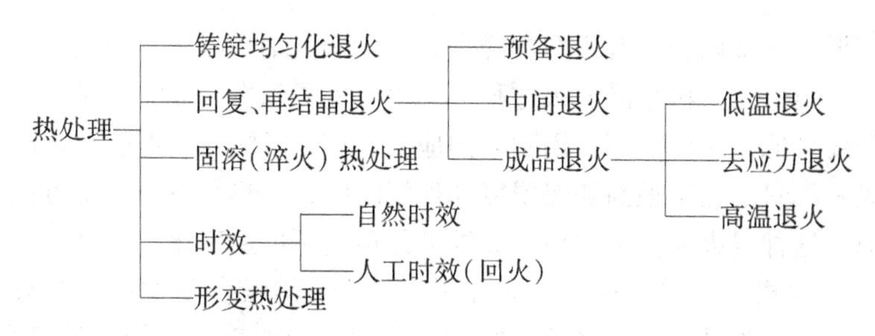

热处理过程都是由加热、保温和冷却三个阶段组成的，分别介绍如下：

(1) 加热。加热包括升温速度和加热温度两个参数。由于铝合金的导热性和塑性都较好，可以采用较快的速度升温，这不仅可提高生产效率，而且有利于提高产品质量。热处理加热温度要严格控制，必须遵守工艺规程的规定，尤其是淬火和时效时的加热温度，要求更为严格。

(2) 保温。保温是指金属材料在加热温度下停留的时间，其停留的时间以使金属表面和中心部位的温度相一致，以及合金的组织发生变化为宜。保温时间的长短与很多因素有关，如制品的厚薄、堆放方式及紧密程度、加热方式和热处理以前金属的变形程度等都有直接影响。在生产中往往是根据实验来确定保温时间的。

(3) 冷却。冷却是指加热保温后，金属材料的冷却，不同热处理的冷却速度是不相同的。如淬火要求快的冷却速度，而具有相变的合金的退火，则要求慢的冷却速度。

3.2.1 铸锭均匀化退火

铸锭均匀化退火是把化学成分复杂、快速非平衡结晶和塑性不好的铸锭加热到接近熔点的温度长时间保温，使合金原子充分扩散，以消除化学成分和组织上的不均匀性，提高铸锭的塑性变形能力。这种退火的特点是组织和性能的变化是不可逆的，只能朝平衡方向转变。

3.2.2 再结晶退火

(1) 再结晶退火。这种退火是以回复和再结晶现象为基础的。

冷变形的纯金属和没有相变的合金，为了恢复塑性而进行的退火，就属于这类退火。再结晶退火过程中，由于回复和再结晶的结果，合金的强度降低，塑性提高，消除了内应力，恢复了塑性变形能力。这种退火一般只需制定最高加热温度和保温时间，加热和冷却速度可以不考虑。这种退火的特点为组织和性能是单向不可逆变化。

(2) 相变（重）再结晶退火。这种退火是以合金中的相变或重再结晶现象为基础的，目的是得到平衡组织或改善产品的晶粒组织。与上述再结晶退火不同，其组织和性能是由相变引起的，是可逆的，只要进行适当的加热或冷却，不进行冷加工变形即可重复得到所需的组织和性能。重再结晶退火温度是由状态图或相变温度来决定的，一般约高于相变温度 30～50℃，制定退火制度时除考虑加热温度和保温时间外，还要规定加热和冷却速度，尤其是冷却速度对组织性能的影响大，冷却速度必须极其缓慢。

(3) 预备退火。这是指热轧板坯退火。热轧温度降低到一定温度后，合金即产生加工硬化和部分淬火效应，不进行退火则塑性变形能力低，不易于进行冷变形。这种退火可属于相变再结晶退火，主要是消除加工硬化和部分时效硬化效应，给冷轧提供必要的塑性。

(4) 中间退火。这是指两次冷变形之间的退火，目的是消除冷作硬化或时效的影响，得到充分的冷变形能力。

(5) 成品退火。这是指出厂前的最后一次退火。如生产软状态的产品，可在再结晶温度以上进行退火，这种退火称为“高温退火”。其退火制度可以与中间退火制度基本相同。如生产半硬状态的产品，则在再结晶开始和终了温度之间进行退火，以得到强度较高和塑性较低并符合性能要求的半硬产品，这种退火称为“低温退火”。还有一种在再结晶温度以下进行的退火，目的是利用回复现象消除产品的内应力，并获得半硬产品，称为“去应力退火”。

3.2.3 固溶处理（淬火）

固溶处理又称淬火，对第二相在基体相中的固溶度随温度降低而显著减小的合金，可将它们加热至第二相能全部或最大限度地溶入固溶体的温度，保持一定时间，以快于第二相自固溶体中析出的速度冷却。固溶处理的目的是获得在室温下不稳定的过饱和固溶体或亚稳定的过渡组织。固溶处理是可热处理强化铝合金热处理的第一步，随后应进行第二步——时效，合金即可得到显著强化。

3.2.4 时效

固溶处理后获得的过饱和固溶体处于不平衡状态，因而有发生分解和析出过剩溶质原子（呈第二相形式析出）的自发趋势，有的合金在常温下即开始进行析出，但由于温度低只能完成析出的初始阶段，这种处理称为“自然时效”。有的合金则需要在高于常温的某一特定温度下保持一定时间，使原子活动能力增大后才开始析出，这种处理称为“人工时效”。

3.2.5 形变热处理

形变热处理也称热机械处理，是一种把塑性变形和热处理联合进行的工艺，其目的是改善过度析出相的分布及合金的精细结构，以获得较高的强度、韧性（包括断裂韧性）及抗蚀性。

以上热处理过程是以单一现象为基础的，但实际上，许多热处理过程都是由几种现象组成的，并且存在着复杂的交互作用。如冷轧高强铝合金板材的退火，就同时发生再结晶和强化相的溶解——析出过程，而铝合金的淬火过程也同时是一个再结晶过程。尽管如此，上述的分类方法在分析热处理过程发生的组织变化方面还是很方便的。

3.3 热处理对铝合金加工材组织与性能的影响

变形铝合金材料的研发主要是围绕提高材料的强度、塑性、韧性、耐蚀性以及疲劳性能等综合性能来开展的，而合金的性能又是由其组织决定的，因此必须研究和掌握变形铝合金在各种状态下的宏观和显微组织，以及这些组织对性能的影响，并深入研究组织调控技术，而组织调控技术最主要的手段是热处理。

3.3.1 变形铝合金的组织变化

变形铝合金的组织主要由 α(Al) 固溶体、第二相、晶界、亚晶界、位错，以及各种缺陷组成，而变形铝合金的各种性能就取决于这些组织，并且很大程度上取决于第二相质点的种类、大小、数量和分布形态。因此有必要了解和掌握铝合金相的基本知识，以便于通过控制相来调控性能。

3.3.1.1 铝合金相的分类

尽管铝合金相分类的尺寸范围和各类的名称不同，但其分类原则基本一致，即按相的生成温度和特征把铝合金的相分为结晶相、弥散相（高温析出相）和沉淀相（时效析出相）。变形铝合金基体内第二相化合物的特征见表3-1。

表3-1 Al-Zn-Mg-Cu系合金基体内第二相化合物的特征

化合物	第一类 结晶相	第二类 弥散相	第三类 沉淀相
大小	1~10μm	0.03~0.6μm	<0.01μm
形成	结晶过程等	均匀化、淬火和热加工等	时效处理
组成	主要为共晶化合物： Al_7Cu_2Fe、α(AlFeSi)、β(Al_5FeSi) Mg_2Si、(Fe,Mn,Cu)Al_6 AlFeMnCr、AlMnFeSi (Mg,Cu)Zn_2、T相 $CuMgAl_2$、$CuAl_2$ β(Mg_5Al_8) Si(共晶)	含有Cr、Mn、Ti、Zr、Sc等元素的化合物： $Al_{18}Mg_3Cr_2$、$Al_{12}Mg_2Cr$ $Al_{20}Cu_2Mn_3$、$MnAl_6$ $ZrAl_3$、$CrAl_7$、$TiAl_3$、$ScAl_3$	析出强化相： G. P区 η′、θ′、S′、β′相 η、T、θ、S、β相 (长至0.5μm)
性质	非常脆，低应力即可开裂，产生孔穴	化合物与基体非共格	强化相与基体有共格关系 (稳定相除外)

(1) 结晶相。在合金结晶开始和结晶终了温度范围内生成的粗大化合物，即第一类质点，称为结晶相。按加热时的溶解能力可将结晶相分为难溶相和易溶相两种；按对性能的作用可将结晶相分为强化相和杂质相；对热处理和热加工后未处理掉的相还称为残留相。含有Fe、Si、Mn、Cr、Ti、Zr，有时还有Cu的相，如（CuFeMn）Al_6或$(CuFeMn)_2Si_2Al_{15}$等为难溶相和杂质相，含有Zn、Mg、Cu、Li等的相，如S（Al_2CuMg）、$MgZn_2$为易溶相和强化相。

按结晶的反应类型，结晶相又可分为以下四类。

1）初晶相。包括单质初晶（如 L→α(Al) 或 L→Si）和化合物初晶（如 L→$ZrAl_3$）。从液体中直接生成的单一固相，结晶温度最高，颗粒粗大、具有规则几何外形。初晶相一般很少出现在铝合金正常组织中，初晶相的典型形貌见图 3-1 和图 3-2。

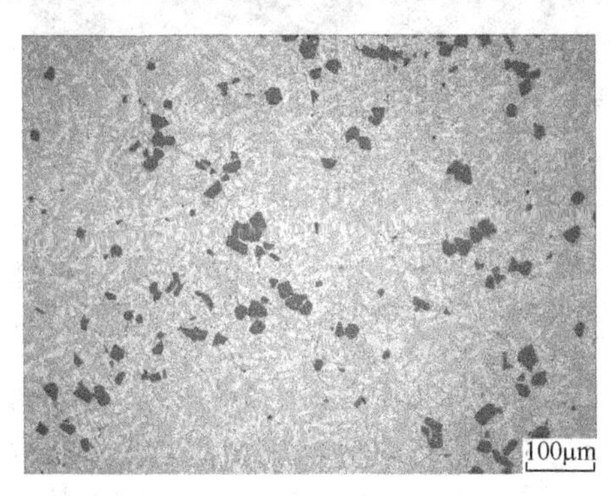

图 3-1 Al-17Si 合金铸造组织中的块状单质初晶相（初晶硅）

图 3-2 7055 合金半连续铸造铸锭中含 Zr 化合物初晶

2）共晶相。如 L→α(Al) + θ + S，共晶相多呈骨骼状、网状或片状（见图 3-3），两种或多种相相间分布。当金属间化合物与 α(Al) 形成共晶时，常呈现金属间化合物单独存在的离异共晶组织。按组成共晶的相数，有二相共晶、三相共晶和四相共晶，组成共晶的相越多，共晶体内的各相越细小。

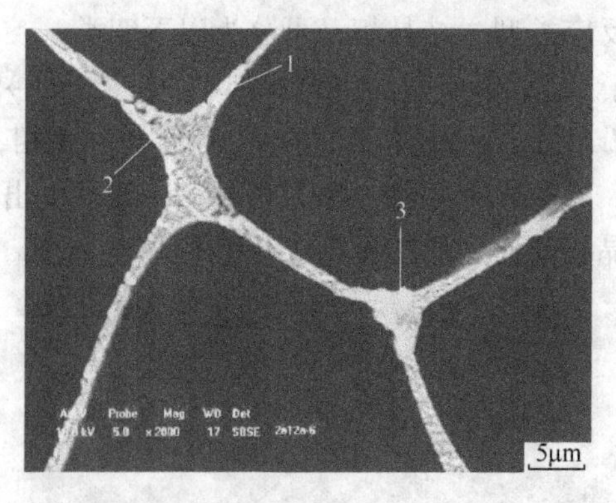

图 3-3 2524 合金铸造组织中的 α(Al) + θ + S 三相共晶

1—θ(Al_2Cu)；2—S(Al_2CuMg)；3—(CuFeMn)Al_6

3）包共晶生成物。如 L + S→α(Al) + T(Al_6CuMg_4)，L + T→α(Al) + η($MgZn_2$)，生成物与共晶组织相似，也有反应进行不完全而使反应物部分残存的情形，形成亚稳定的包共晶组织。T($Al_2Mg_3Zn_3$)相包 α(Al) + η($MgZn_2$) 共晶体见图 3-4。

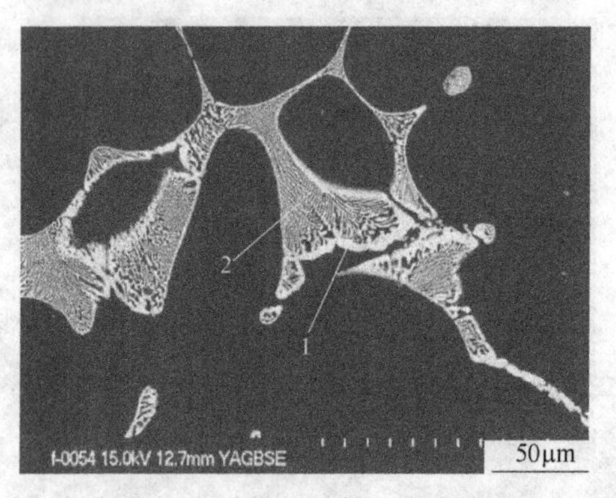

图 3-4 7050 合金铸造组织中的 T 相包 α(Al) + η 共晶体

1—T($Al_2Mg_3Zn_3$)；2—η($MgZn_2$)

4）包晶生成物。如 L + $FeAl_3$ + $MnAl_4$→(FeMn) Al_6。这种生成物多是分布较集中的块状。当包晶反应不完全时，常呈层状组织，组织内层为包晶反应残留物，外层为包晶反应生成物，界线十分明显。

（2）弥散相。在低于结晶终了温度、高于时效温度的温度区间内形成具有中间尺寸的质点，称为弥散相，即第二类质点，该类质点本质是在较高温度下的沉淀相（或称析出相）。在铝合金生产过程中经常出现的弥散相有三种：

1）高温分解质点。含有 Mn、Cr、Ti、Zr、Sc、V 等过渡金属元素的铝合金在半连续铸造时，由于快速冷却，易形成这些元素在 α(Al) 中的过饱和固溶体。这种过饱和固溶体不稳定，铸锭在随后加热和热变形过程中过饱和固溶体开始分解，析出 $Al_{12}Mg_2Cr$、$Al_{20}Mn_3Cu$、$MnAl_6$、$TiAl_3$ 和 $ZrAl_3$ 等弥散质点，其中含 Mn 相大都是“键槽”形或棒状，含 Cr 相是不规则的扁盘状或三角形，含 Zr 相为方块状或球形，而含 Ti 相则是板条状，见图 3-5 ~ 图 3-8。由于这些元素在铝中扩散困难，分解只能在高温加热和高温强烈变形时才进行，故称高温分解质点。

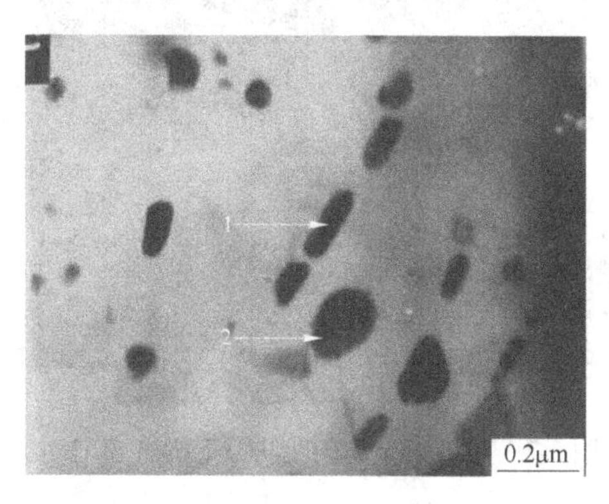

图 3-5　7075 合金淬火状态下析出的含 Mn 相和含 Cr 相

1—$(FeMn)Al_6$；2—$Al_{18}Cr_2Mg_3$

2）冷却沉淀质点。铝合金中的易溶相，随温度升高显著增加其溶解度。因此当含有易溶相的合金高温加热后冷却时，只要冷却速度足够慢，这些被溶解的易溶相就要从 α(Al) 中沉淀、生成冷却沉淀质点，这些质点是稳定的平衡相，与基体不共格，因此强化作用很小。图 3-9 所示为 7475 合金均匀化处理冷却过程中析出的针状 $\eta(MgZn_2)$ 平衡相，该相成魏氏体状分布。

3）稳定化沉淀质点。含镁高的冷变形铝合金在使用过程中存在

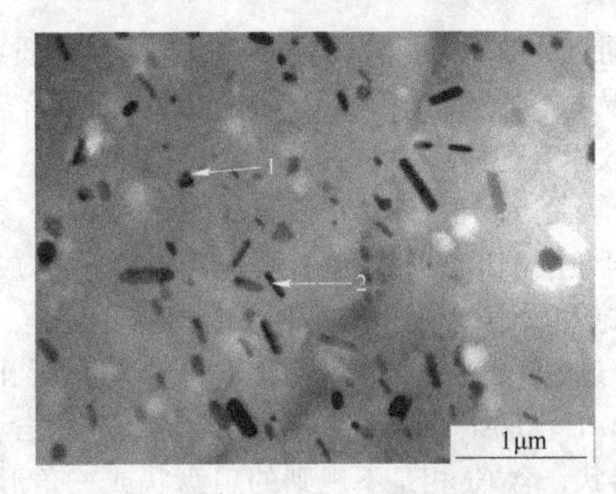

图 3-6 7B04 铝合金高温均匀化状态下析出的含 Cr 相和含 Mn 相

1—$Al_{18}Cr_2Mg_3$；2—$Al_{11}Cu_5Mn_3$

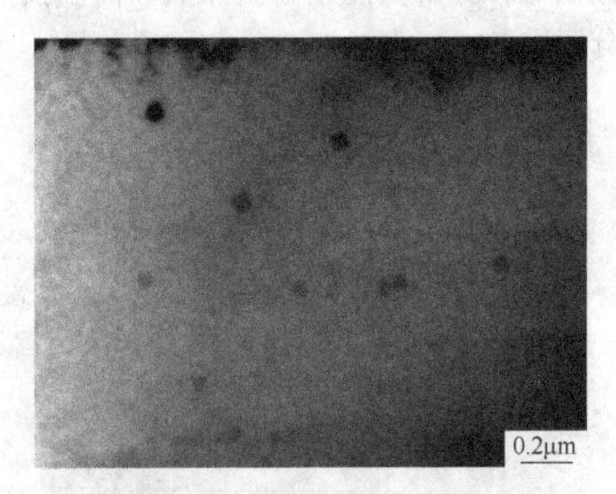

图 3-7 7050 合金均匀化状态下析出 $ZrAl_3$ 相

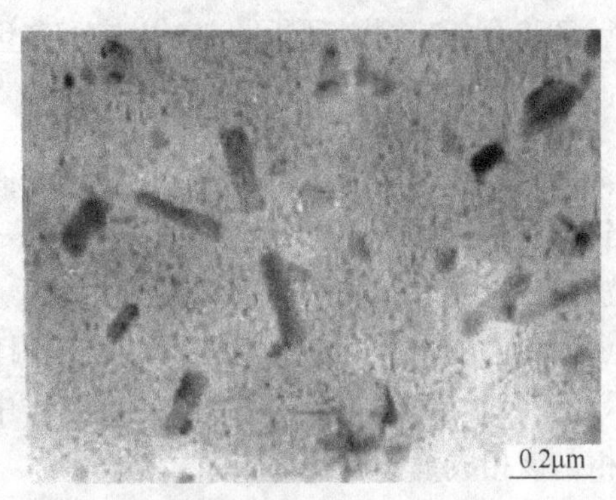

图 3-8 7075 合金过时效组织中的 $TiAl_3$ 弥散相

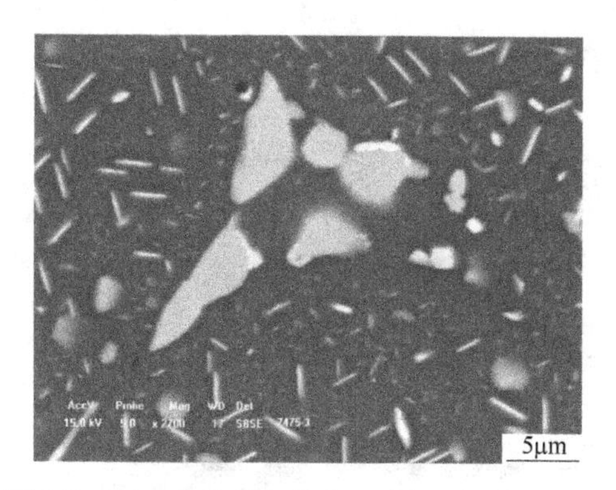

图 3-9 7475 合金均匀化处理冷却过程中析出的针状 η($MgZn_2$) 平衡相

组织变化和性能下降的趋势，为了使其组织性能稳定，这类合金出厂前必须进行稳定化处理。稳定化处理是将此种铝合金产品在 250℃左右加热，使产品生产过程中形成的 Mg 在 α(Al) 中的过饱和固溶体充分分解，形成所希望的颗粒大小和分布状态的 β(Mg_5Al_8) 沉淀质点。这类质点的沉淀是在加热和保温过程中进行的，但其加热温度既高于时效温度又远低于高温分解质点所能出现的温度。图 3-10 和图 3-11 所示为高镁合金 37.5%冷变形后经稳定化处理组织中的 β 相相貌和分布情况。

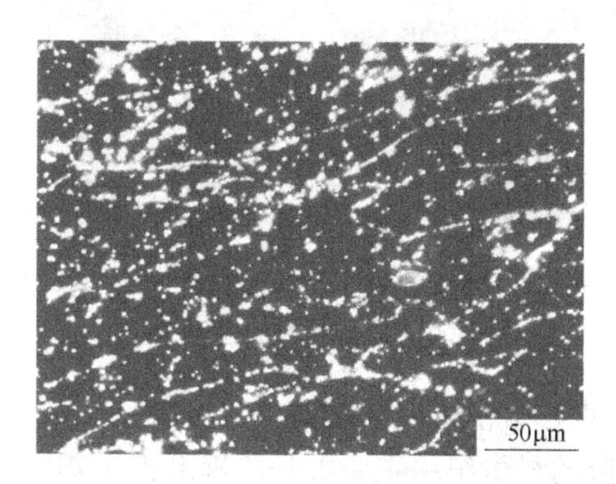

图 3-10 高镁合金 37.5%冷变形后经 205℃稳定化处理 24h 组织中的 β 相（暗场）

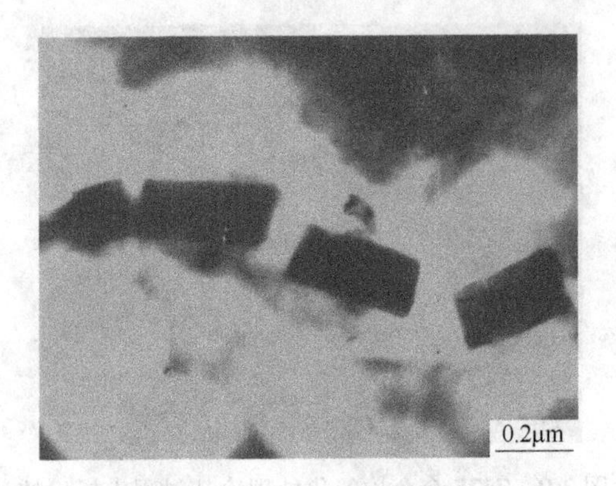

图 3-11 高镁合金 37.5%冷变形后经 160℃稳定化处理 24h 组织中的 β 相（部分连续）

(3) 沉淀相。沉淀相是指在时效温度下沉淀或析出的微细质点，即第三类质点，这类质点包括晶内析出相和晶间析出相（见图 3-12）。

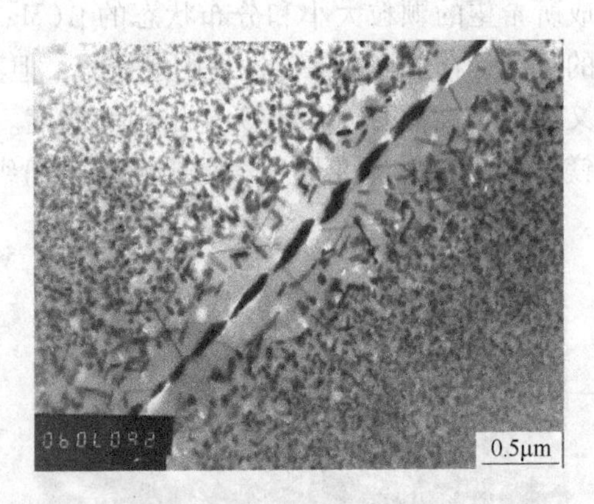

图 3－12 Al-5Zn-1.5Mg 合金 200℃时效 2h 组织中的晶内析出相和晶间析出相

3.3.1.2 变形铝合金的显微组织

变形铝合金的显微组织主要由基体析出相（MPt）、晶间析出相（GBP）、晶界无析出带（PFZ）、弥散相、残留相、晶界、亚晶界、位错等组成，其中前三项构成了描述显微组织最主要的三个不均匀性参数，第四项也存在着分布的不均匀性，以及影响位错分布的不均匀性，进而影响再结晶。图 3-13 所示为基体析出相、晶间析出相、晶界无析出带、弥散相共存的状况。

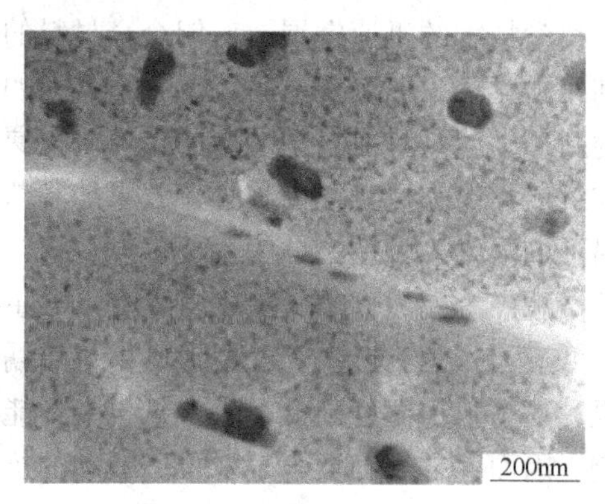

图 3-13 7B04 合金 T74 状态厚板的透射电镜组织

对于热处理可强化铝合金来说，这些主要的不均匀性参数控制主要通过热处理手段来实现，即通过热处理调控显微组织中前四项不均匀性参数，达到要求的热处理状态，进而控制合金的各种性能。如 Al-Zn-Mg-Cu 系合金的热处理状态主要有 T6、T76、T74、T73 和 T77，它们分别表示一级时效（T6 峰值时效）、二级时效（T76、T74、T73 过时效）和三级时效（T77 过时效），其中 T77 状态应该可以由特殊三级时效、RRA 处理和 FTMT 变形热处理三种方法实现，这些状态也同时代表着不同的性能特点。从综合性能的角度出发，希望时效后显微组织具有如下特征：基体为均匀弥散的 G. P 区加过渡相，以保证合金较高的强度；宽度适当、溶质浓度较高的 PFZ，以保证较好的韧性；尺寸适度、间隔较大的晶间析出相，以保证具有良好的抗腐蚀性能；细小分布均匀的弥散相，再结晶组织细小或为部分再结晶，以保证合金具有良好的综合性能。

对于不可热处理强化合金来说，主要是控制 α(Al) 固溶体的固溶度、残留相、弥散相、再结晶程度以及位错（变形程度），通过控制这些显微组织达到控制性能的目的。

3.3.2 变形铝合金的性能变化

3.3.2.1 变形铝合金的强化方法

现代工业和科学技术的迅速发展，对铝合金材料的性能提出了更高要求，如何利用强化理论，实现对工业铝合金材料的有效强化，以满足各个领域的新需求，是材料科学领域的重要研究课题。铝合金强化以加工硬化和沉淀强化为重点，而其强化效果的判断则以铝合金材料在常温和高温下的强度、塑性指标为主要依据。

铝合金在常温和中等应力作用下产生塑性变形，主要由位错滑移所致，而高温和低应力作用下产生塑性变形则由位错蠕动和扩散流变产生。总的来说，不管工作温度高低，合金抵抗变形能力主要由位错运动难易所决定。因而，把增加铝合金对位错运动的抗力称为铝合金强化。

铝合金的强化及其分类方法很多，一般将其分为加工硬化和合金化强化两大类。铝合金强化方法可细分为加工硬化、固溶强化、异相强化、弥散强化、沉淀强化、晶界强化和复合强化七类。在实际应用过程中往往是几种强化方法同时起作用。

A 加工硬化

通过塑性变形（轧制、挤压、锻造、拉伸等）使合金获得高强度的方法，称为加工硬化。塑性变形时增加位错密度是合金加工硬化的本质。据统计，金属强烈变形后，位错密度可由 106 根/cm^2 增至 1012 根/cm^2 以上。因为合金中位错密度越大，继续变形时位错在滑移过程中相互交割的机会越多，相互间的阻力也越大，因而变形抗力也越大，合金即被强化。

金属材料加工强化的原因是：金属变形时产生了位错不均匀分布，先是较纷乱地成群纠缠，形成位错缠结，随变形量增大和变形温度升高，由散乱分布位错缠结转变为胞状亚结构组织，这时变形晶粒由许多称为“胞”的小单元组成；高密度位错缠结集中在胞周围形成包壁，胞内则位错密度甚低。这些胞状结构阻碍位错运动，使不能运动的位错数量剧增，以至需要更大的力才能使位错克服障碍而运动。变形越大，亚结构组织越细小，抵抗继续变形的能力越大，加工硬化效果越明显，强度越高。由于产生亚结构，故也称亚结构强化。

加工强化的程度因变形率、变形温度及合金本身的性质不同而异。同一种合金材料在同一温度下冷变形时，变形率越大则强度越高，但塑性随变形率的增加而降低。合金变形条件不同，位错分布亦有所不同。当变形温度较低（如冷轧）时，位错活动性较差，变形后位错大多呈紊乱无规则分布，形成位错缠结，这时合金强化效果好，但塑性也强烈降低。当变形温度较高时，位错活动性较大，并进行交滑移，位错可局部集聚、纠结、形成位错团，出现亚结构及其强化，届时强化效果不及冷变形，但塑性损失较少。

加工硬化或亚结构强化在常温时是十分有效的强化方法，适用于工业纯铝、固溶体型合金和热处理不可强化的多相铝合金，但在高温时通常因回复和再结晶而对强度的贡献显著变小。

某些铝合金冷变形时能形成较好的织构而在一定方向上强化，称为织构强化。

B 固溶强化

合金元素固溶到基体金属（溶剂）中形成固溶体时，合金的强度、硬度一般都会得到提高，称为固溶强化。所有可溶性合金化组元甚至杂质都能产生固溶强化。特别可贵的是，对合金进行固溶强化时，在强度、硬度得到提高的同时，塑性还能保持在良好的水平上，但仅用这一种方法不能获得特别高的强度。

合金元素溶入基体金属后，使基体金属的位错密度增大，同时晶格发生畸变。畸变所产生的应力场与位错周围的弹性应力场交互作用，使合金元素的原子聚集到位错线附近，形成所谓“气团”，位错要运动就必须克服气团的钉扎作用，带着气团一起移动，或者从气团中挣脱出来，因而需要更大的切应力。另外，合金元素的原子还会改变固溶体的弹性系数、扩散系数、内聚力和原子的排列缺陷，使位错线变弯，位错运动阻力增大，包括位错与溶质原子间的长程交互作用和短程交互作用，从而使材料得到强化。

固溶强化作用大小取决于溶质原子浓度、原子相对尺寸、固溶体类型、电子因素和弹性模量。一般来说，溶质原子浓度越高，强化效果越大；原子尺寸差别越大，对置换固溶体的强化效果亦可能越大；

溶质原子与铝原子的价电子数相差越大，固溶强化作用亦越大；弹性模量大小的差异度越大，往往强化效果越好。

在采用固溶强化的合金化时，要挑选那些强化效果高的元素作为合金元素。但更重要的是要选那些在基体金属中固溶度大的元素作为合金元素，因为固溶体的强化效果随固溶元素含量的增大而增加。只有那些在基体金属中固溶度大的元素才能大量加入。例如，铜、镁是铝合金的主要合金元素；铝、锌是镁合金的主要合金元素，都是因为这些元素在基体金属中的固溶度较大的缘故。

进行固溶强化时，往往采用多元少量的复杂合金化原则（即多种合金元素同时加入，但每种元素加入量少），使固溶体的成分复杂化，这样可以使固溶体的强化效果更高，并能保持到较高的温度。

C 过剩相强化

过量的合金元素加入到基体金属中去，一部分溶入固溶体，超过极限溶解度的部分不能溶入，形成过剩的第二相，简称过剩相。过剩相对合金一般都有强化作用，其强化效果与过剩相本身的性能有关，过剩相的强度、硬度越高，强化效果越大。但硬脆的过剩相含量超过一定限度后，合金变脆，力学性能反而降低。此外，强化效果还与过剩相的形态、大小、数量和分布有关。第二相呈等轴状、细小和均匀分布时，强化效果最好。第二相很大、沿晶界分布或呈针状，特别是呈粗大针状时，合金变脆，合金塑性损失大，而且强度也不高，常温下不宜大量采用过剩强化，但高温下的使用效果可以很好。另外，强化效果还与基体相与过剩相之间的界面有关。

过剩相强化与沉淀强化有相似之处，只不过沉淀强化时，强化相极为细小，弥散度大，在光学显微镜下观察不到；而在利用过剩相强化合金时，强化相粗大，用光学显微镜的低倍即能清楚看到。

过剩和强化在铝合金中应用广泛，几乎所有在退火状态使用的两相合金都应用了过剩相强化。或者更准确地说，是固溶强化与过剩相强化的联合应用。过剩相强化有时亦称复相强化或异相强化。

D 弥散强化

非共格硬颗粒弥散物对铝合金的强化称弥散强化。为取得好的强化效果，要求弥散物在铝基体中有低的溶解度和扩散速率、高硬度

（不可变形）和小的颗粒（0.1μm 左右）。这种弥散物可用粉末冶金法制取或由高温析出获得，产生粉末冶金强化和高温析出强化。

由弥散质点引起的强化包括两个方面：弥散质点阻碍位错运动的直接作用，弥散质点为不可变形质点，位错运动受阻后，必须绕越通过质点，产生强化，弥散物越密集，强化效果就越好；弥散质点影响最终热处理时半成品的再结晶过程，部分或完全抑制再结晶（对弥散粒子的大小和其间距有一定要求），使强度提高。弥散强化对常温或高温下均适用，特别是粉末冶金法生产的烧结铝合金，工作温度可达 350℃。弥散强化型合金的应变不太均匀，在强度提高的同时，塑性损失要比固溶强化或沉淀强化的大。熔铸冶金铝合金中采用高温处理，获得弥散质点使合金强化，越来越得到人们关注。在铝合金中添加非常低的溶解度和扩散速率的过渡族金属和稀土金属元素，如含 Mn、Cr、Zr、Sc、Ti、V 等，铸造时快速冷却，使这些元素保留在 α（Al）固溶体中，随后高温加热析出非常稳定的 0.5μm 以下非共格第二相弥散粒子，即第二类质点。其显微硬度可大于 5000MPa，使合金获得弥散强化效果。

这些质点一旦析出，很难继续溶解或聚集，故有较大的弥散强化效果。以 Al-Mg-Si 系合金为例，加入不同量的过渡元素可使抗拉强度增加 6%～29%，屈服强度提高最多，达 52%。此外，弥散质点阻止再结晶即提高再结晶温度，使冷作硬化效果最大限度保留，尤以 Zr 和 Sc 提高 Al 的再结晶温度最显著。

E 沉淀强化

从过饱和固溶体中析出稳定的第二相，形成溶质原子富集亚稳区的过渡相的过程，称为沉淀。凡有固溶度变化的合金从单相区进入两相区时都会发生沉淀。铝合金固溶处理时获得过饱和固溶体，再在一定温度下加热，发生沉淀生成共格的亚稳相质点，这一过程称为时效。由沉淀或时效引起的强化称沉淀强化或时效强化。第二相的沉淀过程也称析出，其强化称析出强化。铝合金时效析出的质点一般为 G.P 区，共格或半共格过渡相，尺寸为 0.001～0.1μm，属第三类质点。这些软质点有三种强化作用即应变强化、弥散强化和化学强化。时效强化的质点在基体中均匀分布，使变形趋于均匀，因而时效强化引起塑性损失都比加工硬化、弥散强化和异相强化的要小。通过沉淀强化，合金的强度可以提高百分之几十至几百倍。因此，沉淀强化是Ag、Mg、Al、Cu等有色金属材料常用的有效强化手段。

沉淀强化的效果取决于合金的成分、淬火后固溶体的过饱和度、强化相的特性、分布及弥散度以及热处理制度等因素。强化效果最好的合金位于极限溶解度成分，在此成分下可获得最大的沉淀相体积分数。

F 晶界强化

铝合金晶粒细化，晶界增多，由于晶界运动的阻力大于晶内且相邻晶粒不同取向使晶粒内滑移相互干涉而受阻，变形抗力增加，即合金强化。晶粒细化可以提高材料在室温下的强度、塑性和韧性，是金属材料最常用的强韧化方法之一。

晶界上原子排列错乱，杂质富集，并有大量的位错、孔洞等缺陷，而且晶界两侧的晶粒位向不同，所有这些都阻碍位错从一个晶粒向另一个晶粒的运动。晶粒越细，单位体积内的晶界面积就越大，对位错运动的阻力也越大，因而合金的强度越高。晶界自身强度取决于合金元素在晶界处的存在形式和分布形态，化合物的优于单质原子吸附的，化合物为不连续、细小弥散点状时，晶界强化效果最好。晶界强化对合金的塑性损失较少，常温下强化效果好，但高温下不宜采用晶界强化，因高温下晶界滑移为重要形变方式，使合金趋向沿晶界断裂。

变形铝合金的晶粒细化的方法主要有三种。

(1) 细化铸造组织晶粒。熔铸时采用变质处理，在熔体中加入适当的难溶质点（或与基体金属能形成难熔化合物质点的元素）作为（或产生）非自发晶核，由于晶核数目大量增加，熔体即结晶为细晶粒。例如，添加Ti、Ti-B、Zr、Sc、V等都有很好的细化晶粒的作用；另外，在熔体中加入微量的，对初生晶体有化学作用从而改变其结晶性能的物质，可以使初生晶体的形状改变，如Al-Si合金的Na变质处理就是一个很好的例子。用变质处理方法，不仅能细化初生晶粒，而且能细化共晶体和粗大的过剩相，或改变它们的形状。

此外，在熔铸时，采取增加一级优质废料比例、避免熔体过热、搅动、降低铸造温度、增大冷却速度、改进铸造工具等措施，也可以（或有利于）获得细晶粒铸锭。

（2）控制弥散相细化再结晶晶粒。抑制再结晶的弥散相 $MnAl_6$、$CrAl_7$、$TiAl_3$、$ScAl_3$、VAl_3 和 $ZrAl_3$ 质点，在显微组织中它们有许多都是钉扎在晶界上，使晶界迁移困难，这不仅阻碍了再结晶，而且增加了晶界的界面强度，它们可以明显细化再结晶晶粒。这些弥散相的大小和分布，是影响细化效果的主要因素，越细小越弥散，细化效果越好。弥散相的大小和分布主要受高温热处理和热加工的影响。获得细小弥散相的方法主要有：在均匀化时先进行低温预处理形核，然后在进行正常热处理；对含 Sc 的合金采用低温均匀化处理；对含 Mn、Cr 的合金采用较高温度均匀化处理；还可以采用热机械加工热处理的方法获得细小弥散相，即对热加工后的铝合金进行高温预处理，然后再进行正常的热加工，如 7175-T74 合金锻件就采用过这种工艺；此外，也可以通过热加工的加热过程和固溶处理过程来调控弥散相。

（3）采用变形及再结晶方法细化再结晶晶粒。采用强冷变形后进行再结晶，可以获得较细的晶粒组织；采用中温加工可以获得含有大量亚结构的组织；采用适当的热挤压并与合理的再结晶热处理相结合，可以获得含有大量亚结构的组织，得到良好的挤压效应；在再结晶处理时，采用高温短时，或多次高温短时固溶处理均可以获得细小的晶粒组织。

G 复合强化

采用高强度的粉、丝和片状材料和压、焊、喷涂、溶浸等方法与铝基体复合，使基体获得高的强度，称为复合强化。按复合材料形状，复合强化可分为纤维强化型、粒子强化型和包覆材料三种。晶须和连续纤维常作纤维强化原料，粒子强化型有粉末冶金和混合铸造两类。对烧结铝合金属粒子复合强化合金，多数学者认为是弥散强化的典型合金。复合强化的机理与异相强化相近。这种强化在高温下强化效果最佳，在常温下也可显著强化，但塑性损失大。

可以用作增强纤维的材料有碳纤维、硼纤维、难熔化合物（Al_3O_2、SiC、BN、TiB_2 等）纤维和难熔金属（W、Mo、Be 等）细丝等。这些纤维或细丝的强度一般为 2500 ~ 3500MPa。此外，还可用

金属单晶须或 Al_3O_2、B_4C 等陶瓷单晶须作为增强纤维，它们的强度就更高。但晶须的生产很困难，成本很高。

铝合金是一种典型的基体材料。以硼纤维增强和可热处理强化的合金（如 Al-Cu-Mg、Al-Mg-Si）或弥散硬化的 Al-Al_3O_2 系为基的金属复合材料，其比强度和比刚度为标准铝合金的 2～3.5 倍，已被用于航空及航天工业。

金属基体复合材料的强化机理与上述固溶强化及弥散强化等机理不同，这种强化主要不是靠阻碍位错运动，而是靠纤维与基体间良好的浸润性紧密粘结，使纤维与基体之间获得良好的结合强度。这样，由于基体材料有良好的塑性和韧性，增强纤维又有很高的强度，能承受很大的轴向负荷，所以整个材料具有很高的抗拉强度及优异的韧性。此外，这种材料还能获得很高的比强度、很高的耐热性及抗腐蚀性，是目前材料发展的一个新方向。

3.3.2.2 各种强化方法在铝合金生产中的应用

A 不可热处理强化铝合金的强化

纯铝、Al-Mg、Al-Mg-Sc、Al-Mn 合金属于不可热处理强化铝合金，主要靠加工硬化和晶界强化获得高强度，辅助强化机制还有固溶强化、过剩相强化、弥散相强化等。加工硬化可通过热变形、冷变形、冷变形后部分退火而不同程度地获得。热变形产生亚结构强化，变形温度越高，亚晶尺寸越粗大，强化效果越差，但塑性相当高。经完全退火的材料进行不同程度的冷变形，冷变形率越大，制品强度越高，但塑性也越低。冷变形的加工硬化效果最大。充分冷变形的制品在不同温度下退火，控制回复和再结晶阶段，可保留不同程度的加工硬化量即不同的强化效果。

B 可热处理强化铝合金的强化

工业生产的可热处理强化铝合金有 Al-Cu-Mg、Al-Cu-Mn、Al-Mg-Si、Al-Zn-Mg 和 Al-Zn-Mg-Cu 合金，以及开发中的 Al-Cu-Li 和 Al-Mg-Li 合金等。这些合金普遍采用淬火时效，并主要通过沉淀强化方法来获得很高的强度，辅助强化机制也有固溶强化、过剩相强化、弥散相强化、晶界强化等。自然时效时 G. P 区为主要强化相，人工时效主要是 G. P 区加过渡相起强化作用，过时效时才出现稳定相，出现稳定相后强度降低。

C 形变时效与挤压效应强化

在 Al-Cu 系和 Al-Mg-Si 系合金中，较多采用形变时效方法获得高强度，该方法包括 T3、T8 和 T9 三种状态，都是利用时效强化和冷作硬化的交互作用及强化在一定程度上的叠加作用。2124-T8 厚板因冷变形产生的大量滑移线，滑移线上成排分布着时效析出相，二者的联合作用使塑性变形更为困难，即强度进一步提高。

可热处理强化铝合金挤压制品淬火时效后的强度比其他方法生产的同一合金相同热处理状态下的强度高，这一现象称为挤压效应。其组织观察发现全部或部分保留了冷作硬化效应，基体中保留了大量亚结构，故强化是时效强化和亚结构强化的叠加。

D Al-Si 合金的强化

Al-Si 系变形铝合金，特别适合于生产活塞等模锻件，合金中硅含量 $w(\mathrm{Si})=12\%\sim13\%$，还含有一定量的 Cu、Mg、Ni 等。组织中有较多的结晶时生成的共晶硅，均布在软的 α(Al) 基体上，尺寸大都在 5μm 左右，硬且脆。这种共晶硅是铝合金中异相强化的典型例子。由于异相强化具有耐高温、耐磨和中强等特点，故特别适合于制作活塞。

3.3.2.3 变形铝合金的疲劳和断裂性能

金属材料的疲劳和断裂性能对其制品的安全使用寿命具有十分重要的影响。随着线弹性和弹塑性断裂力学的发展，以及破损安全设计原则在实际生产中的应用，人们对结构材料，特别是对高强合金的疲劳和断裂韧性的重要性的认识也更加清晰。目前，疲劳强度及断裂韧性已经和常规强度及抗蚀性并列为铝合金的四项主要考核指标，只有在这几方面都能满足设计和使用要求时，才称得上具备了良好的综合性能。

铝合金的显微组织由基体和各种性质的第二相构成。根据现有实验结果，其中与疲劳和断裂韧性关系比较密切的有以下几方面：

(1) 组织中尺寸较大的难溶性硬相质点，尺寸为 0.1 ~ 10μm，它们主要是含 Fe、Si 等组元的杂质相，也包括一些热处理中未溶解的强化相，如 $CuAl_2$、Mg_2Si。这种粗大硬相质点，其数量和分布主要决定于合金的成分、纯度以及铸锭的凝固速度。

（2）中等尺寸的硬相质点，尺寸为 0.05～0.5μm，通常是富含 Mn、Cr、Zr 等元素的金属间化合物。这类组元在铝锭结晶后大多以过饱和形式固溶在基体内，均匀化及热加工时析出，故尺寸比第一类质点小。其形态分布特点则主要取决于均匀化退火和压力加工制度。

（3）细小的时效沉淀相，尺寸为 0.01～0.5μm。如高强铝合金中的 S′相和高强铝合金中的 η′相。沉淀相结构受合金成分及热处理（包括形变热处理）的控制。

（4）基体的晶粒结构，包括晶粒尺寸、形态、晶界性质及晶内位错结构等。

（5）合金中的钠和氢的含量对合金的断裂有很大的影响，增加氢脆和钠脆的现象，使合金变脆。此外，夹杂和氧化膜对合金的断裂的影响更大，因此要获得良好的疲劳强度及断裂韧性，必须要保证合金具有良好的冶金质量。

影响铝合金断裂韧性的内在和外在因素的示意图（“韧性树”），如图 3-14 所示。

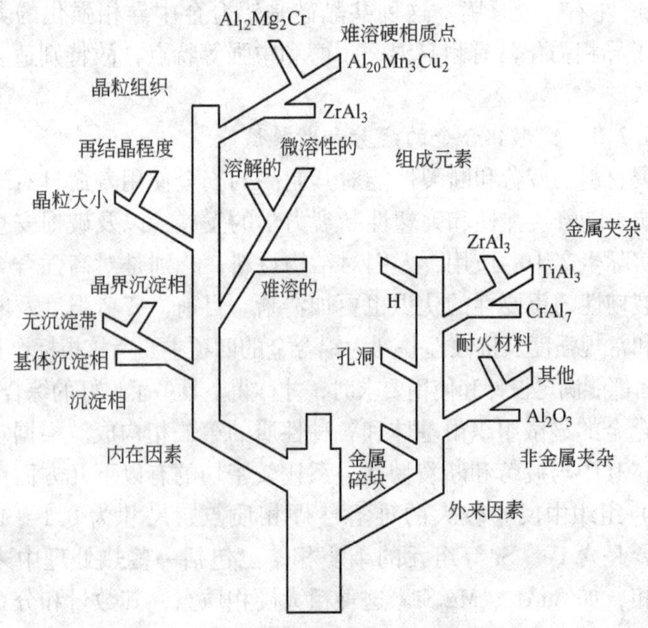

图 3-14　影响铝合金断裂韧性的因素

不同合金系对以上诸因素的敏感性不同，如高强铝合金的断裂韧性对时效组织比较敏感，而超高强铝合金则晶粒结构是比较关键的因素。但有些是共同的，例如，随着合金化程度的提高，即屈服强度的增加，断裂韧性总是下降的；减少杂质元素含量和提高合金的冶金质量，则有利于改善疲劳和断裂性能。

3.3.2.4 变形铝合金的腐蚀性能

自20世纪初第一批铝合金问世以来，铝合金腐蚀问题就一直困扰着人们。纯铝是极耐蚀的，但它的强度很低。用Cu、Mg、Zn等元素对铝进行合金化，虽能提高强度，但在承受应力或暴露在海水或工业性环境中时，常常因腐蚀而产生破坏，给社会带来巨大的经济损失。到目前为止，人们对铝合金腐蚀问题虽进行了深入而广泛的研究，但大多数研究都集中在2×××系和7×××系铝合金的抗应力腐蚀问题上。

A 铝合金腐蚀的分类与基本特征

根据腐蚀形态，铝合金腐蚀可分为全面腐蚀（均匀腐蚀）和局部腐蚀。其中局部腐蚀又可分为点蚀、晶间腐蚀、选择腐蚀、电偶腐蚀、应力腐蚀、腐蚀疲劳、湍流腐蚀和磨损腐蚀等。

（1）点蚀。点蚀是铝合金中最常见的腐蚀形态。在大气、淡水、海水和其他一些中性和近中性水溶液中都会发生点蚀。但从总体来看，它是处于钝态、耐蚀的情况下发生的局部腐蚀。大气中产生的铝合金点蚀没有在水中产生的点蚀严重。

含Cu的铝合金（如Al-Cu合金）耐点蚀性能最差，Al-Mn和Al-Mg合金的耐点蚀性能较好。对耐点蚀性不好的合金，可采用包覆纯铝或Al-Mg层（制复合板）的办法来防止点蚀。图3-15为6A60合金经535℃/30min固溶处理后的点蚀照片。

（2）晶间腐蚀。晶间腐蚀从表面开始，沿晶粒边界向金属内部扩展，直至遍及整个基体，因而大大削弱了晶粒之间的结合和制品的承载能力，极易引起脆性断裂。

晶间腐蚀的起因主要是合金中的第二相沿晶界析出，并在晶界邻近区形成溶质元素的贫化带。这种晶体结构和成分上的差异，使晶界沉淀相、溶质贫化带及晶粒本体具有不同的电极电位。当存在腐蚀介

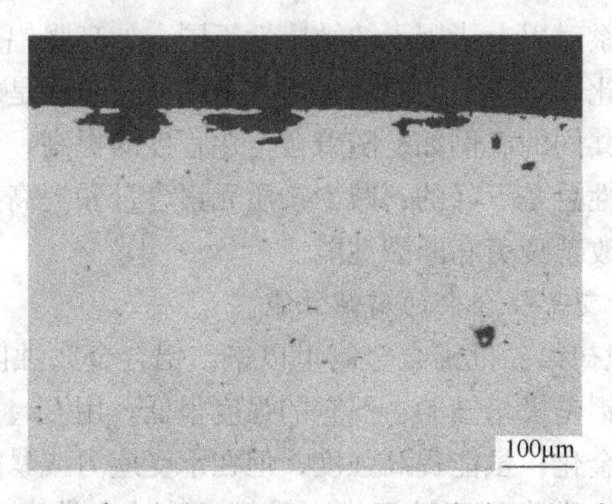

图 3-15　6A60 合金板材经 535℃/30min 固溶处理后的点蚀照片

质时，即构成三极微电池，阳极溶解，造成沿晶的选择性腐蚀。

例如，Al-Mg 合金中的 Mg_5Al_8 相的电极电位比基体低（见表 3-2），当它从固溶体中沿晶界呈连续析出时，在微电池里成为阳极面被腐蚀，在晶界形成连续的腐蚀通道。由于此时晶界面积和基体相比要小得多，放电流密度很高，集中腐蚀速度很快。对于 Al-Cu 系，铜提高铝的电极电位，$CuAl_2$ 相在晶界析出时，$CuAl_2$ 和基体的电位均高于晶界贫化带，因此前两者为阴极，贫化带为阳极而发生溶解，故腐蚀仍沿晶粒边界发展。由此可见，无论晶界相是作为阳极还是阴极，均造成晶间腐蚀。对于既定的合金系，晶间腐蚀倾向主要取决于显微组织类型，特别是第二相的性质、尺寸和分布，因此和材料的加工历史及热处理状态有密切关系。

表 3-2　某些铝合金相组成的电极电位

合金相	电极电位/mV	合金相	电极电位/mV
99.99% Al	-850	Al+4% Zn	-1050
Al+2% Cu	-690	Al+1% Zn	-960
Al+2% Cu	-750	Al+4% $MgZn_2$	-1070
$CuAl_2$	-730	$MgZn_2$	-1050
Al+7% Mg	-890	Mg_5Al_8	-1240
Al+3% Mg	-870		

注：53g/L 的 NaCl+3g/L 的 H_2O 溶液，参比电极为 0.1N 的甘汞电极。

在实际应用中，产生晶间腐蚀的铝合金有 Al-Cu 合金、Al-Cu-Mg 合金、Al-Zn-Mg 合金及 $w(\mathrm{Mg})>3\%$ 的 Al-Mg 合金。这些铝合金的晶间腐蚀是由不适当的热处理引起的。晶间腐蚀敏感性较大的是 Al-Cu 合金、Al-Cu-Mg 合金和 Al-Zn-Mg 合金。Al-Mn 合金或 Al-Mg-Si 合金的析出相 $MnAl_6$ 或 Mg_2Si，因电化学性质同合金基体相近，故没有晶间腐蚀倾向。但如果 Al-Mg-Si 合金中硅与镁的含量比值大于形成 Mg_2Si 相所需比值时（有过剩硅），则使合金产生晶间腐蚀倾向。具有晶间腐蚀倾向的铝合金在工业大气、海洋大气中，或在海水中，都可能产生晶间腐蚀。晶间腐蚀限制在晶界区域，肉眼可能看不见。晶间腐蚀扩展速度比点蚀快，由于氧和腐蚀介质在狭窄的腐蚀通道传输困难，它的腐蚀深度有限。当向深处侵蚀停止时，晶间腐蚀就向整个表面扩展，而点蚀处往往是不连续的。图 3-16 为 6A60 合金板材在 130℃/12h 时效后的晶间腐蚀照片。

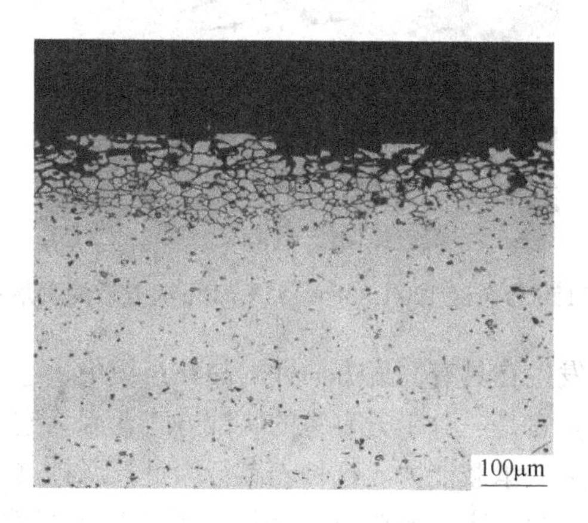

图 3-16 6A60 合金板材在 130℃/12h 时效后的晶间腐蚀照片

（3）剥落腐蚀。剥蚀也称层状腐蚀，是一种特殊形式的晶间腐蚀。形成这类腐蚀的条件是：1）适当的腐蚀介质；2）合金具有晶间腐蚀倾向；3）合金具有层状晶粒结构；4）晶界取向与表面趋向平行。

Al-Cu-Mg 系、Al-Zn-Mg-Cu 和 Al-Mg 系合金具有比较明显的剥蚀倾向，Al-Mg-Si 系和 Al-Zn-Mg 系合金也有发生的，但 Al-Si 系合金不发生剥落腐蚀。剥落腐蚀多见于挤压材。采用牺牲阳极对合金进行阴极保护，能有效地防止剥落腐蚀。

有剥蚀倾向的合金板材及模锻件制品，因其加工变形的特点，晶粒沿变形方向展平，即晶粒的长宽尺寸远大于厚度，并且与制品表面接近平行。在适当的介质中产生晶间腐蚀，因腐蚀产物（$AlCl_3$ 或 $Al(OH)_3$）的体积均大于基体金属的，发生膨胀。随着腐蚀过程的进行和腐蚀产物的积累，使晶界受到张应力，这种楔入作用会使金属成片地沿晶界剥离，故称剥蚀。严重时，即使在不受外载作用的情况下，金属制件也会完全解体。图 3-17 为 7150 合金经 120℃/6h + 155℃/12h 时效后剥落腐蚀试样的光学显微组织照片。

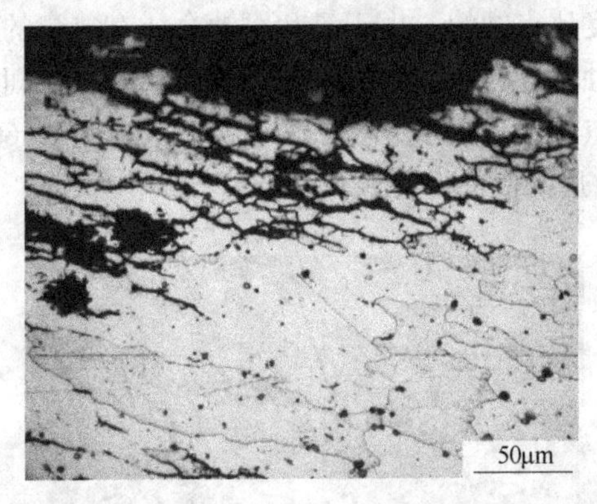

图 3-17 7150 合金经 120℃/6h + 155℃/12h 时效后的剥落腐蚀照片

剥落腐蚀发生在具有高度方向性的晶粒组织中，它的扩展方向平行于金属表面。它是一种十分有害的腐蚀方式，因为它迅速地剥离未腐蚀的金属，降低承载能力。这种剥离行为继续腐蚀暴露的自由金属层，因此它的腐蚀速率没有限制。剥蚀一般以近乎线性的速率进行。剥蚀是在拉长的晶粒、敏感的晶界条件和相当恶劣的环境下发生的。最有破坏性的自然环境是含有高浓度的 Cl^-，如防冻盐和海洋大气，而有无应力的影响不大。

（4）应力腐蚀。应力腐蚀是在拉应力和腐蚀环境共同作用下所引起的一种低应力腐蚀性断裂。应力腐蚀裂纹的起始与扩展难以预料，有时突然发生灾难性破坏。因此，应力腐蚀问题长时期以来受到人们的重视，一些学者从合金成分、热处理、生产工艺及破坏机理等方面进行了大量的研究试验，并已取得了一定的进展。

应力腐蚀开裂的形成条件和基本特征：

1）合金内必须有拉应力。拉应力愈大，则断裂时间愈短，反之，压应力有抑制应力腐蚀开裂的作用。这种拉应力可以是由外载直接产生的，也可以来源于装配应力、热应力或残余应力。

2）存在一定的腐蚀环境。对于铝合金，潮湿大气、海水和氯化物水溶液是典型的应力腐蚀介质。温度和湿度愈高，Cl^-离子浓度愈高，pH 值愈低，则应力腐蚀敏感性愈大。

3）应力腐蚀裂纹扩展速度在 0.001～0.3mm/h 范围内，既远大于无应力时的腐蚀速度，又远小于单纯的机械断裂速度。

4）应力腐蚀断裂一般属低应力脆断，铝合金大多为沿晶断裂。

关于应力腐蚀开裂的机理，目前尚无统一的理论，不同的学者提出了许多差异性很大的观点和假说，其中具有代表性的有阳极溶解理论、钝化膜破裂理论和氢制破裂理论等。这些理论对于大多数材料/环境系统都有很强的适用性，但又都不完善，因此这仍是一个有待进一步研究的重要领域。

B 铝合金腐蚀的影响因素

腐蚀环境、应力性质及冶金因素对铝合金的腐蚀敏感性均有明显的影响，这里只着重讨论冶金因素与腐蚀特性，尤其是应力腐蚀特性的关系。由于后者对铝合金的实际使用具有更重要的意义，也更危险，因此研究工作比较广泛，积累的表象规律也比较丰富。

（1）化学成分的影响。根据现有资料，在 Al-Ag、Al-Cu、Al-Mg、Al-Zn、Al-Cu-Mg、Al-Mg-Si、Al-Mg-Zn、Al-Zn-Mg-Cu 等铝合金系中曾观察到应力腐蚀倾向，并具有如下特点：

1）纯铝对应力腐蚀不敏感；

2）在同一合金系内，随着合金化（固溶范围内）程度的提高，应力腐蚀敏感性增大；

3）对以上列举的三元或多元合金系，应力腐蚀倾向不仅与合金组元总量有关，而且与组元间的比例有关；

4）微量元素 Cr、Mn、Zr，Ti、V、Ni 及 Li，在高纯铝合金中，可减少应力腐蚀敏感性。

对工业铝合金，应力腐蚀倾向与合金的强度及断裂韧性之间，未发现明显的内在联系。但 Al-Zn-Mg-Cu 和 Al-Cu-Mg 系合金，由于其本身成分及组织上的特点，表现出的应力腐蚀倾向超过其他合金，尤以人工时效状态（T6）的超高强铝合金和自然时效短横向的应力腐蚀临界应力状态（T3）的高强铝合金最为显著（见图 3-18）。表 3-3 列出美国常用高强铝合金的力学性能和应力腐蚀性能。

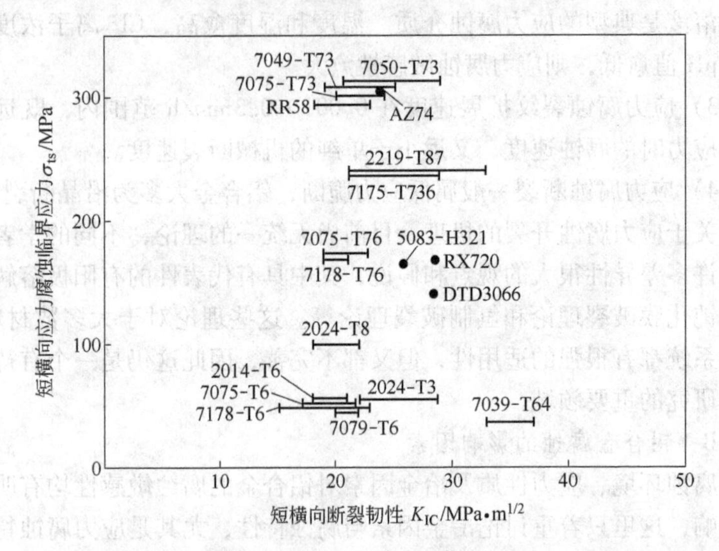

图 3-18 高强铝合金短横向的应力腐蚀临界应力及断裂韧性

表 3-3 美国常用高强铝合金的力学性能和应力腐蚀性能

合 金	品种	σ_b /MPa	$\sigma_{0.2}$ /MPa	δ /%	K_{IC}/MPa·m$^{1/2}$ 纵向	K_{IC}/MPa·m$^{1/2}$ 短横向	σ_{ts} /MPa	K_{ISCC} MPa·m$^{1/2}$
2024-T651	锻件	450	380	6	74～83	58～67	<55	<25
2024-T351	板材	450	310	8	106～160	70～93	<55	28
2024-T851	板材	480	450	5	70～86	58～70	200	
2124-T851	板材	490	440	5	99	80	200	
2219-T87	板材	470	390	7	100～102	67～106	300	～100
2618-T6	锻件	410	310	4			300	
5456-H321	板材	310	220	12	160	106～115		

续表 3-3

合金	品种	σ_b /MPa	$\sigma_{0.2}$ /MPa	δ /%	K_{IC}/MPa · $m^{1/2}$ 纵向	短横向	σ_{ts} /MPa	K_{ISCC} MPa · $m^{1/2}$
6061-T6	锻件	260	240	7			240	~122
7075-T651	板材	570	500	7	83~93	54~70	<55	25
7075-T7351	板材	500	430	7	99~106	64~74	>300	74
7075-T76	板材	540	470	6	93~106	61~74	170	
7175-T74	锻件	540	470	7	106~122	67~93	200	~122
7049-T73	锻件	530	470	7	100~112	61~80	300	
7475-T7351	板材	~410	~340		182	122	300	
7050-T74		550	510		106~125	67~93	>170	
7079-T6	板材	540	470	8	80~102	64~70	<55	14
7178-T6	板材	610	540	6	67~80	48~74	<55	25
7178-T76	板材	570	500		93~106	61~67	170	86

（2）热处理的影响。热处理不仅与合金的力学性能有密切关系，而且试验证明它对应力腐蚀和晶间腐蚀也是一个关键因素。一般在固溶状态下，合金具有较高的应力腐蚀抗力，在随后的时效过程中，强度提高，但应力腐蚀敏感性增大。在达到峰值强度时，合金的应力腐蚀抗力最低，进入过时效阶段后，抗蚀性重新提高，图 3-19 所示为这种沉淀硬化过程与应力腐蚀倾向之间的关系。同样，在应力扩张速率 da/dt 与 K 的关系曲线上，过时效一般使裂纹扩展速率的第一阶段向右推移，即提高 K_{ISCC} 值，或者使第二阶段向下移动，即减小稳定阶段的 da/dt 值（见图 3-20 及图 3-21）。

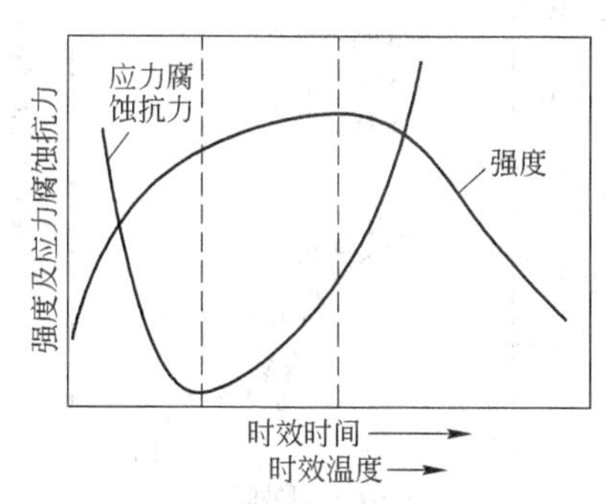

图 3-19 铝合金沉淀硬化过程与应力腐蚀抗力的关系

图 3-22 为各种超高强铝合金的 da/dt-K 关系曲线，从图 3-22 可见，如果以二级过时效处理（T73、T736）代替普通的单级峰值时效（T6），则应力腐蚀裂纹开展速率可大大降低，临界应力也相应提高。图 3-21 也表明了过时效可以非常明显地降低应力腐蚀裂纹开展速率，但同时也指出过时效处理只对 7×××系合金中铜含量较高的合金，如 7075（w(Cu)=1.6%）等合金有效，而对铜含量较低的合金，如 7079（w(Cu)=0.6%）合金无明显效果。

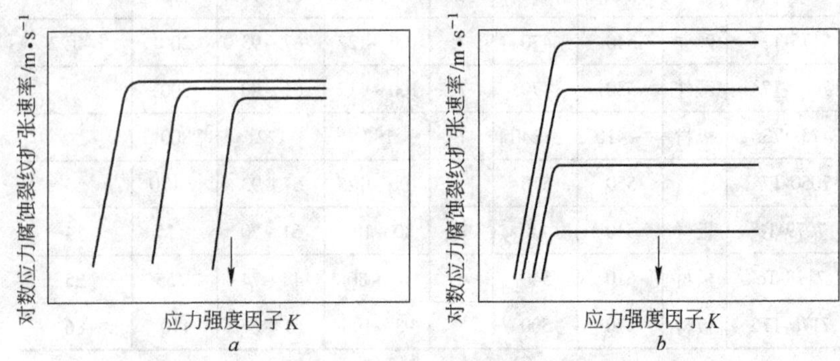

图 3-20 应力腐蚀扩展速率 da 与强度因子 K 之间的关系

a—Al-Cu-Mg 系合金；b—Al-Zn-Mg-Cu 系合金

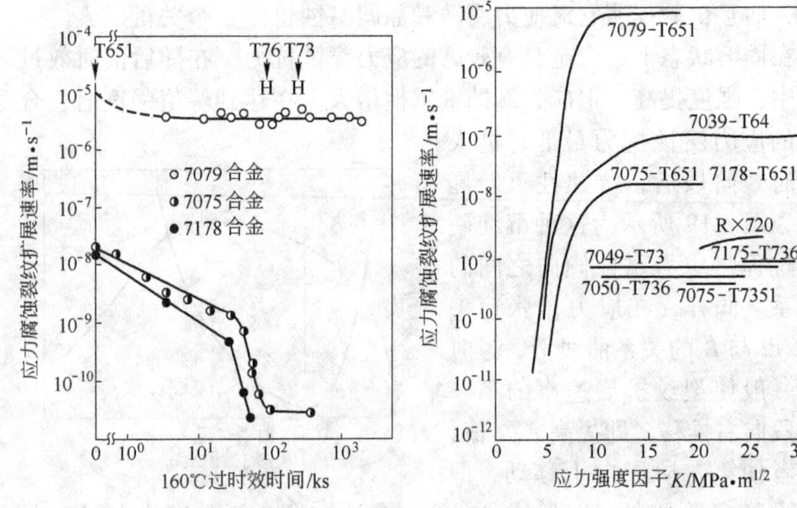

图 3-21 过时效对超高强铝合金应力腐蚀裂纹扩展速率的影响

图 3-22 各种超高强铝合金的 da/dt-K 关系曲线

沉淀硬化过程与应力腐蚀抗力之间的关系实际上反映了显微组织的影响。现在有一种倾向性意见认为，自然时效或不充分的人工时效，其沉淀产物以共格性的 G.P 区为主，塑性变形时，位错切过 G.P 区，当头一个位错被切割后，后续位错容易沿同一滑移面滑动，这样塑性变形只集中在少数滑移带上，提高了滑移带中的位错密度，在晶界造成大量位错塞积，使滑移带与晶界的交切点很容易成为应力腐蚀的开裂点，因而增大了合金的应力腐蚀断裂倾向。反之，过时效的基体组织以半共格或非共格的沉淀相为主，位错难以切过，而是绕过。此时，只产生位错的缠结而不出现高位错密度的交切点，因而抗应力腐蚀能力较好。

时效处理除影响基体沉淀相的结构外，还改变了晶界的结构。当第二相在晶界是连续析出或质点间距过小时，容易构成阳极腐蚀通道而加大应力腐蚀倾向。过时效组织中，晶界第二相往往呈单独的颗粒状，而且尺寸较大，间隔较宽，并改变了析出物的性质（出现稳定析出物颗粒和 G.P 区消失），补偿了电化学电位，使晶体和晶界附近区晶粒之间的电化学电位得到平衡，同时又阻断了阳极溶解通道，因此过时效能有效改善铝合金的抗应力腐蚀性能。

至于无沉淀带的影响，目前存在几种彼此对立的观点。一是认为无沉淀带增加应力腐蚀倾向；二是与前一种意见相反，认为有助于提高应力腐蚀抗力；三是认为无直接影响。从发展趋势来看，最后一种意见可能比较切合实际，因为在实验中当通过调整热处理参数来改变无沉淀带宽度时，晶界沉淀相和基体组织也会发生变化，因此所得结果并不能确切地反映无沉淀带的单独影响。例如，过时效处理的无沉淀带可以较宽，但同时晶界第二相也比较粗大稀疏。许多试验已证明后者是更关键的因素，在晶界沉淀相分布情况相同时，单独增加无沉淀带宽度，并不能改善应力腐蚀特性。

总之，对于高强及超高强铝合金，自然时效状态的应力腐蚀敏感性最高，一般的人工时效次之，过时效最低。特别是把成核处理和过时效结合起来的分级时效更为理想，不仅保持了过时效的优点，还进一步提高了显微组织的均匀性，成为目前改善应力腐蚀性能最有效的一种热处理。其唯一缺点是屈服强度降低，如 7075-T6 合金的屈服强度约下降 14%。

关于改善超高强铝合金抗 SCC 性能的热处理工艺研究，在 7075 合金 T73 状态开发之后，很久没有出现特别引人注目的进展，直到 1989 年美国 Alcoa 公司开发出 T77 状态，才有了很大的突破。为解决合金强度和应力腐蚀之间的矛盾，1974 年，以色列人 Cina 发明了一种三级时效工艺，简称 RRT（retrogression and reageing treatment），即在峰值时效后加一短时间的高温处理（回归），使晶内强化相重溶，然后再进行峰值时效（再时效），使 Al-Zn-Mg-Cu 系合金在保持 T6 状态的强度的同时获得了接近 T76、T74 状态的抗应力腐蚀能力。1989 年美国 Alcoa 公司以 T77 为名注册了第一个 RRA 处理工艺实用规范，并使之开始走向实用阶段。T77 处理由于中间加了回归处理（或一级高温时效），使合金在保证晶内析出相的特征与峰值时效相似的同时，晶界具有与过时效相似的晶界特性，故有很好的抗应力腐蚀性能，同时强度和断裂韧性也好，见图 3-23。

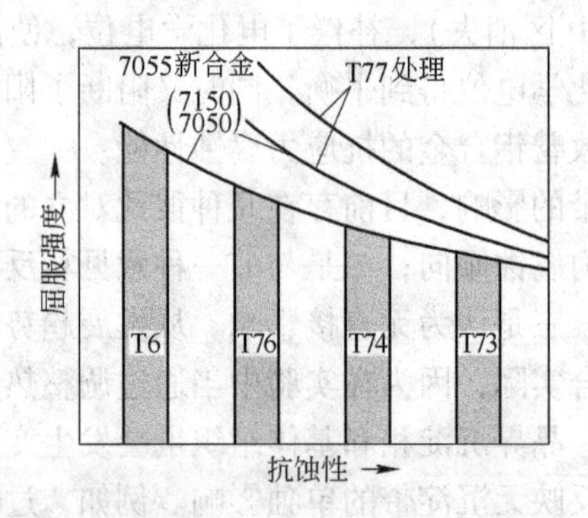

图 3-23 7055 与 7150、7050 合金的强度和抗腐蚀性能（SCC）对比

晶间腐蚀、剥蚀与应力腐蚀的特点有所不同，电化学的均匀性影响较大，而滑移变形方式的影响较小。因此，自然时效的晶间腐蚀倾向低于人工时效，但在过时效状态，两者又比较一致。

（3）变形加工工艺的影响。晶粒结构和应力腐蚀之间有密切的关系。提高变形温度容易获得纤维组织。由于裂纹扩展方向与纤维方向垂直，所以纵向和横向的抗 SCC 性能明显超过等轴晶粒组织。但当裂纹扩展方向与晶粒拉长方向一致时，受阻很小，并表现出裂纹极易扩展，因此短横向抗 SCC 性能最差。通常以短横向测定的 σ_{ts} 或 K_{ISCC} 作为应力腐蚀判据。

应力腐蚀开裂是一种脆性断裂，开裂路径主要是沿晶界进行的，断口形貌呈现出许多小平面，因此影响应力腐蚀开裂的主要因素应是晶界的结构，如晶界成分、析出相的性质和无析出区的宽度，以及晶粒状态等。而这些材料因素又受热处理、变形加工工艺、合金成分和再结晶抑制元素的影响，并以热处理的影响为最大。

总的来说，改善超高强铝合金抗 SCC 性能，一是调整重要合金成分，添加再结晶抑制元素 Mn、Cr 和 Zr 等；二是采用有过时效性质的热处理工艺；三是通过变形加工工艺来调整晶粒状态；四是在使用时尽量不在短横向上加负载，并尽量改善应力和腐蚀环境。

4 变形铝合金铸锭均匀化退火、回复与再结晶

4.1 铸锭的均匀化退火

4.1.1 变形铝合金的铸态组织和性能特征

在工业生产条件下，由于铸造时冷却速度较快，合金凝固时的冷却速率为0.1～100℃/s，凝固后的铸态组织通常偏离平衡状态。为简单起见，以二元共晶系合金为例进行分析。

简单二元共晶系相图以及非平衡固相线见图4-1。设有 x_1 成分的合金，在平衡结晶时，α 固溶体成分沿 *bs* 线变化，并在 *s* 点结晶完毕，整个组织为成分均匀的固溶体。若在非平衡条件下凝固，则首先结晶的固相与随后析出的固相成分就来不及扩散均匀。在整个结晶过程中，α 固溶体平均成分将沿 *bc* 线变化，达共晶温度的 *c* 点后，余下

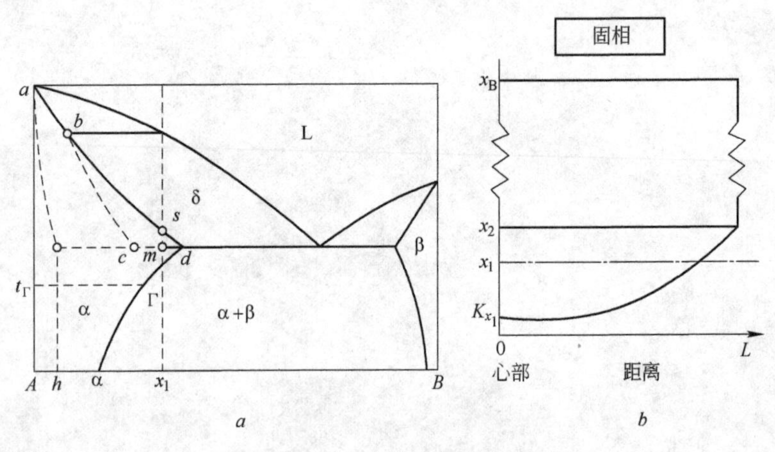

图4-1 二元合金非平衡凝固示意图

a—二元共晶系相图及非平衡凝固相线；*b*—凝固后成分为 x_1 的合金溶质浓度分布

的液相则以（$\alpha+\beta$）共晶的方式最后结晶。因此，在工业生产非平衡结晶条件下，x_1 成分的合金组织由枝晶状的 α 固溶体及非平衡共晶组成。合金元素 B 的浓度在枝晶网胞心部（最早结晶的枝晶干）最低，并逐渐朝枝晶网胞界面的方向增加，在非平衡共晶中达到最大值，如图 4-1*b* 所示。通常，非平衡共晶中的 α 相依附在 α 初晶上，β 则以网状分布在枝晶网胞周围，在显微组织中观察不到典型的共晶形态。

变形铝合金一般都具有两个以上的溶质组元，结晶时的情况较为复杂，但非平衡结晶的规律与二元合金系的一致。由图 4-2 可见，7050 合金半连续铸锭的光学显微组织，基体 α 固溶体呈树枝状，在枝晶网胞间及晶界上除不溶的少量金属间化合物外，还出现很多非平衡共晶体。铝合金枝晶组织不那么典型，如果用阳极氧化覆膜并在偏光下观察，就可以看出每个晶粒的范围及晶粒内的枝晶网胞结构（见图 4-2*b*）。

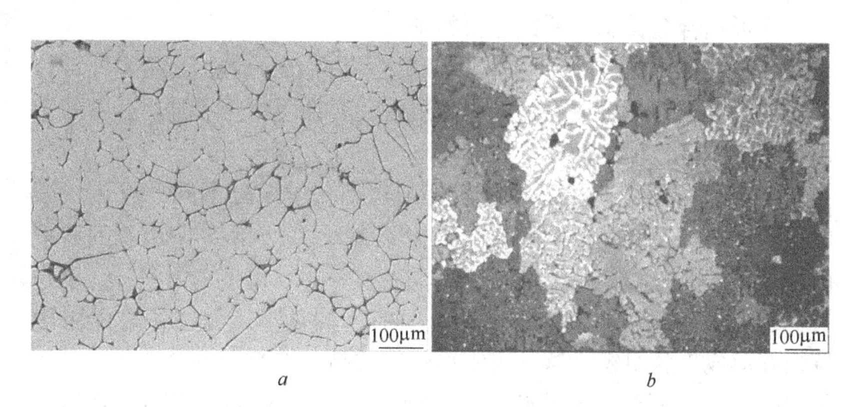

a *b*

图 4-2 7050 合金半连续铸锭的光学显微组织

a—未浸蚀的枝晶网状组织；*b*—电解抛光并阳极覆膜偏振光下组织

在直接水冷半连续铸造条件下生产的铝合金铸锭，由强烈的冷却作用引起的浓度过冷和温度过冷，使凝固后的铸态组织偏离平衡状态，这些组织主要有以下特点：

（1）晶界和枝晶界存在非平衡结晶。可溶相在基体中的最大固溶度发生偏移。凝固结晶时合金受溶质再分配的影响，在晶界和枝晶上有一定数量的非平衡共晶组织。冷却速度越大，非平衡结晶程度越严重，在晶界和枝晶界上这种非平衡结晶组织的数量越多。

(2) 存在着枝晶偏析。基体固溶体成分不均匀，晶内偏析，组织上呈现树枝状。枝晶偏析的形成和非平衡共晶的形成相似。由于溶质元素来不及析出，在晶粒内部造成成分不均匀现象，即枝晶偏析。枝晶内合金元素偏析的方向与合金的平衡图类型有关。在共晶型的合金中，枝晶中心的元素含量低，从中心至边缘逐渐增多。

(3) 枝晶内存在着过饱和固溶体。高温形成的不均匀固溶体，其浓度高的部分在冷却时来不及充分扩散，因而可能处于过饱和状态。合金元素在铝中的溶解度随温度的升高而增加，在液态下和固态下溶解度相差很大，在铸造过程中，当合金由液态向固态转变时，冷却速度很大，在熔体中处于溶解状态的合金元素，以及难溶合金元素Mn、Cr、Ti、Zr等，由于来不及析出而形成该元素的过饱和固溶体。冷却速度越大，合金元素含量越高，固溶体过饱和程度越严重。

变形铝合金铸态性能的主要特征如下：

(1) 晶界和枝晶界存在非平衡脆性结晶相，合金塑性降低，特别在枝晶网胞边缘生成连续的粗大脆性化合物网状壳层时，合金的塑性将急剧下降，加工性能变坏。

(2) 枝晶偏析使枝晶网胞心部与边部化学成分不同，可形成浓度差微电池。因此降低材料的电化学腐蚀抗力。固溶体中出现的非平衡过剩相一般也降低耐蚀性。

(3) 铸锭进行轧制及挤压时，具有不同化学成分的各显微区域拉长并形成带状组织。这种组织可促使成品工件产生各向异性和增加晶间断裂（如所谓“层状断口”）倾向。粗大的枝晶组织和化合物会在后续的加工过程中形成带状组织，也严重影响合金性能。

(4) 固相线温度下移，产生大量非平衡低熔点共晶组织，使工艺过程的一些参数难以掌握。例如，在压力加工前的加热及热处理时，局部区域会过早地发生熔化。也就是说，加热稍有不慎，就会发生过烧现象。

(5) 变形铝合金铸态的组织是亚稳定的，并且铸锭内部存在很大的内应力。

变形塑性是衡量铸锭质量的重要标志之一。为保证良好的变形塑性，除了应防止铸锭中的一些缺陷外，显然不希望铸锭的组织处于非平衡状态。此外，考虑到铸造组织对半成品及制品性能的遗传影响，也应采取措施尽可能消除铸锭组织的成分不均匀现象。

产生非平衡结晶状态是结晶时扩散过程受阻，这种状态在热力学上是亚稳定的，有自动向平衡状态转化的趋势。若将其加热至一定温度，提高原子扩散能力，就可较快完成由非平衡向平衡状态的转化过程。这种专门的热处理称为均匀化退火或扩散退火。

均匀化退火的主要目的是为了减少和消除晶内偏析，以及沿晶界分布的非平衡共晶相和其他非平衡相，促进 Mn、Cr、Ti、Zr 等元素过饱和固溶体分解，并使过剩相球化，从而显著提高合金的塑性以及组织和化学稳定性。在生产中，均匀化退火工序的首要目的在于提高合金铸锭的变形性能，以利于随后的热、冷压力加工过程。

4.1.2 均匀化退火过程及组织性能的变化

4.1.2.1 均匀化退火过程

均匀化退火又称组织均匀化，或均火。其实质是铸锭在高温加热条件下，通过相的溶解和原子的扩散来实现均匀化。所谓扩散就是原子在金属及合金中依靠热振动而进行的迁移运动过程。扩散分为均质扩散和异质扩散两种，均质扩散是在纯金属中发生的同种原子间的扩散运动，又称自扩散。异质扩散则是溶质原子在合金溶剂中的扩散运动。空位迁移是原子在金属及合金中的主要扩散方式，因为原子通过空位迁移而进行扩散所需的能量最小。图 4-3 为空位迁移机构的示意图。

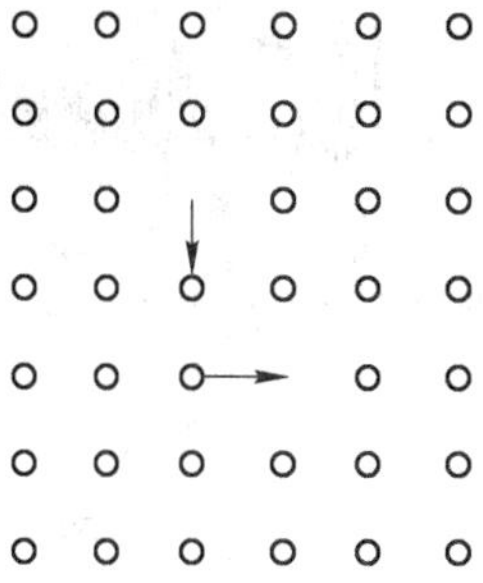

图 4-3 原子扩散机构（空位迁移）的示意图

均匀化退火时，原子的扩散主要是在晶内进行的，使晶粒内部化学成分不均匀的部分，通过扩散而逐步达到均匀。由于均匀化退火是在不平衡的固相线或共晶点以下的温度中进行的，分布在铸锭中各晶粒间界上的不溶相和非金属夹杂物，不能通过溶解和扩散过程来消除，它妨碍了晶粒间的扩散和晶粒的聚集，所以，均匀化不能使合金基体的晶粒和形状发生明显的改变。均匀化退火，只能减小或消除晶内偏析，而对区域偏析影响很小。

4.1.2.2 组织变化

在铸锭均匀化退火过程中，除了原子在晶内扩散外，还伴随着组织的变化。主要的组织变化是枝晶偏析的消除和非平衡相的溶解。对于非平衡状态下仍为单相的合金，均匀化退火所发生的主要过程为固溶体晶粒内成分均匀化。当合金中有非平衡亚稳定相时，则上述两个主要过程均会发生。图4-4所示为2124合金铸锭均匀化退火前后的显微组织和主要合金元素的线扫描分析结果。由图中可见，铸态合金的主要元素Cu、Mg、Mn在合金内分布不均匀，尤其是在晶界上存在明显的富集现象，其中Cu的偏析程度最大，Mg的次之，Mn的偏析程度最小；铸锭经均匀化处理后，合金元素扩散，枝晶偏析消除，从晶界至晶内的分布也趋于平稳，枝晶网胞及晶界上网状化合物大部分溶解，晶界仍存在少量元素分布偏聚现象。

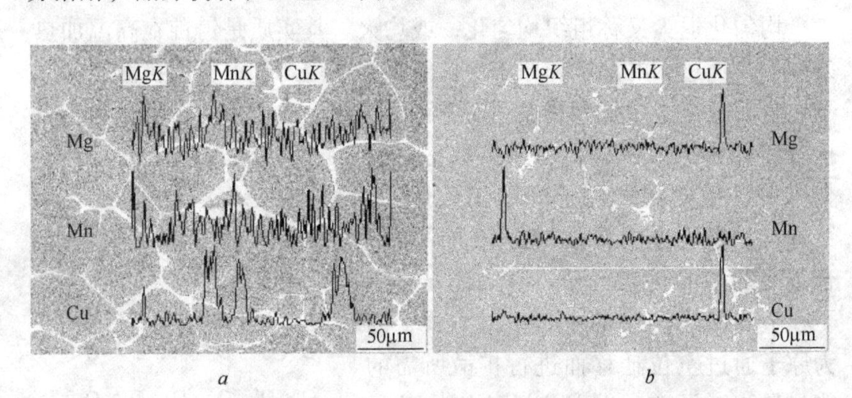

a *b*

图4-4 2124合金的线扫描分析

a—铸态；*b*—均匀化态

通常，在非平衡过剩相溶解后，固溶体内成分仍为不均匀的，还需保温一定时间才能使固溶体内成分充分均匀化。实验指出，铝合金的固溶体成分充分均匀化的时间仅稍长于非平衡相完全溶解的时间，故多数情况下可用非平衡相完全溶解的时间来估计均匀化完成的时间，而非平衡相完全溶解的时间可以通过DSC分析或显微镜观察来确定。

应该指出，均匀化退火只能消除或减小晶内偏析，而对区域偏析的影响却极其微弱。因为消除偏析必须通过原子扩散。由扩散定律可知，扩散路程（δ）与扩散所需时间（τ）之间有如下关系：

$$\tau = \delta^2/(2D)$$

根据铝合金计算，扩散距离为枝晶网胞尺寸时，在均匀化温度下原子扩散需数小时；而对于区域偏析所达的距离（假设为几厘米），则需扩散数年之久。显然，这是生产条件所不容许的。此外，消除区域偏析需要晶间相互扩散，这种晶间扩散也因受到晶界夹杂及空隙等的阻碍而难以实现。

除上述主要的组织变化外，均匀退火时还可能发生下列组织变化：

（1）过饱和固溶体的分解。在结晶时的快冷条件下，某些元素所形成的相来不及从固溶体中析出而呈过饱和状态，并且在均匀化退火温度下，其固溶度仍然较小时，则这些相在均匀化退火的加热和保温阶段就会从固溶体中析出。例如，大多数铝合金中含有锰，某些合金含有锆及铬。在快速结晶（如半连续铸造）条件下，会形成溶有这些元素的过饱和固溶体。这些元素在共晶（或包晶）温度（Al-Mn系，658.5℃；Al-Zr系，660.5℃；Al-Cr系，66.49℃）以及在均匀化退火温度（500℃）时的固溶度相应为1.4% Mn及0.34% Mn，0.28% Zr及0.05% Zr，0.72% Cr及0.19% Cr。由于均匀化退火温度下这些元素在铝固溶体中的平衡浓度低，所以在这一温度加热时，它们相应的化合物相就会从固溶体析出，析出$MnAl_6$、$CrAl_7$和$ZrAl_3$等弥散相。这些弥散相的析出不但在加热和保温阶段发生，而且在退火冷却过程中也可以出现。因为多数情况下固溶体的平衡浓度随温度降低而减小，所以生产条件下炉料随炉冷却或空气冷却时将伴随二次相的析出。冷却速度不同，析出相的尺寸及分布情况也将有所区别。如果冷却速度过快，则仍将得到一定过饱和度的固溶体，即产生部分淬火效应。弥散相的析出过程往往对合金随后加工及热处理行为产生影响。

（2）聚集与球化。若合金在平衡状态不呈单相，则均匀化退火时过剩相不能完全溶解。这些未溶的相在退火过程中就可能发生聚集和球化，聚集长大的特点是小尺寸的过剩相颗粒溶解，而大尺寸的颗粒长大，以降低总的界面能，达到热力学更稳定的状态。球化和聚集的一种特殊形式，即非等轴的过剩相质点（如片状、针状及其他无规则形状）转变为接近于等轴形状。

（3）晶粒长大。铝合金属于基体无多型性转变的合金，即基体不发生相变，均匀化退火时一般不会发生晶粒长大现象，但发现过纯铝均匀化后晶界平直化现象。在热处理可强化铝合金中，由于第二相含量不大（仅10% ~15%），当第二相溶入基体金属时，体积变化产生的内应力不足以使基体产生强烈的变形硬化（这是金属再结晶的必要条件），因此合金在铸造状态加热至单相区均匀化处理时，除个别情况外，一般不产生显著的晶粒长大。

（4）相转变。均匀化退火时，也可能发生相转变。有研究表明，3003 合金在均匀化退火时 Al_6(Mn，Fe) 质点将逐渐转变成 α-Al(Mn，Fe)Si，且随均匀化温度升高和时间延长 α-Al(Mn，Fe)Si 相逐渐增加。此外，在7000 系合金中观察到明显的相转变，即 η→S 的转变。

（5）淬火效应。铸态合金经均匀化退火后，过快的冷却可能产生淬火效应。

4.1.2.3 性能变化

由于均匀化退火过程中铸态合金发生一系列的组织变化，故这类退火必将直接影响铸锭的性能。表 4-1 表明，均匀化退火后，7A04 合金的变形抗力降低，而塑性大大提高。这样就可以降低铸锭热变形开裂的危险，改进热轧板带的边部质量，提高挤压制品的挤压速度。同时，由于降低了变形抗力，还可以减少变形功的消耗，提高设备生产效率。均匀化退火还可消除铸锭残余应力，改善铸锭的机械加工性能。因此，残余应力较大且需进行均匀化退火的硬合金铸锭，锯切、铣削等机械加工应在均匀化退火后进行。

表 4-1 7A04 合金铸锭均匀化前后的力学性能

铸锭直径/mm	取样方向	取样部位	力学性能					
			未均匀化		445℃均匀化		480℃均匀化	
			σ_b/MPa	δ/%	σ_b/MPa	δ/%	σ_b/MPa	δ/%
200	纵向	表层	245	0.6	195	4.1	200	6.7
		中心	280	1.8	202	4.9	224	7.1
	横向	中心	271	0.6	221	4.4	223	7.9
315	纵向	表层	224	0.7	206	4.2	205	6.0
		中心	202	1.0	196	3.8	200	5.6
	横向	中心	223	0.4	209	4.2	227	6.4

4.1.2.4 均匀化退火对铝合金加工产品性能的影响

对变形合金来说，铸锭的组织状态不仅直接关系到铸锭的变形性能，而且对后续的加工工序以及制品的最终性质都会带来影响。也就是说，铸锭组织的影响会遗传下来，有时这种遗传性是非常稳定的。这是因为铸锭热变形时虽使组织破碎及“搅乱”，但不能完全消除成分的显微不均匀性。因此，未经均匀化退火的铸锭，非平衡结晶状态的影响会一直延续到制成品的性质上。

均匀化退火消除了铸锭组织的非平衡状态，当然也就消除了这种状态的遗传影响。具体表现在：

（1）提高合金在各冷变形工序中的塑性，因而可提高总的冷加工率，减少中间退火次数或退火时间。还可改善冷轧板、带材边缘状态及它们的深冲性能。

（2）使某些合金制品塑性增高，但使强度降低。例如均匀化退火可使热处理强化铝合金的挤压效应消失，从而使挤压制品淬火时效后的强度降低约 100MPa，塑性相应提高。也可使同样合金板材淬火时效后强度降低 10～15MPa，伸长率提高百分之几。这一影响与均匀化退火消除了显微不均匀性及 Mn、Cr 等元素由固溶体中析出有关。

（3）使制品的各向异性减小。这是因为均匀化退火减少了过剩相，因而减弱了过剩相在变形时拉长呈纤维状分布所造成的影响，有利于提高垂直纤维方向的塑性、冲击韧性和疲劳强度。这一点对于有三向性能要求的材料非常重要。

（4）由于消除了化学成分的显微不均匀性，也可适当地提高合金制成品的耐蚀性能。

（5）使固溶体内成分均匀，能防止某些合金再结晶退火时晶粒粗大的倾向。例如3A21合金半连续铸锭，塑性很好，但半成品（如板材）在再结晶退火后易出现粗大晶粒。若铸锭进行均匀化退火，则可防止粗晶，改善半成品的性质。

（6）适当的均匀化退火或多级均匀化退火，可以控制再结晶抑制元素析出弥散相的大小和分布，进而控制最终制品的再结晶程度，获得优良的综合性能。

（7）近十多年来，国内外的研究证明，高纯铝1A99铸锭经均匀化退火后，由于使杂质铁的分布状态发生改变（使铁在铝固溶体中分布更为均匀），因而可改变成品铝箔的织构成分。适当的均匀化退火工艺可显著提高铝箔的立方织构成分，是提高电解电容用高纯铝箔品质的重要手段之一。

总之，铸锭均匀化退火作为热变形前的预备工序，其首要目的在于提高热变形塑性，但它对整个加工过程及产品性质均有很大影响，良好的均匀化处理组织是保证合金具有良好的综合性能的前提和基础，因此往往是不可缺少的。但也应注意其不利的一面，均匀化退火的主要缺点是费时耗能，经济效果较差。其次是高温长时间处理可能出现变形、氧化及吸气等缺陷。此外，因某些合金经均匀化退火后，成品强度有所降低，对要求高强度的材料则是不利的。

均匀化退火需要与否主要根据合金本性及铸造方法而定，有时也需要考虑产品使用性能的要求。当铸造组织不均匀，晶内偏析严重，非平衡相及夹杂在晶界富集以及残余应力较大时，就有必要进行均匀化退火。

4.1.3　变形铝合金铸锭均匀化退火制度的确定

均匀化退火工艺制度的主要参数是退火温度和保温时间，以及加热速度和冷却速度。

4.1.3.1 加热温度

均匀化退火基于原子的扩散运动。根据扩散第一定律，单位时间通过单位面积的扩散物质量（J）正比于垂直该截面 x 方向上该物质的浓度梯度，即

$$J = -D\partial c/\partial x \tag{4-1}$$

扩散系数 D 与温度关系可用阿累尼乌斯方程表示

$$D = D_0\exp[-Q/(RT)] \tag{4-2}$$

式中 J——扩散通量；

D——扩散系数，$kg/(m^2 \cdot s)$；

c——扩散组元的体积浓度，kg/m^3；

$\partial c/\partial x$——扩散组元浓度沿 x 轴方向的变化律，一般称浓度梯度；

D_0——扩散常数，m^2/s；

R——气体常数；

Q——扩散激活能；

T——绝对温度。

此式表明，温度稍有升高，扩散过程将大大加速。因此，为了加速均匀化过程，应尽可能提高均匀化退火温度。加热温度越高，原子扩散越快，故保温时间可以缩短，生产率得到提高。但是加热温度过高容易出现过烧（即合金沿晶界熔化），以致力学性能降低，造成废品。通常采用的均匀化退火温度为 $0.9 \sim 0.95T_{熔}$，$T_{熔}$ 为铸锭实际开始的熔化温度。它低于平衡相图上的固相线温度，见图 4-5 中 Ⅰ 区域。在工业生产中，均匀化退火温度的选择，一般应低于非平衡固相线或合金中低熔点共晶温度 5 ~ 40℃。

有时，在低于非平衡固相线温度进行均匀化退火难以达到组织均匀化的目的，即使能达到，也往往需要极长的保温时间。因此，探讨了在非平衡固相线温度以上进行均匀化退火的可能性，见图 4-5 中 Ⅱ 区域。这种在非平衡固相线温度以上但在平衡固相线温度以下的退火工艺，称为高温均匀化退火。

2A12 及 7A04 等合金在实验室条件下进行过高温均匀化试验证明了此种工艺的可行性。

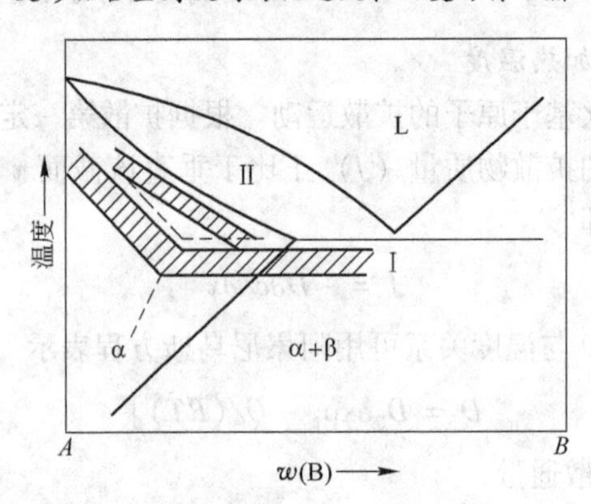

图 4-5　均匀化退火温度范围

I —普通均匀化；II —高温均匀化

高温均匀化的有益影响对大截面工件的作用尤为明显。因为大型工件的铸态坯料承受的变形度小，铸锭的显微不均匀性不能彻底消除，容易出现明显的纤维组织和各向异性。高温均匀化退火后，2A12 合金大截面型材垂直于纤维方向的伸长率提高 1.5 倍。

铝合金能进行高温均匀化退火是与其表面有坚固和致密的氧化膜有关。合金铸锭在非平衡固相线温度以上加热时，晶间及枝晶网胞间的低熔点组成物会发生熔化，若表面无致密氧化膜保护，则周围气氛中的氧及其他气体就会沿熔化的晶间渗入，产生晶界氧化，晶间结合将被破坏而导致铸锭报废（过烧）。但铝合金铸锭由于表面有致密氧化膜的保护，所以除极薄表层外，内部不会产生晶间氧化。此时，未被氧化的非平衡易熔物在长期高温作用下会逐渐地熔入铝基 α 固溶体中，因而使组织均匀化过程进行得比较完全。铝合金锭中往往含有一定的氢，在高温均匀化时，氢会向熔化的液相中偏聚形成气孔，这些气孔在热变形时可能焊合，但对制品使用性能的影响还应仔细研究。

大多数合金不能采用上述高温均匀化退火。为使组织均匀化过程进行得更迅速更彻底且避免过烧，可先在低于非平衡固相线温度加热。随后，再升至较高温度，完成均匀化退火过程。这种分级加热工艺在超高强铝合金中得到了应用。

合理的退火温度区间往往需要通过实验确定，特别对于多组元合金更是如此。可以先根据状态图和 DSC 分析大致选择一温度范围，在此范围内先取不同温度（相同时间）退火后观察显微组织（是否过烧）及性能的变化，最后确定合理的温度区间。

4.1.3.2 保温时间

保温时间基本上取决于非平衡相溶解及晶内偏析消除所需的时间。由于这两个过程同时发生，故保温时间并非此两过程所需时间的代数和。实验证明，铝合金固溶体成分充分均匀化的时间仅稍长于非平衡相完全溶解的时间。多数情况下，均匀化完成时间可按非平衡相完全溶解的时间来估计。

非平衡过剩相在固溶体中溶解的时间（τ_s）与这些相的平均厚度（m）之间有下列经验关系：

$$\tau_s = am^b \tag{4-3}$$

式中，a 与 b 为系数，由均匀化温度及合金本性决定。对于铝合金 b 的值在 1.5 ~2.5 范围内。

若将固溶体枝晶网胞中的浓度分布近似地看成正弦波形，则可由扩散理论推导出使固溶体中成分偏析振幅降低到1%所需时间（T_P）：

$$T_P = 0.467\frac{\lambda^2}{D} \tag{4-4}$$

式中，λ 为成分波半波长，即枝晶网胞线尺寸的一半（图 4-6）；D 为扩散系数。

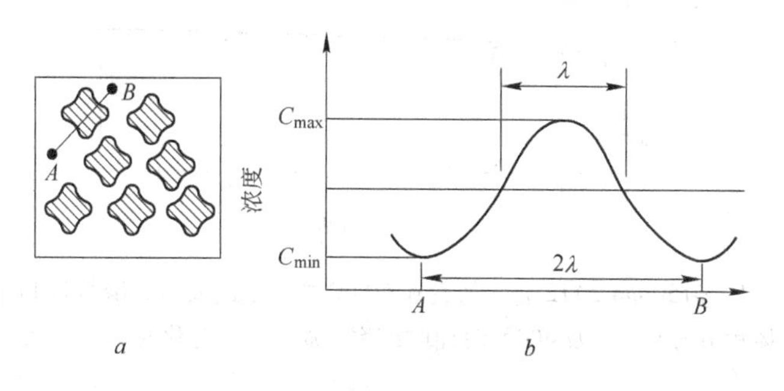

图 4-6 铸锭中枝晶偏析(a)及枝晶网胞中溶质原子浓度分布(b)

由式（4-3）及式（4-4）可知，对成分一定的合金，均匀化退火所需时间首先与退火温度有关。温度升高，扩散系数增大，故 τ_s 及 τ_p 均缩短。此外，铸锭原始组织特征也有很大影响。枝晶网胞愈细（λ 小），非平衡相愈弥散（m 小），则均匀化过程愈迅速。因此，除尽可能提高均匀化温度外，还可以用控制组织的方法来加速均匀化过程。一种途径是增加结晶时的冷却速度，冷速愈大，枝晶网胞尺寸愈小，沿它们边界结晶的非平衡过剩相区愈薄，均匀化退火时愈易溶解。因此，小断面的半连续铸锭较大断面铸锭均匀化速度快。第二种途径是退火前预先进行少量热变形使组织碎化。实践证明，对均匀化过程难以进行的合金铸锭，预先进行变形程度 10% ~20% 的热轧或热锻可明显缩短均匀化退火时间。

随着均匀化过程的进行，晶内浓度梯度不断减小，扩散的物质的量也会不断减少，从而使均匀化过程有自动减缓的倾向。如图 4-7 所示，2A12 铸锭均匀化退火时，前 30min 非平衡相减少的总量较后 7h 的多得多。说明过分延长均匀化退火时间效果不大，反而会降低炉子生产能力，增加热能消耗。

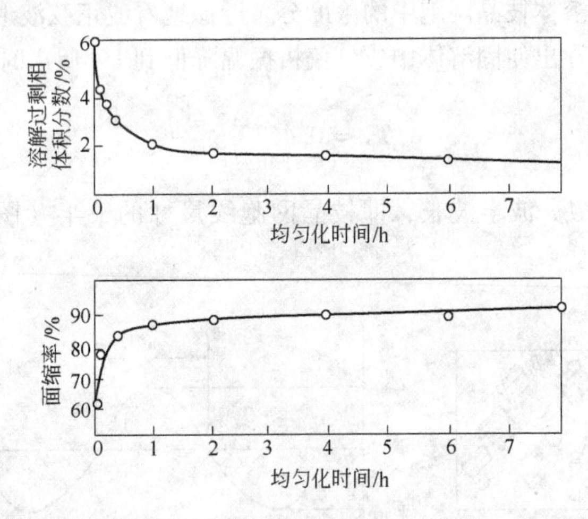

图 4-7 ϕ150mm 2A12 合金铸锭在 500℃均匀化退火时，溶解过剩相体积分数（V）及 400℃时面收缩率（ψ）与均匀化时间的关系

生产中，保温时间一般是从铸锭表面各部温度都达到加热温度的

下限时算起。因此，它还与加热设备特性、铸锭尺寸、装料量及装料方式有关。最适宜的保温时间应依据具体条件由实验决定，一般在数小时至数十小时范围内。

4.1.3.3 加热速度及冷却速度

加热速度的大小以铸锭不产生裂纹和不发生大的变形为原则。冷却速度值得注意，例如，有些合金冷却太快会产生淬火效应；而冷却过慢又会析出较粗大第二相，使加工时易形成带状组织，固溶处理时难以完全溶解，因此减小了时效强化效应。对生产建筑型材用6063合金。最好进行快速冷却甚至在水中冷却，这有利于在阳极氧化着色处理时获得均匀的色调。

4.1.3.4 工业生产中的均匀化制度

表4-2和表4-3列出了工业生产中经常采用的铝合金圆铸锭及扁铸锭的均匀化退火制度。

表4-2 铝合金圆铸锭均匀化退火制度

合金牌号	铸锭种类	制品种类	金属温度/℃	保温时间/h
5A02、5A03、5A05、5A06、5B06、5A41、5083、5056、5086、5183、5456	5A03实心；5A05、5A06、5A41空心；其他所有	所 有	460～475	24
5A03、5A05、5A06、5B06、5A41、5083、5056、5086、5183、5456	实心 D<400	所 有	460～475	8
5A12、5A13、5A33	所有	空心及二次挤压制品	460～475	24
3A21	所有	空心及二次挤压制品	600～620	4
2A02	所有	管、棒	470～485	12
2A04、2A06	所有	所 有	475～490	24
2A11、2A12、2A14、2017、2024、2014	空心	管	480～495	12
2011	实心	棒	480～495	12
2A11、2A12、2A14、2017、2024、2014	实心	锻件 变断面	480～495	10

续表 4-2

合金牌号	铸锭种类	制品种类	金属温度/℃	保温时间/h
2A16、2219	所有	型、棒、线、锻件	515~530	24
2A17	所有	型、棒、锻件	505~525	24
2A10	所有	线	500~515	20
6A02、6061	实心	锻 件	525~540	16
6A02、6063	空心	管(退火状态)	525~540	12
2A50、2B50	实心	锻 件	515~530	12
2A70、2A80、2A90、4A11、4032、2618、2218	实心	棒、锻件	485~500	16
7A03、7A04	实心	线、锻件	450~465	24
7A04	实心	变断面	450~465	36
7A04、7003、7020、7005	实心 空心	管、型、棒	450~465	12
7A09、7A10、7075	所有	管、棒、锻件	455~470	24
7A15	所有	锻 件	465~480	12

表 4-3 铝合金扁铸锭均匀化退火制度

合金牌号	铸锭厚度/mm	制品种类	金属温度/℃	保温时间/h
2A16、2219	200~300	板 材	510~520	27~29
2A11、2A12、2A50、2A14、2014、2017、2024	200~300	板 材	485~495	27~29
2A06	200~300	板 材	480~490	27~29
5A03、5754	200~300	板 材	450~460	17~27
5A05、5183、5083、5056、5086	200~300	板 材	460~470	27~29
5A06、5A41	200~300	板 材	470~480	48~50
7A04、7A09、7020、7022、7075、7079	200~300	板 材	450~460	45~47

续表 4-3

合金牌号	铸锭厚度/mm	制品种类	金属温度/℃	保温时间/h
5A12	200~300	板 材	440~450	45~47
3004	200~300	板 材	560~570	15~19
3003、1200	200~300	板 材	600~615	16~21
4004	200~300	板 材	500~510	16~21

4.1.3.5 铸锭均匀化退火时的注意事项

在工业生产中，铸锭均匀化退火最好采用带有强制热风循环系统的电阻炉，并且要设有灵敏的温度控制系统，确保炉膛温度均匀。

为了有效地利用电炉，要求把均匀化退火的铸锭，根据合金种类、外形尺寸和均匀化退火温度进行分类装炉。炉温高于150℃时可直接装炉，否则炉子要按电炉预热制度进行预热。在装炉时，铸锭在炉内的位置要留有间隙，保证热风畅通。

均匀化铸锭的冷却速度，一般不加严格控制，在实际生产中可以随炉冷却或出炉堆放在一起在空气中冷却。但冷却太慢时，从固溶体中析出相的质点会长得很粗大。

均匀化退火时，先将加热炉定温到均匀化温度，铸锭装炉后，待铸锭表面温度升到均匀化温度后再开始计算保温时间。一般是大锭采用时间的上限，小锭采用时间的下限；温度高的采用时间的下限，温度低的采用时间的上限。

4.2 铝合金加工材加工硬化、回复与再结晶退火

4.2.1 铝合金塑性变形后的组织、性能特征及变化

4.2.1.1 铝合金冷变形后的组织特征

铝合金冷变形后会产生加工硬化（应变硬化），而塑性变形时增加位错密度是合金加工硬化的本质。下面介绍铝合金冷变形后的组织特征。

A 形成纤维组织

铝合金的冷塑变形通过常规的晶体内部滑移过程来进行。随着变

形程度的增大，晶粒及晶间物质（残留相）沿变形方向拉长，最后形成纤维组织（见图4-8）。图4-9所示为变形铝合金中的变形带以及当变形程度增加时晶粒外形的变化。图4-10所示为7050-H112态25mm×102mm挤压带板的形变组织，挤压带板纵向中心部位组织，化合物被破碎并沿挤压方向排列，在α(Al)基体上有析出相质点。

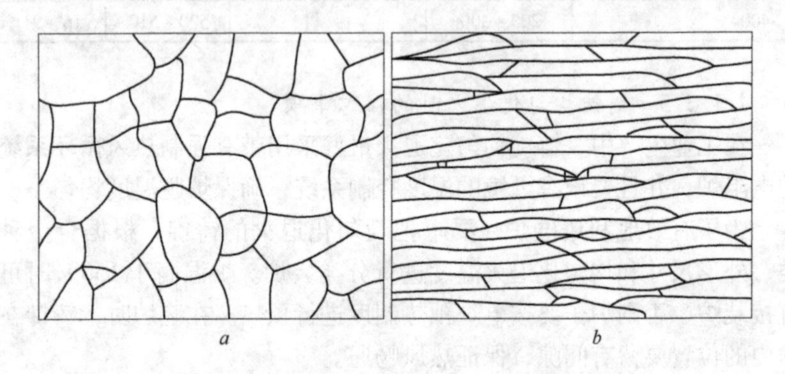

图4-8 晶粒冷变形后形成纤维组织的示意图

a— 冷变形前；*b*— 冷变形后

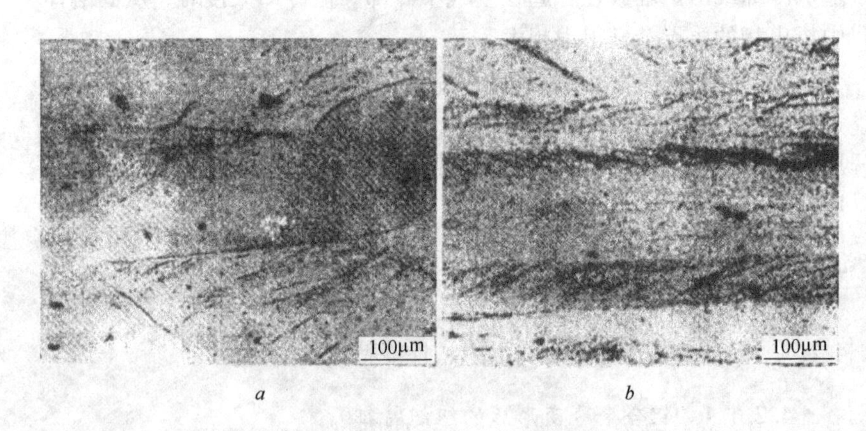

图4-9 Al-2% Cu合金中的变形带

a—40%加工率；*b*—80%加工率

B 产生变形织构

由于变形过程中晶粒的转动，使晶粒位向逐渐趋向一致（择优取向），这种有序化的结构称为形变织构。形变织构一般分两种：一

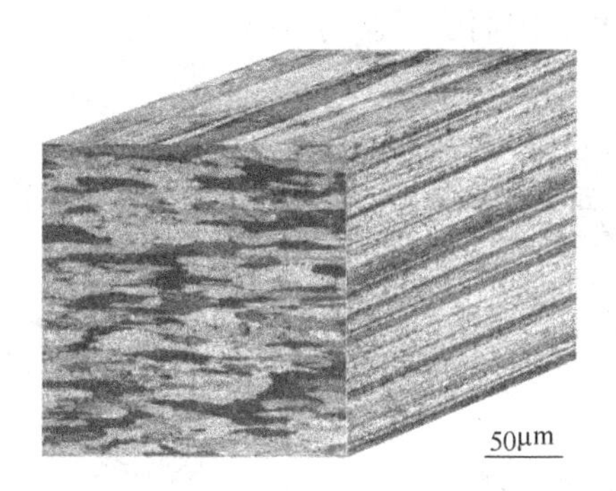

图 4-10 7050-H112 态 25mm × 102mm 挤压带板的形变组织

种是各晶粒的一定晶向平行于拉拔方向，称为丝织构；另一种是各晶粒的一定晶面和晶向平行于轧制方向，称为板织构。丝织构和板织构形成如图 4-11 所示。

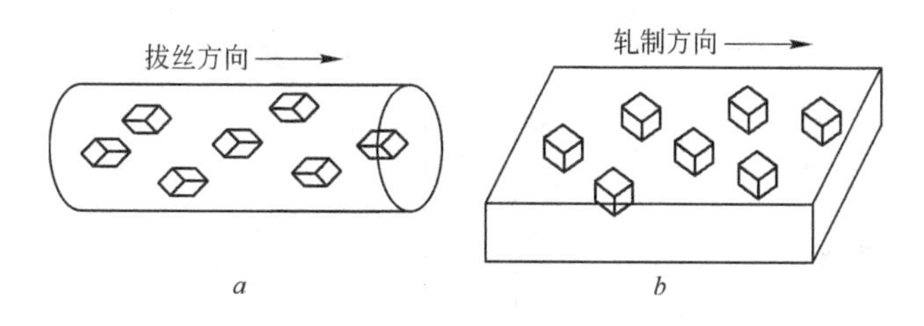

图 4-11 丝织构和板织构形成示意图
a—丝织构；*b*—板织构

织构可用 X 射线极图来描绘。图 4-12 为两种严重冷轧变形铝合金板材的极图。*R* 表示晶粒任意取向时金属中应有的极数。铝合金的板织构实际上是三种理想织构（110)[112]、(112)[111] 及（123)[121]的混合物。合金成分对变形织构的影响不明显。

纤维组织和形变织构的形成，使金属的性能产生各向异性。如沿纤维方向的强度和塑性明显高于垂直方向的。用有织构的板材冲制筒形零件时，由于在不同方向上塑性差别很大，零件的边缘出现“制耳”，如图 4-13 所示。在某些情况下，织构的各向异性也有好处。制造变压器铁芯的硅钢片，因沿［100］方向最易磁化，采用这种织构可使铁损大大减小，因而变压器的效率大大提高。

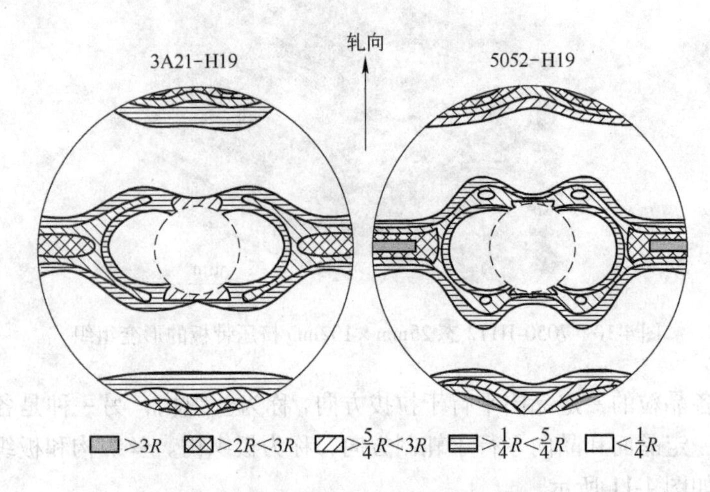

图 4-12 3A21-H19 及 5052-H19 中轧制织构的 {111} 极图

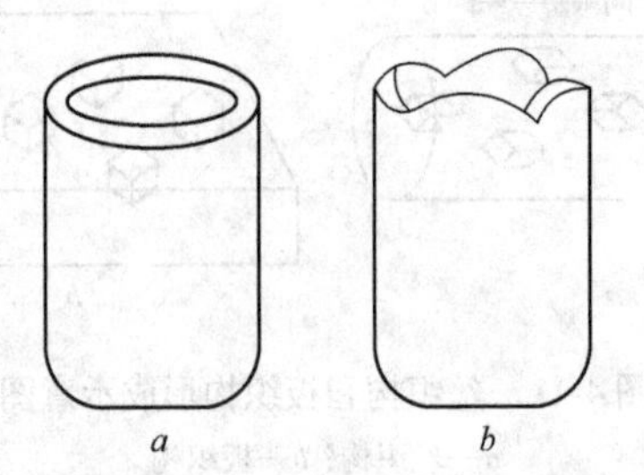

图 4-13 因形变织构造成深冲制品的制耳示意图
a—无制耳；b—有制耳

C 形成亚结构

金属经大的塑性变形时，由于位错的密度增大并发生交互作用，大量位错堆积在局部地区，并相互缠结，形成不均匀的分布，使晶粒分化成许多位向略有不同的小晶块，从而在晶粒内产生亚结构（亚晶粒）。晶粒破碎成亚结构的示意图见图 4-14。

加工导入的位错聚合形成胞状亚结构，严重时冷加工造成更高的位错密度，因而使胞状亚结构的尺寸减小，高密度位错缠结的组态见

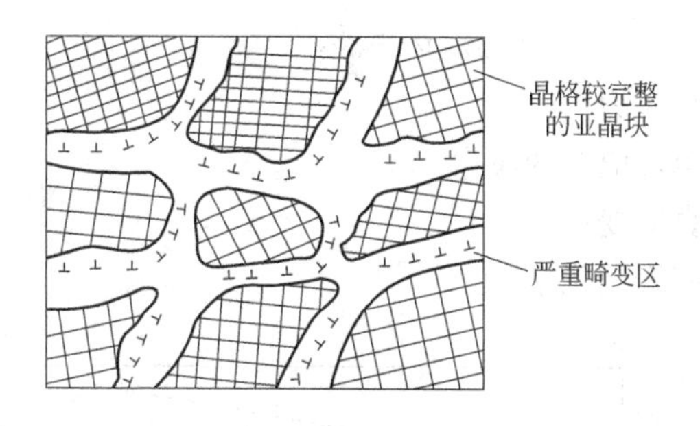

图 4-14 晶粒破碎成的亚结构

图4-15。与位错相关的晶格畸变以及位错间的作用力是变形导致加工硬化的基本原因。

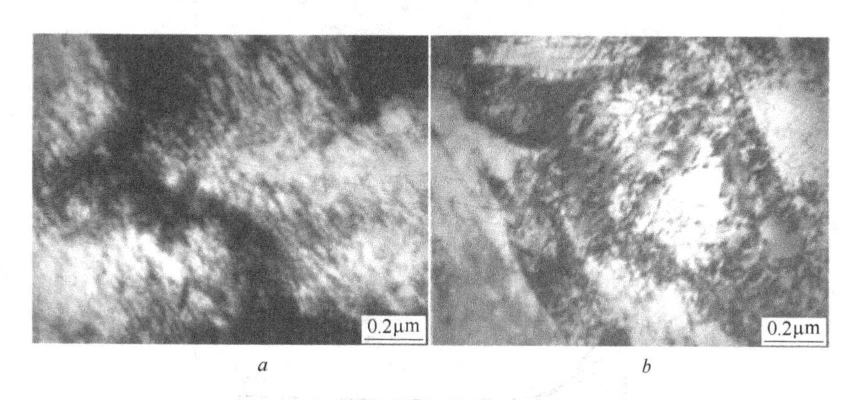

图 4-15 高密度位错缠结的透射电镜照片

a—高密度位错组态；*b*—位错网络组态

4.2.1.2 铝合金冷变形后的性能特征及变化

A 力学性能

几种热处理不可强化合金的加工硬化曲线见图4-16。随着冷变形量的增加，强度性能增加，塑性降低。因此，在要求高塑性以及良好的成形性时，不能采用加工硬化状态的材料。热处理可强化合金的加工硬化特性与热处理不可强化合金的大致相似。

已再结晶的铝合金，加工硬化曲线近似于抛物线，其真应力-真应变关系为：

$$\sigma = K\varepsilon^{n} \tag{4-5}$$

式中 σ——真应力；

K——单位应变的应力；

ε——真应变；

n——应变硬化指数。

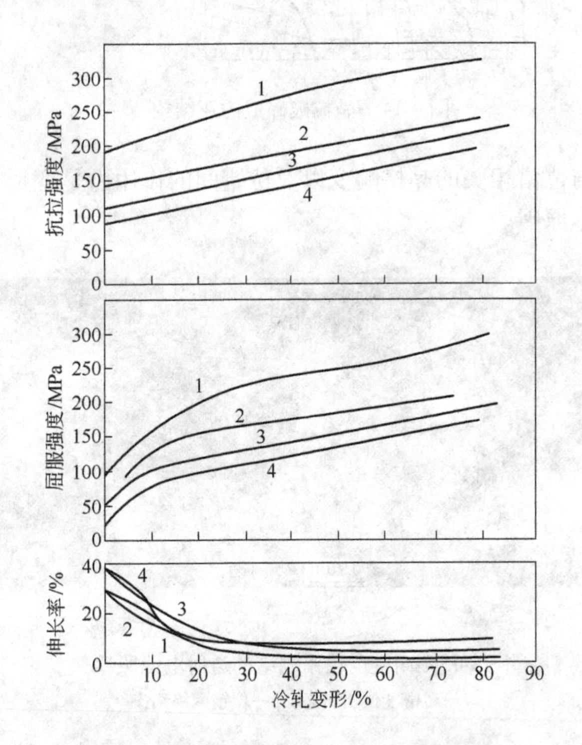

图 4-16 热处理不可强化合金的加工硬化曲线

1—5052 铝合金；2—5050 铝合金；3—3A21 铝合金；4—1100 铝合金

加工硬化或应变硬化速度为：

$$d\sigma/d\varepsilon = nK\varepsilon^{n-1} \tag{4-6}$$

铝合金加工硬化特性与温度有关（见图 4-17）。在低温下，加工硬化更为明显。

塑性变形过程中，外力对金属做的功，大部分变成热而小部分转

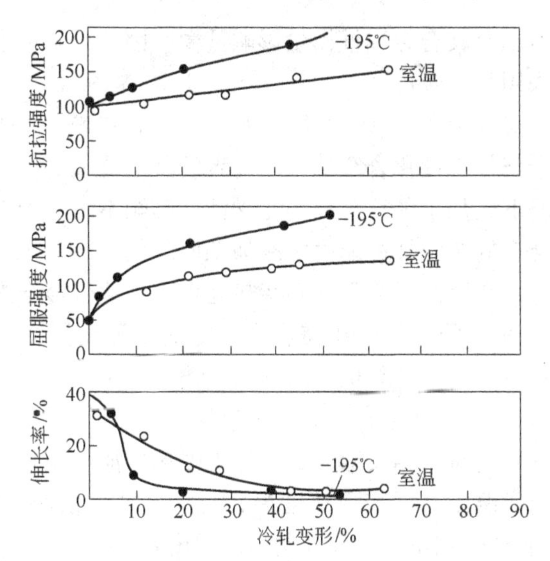

图 4-17 1100 合金退火板的加工硬化曲线

化为内应力残留于金属中。金属的残余内应力分为三类：第一类残余应力（∇_{I}）为宏观内应力，由整个物体变形不均匀引起的；第二类残余应力（∇_{II}）为微观内应力，由晶粒变形不均匀引起；第三类残余应力（∇_{III}）为点阵畸变内应力，由位错、空位等引起，残余内应力中的80%～90%为第三类残余应力。

B 物理性能和化学性能

加工硬化对铝的电导率影响不大。电工铝退火态时电导率为63%IACS，而特硬态的为62.5%IACS。

有数据表明，铝镁合金冷加工后，密度变化较纯铝的大(见表4-4)。这是因为合金元素可增加冷加工导致的位错和点缺陷数量的缘故。

表 4-4 冷加工 Al-Mg 合金的密度

合 金	退火后密度/$kg \cdot m^{-3}$	冷轧后密度/$kg \cdot m^{-3}$	密度变化/%
Al	2701.1	2700.6	-0.018
Al-1Mg	2688.3	2687.7	-0.022
Al-2.4Mg	2669.6	2668.7	-0.034
Al-4.4Mg	2645.0	2643.0	-0.076

冷加工对铝及其合金弹性模量影响甚微，因此，退火态及冷加工态弹性模量采用相同数值。

加工硬化对滞弹性（如内耗和减振性）有影响。一般情况下，退火的铝合金与加工硬化合金比较，前者的阻尼更大。

一般情况下，加工硬化对铝的化学性能影响不大。但在一定条件下，某些铝合金的抗蚀性可能由于冷加工而降低。冷加工可使金属中残留拉伸应力，在腐蚀环境下，某些热处理可强化合金会发生应力腐蚀开裂。热处理不可强化的铝-镁合金，冷加工可能促进并加速晶界沉淀，使之对应力腐蚀开裂更为敏感。

4.2.1.3 铝及铝合金在高温下变形特征

在高温下变形时，铝及铝合金的加工硬化特征与变形温度及变形速度有关。变形温度高，变形速度慢，则加工硬化值小。图 4-18 所示为 Al-5% Mg 合金在不同温度轧制后的强度。

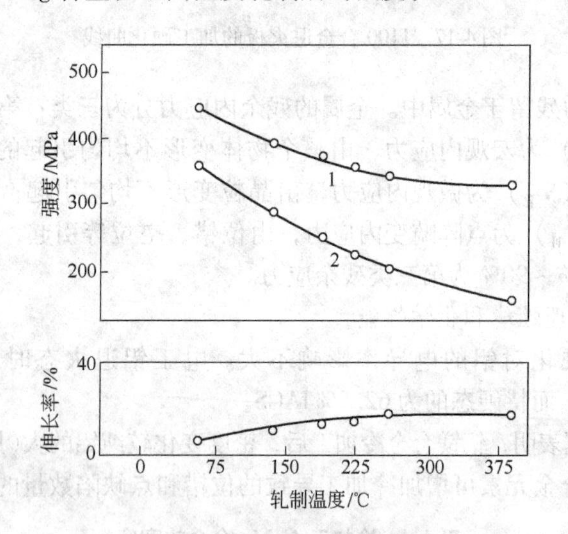

图 4-18 Al-5% Mg 合金板（由 19mm 厚轧制到 13mm 厚时）轧制温度对强度及伸长率的影响

1—抗拉强度；2—屈服强度

金属在高温下变形，会发生动态回复及动态再结晶。铝的堆垛层错能较高，扩展位错较窄，极易发生动态回复而形成亚晶组织。变形温度低且变形速度快时，所形成的亚晶粒小。若高温变形后快冷，再结晶过程可能被抑制，高温变形时形成的亚晶会保留下来，合金的硬度将与亚晶尺寸有关（如图4-19）。这种强化称为亚结构强化或亚晶强化。

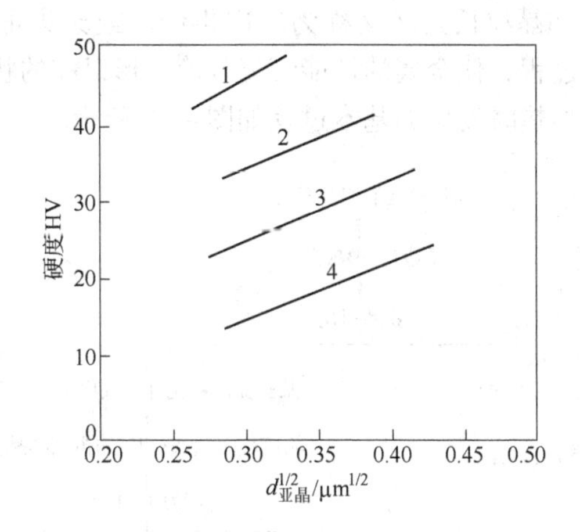

图4-19 铝及铝-镁合金室温硬度与亚晶尺寸的关系

1—Al-2% Mg；2—Al-1% Mg；3—Al-0.33% Mg；4—Al

4.2.1.4 铝合金冷变形后在加热过程中组织及性能的变化

金属冷变形后会产生加工硬化（应变硬化）。加工硬化是铝及其合金压力加工工序的必然结果。利用加工硬化这一特征，可使热处理不可强化合金获得各种硬化状态（HX6、HX4、HX2及HX9状态）。

金属冷变形所消耗的变形功除大部分以热的形式散发外，只有小部分（占总变形功的2%～10%）以储能的形式留在金属内部。储能的结构形式是晶格畸变和各种晶格缺陷，如点缺陷、位错、亚晶界、堆垛层错等。变形温度越低，变形量越大，则储存能越高。总的来说，储存能的总值还是比较小的。但是，由于储存能的存在，冷变形后的金属材料的自由能升高，在热力学上处于不稳定的亚稳状态，它具有向形变前的稳定状态转化的趋势，但在常温下，原子的活动能力很小，使形变金属的亚稳状态可维持相当长的时间而不发生明显变化。如果温度升高，原子有了足够高的活动能力，那么，冷变形金属就能由亚稳状态向稳定状态转变，从而引起一系列的组织和性能变化。可见，冷变形储能可以表示为冷变形后金属的自由能增量，冷变形储能是冷变形金属发生组织变化的驱动力。

冷变形金属加热后，通过回复（又称为恢复）、再结晶（又称为一次再结晶）和晶粒长大（又称为二次再结晶或聚集再结晶）这三个相互交叠的过程，使金属的性能恢复到冷变形以前的状态。加工硬化的铝合金在加热时发生的基本过程如图 4-20 所示。

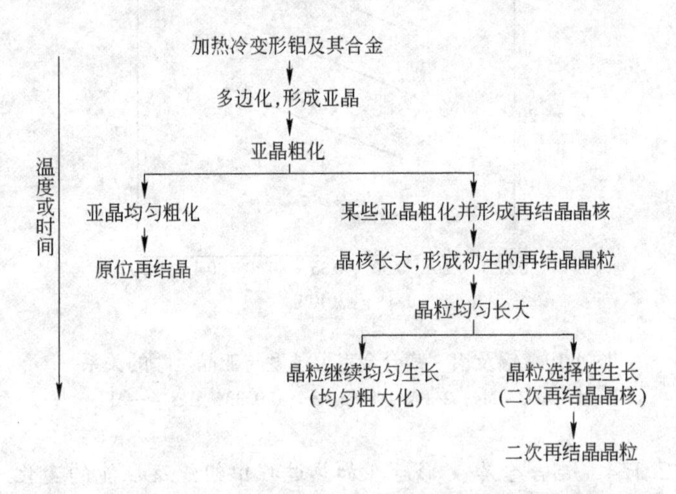

图 4-20 冷变形铝及其合金加热时发生的主要过程

冷变形金属退火是将金属材料加热到某一规定温度，保温一定时间，而后缓慢冷至室温的一种热处理工艺。其目的主要是消除金属及合金因冷变形而造成的组织与性质亚稳定状态，恢复与提高金属塑性，以利于后续工序顺利进行；满足产品使用性能要求，以获取塑性与强度性能的配合，良好的耐蚀性和尺寸稳定性等等。经完全再结晶的金属，其组织和性能将回复到平衡状态。

冷变形金属退火过程是由回复、再结晶及晶粒长大三个阶段综合组成的，在这三个阶段中冷变形金属发生的组织和性能变化如图 4-21 所示。

A 组织变化

在第一个阶段，从显微组织上几乎看不出任何变化，晶粒仍保持

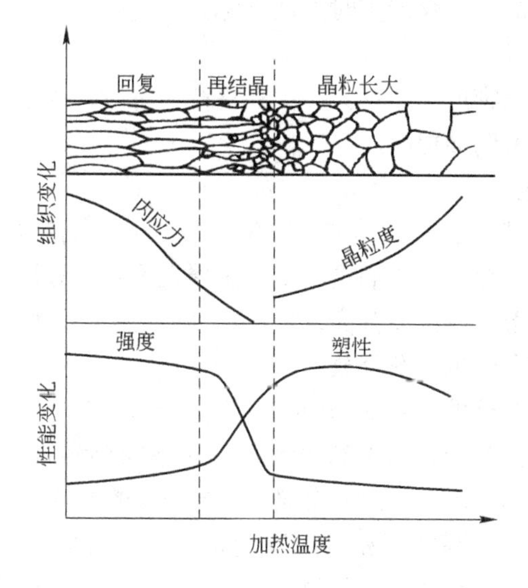

图 4-21 变形金属加热时组织和性能的变化

伸长的纤维状，称为回复阶段；第二阶段，在变形的晶粒内部开始出现新的小晶粒，随着时间的延长，新晶粒不断出现并长大，这个过程一直进行到塑性变形后的纤维状晶粒完全改组为新的等轴晶粒为止，称为再结晶阶段；第三阶段，新的晶粒逐步相互吞并而长大，直到晶粒长大到一个较为稳定的尺寸，称为晶粒长大阶段。若将保温时间确定不变，而使加热温度由低逐步升高时，也可以得到相似的三个阶段。

B 性能变化

a 力学性能

在回复阶段，硬度值略有下降，但数值变化很小，而塑性有所提高。强度一般是和硬度成正比例的一个性能指标，所以由此可以推知，回复过程中强度的变化也应该与硬度的变化相似。在再结晶阶段，硬度与强度均显著下降，塑性大大提高。如前所述，金属与合金由塑性变形引起的硬度和强度的增加与位错密度的增加有关，由此可以推知，在回复阶段，位错密度的减少有限，只有在再结晶阶段，位错密度才会显著下降。在晶粒长大阶段，硬度和强度继续下降，塑性继续提高，当晶粒粗化严重时塑性下降。

b　物理性能

在回复阶段密度变化不大，但在再结晶阶段密度急剧升高；电导率在回复阶段就明显提高。

c　储存能

储存能一般以弹性应变能（3% ~12%）、位错（80% ~90%）和点缺陷的形式存在，它们是冷变形金属发生组织和性能变化的驱动力，随着冷变形金属温度升高，原子活动能力提高，原子逐渐迁移至平衡位置，储存能也逐渐释放。

冷塑变时，外力所做的功尚有一小部分储存在形变金属内部，这部分能量称为储存能。图 4-22 所示为三种不同类型的储存能释放谱。曲线 *A* 为纯金属、*B* 为不纯的金属、*C* 为合金的储存能释放谱。每条曲线都有一峰值，高峰开始的出现对应再结晶开始，在此之前为回复。回复期 *A* 型纯金属储存能释放少，*C* 型储存能释放最多。储存能的释放使金属的对结构敏感的性质发生不同程度的变化。

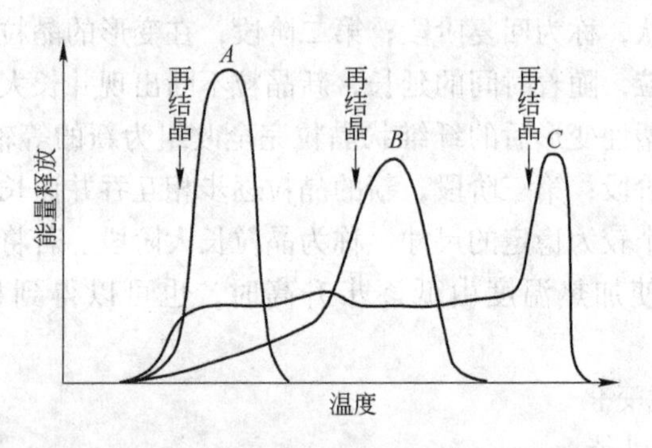

图 4-22　冷变形材料退火时储能的释放

d　内应力

在回复阶段，可以消除大部分或全部第一类内应力，但只能部分消除第二类和第三类内应力；在再结晶阶段内应力可以完全消除。在一定条件下，某些铝合金由于内应力降低，耐应力腐蚀性得到提高。

根据加热退火时，冷变形金属所发生过程的实质，可将这类退火分为再结晶退火、回复退火和消除内应力退火等基本形式。

4.2.2 回复

回复是指变形金属在加热期间，某些力学性能、物理性能和晶内亚结构发生了变化，但新的再结晶晶粒尚未出现时的退火过程。低温回复以点缺陷运动为主，胞状亚结构等细微结构基本不变。在较高温度下，回复过程的主要变化是位错运动及位错重新组合。它包括异号位错的对消，多边化亚晶及变形胞状组织转变为典型的亚晶组织。上述过程将使金属的微观结构发生明显的变化，金属的组织与结构将向平衡状态转化。

在退火温度低、退火时间短时，冷变形金属主要发生回复。

4.2.2.1 回复过程

回复过程的本质是点缺陷运动和位错运动的重新组合。回复过程中金属内部结构的变化，即回复机制，由于不同缺陷的运动所需要的激活能是不一样的，因而在不同的温度下进行回复退火时，其回复机制也不一样。

低温回复（$0.1 \sim 0.3T_m$）主要涉及点缺陷的运动。空位或间隙原子移动到晶界或位错处消失，也可以聚合起来形成空位对、空位群，还可以与间隙原子相互作用而消失。总之，点缺陷运动的结果，使其密度大大减小，由于电阻率对点缺陷比较敏感，所以其数值较显著地下降，而力学性能对点缺陷的变化不敏感，所以这时力学性能几乎不发生变化。

中温回复（$0.3 \sim 0.5T_m$）主要涉及位错的滑移运动。随着加热温度的升高，原子活动能力增强，位错可以在滑移面上滑移或交滑移，使异号位错互相吸引而抵消，缠结中的位错进行重新排列组合，亚晶粒长大和规整化。

高温回复（大于$0.5T_m$）主要涉及位错的滑移和攀移运动。随着温度的进一步升高，原子活动能力进一步增强，位错除滑移外，还可攀移。主要机制一是位错垂直排列（亚晶界），二是多边化（亚晶粒），使弹性畸变能降低。

4.2.2.2 回复退火温度及时间对回复过程的影响

在回复阶段，金属某些结构敏感性能（如强度性能、电学性能等）是随温度和时间而改变的。因此可在不同温度下，用这些性能随时间而改变的关系来表示回复动力学特征。

设 P 为回复阶段发生变化的某种性能，P_0 为变形前退火状态（视为无缺陷）下的性能值，则

$$\ln(P - P_0) = -A\exp(-Q/RT)\tau \tag{4-7}$$

式中，A 为常数；Q 为反应活化能；R 为气体常数；T 为绝对温度。此式表示回复阶段性能随时间 τ 而衰减并服从指数函数规律。图 4-23 为回复的动力学曲线。

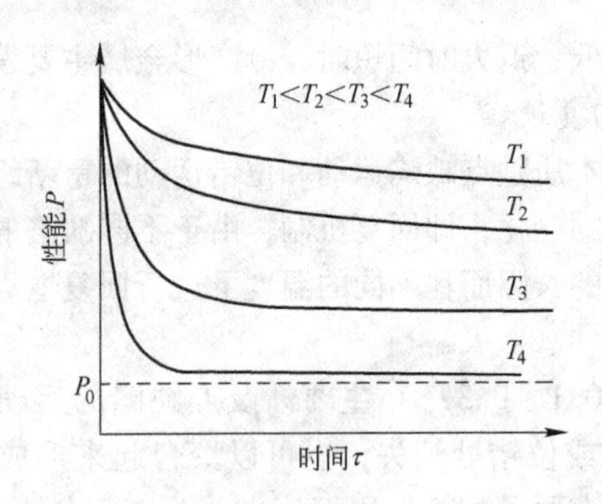

图 4-23　回复的动力学曲线

回复过程的进行快与慢（即回复动力学）可归纳为：

（1）在一定的温度下进行退火时，回复的过程没有孕育期，在开始时进行得很快，随后即逐渐缓慢下来，长时间处理后，性能趋于一平衡值。

（2）在每一温度下，回复程度有一极限。

（3）退火温度愈高，性能 P 愈接近 P_0，即性能的回复愈快，而达到此极限的时间愈短。所以，回复退火时，无需过分延长保温时间。

从几种性能的恢复速度来看，一般以晶格畸变所引起的内应力和电阻的恢复速度为最快，而力学性能（如硬度和屈服强度等）的恢复速度则较慢。

在回复过程中，变形金属所储存的能量，一方面使金属所需的激

活能降低，同时又给回复过程以强有力的推动。由于金属在变形时，内部的变化不平衡，有的地方变形量大，储存的能量多，有的地方变形量小，储存的能量就少，在变形量大的地方，在回复过程中需要热源供给的能量就少些，首先进行回复。因此，对同一块金属来说，其内部组织的回复过程有先有后，甚至当有的地方尚未进行回复，而有的地方已进入再结晶阶段。

回复退火对纯铝拉伸性能影响见图4-24，其他铝合金的情况与此类似。所以，进行回复退火时，没有必要过分延长保温时间。

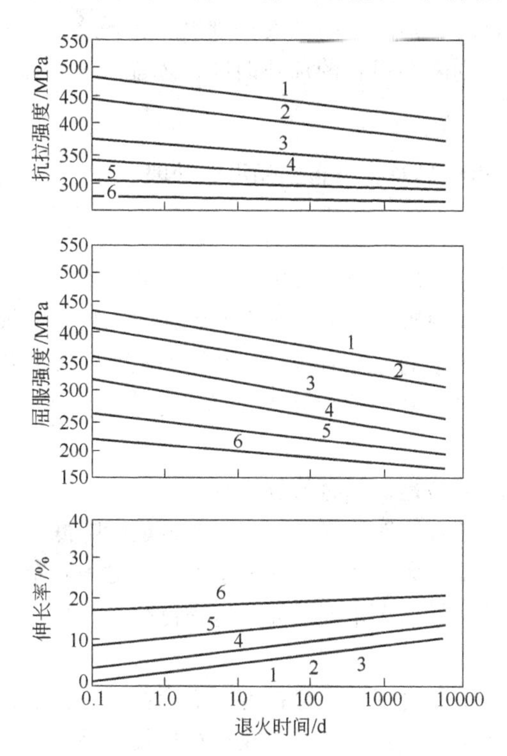

图4-24 1100－H18板材230℃等温退火曲线

1—H18状态；2—H16状态；3—H14状态；4—H12状态；

5—冷变形10%；6—冷变形5%

应当指出的是，回复与再结晶是相互竞争的过程，它们的驱动力都是变形状态下的储能，一旦再结晶开始，形变亚结构消失，回复就不会进行。因此，回复的程度取决于再结晶的难易程度。相反，因为回复会降低再结晶的驱动力，所以回复也会影响到再结晶。回复不能使冷变形储能完全释放，只有再结晶过程才能使加工硬化效应完全消除。

回复退火（也称去应力退火）使冷加工的金属在基本保持加工硬化状态的前提下降低其内应力（主要是第一类内应力），减轻工件的翘曲和变形，降低电阻率，提高材料的耐腐性并改善塑性和韧性，提高材料使用时的安全性。影响去应力退火质量的主要因素是加热温度，加热温度过高，则制品的强度和硬度降低较多，影响产品质量；加热温度过低，则需要很长的加热时间，才能较充分地消除内应力，生产效率降低。

4.2.3 铝合金再结晶及铝材再结晶退火处理

4.2.3.1 概述

金属冷加工变形后，由于自由能提高，处于不稳定状态，当加热到适当温度时，在原来的变形组织中产生新的无畸变的等轴晶粒，最终显微组织完全由新的晶粒所构成，并得到没有内应力和形变的稳定组织，其性能恢复到完全软化状态，这个过程称为再结晶（又称一次再结晶）。

再结晶的驱动力是变形时与位错有关的储能，再结晶将使这部分储能基本释放。随着储能的释放，应变能也逐渐降低，新的无畸变的等轴晶粒的形成及长大，使之在热力学上变得更为稳定。再结晶晶粒与基体间的界面一般为大角度界面，这是再结晶晶粒与多边化过程所产生亚晶粒之间最主要的区别。

在金属的再结晶过程中，存在着一个形核的孕育期，再结晶速度开始较小，然后迅速达到最大值，在正在成长的晶粒相互接触后，再结晶的速度又愈来愈小。

必须指出，再结晶过程并未形成新相，新形成的等轴晶粒在晶格类型上与原来的晶粒是相同的，只不过是消除了各种因塑性变形而造成的晶体缺陷。

把冷变形金属加热到再结晶温度以上，使其发生再结晶的热处理过程称为再结晶退火。生产中采用再结晶退火来消除产品经加工变形所产生的加工硬化，提高产品的塑性。在冷变形的加工过程中，有时也需要进行再结晶退火，这是为了恢复中间产品的塑性以便于继续加工。

4.2.3.2 再结晶形核与晶核长大

再结晶过程的第一步是在变形基体中形成一些晶核，这些晶核由大角度界面包围，且具有高度结构完整性。然后，这些晶核就以“吞食”周围变形基体的方式而长大，直至整个基体为新晶粒占满为止。

再结晶晶核的必备条件是它们能以界面移动方式吞并周围基体，进而形成一定尺寸的新生晶粒，故只有与周围变形基体有大角度界面的亚晶才能成为潜在的再结晶晶核。因此，再结晶晶核一般优先在原始晶界、夹杂物界面附近、变形带、切变带等处生成。

4.2.3.3 再结晶温度及其影响因素

A 再结晶温度

再结晶与液体结晶及同素异构转变不同，它没有一个固定的结晶温度，而是在加热过程中自某一个温度开始随着温度的升高或时间的延长而进行成核及长大的过程。再结晶晶核的形成与长大都需要原子的扩散，是热激活过程，因此必须有一定的温度条件。一般将发生再结晶的最低温度称为再结晶温度（又称再结晶开始温度），再结晶过程进行完了的温度称为再结晶终了温度。通常将变形程度在70%以上，退火1h的最低再结晶开始温度用来表示金属的再结晶温度。再结晶温度是金属的一种重要特性，依据它可以合理地选择退火温度范围，也可用来衡量材料的高温使用性能。再结晶温度并不是一个物理常数，在成分一定的情况下，它与变形程度及退火时间有关。若使变形程度及退火时间恒定，则再结晶既有其开始发生的温度，也有其完成的温度。再结晶终了温度总比再结晶开始温度高，但影响它们的因素是相同的。

工业上，经常采用的测定再结晶温度的方法有：用退火软化曲线判断再结晶温度；用金相法测定再结晶温度；用X-射线法测定再结晶温度。

B 影响再结晶温度的因素

a 变形程度

冷变形程度是影响再结晶温度的重要因素。当退火时间一定（一般取 1h）时，变形程度与再结晶开始温度呈图 4-25 所示的关系。随冷变形程度增加，金属中的储能越多，再结晶的驱动力越大，再结晶开始温度越低。同时，随着变形程度的增加，完成再结晶过程所需的时间也相应缩短。在变形程度达一定值后，再结晶开始温度趋于一稳定值。但当变形程度小到一定程度时，则再结晶温度趋向于金属的熔点，即不会有再结晶过程发生。

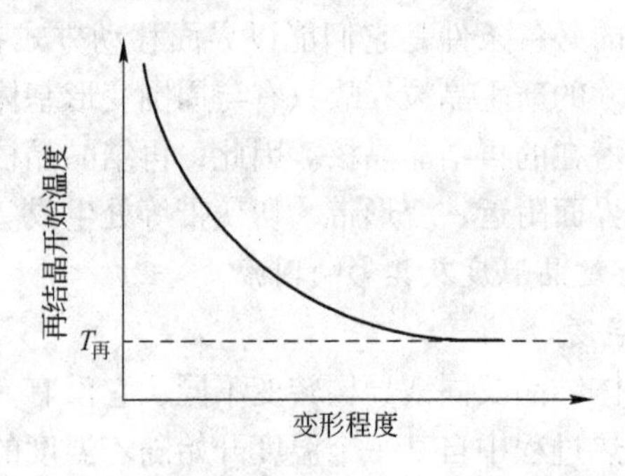

图 4-25 变形程度与再结晶开始温度的关系

某些铝-镁合金的再结晶温度与冷变形程度之间的关系如图 4-26 所示。

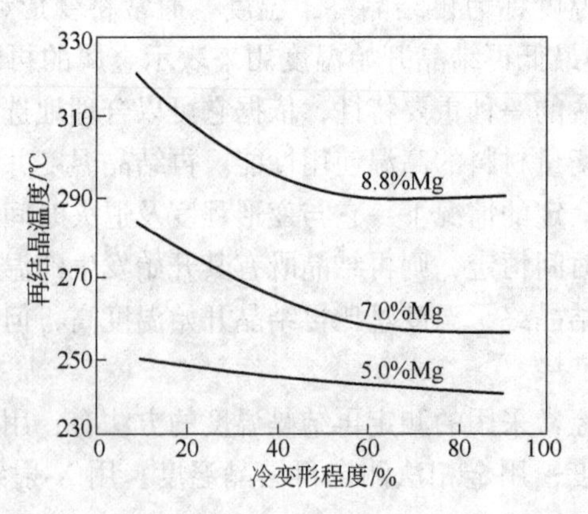

图 4-26 铝-镁合金板材再结晶温度与冷变形程度的关系

若变形程度很小，再结晶晶核较少，孕育期又很长，退火后将形成粗大的晶粒。如果把变形程度逐步减少到最低限度，即达到临界变形程度，也就是达到能够进行再结晶的最低变形程度，则在再结晶完成后，形成的晶粒最为粗大。能导致再结晶的最小变形程度，称为临界变形程度（或称临界变形度）。在变形铝合金中，当变形程度在3% ~15% 的范围内时，其再结晶晶粒会急剧增大。

b 退火时间

退火时间是另一重要因素。延长退火时间，再结晶温度降低，其关系的一般形式如图 4-27 所示。表 4-5 列出纯度为 99.9986% 的铝其再结晶温度随加热时间而改变的情况。

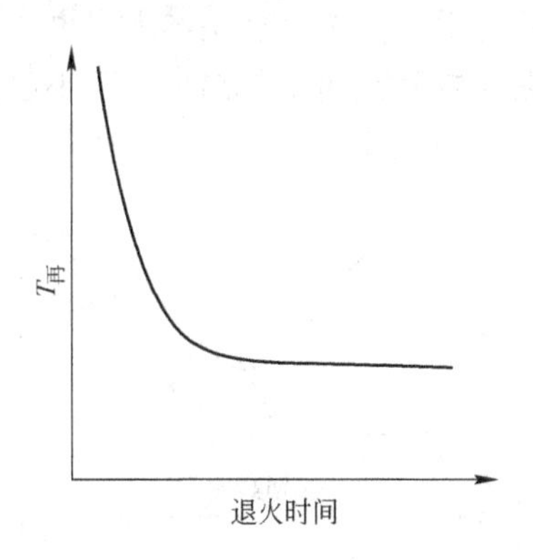

图 4-27 退火时间与再结晶温度的关系

表 4-5 纯度为 99.9986% 的铝其再结晶温度与加热时间的关系

加热时间/h	再结晶温度/℃	加热时间/h	再结晶温度/℃
336	25	1	100
40	40	1/12	150
6	60		

c 加热速度

加热速度过慢或过快均有升高再结晶温度的趋势。当加热速度十分缓慢时，则变形金属在加热过程中有足够的时间进行回复，使储能减少，从而减小再结晶的驱动力，而使再结晶温度升高。加热速度过快，也提高金属再结晶温度，其原因在于再结晶形核和长大都需要时间，若加热速度过快，则在不同温度下的停留时间短，使之来不及形核及长大，所以推迟再结晶温度。

当其他条件相同时，快速加热到退火温度的工件，一般可得到细的晶粒，而在慢速加热时，其晶粒易于长大。因为在缓慢加热过程中，由于回复过程的影响，晶格畸变几乎全部被消除，再结晶核心数目显著降低。

d 合金成分

在固溶体范围内，加入少量元素通常能急剧提高再结晶温度。金属愈纯，少量元素的作用愈明显。元素浓度继续增加，再结晶温度的增量逐渐减小，并在达到一定浓度后基本上不再改变，有时甚至开始降低，在固溶线附近可能达到再结晶温度的极小值。合金成分对再结晶温度影响的一般规律见图 4-28。

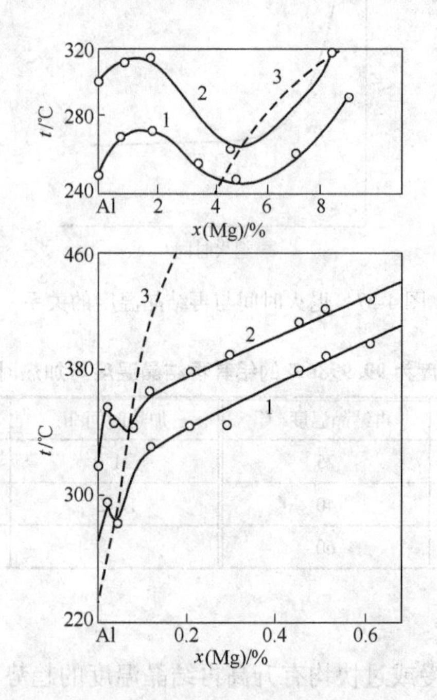

图 4-28 再结晶开始温度及终了温度与成分的关系

1—$T_{再}^{开}$；2—$T_{再}^{终}$；3—固溶线

少量元素急剧提高再结晶温度的原因在于它们易于集聚在位错周围，形成柯垂耳气团，阻碍位错重新组合，因而阻碍再结晶形核及晶核长大。只有在更高温度下通过强烈的热扰动破坏柯垂耳气团后，再结晶过程才得以进行，实际上就意味着提高了再结晶温度。在原始条件不变的金属中，位错密度一定，气团中异种原子的浓度就会有一定的饱和值，因而在合金元素进一步增加时，再结晶温度的增加量会逐渐减小，达到一定浓度后，再结晶温度不再增高。

金属愈纯，少量元素提高再结晶温度的作用愈明显。例如，纯度为 99.9986% 的铝在 150℃，经 5s 即开始再结晶；而当纯度为 99.9937%时，在 240℃经过 10min 才开始再结晶。纯铝中加入少量元素即能使其再结晶温度显著提高，如图 4-29 所示。因为金属纯度较低，则位错上已存在杂质原子组成的气团，影响加入元素的作用。而高纯金属中则不存在或只有少量这种既成气团，因而少量元素的影响就极为明显。

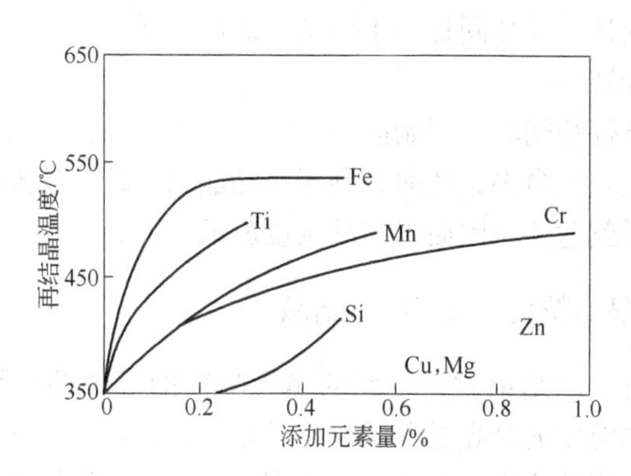

图 4-29 少量添加元素（99.99%）对再结晶温度的影响
（冷变形程度 80%，退火保温时间 30min）

加入元素的尺寸不匹配因素愈大，则再结晶温度增量愈大。因此，金属基体中固溶度小的元素提高再结晶温度最强烈，因为固溶度小，尺寸不匹配是一个主要因素。

图 4-28 还表明，许多合金系在再结晶温度达极大值后降低，这种现象是合金元素对变形合金结构产生影响的结果。若加入元素使固

溶体层错能下降，则变形时或变形后储能不会因位错重新组合而明显减少。这种元素加入量愈多，则层错能降低愈多，当这种作用逐渐增大时，再结晶温度将趋向于降低。此外，一般认为加入高浓度合金元素较明显地影响固溶体原子间结合力。若合金化时熔点降低且原子间结合力减弱，则原子自扩散能力增大，使高浓度合金的再结晶温度不断下降。

当加入铝中的元素浓度进一步提高时，合金中出现第二相，此时再结晶温度的变化较为复杂，因为第二相质点对再结晶温度的影响与它们的数量及弥散度有关。第二相数量不多且弥散度不大时，与单相合金相比，变形时金属流动更为紊乱，同时在质点周围形成位错塞积，有可能使再结晶温度降低。如图4-28中，$T_{再}^{开}$最小值均处于固溶度曲线右侧。合金中含大量的第二相质点时，它们会阻碍再结晶晶核界面迁移。虽然它们可能不影响再结晶形核温度，但因用一般方法测量开始发生再结晶时，晶核已经形成并已长大到一定尺寸，所以，第二相阻滞界面迁移就如同提高了再结晶温度一样。

e 原始晶粒度

当其他条件相同时，原始晶粒愈细小，变形后其内部应力状态愈复杂，储存能量也愈多，从而有利于再结晶的形核及长大过程，再结晶过程进行得就愈快，因而再结晶温度就低。

4.2.4 再结晶晶粒长大及二次再结晶

再结晶阶段刚结束时，得到的是无畸变的等轴的再结晶初始晶粒。随着加热温度的升高或保温时间的延长，晶粒之间就会互相吞并而长大，这一现象称为晶粒长大，或聚合再结晶。根据再结晶后晶粒长大过程的特征，可将晶粒长大分为两种类型：一种是随温度的升高或保温时间的延长晶粒均匀连续地长大，称为晶粒均匀长大；另一种是晶粒不均匀不连续地长大，而是晶粒选择性长大。

晶粒的长大，从热力学条件来看，在一定体积的金属中，其晶粒愈粗，则其总的晶界表面积就愈小，总的表面能也就愈低。由于晶粒粗化可以减少表面能，使金属或合金处于较稳定的、自由能较低的状态，因此，晶粒长大是一种自发的变化趋势。要实现这种变化趋势，需要原子有较强的扩散能力，以完成晶粒长大时晶界的迁移运动。而在高的加热温度下，正使其具备了这一条件。

晶粒长大的具体过程是由晶粒的互相吞并来完成的，而这种吞并又是通过晶界的逐渐移动而进行的。即某些晶粒的晶界向其周围的其他晶粒推进，从而把别的晶粒吞并过来。

4.2.4.1　晶粒均匀长大

晶粒均匀长大，又称为正常的晶粒长大或聚集再结晶。再结晶刚刚完成时，一般得到的是细小的等轴晶粒，当温度继续升高或进一步延长保温时间时，一部分晶粒的晶界向另一部分晶粒内迁移，结果一部分晶粒长大而另一部分晶粒消失，最后得到相对均匀的较为粗大的晶粒组织。由于一方面无法准确掌握再结晶恰好完成的时间，另一方面在整个体积中再结晶晶粒决不会同时相互接触，所以，通常退火后的晶粒都发生了一定程度的长大。

A　晶粒长大的驱动力

晶粒长大是以界面能为驱动力的，因而晶粒长大的驱动力比再结晶驱动力约小两个数量级，所以晶粒长大速率比再结晶速率小。

再结晶晶核产生在某些条件有利的部位，具有相对的不均匀性；在晶核长大过程中，晶界的迁移速率也是不均匀的。因此，各晶粒在不同瞬间并且在其表面的不同点发生接触，使再结晶完毕后的晶粒具有不同尺寸以及各种偶然的不正规形状。这些晶粒间的晶界总界面能高，在界面各处表面张力往往不平衡，因而仍处于热力学不稳定状态。

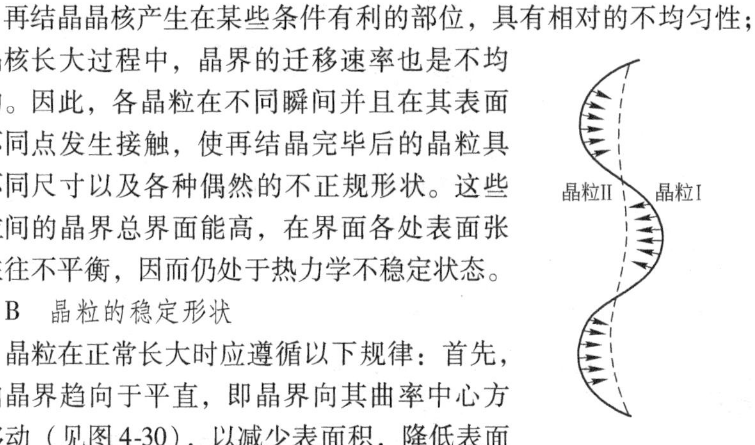

图 4-30　晶界平直化的示意图

B　晶粒的稳定形状

晶粒在正常长大时应遵循以下规律：首先，弯曲晶界趋向于平直，即晶界向其曲率中心方向移动（见图 4-30），以减少表面积，降低表面能，由于小晶粒的晶界一般具有凸面，而大晶粒的晶界一般具有凹面，因此晶界移动的结果是小晶粒易为相邻的大晶粒所吞并；其次，当三个晶粒的晶界夹角不等于120°时，则晶界总是朝角度较锐的晶粒方向移动，力图使三个夹角都趋向于120°，见图4-31；再次，在二维坐标中，晶粒边数少于6的晶粒（其晶界向外凸出），必然逐步缩小，甚至消失。当晶粒数为6，晶界很平直，且夹角为120°时，晶界处于平衡状态，不再移动。而晶粒边数大于6的晶粒（其晶界向外凹），则将逐渐长大。晶界迁移方向如图4-32中箭头所示。在实际情况下，虽然由于各种原因，晶粒不会长成这样规则的六边形，但是它仍然符合晶粒长大的一般规律。

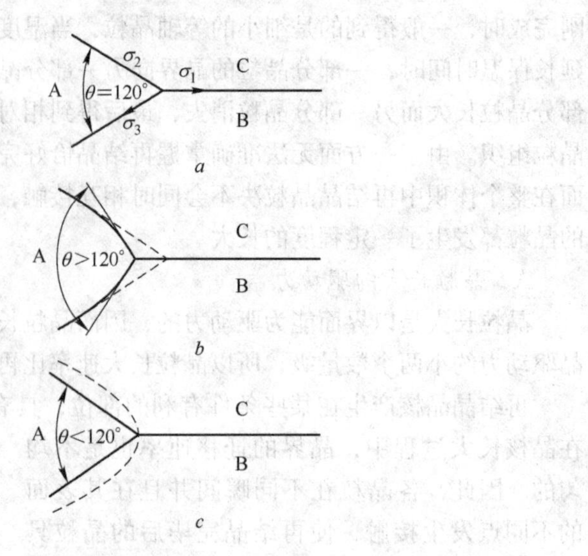

图4-31 晶界向角度较锐的晶粒方向移动的示意图

a—三个晶粒的交点；*b*—A长大，B、C减小；

c—B、C长大，A减小

C 影响晶粒长大的因素

晶粒长大是通过晶界迁移来实现的，所有影响晶界迁移的因素都会影响晶粒长大。这些因素主要有：

（1）温度。由于晶界迁移的过程就是原子的扩散过程，所以温度越高，晶粒长大速度就越快。通常在一定温度下晶粒长大到一定尺寸后就不再长大，但温度升高后晶粒又会继续长大。

（2）杂质及合金元素。杂质及合金元素溶入基体后都能阻碍晶界运动，特别是晶界偏聚现象显著的元素，其作用更大。一般认为被吸

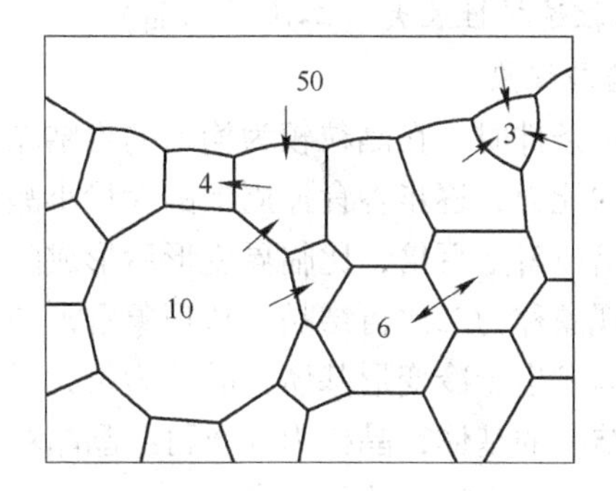

图 4-32 由不同边数晶粒所构成的金属组织二维模型
（箭头表示晶界迁移方向）

附在晶界的溶质原子会降低晶界的界面能，从而降低界面移动的驱动力，使晶界不易移动。

（3）第二相质点。弥散的第二相质点对于阻碍晶界移动起着重要的作用。实验研究结果表明，第二相质点对晶粒长大速度的影响与第二相质点半径（r）和单位体积内的第二相质点的数量（体积分数 φ）有关。晶粒大小与第二相质点半径成正比，与第二相质点的体积分数成反比。也就是说，第二相质点越细小，数量越多，则阻碍晶粒长大的能力越强，晶粒越细小。

（4）相邻晶粒的位向差。晶界的界面能与相邻晶粒间的位向差有关，小角度晶界的界面能小于大角晶界的界面能，而界面移动的驱动力又与界面能成正比，因此，前者的移动速度要小于后者。

（5）厚度效应。薄片退火时，在再结晶晶粒达到薄片厚度范围后，长大速率就会减慢；当大到厚度的 2 ~ 3 倍时，长大将完全停止。这种由薄片厚度控制晶粒尺寸的现象称为“厚度效应”。厚度效应的原因之一是板片表面晶界露出处在退火过程中通过热蚀生成沟槽。这种沟槽将使晶界系结在相应的表面部分，难以进一步迁移。

（6）织构制动。再结晶完成时所产生的织构可能使再结晶晶粒长大速率减小，这种现象称为“织构制动”。因为织构的存在本身就说明晶粒间位相差不大，晶界的界面能 σ 低。根据 $\mathrm{d}D/\mathrm{d}t = K\sigma/D$，很容易理解织构对晶粒长大的制动作用。

4.2.4.2 晶粒选择性长大（二次再结晶）

A 二次再结晶现象

在具备了一定条件时，在晶粒较为均匀的再结晶基体中，少数晶粒具有急剧长大的能力，逐步吞食掉周围的大量小晶粒，其尺寸超过原始晶粒的几十倍或者上百倍，比临界变形后形成的再结晶晶粒还要粗大得多，这种现象称为二次再结晶。从现象看，二次再结晶与再结晶类似，但再结晶发生于冷变形基体，晶核为长大了的亚晶；二次再结晶发生于已再结晶的基体，晶核为少数再结晶晶粒。二次再结晶发生在较高的温度，晶粒直径可达数毫米。

B 二次再结晶影响因素

二次再结晶是再结晶基体中大多数晶粒长大趋势很小（较稳定），只有少数晶粒能急剧长大的现象。所以二次再结晶的必要条件是基体稳定化，即正常晶粒长大受阻。在此前提下，由于某种原因使个别晶粒长大不受阻碍，则它们就会成为二次再结晶的核心。因此，凡阻碍正常晶粒长大的因素均对二次再结晶有影响。

（1）弥散相。弥散相对正常晶粒长大的阻滞作用最为明显。这种阻滞作用与它们的弥散度、体积分数、分布特性和聚集与溶解的能力有关。若阻碍作用小，晶粒会正常长大；若阻碍作用很强（如弥散相体积分数很大），则再结晶晶粒过早稳定化，不仅正常长大不再进行，也难以使某些晶粒得到偶然长大的机会。只有在弥散质点阻碍晶粒长大作用很强，而且由于某种原因（其中最主要的是温度升高），它们局部聚集或溶解，从而减少对某些晶粒长大的阻碍作用的情况下，这些晶粒就可能成为二次再结晶晶核。因此，由弥散质点而导致的二次再结晶，只有在退火温度能使这些质点逐渐开始聚集粗化并发生溶解时，才有可能出现。

铝合金的二次再结晶首先与合金元素有关。铝合金中含有铁、锰、铬等元素时，由于生成 $FeAl_3$、$MnAl_6$、$CrAl_3$ 等弥散相，可阻碍再结晶晶粒均匀长大。但加热至高温时，有少数晶粒晶界上的弥散相因溶解而首先消失，这些晶粒就会率先急剧长大，形成少数极大的晶粒。锰、铬等元素在一种条件下可细化晶粒组织，但在另一种条件下，则可能促进二次再结晶，从而得到粗大的或不均匀粗大的组织。

（2）织构。若再结晶后产生了再结晶织构，则会存在“织构制动效应”。但在明显择优取向的材料中总会存在少数不同位向的晶粒（如原始晶界附近），这些晶粒若尺寸较小或与平均尺寸相等，则会被周围晶粒所吞并。若这些位向的晶粒尺寸比平均晶粒尺寸大，就会发生长大而开始二次再结晶过程。原再结晶织构愈完善，则因正常长大更受抑制而使二次再结晶愈明显。

（3）板材厚度。当板材晶粒尺寸达到厚度的2～3倍时，则正常晶粒长大完全停止。但当各晶粒自由表面（板面）的表面能不同时，表面能较低的晶粒就会长大。因为再结晶晶粒存在择优取向，大部分晶粒自由表面能相近，只有少数有一定位向差的晶粒才具有不同表面能，这种低表面能的少数晶粒就会成为二次再结晶晶核。理论证明，这种条件产生的二次再结晶，不要求晶核尺寸比平均晶粒尺寸大，它的唯一要求是表面能差。

（4）退火气氛。自由表面能与表面吸附有关，因而不仅与退火温度有关，而且与退火气氛也有关。故可用改变气氛的方法控制同一种材料产生不同类型的二次再结晶，也可使产生了一种二次再结晶的材料转变成另一种二次再结晶。这种二次再结晶的转变称为三次再结晶。从现象看，三次再结晶是大晶粒吞并小晶粒的过程。

4.2.5 再结晶晶粒尺寸

晶粒大小及其均匀性是再结晶后的主要组织特征，直接影响到材料的使用性能和工艺性能（如冲压性能）以及表面质量等。

4.2.5.1 影响晶粒大小的主要因素

A 合金成分

一般来说，随合金元素及杂质含量增加，晶粒尺寸减小。因为不论合金元素溶入固溶体中，还是生成弥散相，均阻碍界面迁移，有利于得到细晶粒组织。但某些合金，若固溶体成分不均匀，则反而可能出现粗大晶粒组织，如3A21合金加工材的局部粗大晶粒现象。

3A21合金加工材退火后晶粒粗大的原因是：Al-Mn合金半连续铸锭由于冷却速度大，加之锰本身具有晶界吸附现象，不可避免地出现晶内偏析，即晶界附近区域锰含量较晶粒内部的高。锰强烈地提高铝的再结晶温度，锰含量不同的区域再结晶温度也将不同。锰含量高的区域再结晶温度较锰含量低的区域高。合金变形后退火时，若加热速度不太快，则温度达到低锰区再结晶温度后，该区就会形核生成再结晶晶粒。但高锰区此时不仅不发生再结晶，而且可能因回复而降低储能水平使再结晶温度更为提高。温度继续升高至高锰区能发生再结晶时，低锰区晶粒早已长大，高锰区可能自身形核，亦可能以低锰区再结晶晶核为核心而长大，最后形成局部粗大的晶粒组织。

为了防止这种原因造成的粗晶组织，第一个措施是对铸锭进行均匀化退火，使固溶体成分均匀。如3A21合金半连续铸锭于600～640℃均匀化退火8h就可达到此目的。第二个措施是再结晶退火时快速加热，使退火温度迅速达到高温，防止在不同浓度区域再结晶先后发生。第三个措施是控制化学成分，例如铁可减小3A21合金晶内锰偏析，钛可细化晶粒，故3A21合金中含有较高铁及含有钛时，不用均匀化退火就能得到细晶粒。

B 原始晶粒尺寸

在合金成分一定时，变形前的原始晶粒对再结晶后晶粒尺寸也有影响。一般情况下，原始晶粒愈细，由于原有大角度界面愈多，因而增加了形核率，使再结晶后晶粒尺寸小一些。但变形程度增加，原始晶粒的影响会减弱（见表4-6）。

表4-6 原始晶粒大小对再结晶晶粒尺寸的影响

（99.7% Al，600℃退火40 min）

变形程度/%	原始晶粒尺寸/mm	
	1.13	0.06
5	2.64	0.75
10	2.05	0.51
15	0.54	0.44

C 变形程度

变形程度与晶粒尺寸的关系如图4-33及图4-34所示。

由某一变形程度开始发生再结晶并且得到极粗大晶粒，这一变形

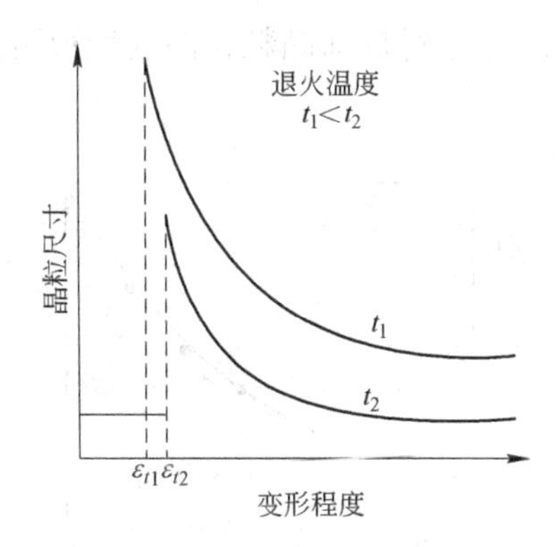

图 4-33 变形程度对退火后晶粒尺寸影响

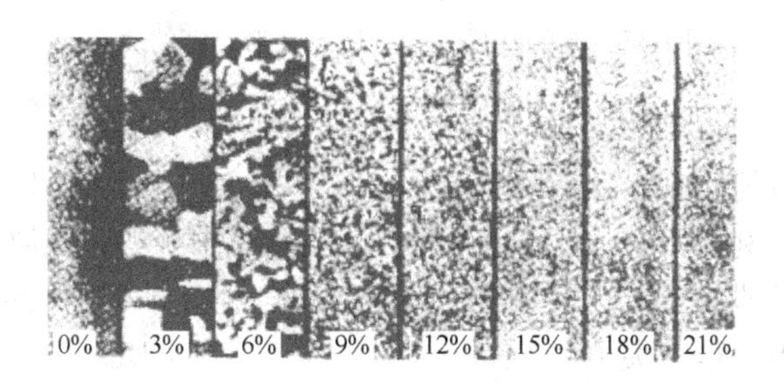

图 4-34 纯铝薄片在拉伸变形不同程度后
于 500℃退火的晶粒大小

程度称为临界变形程度或临界应变，用 ε_c 表示。在一般条件下，ε_c 为 1% ~15%。

实验证实，变形程度小于 ε_c，退火时只发生多边化过程，原始晶界只需做短距离迁移（约为晶粒尺寸的数百万分之一至数十分之一）就足以消除应变的不均匀性。当变形程度达 ε_c 时，个别部位变形不均匀性很大，其驱动力足以引起晶界大规模移动而发生再结晶。但由于此时形核率 N 小，形核率与晶核长大速度之比值 N/G 值亦小，因而得到粗大晶粒。此后，在变形程度增大时，N/G 值不断增高，再结晶晶粒不断细化。

变形温度升高，变形后退火时所呈现的临界变形程度亦增加（见图 4-35）。因为高温变形的同时会发生动态回复，使变形储能降低。这一现象说明，为得到较细晶粒，高温变形可能需要更大的变形量。

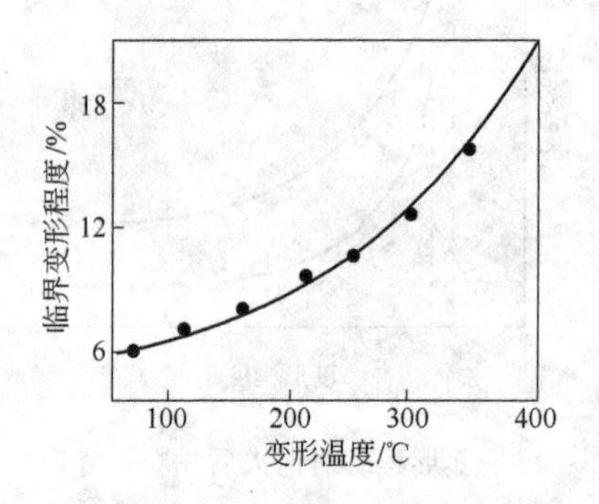

图 4-35 铝的临界变形程度与变形温度的关系
（450℃退火 30min）

金属愈纯，临界变形程度愈小（图 4-36）。但加入不同元素影响程度不同。例如铝中加入少量锰可显著提高铝的 ε_c，但加入锌和铜时，加入量即使较大，影响也较微弱。这与锰能生成阻碍晶界迁移的弥散质点 $MnAl_6$ 有关。

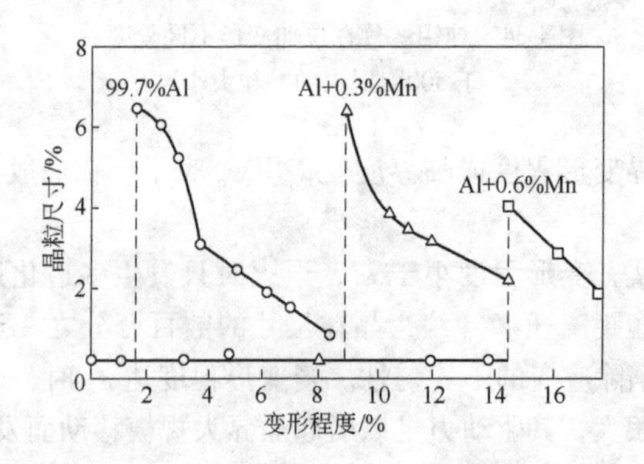

图 4-36 变形程度对不同锰含量的铝的再结晶晶粒尺寸的影响

ε_c 有重要的实际意义。为使退火得到细小晶粒，应防止变形程度处在 ε_c 附近。但有时为得到两晶粒晶体或单晶，可应用临界变形得到粗晶粒这一特性。图 4-37 为纯度 99. 6% 的纯铝退火 2h 的再结晶立体图。由图可知，当冷变形小于6%的临界值时，由于晶格畸变程度小，原子重新排列的驱动力不足，即使加热到400℃也不发生再结晶，必须进一步提高退火温度，才能形成少量晶核并各自长大成粗大晶粒。当冷变形大而退火温度过高时，再结晶将迅速完成并进入晶粒长大阶段，也会长成粗晶。为了保证获得等轴细晶的再结晶组织，铝及铝合金材料退火前的冷变形率应大于50%，退火温度应不高于450℃，退火保温时间也要合理选择。

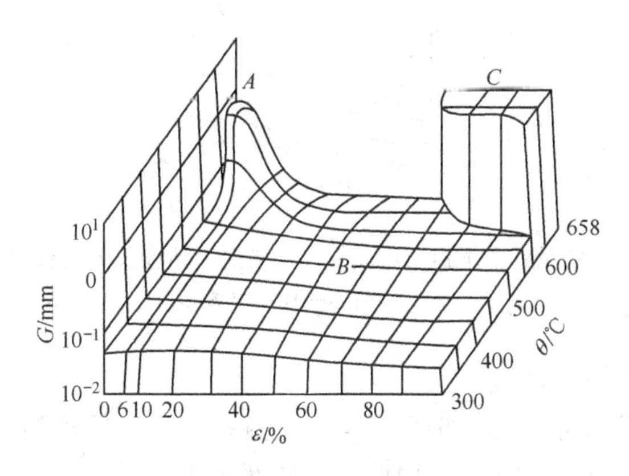

图4-37 纯度99.6%的纯铝退火2h的再结晶立体图

A—临界加工率以下的粗晶区；*B*—正常条件下的中等和细晶区；

C—高温退火时的粗晶区（晶粒长大）

D 退火温度

退火温度升高，形核率 $\dot{N}$ 及晶核长大速率 $\dot{G}$ 增加。若两参数以相同规律随温度而变化，则再结晶完成瞬间的晶粒尺寸应与退火温度无关；若 $\dot{N}$ 随温度升高而增大的趋势较 $\dot{G}$ 增长的趋势更强，则退火温度愈高，再结晶完成瞬间的晶粒愈小。这两种情况都已在纯铝及铝合金中观察到。

但是，多数情况下晶粒都会随退火温度增高而粗化（图4-38），这是因为实际退火时都已发展到晶粒长大阶段，这种粗化实质上是晶粒长大的结果。温度愈高，再结晶完成时间愈短，在相同保温时间下，晶粒长大时间更长，高温下晶粒长大速率也愈大，因而最终得到粗大的晶粒。

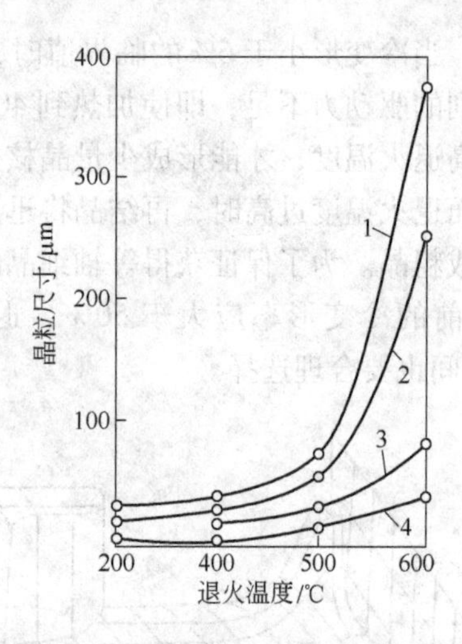

图4-38　铝及铝合金退火后晶粒尺寸与退火温度关系（保温1h）

1—99.7% Al；2—Al+1.2% Zn；3—Al+0.6% Mn；4—Al+0.55% Fe

E　退火保温时间

在一定温度下，退火时间长，晶粒逐渐长大，但达到一定尺寸后基本终止。因为晶粒尺寸与时间呈抛物线关系，所以在一定温度下晶粒尺寸均会有一极限值。若晶粒尺寸达极限值后，再提高退火温度，晶粒还会继续长大一直达到后一温度下的极限值。这是因为原子扩散能力增高，打破了晶界迁移力与阻力的平衡关系；温度升高可使晶界附近杂质偏聚区破坏，并促进弥散相部分溶解，使晶界迁移更易进行。

F　加热速度

加热速度快，再结晶后晶粒细小。由表4-7可知，在实验所采用的加热速度范围内，加热速度对纯金属与单相合金晶粒大小的影响没有对两相合金那样敏感。

表4-7　不同加热方式退火后的晶粒大小（冷轧30%，退火温度420℃）

加热方式	晶粒大小/晶粒数·mm^{-2}			
	99.95 Al	Al+4Cu	Al+0.5Si	Al+1Mg_2Si
箱式炉随炉加热	36	225	49	30
盐浴加热	36	1150	64	145

增大加热速度细化再结晶晶粒的主要原因是：快速加热时，回复过程来不及进行或进行得很不充分，因而不会使冷变形储能大幅度降低。快速加热提高了实际再结晶开始温度，使形核率加大。此外，快速加热能减少阻碍晶粒长大的第二相及其他杂质质点的溶解，使晶粒长大趋势减弱，这也是加热速度对多相合金更为敏感的原因。

4.2.5.2 再结晶晶粒形状及尺寸的不均匀性

不同的变形铝合金，再结晶晶粒呈等轴状或接近等轴状。含锰、铬、锆等元素的高合金化铝合金，再结晶晶粒为细长形或呈扁平形状。这是由于含锰、铬或锆的弥散脱溶质点在变形后呈带状或层状分布，使再结晶晶粒长大时受到制约。

正常情况下，再结晶晶粒尺寸在整个材料体积中应该大致均匀相等，有时也可能观察到不希望出现的组织不均匀性，这些不均匀性的基本形式及产生条件大致如下：

（1）均匀的晶粒尺寸不均匀性。其特征是在整个体积中粗晶粒及细晶粒群大致均匀交替分布。这种不均匀性可能产生于二次再结晶未完成阶段。

（2）局部的晶粒尺寸不均匀性。其特征是粗晶粒分布在某一特定区域中。这种情况往往发生在强烈局部变形时，此时变形程度由强烈变形区的最大值一直过渡到远离该区的未变形状态。在过渡区中必然会存在处于临界变形程度附近的区域，退火时该区就会成为粗晶区。若这种局部变形情况在工艺上无法避免，则应采用回复退火以防粗晶出现。

（3）带状的晶粒尺寸不均匀性。其特征是粗、细晶粒分别沿主变形方向呈带状分布。当变形制品中弥散质点呈纤维状或带状分布时，再结晶退火可能造成带状的晶粒尺寸不均匀性。

（4）岛状的晶粒尺寸不均匀性。其特征是粗晶粒群与细晶粒群在整个体积中的分布无规律。这种不均匀性可能原因之一是铸锭中成分偏析，进而造成变形不均匀以及再结晶不均匀，最后形成程度不等的粗、细晶粒群。

上述的各种晶粒尺寸不均匀性及其产生条件都是一般性的。实际上，晶粒尺寸的不均匀性是多种多样的，其原因可从成分以及从铸锭到制品的整个工艺过程来分析。

晶粒尺寸不均匀对材料性能不利。一旦发生这些不均匀组织，不论随后采用何种热处理方式都不能使其消除，应力求避免。

4.2.6　退火织构

4.2.6.1　现象

不仅变形金属存在择优取向，而且经退火后，由于形核与长大均具有某种位向关系，一般也会出现择优取向，即退火织构。

退火织构包括回复织构、再结晶织构及二次再结晶织构等。实践中发现具有变形织构的金属退火时有三种织构改变的可能性：

（1）与变形织构一致。这种情况包括回复织构及一部分再结晶织构。

（2）退火织构与变形织构完全不同或部分不同。这是再结晶织构、二次再结晶织构最为常见的情况。例如，具有面心立方晶格的铝及铝合金中的铜型变形织构{112}⟨111⟩+{110}⟨112⟩转变成再结晶立方织构{100}⟨001⟩。

（3）退火后晶粒任意取向，即变形织构消失，也不产生退火织构，这种情况较少见。

回复过程主要涉及亚晶形成及长大，所以回复织构与变形织构基本一致。

退火再结晶织构与变形织构通常是不同的。图 4-39 所示为冷轧 1100 铝合金板材在再结晶过程中织构的改变，同时也说明了再结晶织构总存在着明显的弥散性。

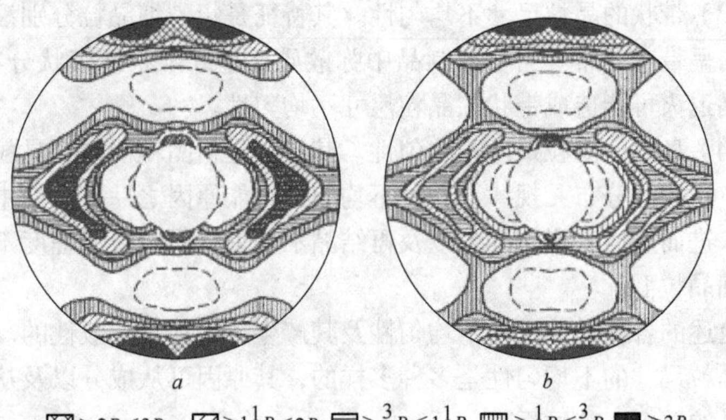

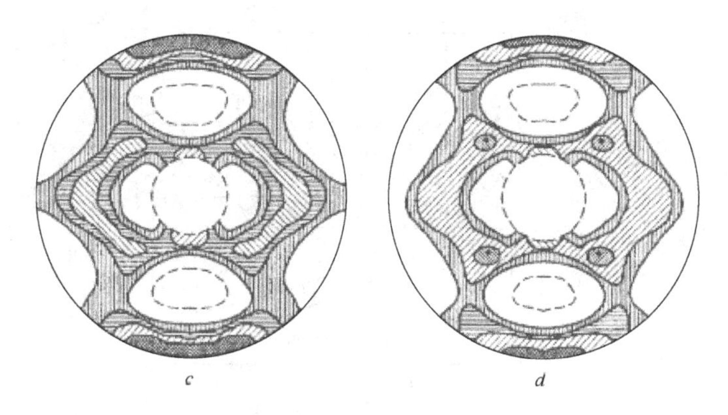

图 4-39 290℃退火时，冷轧 1100 板材择优取向变化的 {111} 极图
（极图中轧制方向平行于垂直纸面方向）
a—冷轧 95%；*b*—290℃退火 15min；*c*—290℃退火 40min；*d*—290℃退火 70min

4.2.6.2 影响再结晶织构形成的因素

A 化学成分的影响

化学成分对再结晶织构影响很大，有时微量元素都表现出明显的作用。例如，在高纯铝中含有少量的铁等杂质，在高温再结晶时能强烈抑制立方织构形成。成分的影响极为复杂，应通过实验来具体了解其规律性。

B 原始组织的影响

哈金逊（W B Hutehinson）等指出，原始组织及冷轧量对 3004 铝合金退火后的织构有明显的影响，图 4-40 为这种影响的示意图。其中织构的存在以制耳程度表示。该图表明，退火前进行正确的预处理，可得到合理的织构成分，因而消除制耳的影响。

C 退火工艺因素的影响

退火温度及保温时间是影响再结晶的重要因素。实验指出，很多金属在较低温度退火或快速加热至高温短时退火后结晶织构与变形织构相同或基本相同。因为这种条件下生成的各种再结晶晶核与变形材料各微观区域中胞状亚晶位向一致（定向形核）。升高温度或延长保温时间，再结晶晶粒发生长大，一定条件下发生二次再结晶等过程。此时，因某些位向晶粒择优生长（定向生长）而使再结晶织构发生

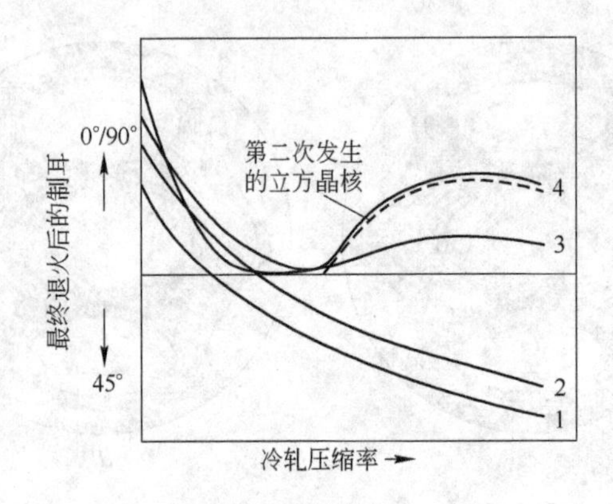

图4-40　原始显微组织结构与冷轧量对制耳行为的影响
（经最终退火后测量得到）
1—完全再结晶；2—部分再结晶；3—粗的亚晶粒；4—细的亚晶粒

重大变化。

D　退火前冷变形程度的影响

冷变形程度的影响较为复杂。一方面变形程度提高有利于变形织构形成，以及某种织构的明显化，因而有利于增加与变形基体具有一定位向关系的再结晶晶核。但另一方面，提高变形程度也增加显微不均匀性，例如切变带、过渡带等，因而也可能增大晶核位向的混乱程度。由此可见，增加变形程度的最终结果较难预测。例如，对某些面心立方晶格金属来说，为了生成明显的{100}〈001〉立方织构，则必须有高的冷轧变形程度。如高纯铝变形程度需大于95%，小于此种变形程度则将生成一些其他类型的择优取向，因而减小立方织构的完整性。

总之，由于再结晶织构的影响因素远较变形织构复杂，因此除了解其一般的特点外，更重要的是通过生产实践及科学实验来掌握织构变化的规律性。

4.2.6.3　退火织构的利弊

对于铝合金来说，利用织构来改善材料的性能，主要体现在高压电解电容器用高纯阳极铝箔。如高压电解电容器用高纯阳极铝箔希望得到立方织构，目的是提高隧道式腐蚀后的表面积，提高静电容量。

但在很多场合下，织构却是有害的。特别是用具有某种明显板织构的材料深拉（冲压）制品时，由于力学性能的各向异性，会出现制耳现象（见图4-41）及表面呈木纹花样等。除影响使用性能和表面质量外，还使工艺过程更为复杂（如需要增加切平耳子的工序）。

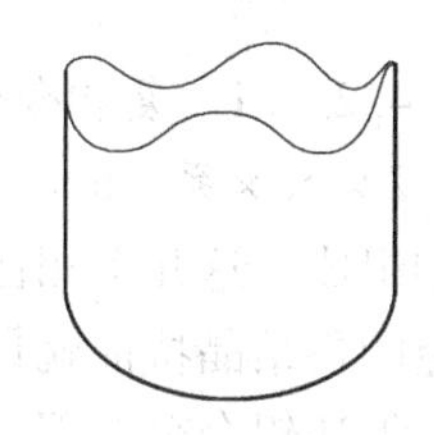

图4-41 冲压制品的制耳现象

铝合金板材有强烈生成{100}⟨001⟩(立方）织构的倾向。具有立方织构的板材在深拉时，在深拉杯周围0°及90°位置产生4个制耳，制耳的高度随立方取向的晶粒百分数增大而增高。

再结晶织构的另一成分接近于{123}(211)，这种织构在冷轧织构中也存在，通常也称为R织构。可以认为，这种择优取向的晶粒是由变形金属中相同取向的多边化亚晶长大而形成的。

从实用条件考虑，希望深拉件不出现制耳，因此应控制再结晶织构。3104铝合金板材中存在{001} <100 >、{112} <111 >、{110} <112 >和{110} <001 >等织构组分，通常铝板中还有位于{112} <111 >附近的{123} <634 >织构。3104铝合金板材深冲时，当晶粒取向在{001} <100 >附近聚集时，会造成0°和90°制耳，当晶粒取向在{112} <111 >和附近的S取向聚集时，会造成45°制耳。3104铝合金板正是利用{001} <100 >以及{112} <111 >和S织构间的这种制耳补偿作用，即产生8个制耳（平均制耳高度减小），来大幅度地削弱其冲压过程中可能产生的制耳效应，提高冲压成材率。

为了防止退火织构带来的各向异性，针对具体合金可采取一些措施，使之产生多重的再结晶晶粒择优取向，因而使单一取向的影响减弱。例如：

(1) 控制退火前的变形程度。如为了防止铝合金材料出现立方织构，退火前的变形程度应较小。

(2) 退火在较低温下进行或快速高温短时加热，控制与定向生长有关的晶粒长大及二次再结晶等过程。

(3) 加入一定量的其他元素或减少某些元素的含量，以抑制某种织构的生成。

4.2.7 复相合金的再结晶

4.2.7.1 复相合金的再结晶过程

2×××系、6×××系和7×××系等铝合金的组织通常均由几个相组成，这几个相往往都处于热力学亚稳定状态。因此，研究复相合金的再结晶特征就具有较大的实用价值。

上述铝合金的固溶度都随温度变化而变化，因此合金在升温和降温的过程中将发生相变，即起强化作用的第二相会溶解或析出（固溶或脱溶），同时也常伴随有回复和再结晶的发生。这种再结晶称为复相合金再结晶，其退火过程也称为多相化退火，其本质是一种基于固态相变的退火。下面主要讨论复相合金再结晶中的过饱和固溶体的再结晶，即基于固溶度变化的退火。

在一变形的过饱和固溶体合金中，脱溶过程（过饱和固溶体分解）与再结晶可能在同一温度范围内发生，因而将互相发生影响。再结晶时，晶界迁移的基本驱动力是再结晶部分与基体部分的储能差，也就是位错密度差，设此驱动力为 F_N。在一定条件下，过饱和固溶体会在晶界处产生不连续脱溶，在已发生再结晶的一侧析出片层状的平衡相。不连续脱溶是降低基体自由能的过程，因而也将赋予界面迁移驱动力 F_C。但是，过饱和固溶体晶界的迁移也会遇到如下阻力：

（1）合金元素易偏聚在晶界附近形成拖曳晶界迁移的气团，不利于晶界迁移。这种拖曳力用 F_S 表示。

（2）若变形基体中已发生了连续脱溶，那么晶界迁移遇到这些脱溶相质点时，就会受到这些质点所施加的阻滞力（F_P）的阻碍作用。

因此，只有 $(F_N + F_C) > (F_P + F_S)$ 时，再结晶前沿（晶界）才能发生迁移。这种典型的再结晶过程称为不连续再结晶。

若在一定条件下，脱溶过程进行得较迅速，且 $(F_N + F_C) < (F_S + F_P)$ 时，不连续再结晶将被抑制。此时的组织变化将由脱溶质点的形成与溶解所控制（图4-42）。

首先，第二相质点析出减少了溶质原子在位错上偏聚，使无质点

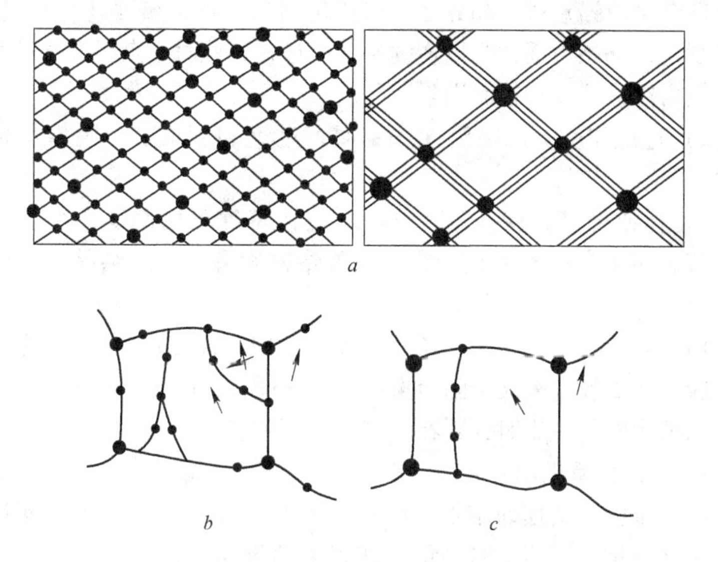

图 4-42　不连续再结晶示意图

a—无作为再结晶前沿的运动晶界，位错的湮灭和重排为质点长大所控；
b—亚晶界被质点钉扎；*c*—最小质点溶解后，
以 Y 型结点运动或亚晶转动使亚晶界消失

区位错易于移动，位错密度明显降低。由于脱溶质点对位错的钉扎作用，无位错区（低位错密度区）的尺寸与质点间的距离相当。位错进一步重排则取决于质点的变化。一般情况下，保温时间延长，脱溶质点会发生粗化，即小质点不断溶解，大质点不断长大，质点间的间距增加。一旦小质点溶解，它们的钉扎作用消失，原来由它们所限定的亚晶界将通过 Y 型结点的运动及亚晶转动而湮灭。这个过程虽不造成大角度界面迁移，但由于亚晶不断长大而形成一种有粗大亚晶的组织。究其原因，所述过程属原位再结晶，只是回复的一种特殊形式，称为连续再结晶。

（3）影响过饱和固溶体再结晶的因素主要有：

1）温度。温度低于 T_2 时，在再结晶开始发生前，会从变形的过饱和固溶体中析出第二相质点。随温度降低，脱溶驱动力增加，则再结晶开始前所析出质点的体积分数增加，而质点尺寸减小。因此，温度降低会使位错重排及晶界迁移的障碍增加。在某温度（T_3）以下，不连续再结晶结束而代之以连续再结晶过程，此时质点粗大化过程将是连续再结晶速度的控制因素。

2）过饱和度。位错密度一定时，过饱和度增加，脱溶孕育期缩短。

3）位错密度。在一定条件下，位错密度可用冷变形程度来衡量。若脱溶孕育期不受位错影响，位错密度升高，再结晶孕育期将缩短。

但一般情况下，位错也有利于脱溶相形核，因而有利于连续脱溶，脱溶质点反过来又会阻碍再结晶晶界迁移，因此总的情况较为复杂。当退火时间一定时，则在一定温度下位错密度（ρ）与作用在再结晶前沿的力呈现图 4-43 所示的关系。F_N 为晶界迁移的基本驱动力，随位错密度增加而增加；F_C 表示化学驱动力，即可通过不连续脱溶降低过饱和固溶体自由能而获得推动界面迁移的力；F_P 与连续脱溶有关，位错密度达一定时，会使连续脱溶孕育期缩短，使变形基体在再结晶开始之前就发生析出，因此是晶界迁移的阻力。F_P 与 F_C 有关，连续脱溶一经发生，与再结晶同时的不连续脱溶驱动力 F_C 就会降低；F 表示合成力随位错密度的变化规律。可知，超过一定位借密度后，再结晶前沿迁移驱动力会由零变为负值，说明再结晶过程将转变成亚晶聚合的原位再结晶或连续再结晶过程。

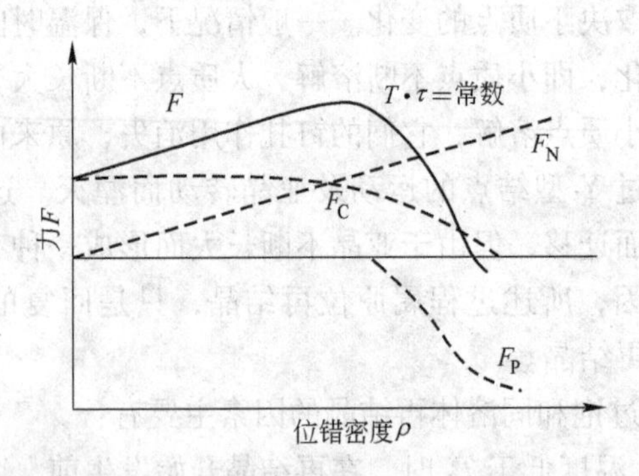

图 4-43　再结晶前沿迁移驱动力与位错密度的关系

4）退火时间。退火温度及位错密度一定时，再结晶前沿所受的力与退火时间的关系如图4-44所示。退火时间增加，由于回复过程的作用，F_N逐渐降低；F_C因连续脱溶而降低；F_P在开始连续脱溶时绝对值加大，经长期退火后，因质点粗化而减小。所以合力$F=F_N+F_C-F_P$随退火时间增长而降低，达一定时间后不再满足不连续再结晶条件，因而晶界迁移停止。

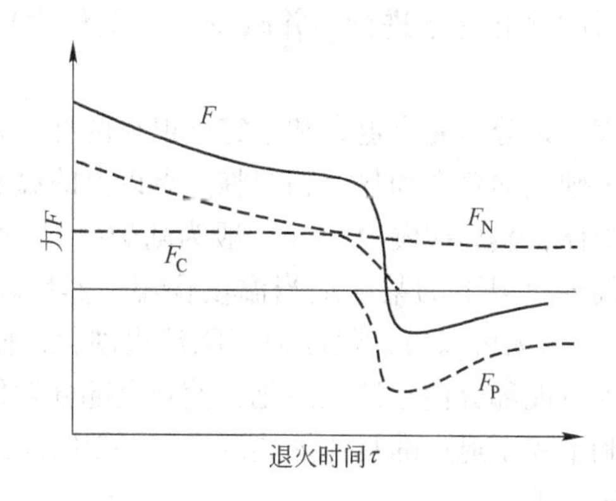

图4-44 再结晶前沿迁移驱动力与退火时间的关系

4.2.7.2 基于固溶度变化的退火

铝合金中，热处理可强化合金都是以固溶体为基体的复相合金（多相合金），它们的共同特点是：固溶度随温度降低而减小，在缓冷时有第二相自固溶体中析出，而加热时有第二相溶解。第二相的相对量一般不超过整个合金体积的10%～15%，第二相溶解或析出时不会引起合金组织的根本改变（因基体的晶体结构不会由于加热或冷却而发生变化，这与钢铁材料不同），但适当地控制加热和冷却工艺，可以获得不同浓度的基体相，并改变第二相的大小、形状和分布，从而使合金得到不同的性能。如果设法使固溶体基体达到尽可能低的浓度，第二相粒子及其间距又足够大，则合金将发生软化，即多相化软化。为达到这种软化目的而采取的热处理工艺就是多相化退火。

许多可热处理强化的铝合金，由于基体固溶体的浓度随温度降低而减小，当合金以较快的速度冷却时，可能产生淬火硬化效应。对于这些合金，原则上均可采用多相化退火，使合金软化。

A 完全退火和不完全退火

所有热处理强化铝合金（如高强、超高强铝合金等），都可以运用多相化退火，改善合金在冲压、弯折、卷边或其他冷塑性变形工艺操作之前的塑性。例如热轧高强铝合金卷材，由于轧后是在空气中冷却而产生部分淬火硬化，此时即可采用多相化退火来减少或消除这种硬化，以便随后的冷轧易于进行，并减少（甚至免除）冷轧过程中的中间退火。

多相化退火工艺分为完全退火和不完全退火两种。完全退火是将已产生部分淬火硬化的合金加热至相变临界点以上的温度保温，使合金变成单相固溶体，然后缓慢冷却（一般为随炉冷）。不完全退火则是加热至相变临界点以下的某一适当温度保温，然后较快冷却（一般为空冷）。完全退火可以最大限度地消除淬火硬化，使合金完全软化；不完全退火只能部分消除淬火硬化，使合金部分软化。

完全退火和不完全退火的具体加热温度、保温时间以及冷却速度可通过实验确定。

大多数可热处理强化的铝合金，其完全退火是将合金加热至380~420℃，保温10~60min，随后以小于30℃/h的速度炉冷，可使合金完全软化；不完全退火的加热温度为350~370℃，保温2~4h，随后空冷或水冷。不完全退火的保温时间虽较长，但因加热温度低，而且又采用空冷或水冷，故总的生产周期比完全退火短，在实际生产中仍然是可取的。

需要指出，在实际生产中，变形铝合金在热轧后、第一次冷轧之前，很少采用纯粹的多相化退火工艺，而往往是将多相化退火与消除部分冷加工硬化的退火结合起来，这就是通常所说的预备退火或坯料退火。例如，铝合金热轧板坯的终轧温度一般为280~330℃，在不采用中温轧制的条件下，热轧后通常是空冷至更低的温度。对于热处理强化的变形铝合金，这种工艺不仅会产生加工硬化，而且会引起部分淬火硬化。为了便于冷轧，一般都需要进行预备退火。经退火后，坯料将发生软化。显然，退火时的多相化过程对软化也作出了贡献。由于坯料退火时除发生多相化过程外，还发生再结晶，故应选择较高（比纯粹的多相化退火高）的加热温度，如2A12合金的加热温度达

440～450℃，保温1～3 h，以不超过30℃/h的速度冷至270℃以下再出炉空冷。

B 提高耐蚀性的多相化退火

复相合金的耐蚀性与第二相的大小、形状和分布有关。利用多相化退火，可使合金获得一定大小和分布的第二相，从而提高合金的耐蚀性。

例如，$w(Mg)>5\%$的铝合金，其组织基本上为铝基固溶体和较多的β相（Mg_2Al_3）。由于β相的标准电极电位与铝基固溶体有较大的差异，合金的耐蚀性较差；特别是当β相在晶界上呈网状析出时，耐蚀性会严重恶化（易于产生晶间腐蚀和应力腐蚀）。若采用适当的变形工艺，并辅之以恰当的多相化退火使β相在晶内和晶界均匀分布，就可以提高合金的耐蚀性。如5A06合金，在其最后冷加工之前先加热至320℃进行多相化退火，可使β相几乎均匀地分布于铝基固溶体晶粒之内，从而使合金的耐蚀性得到明显的改善。

4.2.8 铝及其合金材料退火工艺参数的确定原则

4.2.8.1 铝合金退火的分类及应用

按退火时组织变化的实质，可将冷变形金属的退火分为回复退火和再结晶退火两大类。回复退火时金属处于恢复阶段，这类退火一般作为半成品或制品的最终热处理，以消除应力或保证材料的强度和塑性有较好的配合，多用于热处理不可强化的铝合金。再结晶退火又可分为完全退火、不完全退火和织构退火。完全再结晶退火是应用最为广泛的热处理形式之一，它可用于热加工后、冷加工前坯料的预备退火，冷加工过程中的中间退火，以及获得软制品的最终退火。不完全再结晶退火主要用于最终退火以得到半硬制品。织构退火的目的在于获得有利的再结晶织构，在铝的生产（深冲板带、高压电解电容器阳极用高纯铝箔）中有较多的应用。

在生产中往往把退火分为高温退火和低温退火。这种分类只是从温度及性能上考虑的，不能说明退火过程中组织变化的实质。对于铝合金而言，高温退火通常为完全再结晶退火，预备退火、中间退火和软制品成品退火均属于高温退火，其目的在于使材料充分软化。铝合金低温退火主要用于纯铝和不可强化的铝合金，目的是稳定性能、消除应力以及获得半硬制品。纯铝和 Al-Mg 系合金的低温退火主要属于回复退火，Al-Mn 系合金等在低温退火时可能已发生部分再结晶。因此，对于不同合金必须根据其本身特点来分析其在高温退火或低温退火时发生的组织变化。

例如，铝箔生产时，一般可将退火作如下分类：

（1）低温除油退火。铝箔轧制后，铝箔表面会残留部分轧制油，为了减少表面残油，又能保证其硬状态的力学性能，可采用低温除油退火工艺。退火温度为 150 ~ 200℃，退火时间为 10 ~ 20h。表面除油效果良好，铝箔组织发生部分回复，其抗拉强度微降 5% ~ 15%。

（2）不完全再结晶退火。部分软化退火，退火后的组织除存在加工变形组织外，还可能存在着一定量的再结晶组织，不完全再结晶退火主要是为了获得满足不同性能要求的 H22、H24、H26 状态的铝箔成品。

（3）完全再结晶退火。退火温度在再结晶温度以上，保温时间充分长，退火后的铝箔为软状态。软状态退火不仅是为了使铝箔再结晶，而且要完全除掉铝箔表面的残油，使铝箔表面光亮平整并能自由伸展开。

4.2.8.2 铝合金退火工艺参数的选择原则

制定铝合金退火制度是一项很复杂的工作，不仅要考虑退火温度和保温时间，而且还要考虑合金成分、杂质含量、冷变形程度、中间退火温度和热变形温度的影响。确定合理的不完全再结晶退火温度时，必须先测出退火温度与力学性能之间的变化曲线，再根据技术条件规定的性能指标确定退火温度范围。

A 加热速度

加热速度是指单位时间所升高的温度。从提高生产效率的观点出发，在保证退火制品不发生变形、开裂或其他缺陷的前提下，最好采用快速加热方法。尤其是对于 3A21 合金这样极易出现局部晶粒粗大、晶粒不均匀现象的合金，可在盐浴炉进行成品退火。因为这样可以缩短退火时间、节约能源和提高生产效率。同时，快速加热还可以细化晶粒，提高产品质量。目前越来越多地采用快速退火工艺，其特点是快速加热、高温下短时保温然后快速冷却。因为加热速度快，退火温度高，且在高温下保温时间短，再结晶核心多，晶粒来不及长大，故可以获得细小晶粒。

此外，确定加热速度应考虑下列因素：

(1) 炉内装料的多少，如装料越多，料的热均匀性越差，若加热速度太快，容易造成料垛或料卷表面与心部温度差别太大。对于铝箔卷料来说，由于热胀冷缩的原因，箔卷表面和心部的体积变化会有较大差别，从而产生很大的热应力，而使箔卷表面起鼓、起棱。对0.02mm以上的铝箔加热速度的影响不明显，而对0.02mm以下的薄箔加热速度应适当降低，低速加热还有利于防止铝箔的粘连。

(2) 有轴流式循环风机的退火炉，由于气流循环快、温度均匀，可适当提高加热速度。加热速度的提高一般通过提高材料退火时定温来控制。

B 退火温度

退火温度是指板材成品退火时所要求保温时的金属温度。退火温度对退火质量影响很大，若选择合理，不仅可以获得良好的产品质量，而且可以提高生产率，降低电力消耗。

退火温度主要取决于退火的目的和合金的本性。对于铝合金而言，使材料完全软化的预备退火、中间退火及软制品成品退火的温度，一般选择在再结晶温度以上100～200℃，而获得半硬制品的低温退火，其退火温度则稍高于再结晶温度。

就合金本性而言，纯铝和单相合金可用再结晶温度作为退火的主要依据。而对于有固溶度变化的多相合金，除要考虑再结晶温度以外，还要考虑第二相的溶解和析出过程对产品组织和性能的影响。因为对成分复杂的铝合金（如2A12、7A04等），退火温度的高低对第二相质点的尺寸和分布有明显影响。退火温度越高，第二相溶解越多，固溶体浓度越高，分解所需要的时间就越长，所以要求极慢的冷却速度，而缓冷在经济上是不利的。但是，温度较高的退火，可使第二相通过溶解和沉淀而变成尺寸较小，分布较均匀的质点，有利于提高材料的综合性能。选择加热温度还应考虑下列因素：

(1) 退火温度的高低对材料的组织和性能影响最大，尤其对中间状态制品，正确选择加热温度是保证中间状态制品组织和力学性能的关键。为保证材料的组织和力学性能，一般先采用试验室试验，根据试验室结果确定退火温度，然后再在工业生产中进行生产试验。值得注意的是，按试验室结果选定的最佳退火温度对材料的强度、伸长率的影响，在工业生产中往往并不理想，考虑工业生产保温时间要长，一般将试验室选定的温度修正 10～30℃后用于工业生产较为理想。

（2）保温时间和要求的金属退火温度在一定的条件下可相互影响，保温时间长，金属退火温度就低。

（3）对软状态铝箔，要求铝箔表面光亮、无残油和油斑。从去除铝箔表面残油的角度来看，加热温度越高，去油性能越好，但加热温度太高，会使铝箔内部晶粒组织粗大，力学性能下降。对软状态铝箔，薄箔的加热温度可选择 200～300℃。铸轧坯料生产的铝箔较热轧坯料生产的铝箔加热温度高 10～30℃。对软状态厚箔的加热温度可选择 300～400℃。加热温度对 0.0065mm × 1000mm × ϕ40mm，孔隙率为 9%～12% 的铝箔卷，其除油效果的影响如表 4-8 所示。由表可见，退火温度越低，除油退火需要的保温时间就越长。

表 4-8 加热温度对除油效果的影响

加热温度/℃	340	300	280	240	220
保温时间/h	20～30	30～40	50～60	70～80	90～110

此外，加热温度越高，铝箔的自由伸展性越差。图 4-45 所示为不同加热温度时保温时间对 6μm 厚铝箔黏结强度的影响。

C 保温时间

保温时间是指金属加热到规定的金属温度范围而需要保持的时间。保温时间和要求的金属温度在一定的条件下可相互影响，加热金属温度高，保温时间就短。当加热金属温度一定时，保温时间的长短主要根据装炉量、料或料卷的尺寸和加热炉的控制精度来确定。一般来说，装炉量越多，料或料卷尺寸越大、炉温分布越不均匀，保温时间就越长。实际生产中，一般保温时间为几十分钟至几小时。保温时间的选择还要考虑下列因素：

（1）保温时间要足以保证使制品表面和内部温度在一定的时间

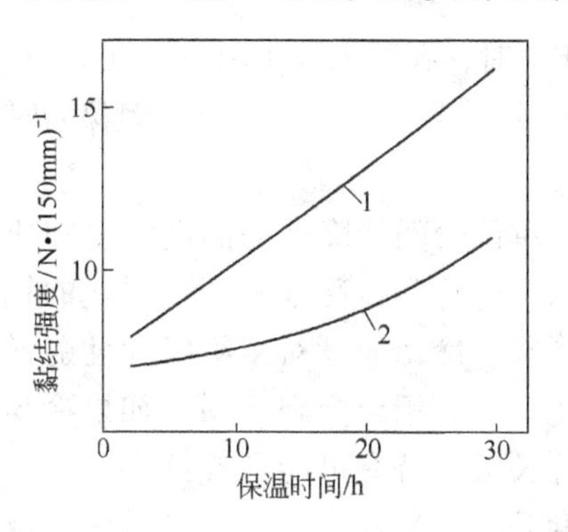

图 4-45 不同加热温度时保温时间对 6μm 厚铝箔黏结强度的影响
1—400℃；2—300℃

内保持在一定的范围内，从而使制品表面和内部的组织性能均匀一致。

（2）考虑到生产效率，在能够保证制品退火质量的前提下，应尽量提高退火温度，缩短保温时间。

（3）对软状态双张铝箔卷，当退火温度一定时，为达到除油效果，应随着铝箔卷宽度和直径的增大，延长保温时间，对宽幅、卷径大的铝箔卷保温时间都达 100～120h。不同宽度铝箔卷的保温时间如图 4-46 所示。

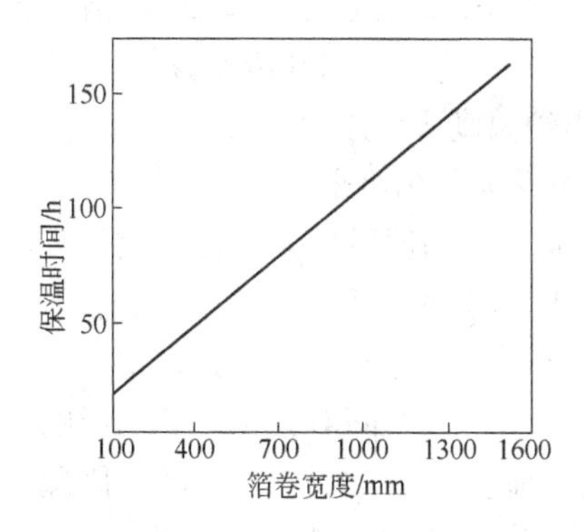

图 4-46 双张铝箔卷宽度与保温时间的关系

此外，孔隙率对除油效果影响较大。孔隙率大，保温时间可缩短，在其他条件相同时，孔隙率为14%的0.007mm铝箔卷与孔隙率为10%的0.007mm铝箔卷相比，前者可缩短保温时间10%～20%。

D 冷却速度

冷却速度是指单位时间所降低的温度。冷却速度主要取决于合金特性和性能要求。纯铝和特殊处理不可强化的铝合金，退火后可在空气中或水中冷却，冷却速度对于组织和性能没有明显影响。但对于有固溶度变化的多相铝合金则不同，如果冷却速度太快，第二相质点得不到充分长大，就有可能形成细小的弥散质点，造成部分淬火效应，使强度升高，塑性降低，所以对此类合金板材的冷却速度应加以控制。一般这类合金要在炉内进行缓冷，使过饱和固溶体彻底分解，这样才得到强度低而塑性高的材料。不过，由于过饱和固溶体的分解在一定温度即告终止，故实际生产中，2A12和7A04等合金在炉内缓冷到250～280℃即可出炉空冷。冷却速度的选择还要考虑下列因素：

(1) 在保证质量的前提下，可适当加快冷却速度，缩短退火周期，提高生产效率。

(2) 对于铝箔卷还要考虑铝箔厚度、宽度和卷径。铝箔厚度越薄，宽度和卷径越大，冷却速度应越慢。如冷却速度太快，会引起铝箔卷表面和内部温差增大，产生较大的热变形，使铝箔卷表面起鼓、起棱。冷却速度对0.02mm以上较厚的铝箔卷影响较小，但对0.02mm以下较薄的铝箔卷应控制其冷却速度和出炉温度，冷却速度应小于15℃/h，出炉温度应低于60℃。

E 铝及其合金退火软化曲线

退火材料的质量一般情况下用力学性能衡量。因此，加热温度可根据力学性能与加热温度的关系图（退火软化曲线）进行选择。确定具体铝合金材料的退火工艺时，一般先在试验室试验，根据试验测定的退火软化曲线以及退火时间对力学性能的影响曲线来初步确定退火制度，然后再在工业生产中进行生产试验。因此，铝合金的退火软化曲线对制定退火制度具有重要的参考价值，例如图4-47～图4-49为纯铝加工材的退火软化曲线，其他各种铝合金材料均可由试验得出相近的退火曲线。

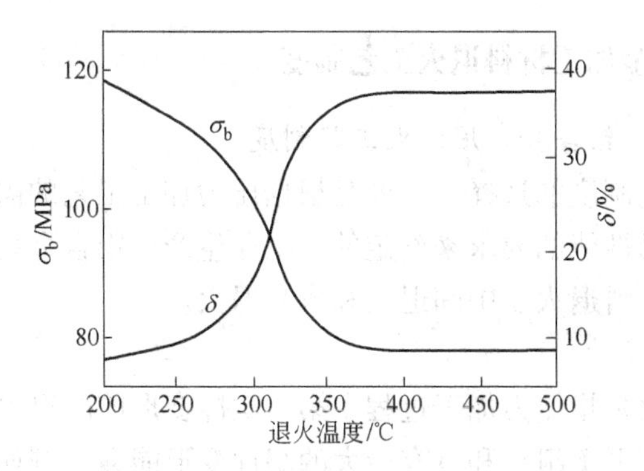

图 4-47 1060 纯铝板材退火温度对力学性能的影响

（板厚 2.0mm，冷变形程度 75%，保温时间 30min）

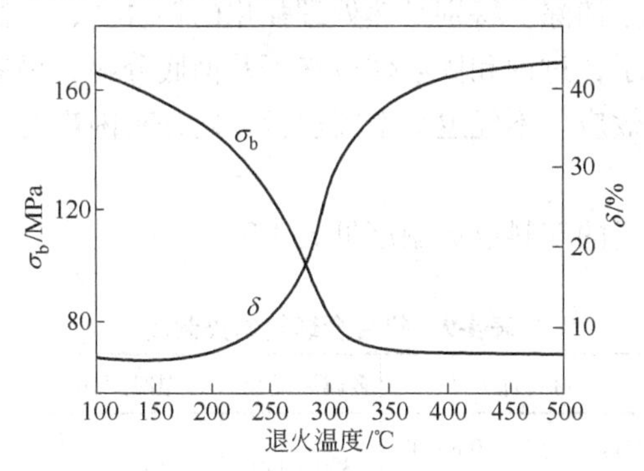

图 4-48 1060 纯铝冷拉管退火温度对力学性能的影响

（D110 × 3.0mm，变形程度 45%，保温时间 30min）

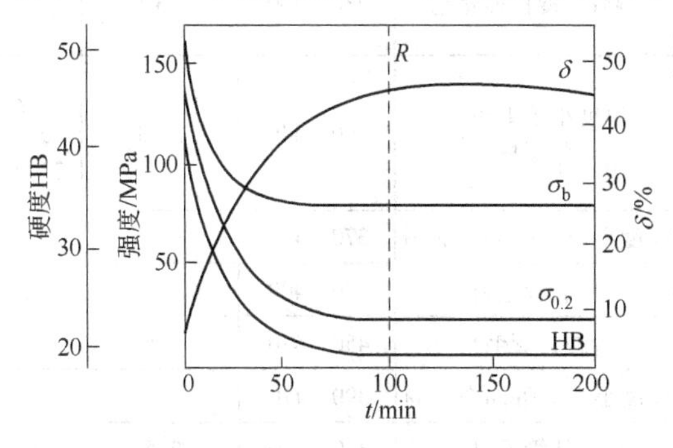

图 4-49 99.5% 的纯铝板的力学性能随时间的变化

（冷变形率 93%，退火温度 310℃）

4.2.9 铝合金加工材料退火工艺制度

4.2.9.1 铝合金常用退火工艺制度

退火工艺制度的选择，主要是根据压力加工工艺的需要和材料使用部门对产品性能的要求来确定的。工业生产中铝合金材料常采用的退火制度有坯料退火、中间退火和成品退火。

A 坯料退火

坯料退火是指压力加工过程中第一次冷变形前的退火，目的是为了使坯料得到平衡组织和具有最大的塑性变形能力。例如，铝合金热轧板坯的轧制终了温度为280~330℃，在室温快速冷却后，加工硬化现象不能完全消除。特别是热处理强化的铝合金，在快冷后，再结晶过程完成不了，过饱和固溶体也来不及彻底分解、仍保留一部分加工硬化及淬火效应。不经退火继续进行冷轧是有困难的。因此需要进行板坯退火。

铝合金常用的坯料退火制度见表4-9。

表4-9 铝合金坯料退火制度

<table>
<tr><th>合金牌号</th><th>材料种类</th><th>金属温度/℃</th><th>保温时间/h</th><th>冷却方式</th></tr>
<tr><td rowspan="2">2A11、2A12、2A14</td><td>厚度不大于4.0mm的板材冷轧毛料</td><td>390~440</td><td>1~3</td><td rowspan="2">冷却速度不大于30℃/h，冷却到270℃以下出炉</td></tr>
<tr><td>轧制管、冷拉伸管毛料</td><td>430~460</td><td>3</td></tr>
<tr><td>2A16、7A04</td><td>厚度小于4.0mm的板材</td><td>390~440</td><td>1~3</td><td>冷却速度不大于30℃/h，冷却到270℃以下出炉</td></tr>
<tr><td rowspan="3">5A03</td><td>厚度小于4.0mm的板材</td><td>370~420</td><td>2</td><td rowspan="3">空气冷却</td></tr>
<tr><td>冷轧管毛料</td><td>370~400</td><td>2.5</td></tr>
<tr><td>冷拉伸管毛料</td><td>450~470</td><td>1.5</td></tr>
<tr><td rowspan="3">5A05</td><td>厚度小于4.0mm的板材</td><td>390~410</td><td>1~3</td><td rowspan="3">空气冷却</td></tr>
<tr><td>冷轧管毛料</td><td>370~400</td><td>2.5</td></tr>
<tr><td>冷拉伸管毛料</td><td>450~470</td><td>1.5</td></tr>
</table>

续表 4-9

合金牌号	材料种类	金属温度/℃	保温时间/h	冷却方式
5A05	厚度小于4.0mm的板材	370～420	1～3	空气冷却
	冷轧管毛料	315～335	1	
	冷拉伸管毛料	450～470	1.5	
5A02、3A21	冷拉伸管毛料	470～500	1.5	空气冷却
1070A、1060、1050A、1035、1200、8A06、6A02	冷拉伸管毛料	410～440	2.5	空气冷却

注：线材坯料的退火制度与线材成品退火制度相同。

工业纯铝和低合金化的铝合金（3A21 和 6A02），塑性较高，可以不进行坯料退火，直接进行冷加工。

热处理不强化的铝合金退火保温后，可直接放在空气中冷却；对于热处理强化的铝合金，则要按规定的速度进行冷却。对于成垛退火的板材也可以在保温后出炉，盖上石棉布进行缓冷。在实际生产中，也可以采用倒炉的办法进行缓冷。如 7A04 合金在 400～420℃退火保温后，直接转移到预热温度为 230℃的低温炉中，保温 3h 后，出炉空冷，同样也可得到与缓冷效果完全相同的组织和性能。

坯料退火可在空气循环式电阻炉中进行加热，也可以采用重油或石油液化气等燃料炉进行加热。

近年来，在铝合金板材生产中采用了“中温轧制”的新工艺，即把热轧板坯冷到 100～250℃后，直接送入冷轧机进行轧制，可不进行坯料退火。

B　中间退火

中间退火是指冷变形间的退火，其目的是为了消除加工硬化，以利于继续冷加工变形。

一般来说，经过坯料退火后的材料，在承受 45%～85% 的冷变形后，如不进行中间退火而继续进行冷加工时，将会发生困难。

中间退火的工艺制度基本上与坯料退火制度相同。根据对冷变形程度的不同要求，中间退火还可分为：完全退火（总变形程度 $\varepsilon\approx$ 60%~70%），简单退火（$\varepsilon\leqslant50\%$）和轻微退火（$\varepsilon\approx30\%\sim44\%$）三种。前两种退火制度完全与坯料退火一样，后一种是把板坯加热到 320~350℃，保温 1.5~2h 后，放在空气中冷却。

表 4-10 列出几种常用铝、镁合金的中间退火制度。

塑性好和热处理不强化的铝合金，加热和保温后可直接在空气中冷却；对于热处理可强化的铝合金，通常采用在炉中以不大于 30℃/h 的速度缓慢冷却到 270℃以下再出炉空冷，以防止因空气淬火作用而降低其塑性。但对于镁含量高于 8% 的铝合金则不同，退火后急冷时材料的塑性反而比缓冷的高。因为急冷能防止从 α 固溶体中析出硬脆的 β（Mg_2Al_3）相。因此，这种合金退火后急冷，才有利于继续冷加工。

表 4-10 铝合金中间退火制度

合金牌号	制品		毛料	退火制度		冷却方式
	种类	规格/mm		加热温度/℃①	保温时间/h②	
1035、8A06	棒材		拉伸毛料	410~440	1.0~1.5	出炉空冷
	线材		挤压、拉伸毛料	370~410	1.5	
	板材		板材	340~380	1.0	
1070A、1060、1050A、1035、1200、8A06、6A02	管材		拉伸毛料	410~440	2.5	
5A02	管材、棒材		拉伸毛料	470~500	1.5~3.0	
	线材		挤压、拉伸毛料	370~410	1.5	
5A03	板材	0.6 以下	板材	360~390	1.0	
	管材、棒材		拉伸毛料	450~470	1.5~3.0	
	管材		冷轧毛料	315~400	2.5	
	线材		挤压、拉伸毛料	370~410	1.5	
5A05	板材	1.2 以下	板材	360~390	1.0	
	管材、棒材		拉伸毛料	450~470	1.5~3.0	
	管材		冷轧毛料	315~400	2.5	
	线材		挤压、拉伸毛料	370~410	1.5	

续表 4-10

合金牌号	制品		毛料	退火制度		冷却方式
	种类	规格/mm		加热温度/℃①	保温时间/h②	
5A06	板材	2.0 以下	板材	340~360	1.0	出炉空冷
	管材		拉伸毛料	450~470	1.5	
3A21	线材		挤压、拉伸毛料	370~410	1.5	
	管材		拉伸毛料	470~500	1.5	
2A01	线材		挤压毛料	370~410	2.0	冷却速度不大于30℃/h，冷却到270℃以下出炉
			拉伸毛料	370~390	2.0	
2A06	板材	0.8 以下	板材	400~450	1~3	
	线材		挤压、拉伸毛料	370~410	2.0	
2A10	线材		挤压毛料	370~410	1.5	
			拉伸毛料	370~390	2.0	
2B11、2B12	线材		挤压、拉伸毛料	370~410	1.5	
2A11、2A12、2A14	板材	0.8 以下	板材	400~450	1~3	
	管材、棒材		挤压、拉伸毛料	430~450	3.0	
	管材		二次压延毛料	350~370	2.5	
2A16	板材	0.8 以下	板材	400~450	1~3	
	线材		挤压、拉伸毛料	350~370	1.5	
7A03	线材		挤压、拉伸毛料	350~370	1.5	
7A04	板材	1.0 以下	板材	390~430	1~3	
6A02	管材、棒材		拉伸毛料	410~440	2.5	

①金属达到的温度；

②炉内材料达到规定的加热温度后所停留的时间。

卷筒式的材料退火，多采用有强制空气循环的井式和坑式周期作业炉，或传送带式连续加热炉；块片式的材料退火，一般采用箱式加热炉。

C 成品退火

成品退火是根据产品技术条件的要求，给予材料以一定的组织和力学性能的最终热处理。

成品退火可分为高温退火和低温退火两种。高温退火主要用来生产软制品，也称完全退火；低温退火用来生产不同状态的半硬制品，也称部分退火。

高温退火应保证材料能获得完全再结晶组织和良好的塑性。在保证材料获得良好的组织和性能的条件下，退火温度不宜过高，保温时间不宜过长。对于可热处理强化的铝合金材料，为了防止产生空气淬火效应，应严格控制其冷却速度。

低温退火包括消除内应力退火和部分软化退火两种，主要用于纯铝和热处理不强化铝合金半硬制品的生产。

制定低温退火制度是一项很复杂的工作，不仅要考虑退火温度和保温时间，而且要考虑杂质、合金化程度、冷变形程度、中间退火温度和热变形温度的影响。制定低温退火制度必须先测出退火温度与力学性能间的变化曲线，然后再根据技术条件规定的性能指标，确定出退火温度范围。表4-11列出常用铝合金冷轧板材在不同温度下进行低温退火后的力学性能。

表4-11 铝合金冷变形板材低温退火的力学性能

（在电阻炉中保温1h后，在空气中冷却）

合金牌号	150℃		200℃		220℃		240℃		280℃		300℃	
	σ_b/MPa	δ/%	σ_b/MPa	δ/%	σ_b/MPa	δ/%	σ_b/MPa	δ/%	σ_b/MPa	δ/%	σ_b/MPa	δ/%
1060	157	5.3	142	6.3	137	6.2	129	9.8	110	16.3	81	29.7
5A02	279	8.5	272	9.4	269	9.2	258	10.2	232	15.0	205	22.6
5A03	339	6.4	321	8.4			282	15.6	233	22.1	236	23.2
							（245℃）		（270℃）			
5A06	454	12.5	439	13.2	436	14.5	422	15.7	400	18.4	391	18.0
3A21			223	5.7			220	7.0	178	9.2	175	9.3

对于纯铝和热处理不强化铝合金的各种半硬制品，用HX8（Y）、HX6（Y1）、HX4（Y2）、HX2（Y4）、F或H112等状态表示。其中F或H112状态产品用热加工方法获得，而HXn状态的半硬产品可采用两种不同的生产工艺来达到，即控制退火后的冷加工率和部分退火。部分退火方法是将产品直接冷加工到成品尺寸后，用控制退火温度和时间的方法使产品进行不同程度的部分再结晶，达到各种中间硬度性能状态。部分退火的加热温度一般为200～300℃，并保温不同时间，从而得到各种半硬状态。该退火温度低于纯铝或合金的再结晶

温度。此方法的优点是节约能源，减小半成品的往复搬运和堆放场地，防止产品碰伤和拉伤。其缺点是产品的状态难以控制，力学性能波动范围大，产品表面容易产生油斑。实践表明，用部分退火方法生产的半硬铝板深冲时制耳率较高。

用最终冷加工率来获得半硬状态产品，即是在最终冷变形前进行一次完全再结晶退火，然后再进行冷加工，用最终冷加工率来控制产品的最终状态。此方法的优点是产品的力学性能均匀稳定，缺点是退火后处于软态的坯料在进行最终冷加工及搬运过程中容易碰伤和拉伤。

为了区别不同方法获得的中间硬性状态，以 H1n 表示控制退火后最终冷加工率的产品状态，而以 H2n 表示部分退火所获的产品状态。用两种方法生产的 99.5% 纯铝板的塑性比较如图 4-50 所示，由图可知，部分退火状态 H1n 的产品比经控制最终冷加工出所获状态 H2n 的产品的伸长率大，因此对于要求有较好塑性的产品应用部分退火的方法生产。

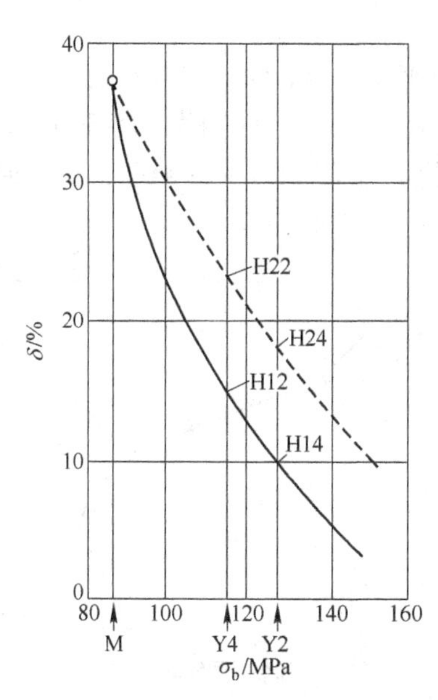

图 4-50 两种方法生产 99.5% 纯铝半硬板材的塑性对比

成品退火可在空气循环式电阻炉中进行加热，也可以采用重油或石油液化气等燃料炉进行加热。对于薄板带材和箔材还可以采用负压退火炉、真空退火炉和保护性气体退火炉等，目的是除掉轧制油和消除油斑。

为提高生产率并获得高质量退火制品，目前愈来愈多地采用快速退火工艺。快速退火对铝合金非常适用，它的特点是加热速度快，高温下保温时间短，保温后快速冷却。要满足这种工艺条件，首先装料不能多（一般板、带材是单张或数张，管、棒材是单根或数根，线材是单线或数线），炉温应大大高于退火时金属所需达到的温度（如铝合金退火时，金属温度需400℃左右，炉温可取600~700℃）。只有这样才能使金属快速达到所需温度，并在高温下迅速完成再结晶过程。由于加热速度快、退火温度较高，且在高温下保温时间很短，因而得到细小晶粒，也不会产生淬火效应。由于装料少，加热也很均匀，基本上不会发生性能不均匀现象。实现这种工艺的方法一般采用连续式退火联合机，也可采用接触电加热、感应加热等。

2A11、2A12、6A02等合金快速退火制度举例如图4-51所示。整个退火过程可分成四段，总退火时间为20~30 min。按此工艺设计的快速退火炉（联合机）生产能力可达4t/h，而普通退火炉只能达到150kg/h，生产效率提高25倍以上。

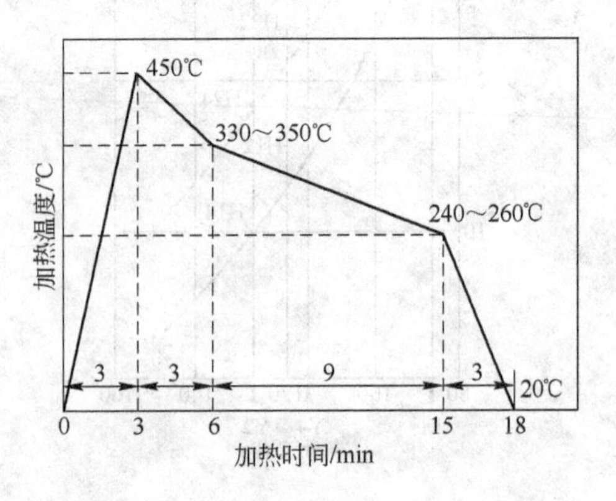

图4-51 2A12等合金快速退火制度举例

铝合金材料常用的退火制度见表4-12～表4-19。

表4-12 变形铝合金退火工艺规范

合金牌号	热处理种类	工艺规范			力学性能				再结晶温度（参考）	
		加热温度/℃	冷却方式	时间/h	σ_b/MPa	$\sigma_{0.2}$/MPa	δ_{10}/%	HBS	开始/℃	终了/℃
					不小于					
1050A，1035，1060，1070，1200	快速退火	350～420	空气或水		<110	30	20	25	200	320
	低温退火	150～240	空气		100		3	30		
5A02	快速退火	350～420	空气或水		170	80	12	45	250	300
	低温退火	150～260	空 气	2	210		4	60		
5A03	快速退火	350～420	空气或水		180	80	15	50	235	265
	低温退火	150～230	空 气	2	220	130	8	70		
5A05	快速退火	310～335	空气或水		220	90	15	60	230	250
	低温退火	150～240	空 气	2	250	150	8	75		
5A06	快速退火	310～335	空气或水		320	150	15	65	240	275
	低温退火	150～230	空 气	2	400	300	10			
5B05	快速退火	310～335	空气或水		240	130	20	65	230	250
原LF11	快速退火	310～335	空气或水		260	130	15		230	250
	低温退火	250～290	空 气	2						
5A12	快速退火	310～335	空气或水		380	200	21		270	310
3A21	快速退火	350～420	空气或水		100	50	16	30	320	450
	低温退火	250～290	空气或水	2	150	100	6	40		
2A01	完全退火	350～410	炉冷(1)	2～3	160	60	24	38		
	快速退火	330～370	空气或水							
2A02	快速退火	350～400	空气或水							
2A04	快速退火	350～370	空气或水							
2A06	完全退火	390～430	炉冷(1)	1～5	≤250	≤100	10			
	快速退火	350～370	空气或水						280	360
2B11	完全退火	390～430	炉冷(1)	2～3	≤250	≤100	10	45		
	快速退火	350～370	空气或水							

续表 4-12

合金牌号	热处理种类	工艺规范			力学性能				再结晶温度（参考）	
		加热温度/℃	冷却方式	时间/h	σ_b/MPa	$\sigma_{0.2}$/MPa	δ_{10}/%	HBS	开始/℃	终了/℃
					不小于					
2B12	完全退火	390~430	炉冷(1)	2~3	≤250	≤100	10	42		
	快速退火	350~370	空气和水							
2A10	完全退火	370~420	炉冷(1)	2~3						
	快速退火	350~400	空气或水							
2A11	完全退火	390~450	炉冷(1)	2~3	≤250	100	10	45	260	300
	快速退火	350~370	空气或水							
	低温退火	270~290	空气	2						
2A12	完全退火	390~450	炉冷(1)	2~3	≤250	100	10	42		
	快速退火	350~370	空气或水							
	低温退火	270~290	空气	2					290	310
2A16	完全退火	390~450	炉冷(1)	2~3	≤240	80	15	≤60		
	快速退火	350~370	空气或水							
	低温退火	240~260	空气	2					270	350
2A17	完全退火	390~450	炉冷(1)	2~3					510	525
	快速退火	350~370	空气或水							
6A02	完全退火	370~420	炉冷(1)	2~3	≤150		15	30		
	快速退火	350~400	空气或水						260	350
	低温退火	250~270	空气	2						
2A50	完全退火	380~420	炉冷(1)	2~3					380	550
	快速退火	350~400	空气或水							
2B50	快速退火	350~460	空气或水							
2A70	完全退火	380~430	炉冷(1)	2~3						
	快速退火	350~400	空气或水							
2A80	完全退火	380~430	炉冷(1)	2~3	150		20			
	快速退火	350~400	空气或水						200	300

续表 4-12

合金牌号	热处理种类	工艺规范			力学性能				再结晶温度（参考）	
		加热温度/℃	冷却方式	时间/h	σ_b/MPa	$\sigma_{0.2}$/MPa	δ_{10}/%	HBS	开始/℃	终了/℃
					不小于					
2A90	完全退火	380～420	炉冷(1)	2～3						
	快速退火	350～400	空气或水							
2A14	完全退火	350～450	炉冷(1)	2～3	150	80	15		260	350
	快速退火	350～400	空气或水							
7A03	完全退火	350～430	炉冷(2)	2～3						
7A04	完全退火	390～430	炉冷(2)	2～3	250	80	10	65	350	410
	快速退火	290～320	空气或水							
	低温退火	240～260	空气	2						
7A10	完全退火	390～430	炉冷(2)	2～3	250	80	15		300	370
	快速退火	290～320	空气或水							

注：1. 以不大于50℃/h的速度冷至250℃以下，然后空冷。

2. 以不大于50℃/h的速度冷至200℃以下，然后空冷。

3. 表中列出的力学性能适用于所有品种、厚度及表面状态的零件。

4. 低温退火的力学性能均指半冷硬的性能。

表 4-13 部分铝合金的典型退火制度

合金状态	金属温度/℃	保温时间/h	冷却方式
3003-H24	285～300	1.5	出炉空冷
1060-H24、1100-H24	230～240	1.5	
5A04-O、5083-M	345～365	0.5	
5A66-O	295～315	1	
5A06-O	330～350	1	
5A06-H34	150～180	1	
1060-O、1100-O	345	1～3	
2014-O、2024-O	415	2～3	冷却速度不大于30℃/h，冷却到250℃以下出炉

续表 4-13

合金状态	金属温度/℃	保温时间/h	冷却方式
3003-O、3005-O	415	1~3	出炉空冷
3004-O	345	1~3	
5050-O、5005、5052-O	345	1~3	
6005-O、6061-O、6063-O	415	2~3	
7075-O、7175-O	415	2~3	冷却速度不大于30℃/h，冷却到250℃以下出炉

表 4-14 典型退火规范

合金牌号	金属温度/℃	保温时间/h	状态	合金牌号	金属温度/℃	保温时间/h	状态
1060	345	①	O	5254	345	①	O
1100	345	①	O	5454	345	①	O
1350	345	①	O	5456	345	①	O
2014	415②	2~3	O	5457	345	①	O
2017	415②	2~3	O	5652	345	①	O
2024	415②	2~3	O				
2036	358	2~3	O	6005	415②	2~3	O
2117	415②	2~3	O	6053	415②	2~3	O
2219	415②	2~3	O	6061	415②	2~3	O
				6063	415②	2~3	O
3003	415	①	O	6066	415②	2~3	O
3004	345	①	O				
3105	345	①	O	7001	415③	2~3	O
				7075	415③	2~3	O
5005	345	①	O	7178	415③	2~3	O
5050	345	①	O				
5052	345	①	O	钎接板：			
5056	345	①	O	No. 11 或 No. 12	345	①	O
5083	345	①	O	No. 21 或 No. 22	345	①	O
5086	345	①	O	No. 23 或 No. 24	345	①	O
5154	345	①	O				

① 材料在炉内的时间不必长于将其各部分加热到退火温度所需的时间，不控制冷却速度。

② 从退火温度冷却到260℃时，降温速度以30℃/h为宜，以免产生固溶热处理效应。200℃以下的冷却速度无关紧要。在345℃退火后，不控制冷却速度。

③ 可以不控制冷却速度冷却到205℃或以下，然后再加热4h达到230℃。在345℃退火时，对冷却速度可不控制。

表 4-15 低温退火制度

合金牌号	制品种类	状态	成品规格/mm	退火制度		冷却方式
				加热温度/℃	保温时间/h	
各种纯铝	板材	HX4	≥1.0	220～240	5	出炉空冷
5A02	板材	HX4	≥1.0	240～260	2.5	
	管材	HX4		270～290	2.0	
5A03	板材	HX4	≥1.0	210～230	3.5	
	管材	HX4		270～290	2.0	
5A05	管材	HX4		270～290	2.0	
5A06	板材	HX4	≥1.0	150～170	6.0	
3A21	板材	HX4	≥1.0	340～360	4.5	
2A11	管材	HX4		270～290	2.5	
2A12	管材	HX4		270～290	2.5	
2A16	板材	HX4	≥3.5	240～260	2.0	
7A04	板材	HX4	≥3.5	240～260	2.0	

表 4-16 铝合金中厚板材退火制度

合金	状态	金属温度/℃	保温时间/h	冷却方式
1070A、1060、1050A、1035、1200、8A06	O	320～380	1.5	出炉空冷
2A12、2024、2A06、2219、2A14、2A11	O	360～380	2.0	冷却速度不大于 30℃/h，冷却到 250℃以下出炉
3A21、3003、3004	O	400～500	1.5	出炉空冷
5A02、5052	O	340～380	1.5	出炉空冷
5A03	O	260～280	1.5	出炉空冷
5754、5083	O	310～320	2.0	出炉空冷
5A06	O	310～330	1.0	出炉空冷
6061、6063、6A02	O	380～400	1.5	出炉空冷
7A04、7A09、7075、7475	O	360～395	1.0	冷却速度不大于 30℃/h，冷却到 250℃以下出炉

续表 4-16

合　金	状态	金属温度/℃	保温时间/h	冷却方式
1606、1100	H24	230~240	1.5	出炉空冷
3A21、3003	H24	280~320	1.0	出炉空冷
5052	H22	240~260	1.5	出炉空冷
5754	H22	240~250	1.5	出炉空冷
	H24	250~260	1.5	出炉空冷
5083	H321	120~140	2.0	出炉空冷

表 4-17　铝合金管材退火制度

制品	合金	炉子定温/℃	金属温度/℃	保温时间/h	冷却方式
厚壁管成品	2A11、2A12、2A14	420~470	430~460	3.0	冷却速度不大于 30℃/h，冷却到270℃以下出炉
薄壁管成品	2A11、2A12、2A14	340~390	350~370	2.5	冷却速度不大于 30℃/h，冷却到340℃以下出炉
成品管材	5A03、5A05、1070A、1050A、1035、1200、6A02、3A21	370~410	370~390	1.5	出炉空冷
	5A06	310~340	315~335	1.0	
半冷作硬化管材	5A03	230~260	230~250	0.5~1.0	出炉空冷
	5A05、5A06	270~300	270~290	1.5~2.5	
减径前低温退火	2A11、5A03	270~300	270~290	1.0~1.5	出炉空冷
	2A12、5B05			1.5~2.5	
	5A05、5A06	310~340	315~335	1.0	
	5056	430~470	440~460	1.5	
稳定化退火	5056	110~140	115~135	1.0~2.0	出炉空冷

表 4-18 铝合金型、棒材退火制度

合 金	炉子定温/℃	金属温度/℃	保温时间/h	冷却方式
1060、1035、8A06、5A02、3A21	500~510	495±10	1.5	出炉空冷
5A03、5A05、5A06	370~410	370~390	1.5	出炉空冷
2A14、2A11、2A12	400~460	400~450	3.0	冷却速度不大于 30℃/h，冷却到 270℃以下出炉
7A04、7A09	400~440	400~430	3.0	冷却速度不大于 30℃/h，冷却到 250℃以下出炉

表 4-19 铝合金线材退火制度

合 金	加热温度/℃	保温时间/h	冷却方式
1070A、1060、1050A、1035、1200、8A06	370~410	1.5	出炉空冷
1050A（退火状态导线）	270~300	1.5	出炉空冷
2A04、2B11、2B12、2A10、2A16（直径不小于 8mm）	370~390	1.5	冷却速度不大于 30℃/h，冷却到 270℃以下出炉
2A01、2A10（直径大于 8mm）	370~410	2.0	出炉空冷
7A03、7A04	320~350	2.0	冷却速度不大于 30℃/h，冷却到 250℃以下出炉

4.2.9.2 铝合金退火工艺控制要点

退火处理在铝材生产中占有非常重要的地位，合理利用各种退火处理有利于产品质量的提高和生产的正常进行。但若使用不当，也会带来严重的损失，甚至造成整炉成批报废。

对退火处理产品的质量要求：一是表面质量，不允许有退火油斑等缺陷；二是组织与性能要均匀，要求制品各部位组织与性能均匀，同一卷料的头、中、尾的组织与性能均匀，同一炉产品组织与性能均匀。

要充分发挥退火处理的作用，控制好产品质量，一靠良好的设备基础，确保各参数监测、显示的准确性，控制与调节的可靠性与及时性；二靠合理的工艺。

退火处理的实质在于如何利用好“热”。热源的选择、供热方式、热量的大小和热流的分配等。

要实现料温均匀，首先应有好的设备，第一，炉子保温性能要好；第二，炉子结构要合理；第三，加热器功率要足；第四，循环风机应保证有足够的风量、风压，使炉内热空气达到一定的风速；第五，炉子控制系统应准确可靠。

针对生产中各种情况对料温均匀性的不同要求，为提高生产效率，确保产品质量，应采用不同的工艺。

对于半硬产品，温度均匀性要求高，制定工艺制度时，炉气最高温度与物料最终温度不宜相差太大，最好在100℃以内，物料温度与最终温度相差在20℃左右时，转定温。温差比例控制段宜采用慢速，尤其是导热系数小的合金。

对于全退火产品，料温均匀性要求较低，在设备允许条件下，炉气最高温度与最终料温之间温差可大于100℃以上，转定温时物料温度与最终料温差值可选10～15℃，温差比例段宜采用快速降温，对于导热系数小的产品，物料温度与最终温度应在转定温时加大差值，温差比例段降温不宜太快。

为确保料温均匀性，布料时，料与料、卷与卷之间的尺寸不宜相差太大，料或卷在炉内均匀放置，不同合金配炉时，尽可能选用导热系数相差不大的产品配炉，装炉各料或卷工况应基本一致。

A 铝合金薄板带箔材退火工艺控制要点

a 单卷（垛）料温要均匀

（1）强化炉内对流换热使卷材表面均匀加热。在气流循环式电阻炉内，卷材在炉内的加热是以热空气与工件表面的对流换热实现的。热空气流过卷材表面时，由于气体的黏度及卷材表面的粗糙度在紧贴卷材表面有一层过渡层（边界层），该层气流呈层流状态，过渡层外面是气体的主流部分，呈紊流状态。如图4-52所示。

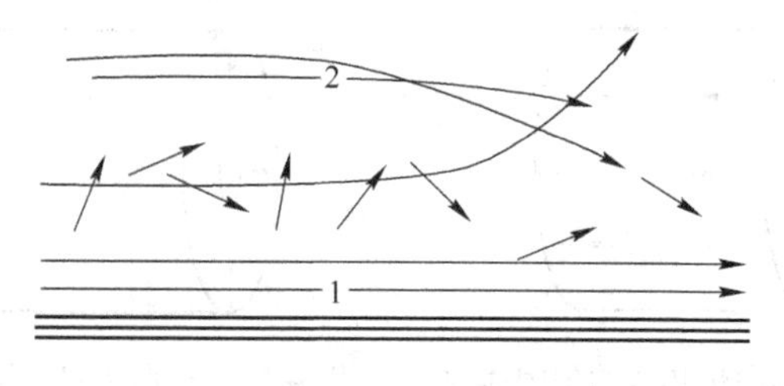

图 4-52 气体流过卷材表面的状态

1—边界层（层流）；2—主流（紊流）

热空气与卷材表面的对流换热过程包括两个步骤：一是主流对边界层，该过程是由主流对边界层的宏观流动所引起的，即对流传热；二是边界层到卷材表面的导热，该过程通过传导传热进行，由于气体传导传热能力低，所以边界层是对流换热的主要热阻，边界层越厚，热阻越大。

强化炉内对流换热，有利于提高生产效率，缩短加热时间；有利于提高热效率，节约能源；有利于卷材表面均匀受热，提高加热质量。强化炉内对流换热的途径：一是增大换热温差，实现温差加热，但此方法应有工艺限制，以免工件受热不均，因过热而损坏；二是提高气体流速，有利于减薄层流，提高对流换热系数，有利于气体混合均匀，确保炉温均匀，确保卷材整个表面受热均匀，提高气体流速是强化对流换热的主要途径；三是增大换热面积，对于卷材强化端面传热，有利于提高升温速度，因为端面传热比轧制表面传热对流换热系数大；四是通过对流换热，使表面受热，温度升高，从而与卷材内部建立起温差，引起热量在卷材内部的热传递。

（2）采用差温加热提高卷材内部热传递。由卷材表面与内部之间的温差而引起的热传递属于传导传热，热量由温度较高的表面传递到温度较低的卷材内部。

卷材表面加热也包括端面的加热，并且端面对流换热系数较大，因此在传导传热时有两种情形，如图 4-53 和图 4-54 所示。

图 4-53 所示为由端面（或边部）向中心传热，相当于在均匀固体中的导热，它遵循傅里叶定律：通过传导传热的传热量与传热面积 F 成正比，与传热方向温差 $\mathrm{d}T/\mathrm{d}x$ 成正比，与传热时间 t 成正比，并

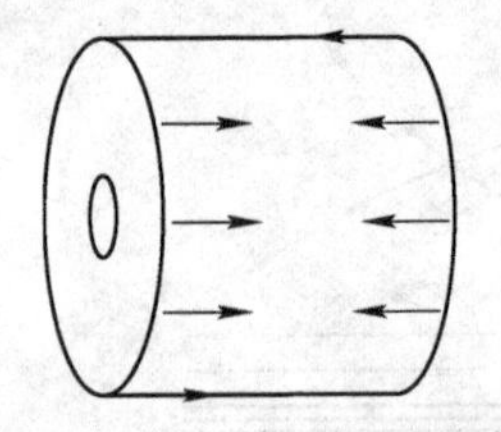

图 4-53　轴向传热或均匀固体内传热（→表示传热方向）

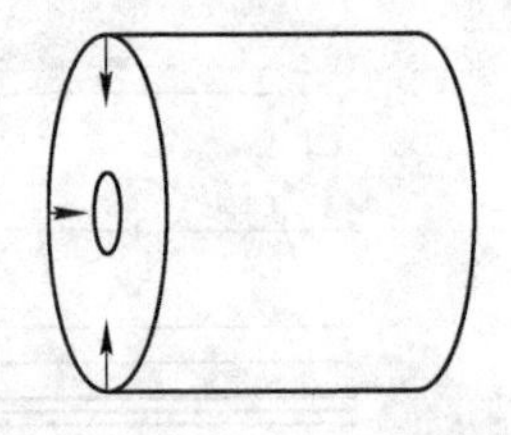

图 4-54　径向传热或层间传热（→表示传热方向）

与固体材质有关，导热基本微分方程为：

$$Q = \lambda F \Delta T t \qquad (\Delta T = \mathrm{d}T/\mathrm{d}x > 0) \tag{4-8}$$

式中，λ 为导热系数，$J/(m^2 \cdot ℃ \cdot s)$。

固体导热系数大于液体，液体导热系数大于气体，金属导热系数最大，有色金属导热系数大于钢铁，合金导热系数低于纯金属，金属导热系数随温度升高而减小。

根据式（4-8）可知，增大温差有利于传导传热。

图 4-54 所示为由外圈向内圈的传热，由于外圈向内圈的传热是层与层之间的传热，比均匀固体的导热要慢一些，层与层之间间隙越大，传热越慢。

(3) 确定好差温加热工艺，提高炉气流速保证温度的均匀性。卷材表面与热空气对流换热，使表面温度升高，表面温度升高使卷材表面与内部温差而引起传导传热，使卷材内部温度升高，要使整卷卷材性能均匀，产品质量提高，就应使卷材各个部分达到工艺要求的温度与保温时间。

由图 4-55 可以看出，卷材表面在加热的初期阶段升温速度明显大于内部升温速度，随着炉气温度的不断提高，卷材表面升温速度越来越快，与内部的温差越来越大，表面通过对流换热，吸热量远大于传导传热放出的热量。炉气温度达到最高 T_1 保温段，在保温段的前半程时间内，表面温升继续加快，表面与内部温差继续加大，并达到最大温差。同时卷材表面与炉气间的温差逐渐减小。在此以前炉气传热以对流换热为主，在 T_1 保温段的后半程时间内，由于卷材表面温度不断上升与炉气间温差越来越小，通过对流换热所吸收的热量比前期少。在 T_1 保温段的前半程内，表面与内部温差达到了最大，表面向内部大量传热，使内部温升速度大于表面。因此，表面与内部温差不断缩小。

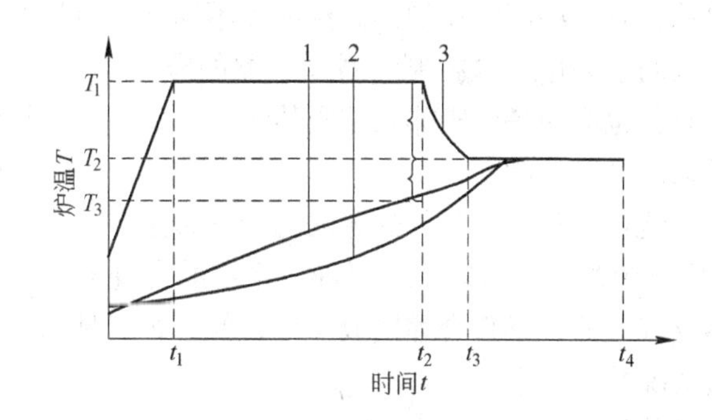

图 4-55 典型的退火曲线

1—卷材表面料温温升曲线；2—卷材内部料温温升曲线；3—炉温曲线

在 T_1 保温结束后，开始转为定温，炉气与表面温差越来越小，表面升温越来越慢，内部与表面进入均匀化阶段。

从以上分析不难看出，要使产品温度均匀，其中的一个重要影响因素是工艺制度，如果料温转定温时间早了（T_3 偏低），料温上不去，并且也不一定均匀。如果料温转定温时间晚了（T_3 偏高），最后料温要超温，并且温差大。

从生产中还发现，不同合金在同一制度下，升温时最大温差不一样，所需的均匀化时间也不一样。

影响料温均匀的另一个因素就是表面受热的均匀性，在加热时卷材表面各部分应均匀受热。要求炉气应有较大流速，布料时避免遮挡，消除死角。

b 整炉料温要均匀

多个工件装炉（一炉装多个卷或多垛料），要保证每个卷（垛）温度的均匀性，应保证每个卷（垛）周围炉温的均匀。

要保证每个卷（垛）周围炉温的均匀，一要保证有效工作区炉温均匀，二要采用分区控制，三要保证热流分布均匀。

要控制工作区内炉温均匀，首先应做好炉子的保温性能，如果炉体某一处漏气，或保温性能差，就会使该区域温度偏低，其次加热室内电阻丝应均匀分布，另外还应注意导流板（隔热板）的气密性，以防气流短路。

在炉内总会有一些因素使炉温升温速度不同步，有快有慢，温度有高有低，因而要采用分区控制，对加热器的输出功率做及时调整；在炉温保温时，也会因各区吸热物体吸热量不一样，而使炉温高低不一，因而要采用分区控制。

多个工件装炉，对每个工件热流的均匀分布是各个工件料温均匀的关键。热空气流的均匀分布，一靠导流系统的合理导流，二靠循环风机增大热空气流速，三靠合理摆放工件，使各个工件周围对气流的阻挠与流通情况趋向一致。

多个工件装炉，影响料温均匀性的另一方面就是合金状态和规格，即使每个工件周围热流分布均匀，不同合金状态其温度也不一样。因为不同合金的质量热容不一样，导热系数也有差异，导热系数不一样，影响单卷温度均匀性，导热系数大，整卷均匀性快。导热系数大，从表面往内部传导的热量也大，因而表面温升慢，合金的质量热容大，升温所需热量就大。

B 铝合金中厚板退火工艺控制要点

（1）装炉前，冷炉要进行预热，预热定温应与板材退火第一次定温相同，达到定温后保持30min方可装炉。

（2）查看仪表，测温热电偶接线是否牢固。测温料装炉前应处于室温。

（3）退火板材装炉时，料架与料垛应正确摆放在推料小车上，不得偏斜。

（4）要求测温板材料垛，要均匀地放置在各加热区内。装一垛及多垛料时，都要用两只热电偶放于炉子的高温点和低温点，其放置位置在料垛高度的二分之一处，距端头500mm插入深度不小于300mm，如果不同厚度板材搭配时效时，热电偶应插在较厚的板垛上。

（5）热处理制度不同的退火板材，不能同炉退火；同炉内，料垛的高度差不大于300mm。板材退火料垛，最高不得超过900mm（包括底盘在内）。

（6）为保证退火料温度均匀，热处理工可在±10℃范围内调整仪表定温。

（7）热处理可强化铝合金板材退火料出炉时，出炉料板片上要垫上石棉布，以防止空气淬火，影响板材成品性能。

（8）出炉后的热料不允许压料，待温度降至100℃以下方可压料。

（9）退火过程中因故停电，退火半硬状态板材，停电不超过1h，可继续按原制度加热；停电超过1h，将料出炉冷到定温后重新装炉退火。在保温过程中因故停电，要补足保温时间。

C 铝合金管、棒、型、线材退火工艺控制要点

（1）型、棒材在退火之前必须进行预拉伸矫直；管材成品退火前必须进行精整矫直。

（2）为了保证退火过程中制品加热的均匀性，对于尺寸较大的方棒、带板，装筐时制品之间应留有一定的间隙，每层制品之间也应隔开；带夹头退火的管材，必须在紧靠夹头处打眼，便于热空气循环流动。

（3）装筐时，长制品放在下面，短制品放在上面；相同壁厚直径小的管材放在下面，直径大的放在上面；直径相接近的管材，壁厚大的放在下面，壁厚小的放在上面。如果管、棒、型材同一炉退火，一般型、棒材放在下面，管材放在上面。防止退火中管材被压变形。

（4）外径不大于21mm的薄壁管材退火时，装筐前必须用玻璃丝带打捆，每捆直径不大于200mm。防止因退火后管材变软出料困难或造成管材弯曲。

（5）当5A03、5A05与1070A、1060、1050A、1035、1200、8A06、5A02合金管材装入同一炉退火时，应将5A03，5A05合金装入冷端，以防止屈服强度不合格。

（6）管材成品退火和低温退火时，其表面上的润滑油必须清除干净；拉伸中间毛料退火时必须控油。防止退火后在管材表面形成油斑或造成过烧。

（7）管材低温退火时，不得冷炉装炉。

（8）2A12T42状态型材退火时应采用高温装炉，以利于快速

升温。

(9) 2A01、2A10 合金铆钉线材拉成品前的最后一次退火应采用缓冷，在保温后以每 1h 不大于 30℃ 的速度随炉冷却至 270℃ 以下出炉。

(10) 对于要求晶粒度的 3A21 合金退火状态成品管材，应采用中频退火。在退火前应对管材进行预矫直，其均匀弯曲度不应大于 1mm/m，全长不大于 4mm。外径在 50mm 以下的管材，允许用玻璃丝带打成小捆后退火，每捆根数见表 4-20。退火温度可定为 420～530℃。

表 4-20　3A21 合金管材中频感应退火每捆根数

管材外径/mm	6～8	10～12	14～18	20～24	25～28	30～34	35～38	≥50
每捆根数	60～72	20～36	10～15	6～8	5	4	3	1

5 铝合金固溶（淬火）处理

5.1 概述

对第二相在基体相中的固溶度随温度降低而显著减小的合金，可将它们加热至第二相能全部或最大限度地溶入固溶体的温度，保持一定时间后，以快于第二相自固溶体中析出的速度冷却（淬火），即可获得过饱和固溶体（过饱和的溶质原子和空位），这种获得过饱和固溶体的热处理过程称为固溶处理或淬火。固溶处理是铝合金强化热处理的第一个步骤。固溶处理后，随即进行第二个步骤——时效，合金即可得到显著强化。

铝合金主要通过时效析出而强化，而过饱和程度的提高则取决于时效析出相的数量，时效析出相的数量越多则强化效果越大。在现有铝合金的发展演变过程中，为保证或提高合金的强度，常常提高合金元素的含量，但合金元素含量的提高使未溶结晶相的数量增加，这将对合金的综合性能产生不利影响。铝合金淬火所获得的溶质过饱和程度既与合金成分有关，也与固溶程度有关。因此对时效强化效果而言，提高固溶程度与增加合金元素含量作用是类似的。

淬火是铝合金材料的最重要和要求最严格的热处理操作，其目的是把合金在高温的固溶体组织固定到室温，获得高浓度的过饱和固溶体，以便在随后的时效中使合金强化。因此，制定淬火工艺制度时，必须恰当地选择加热温度、保温时间、加热设备和冷却方法等。

5.2 固溶化及固溶处理（淬火）

热处理可强化的铝合金含有较大量的能溶入铝中的合金元素，如铜、镁、锌及硅等，它们的含量超过室温及在中等温度下的平衡固溶度极限，甚至可超过共晶温度的最大溶解度。图 5-1 为典型的铝合金二元相图。成分为 C_0 的合金，室温平衡组织为 $\alpha+\beta$。α 为基体固溶体，β 为第二相。合金加热至 T_q 时，β 相将溶入基体而得到单相的 α 固溶体，这就是固溶化。若 C_0 合金自 T_q 温度以足够大的速度冷却，溶质原子的扩散和重新分配来不及进行，β 相就不可能形核和长大，α 固溶体就不可能沉淀出 β 相，而且由于基体固溶体在冷却过程中不发生多型性转变，因此这时合金的室温组织为成分即为 C_0 成分的 α 单相过饱和固溶体，这就是淬火（无多型性转变的淬火），又称为固溶处理。

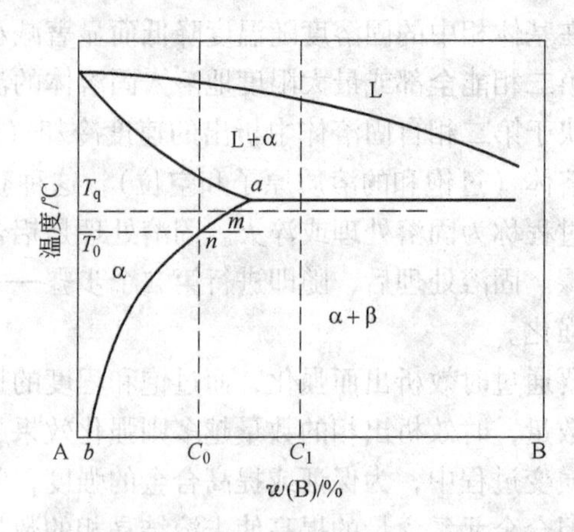

图 5-1　具有溶解度变化的铝合金二元相图

固溶处理后的组织不一定只为单相的过饱和固溶体。如图 5-1 中成分为 C_1 的合金，在低于共晶温度下的任何温度都含有 β 相。加热至 T_q，合金的组织为 m 点成分的过饱和 α 固溶体加 β 相。若自 T_q 淬火，α 固溶体中过剩 β 相来不及沉淀，合金室温的组织仍与高温时的相同，只是 α 固溶体成为过饱和固溶体（成分仍为 m）。

可见，除成分与相图上固溶度曲线相交的合金能固溶处理外，凡在不同温度下平衡相成分不同的合金原则上均可运用固溶处理工艺。

上述过饱和固溶体不仅对溶质原子是过饱和的，而且对空位这种晶体缺陷也是过饱和的，即处于双重过饱和状态。固溶处理后的时效脱溶（沉淀）过程是一种扩散过程，而空位的存在是原子扩散所必须具备的条件，因此固溶体中空位浓度及其溶质原子间的交互作用，必然对时效脱溶动力学产生重大影响。

5.3 铝合金固溶处理后组织的变化

铝合金在冷热变形后的主要组织特征：一是形成纤维带组织，即第二相化合物破碎和枝晶粒拉长产生的纤维带组织；二是形成亚结构组织；三是由于热加工时的回复产生亚晶组织；这些组织在固溶处理过程中，主要的组织变化是强化相固溶和发生再结晶。

图5-2和图5-3所示为7050合金热轧厚板的组织与固溶处理后的组织对比，可见热轧厚板组织中可见化合物破碎后沿压延方向排列，在α(Al)基体上有许多第二相质点，如$MgZn_2$、AlZnMgCu、S(Al_2CuMg)、Al_7Cu_2Fe和Mg_2Si等相，其中1～2μm宽度的为$MgZn_2$相，大量3～5μm宽度的为S相；热轧厚板经过470℃固溶60min后，组织中的$MgZn_2$、AlZnMgCu等强化相已经基本全部固溶到基体中，S(Al_2CuMg)相溶入一部分，残留相主要是Al_7Cu_2Fe和S(Al_2CuMg)等相，并且基体发生了再结晶（见图5-3*d*）。

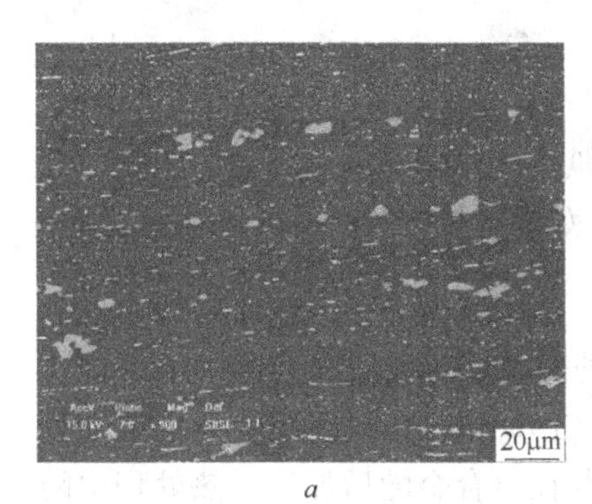

a

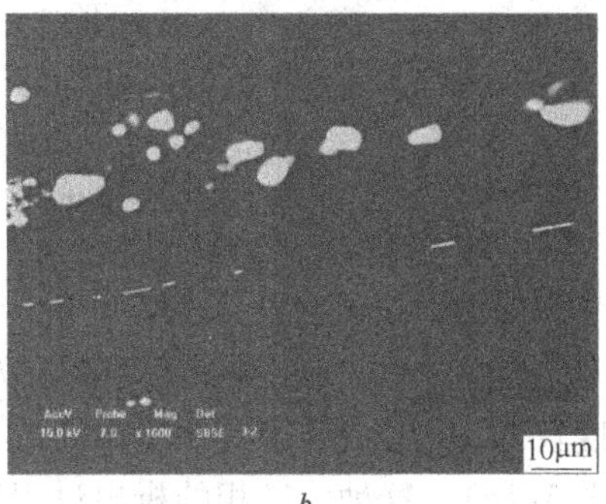

b

图5-2 7050合金热轧厚板的扫描电镜组织

a—原始组织；*b*—470℃固溶60min

除上述主要的组织变化外，固溶处理时还可能发生下列组织变化：

（1）过饱和固溶体的分解。在加工变形组织中，某些元素所形成的相在均匀化处理时没有完全析出而呈现一定的过饱和状态，并且在固溶处理温度下，其固溶度仍然较小时，则这些相在固溶处理的加

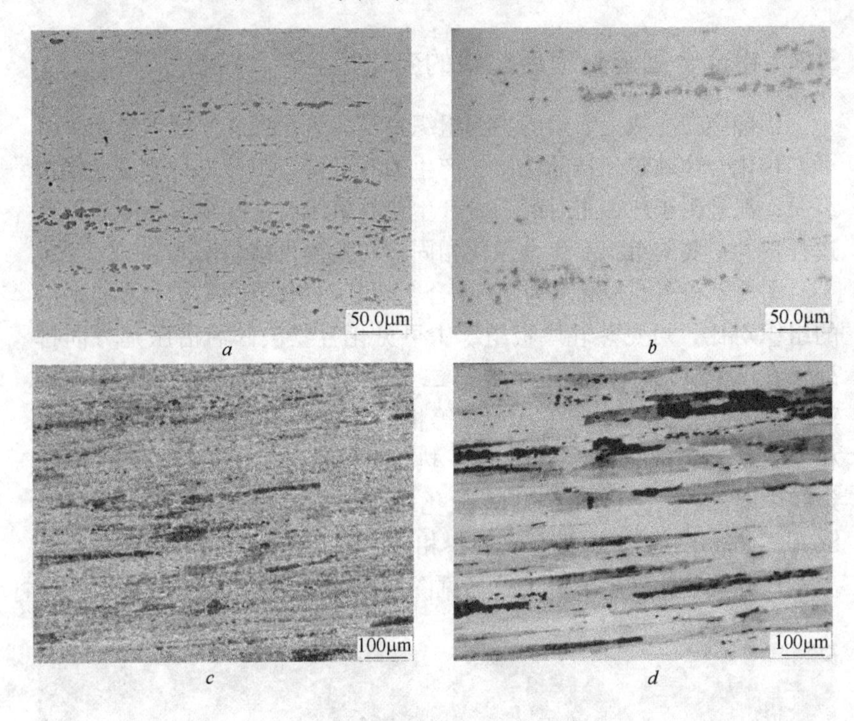

图 5-3 7050 厚板纵向中心部位组织

a，*c*—原始组织；*b*，*d*—470℃固溶 60min

热和保温阶段就会从固溶体中析出。例如，生产 7175 – T74 合金锻件时，合金中的 Cr 在锻造毛坯高温处理温度下在铝固溶体中的平衡浓度较低，所以在 510℃处理 6h 后，$CrAl_7$ 相还会从固溶体中析出（见图 5-4*a*），这种弥散相的析出过程往往对合金随后加工、热处理中的再结晶以及时效析出行为产生影响。图 5-4*b* 所示为 7175 合金锻件经 480℃/30min 淬火后的电镜组织，可见含 Cr 相钉扎在亚晶界上使其发生了强烈弯曲，阻碍了亚晶界发育，延缓了再结晶过程，因此可以提高再结晶温度。

（2）聚集与球化。若合金在平衡状态不呈单相，则固溶处理时过剩相不能完全溶解。这些未溶的相在固溶处理过程中就可能发生聚集和球化。聚集长大的特点是小尺寸的过剩相颗粒溶解，而大尺寸的颗粒长大，以降低总的界面能，达到热力学更稳定的状态，如图

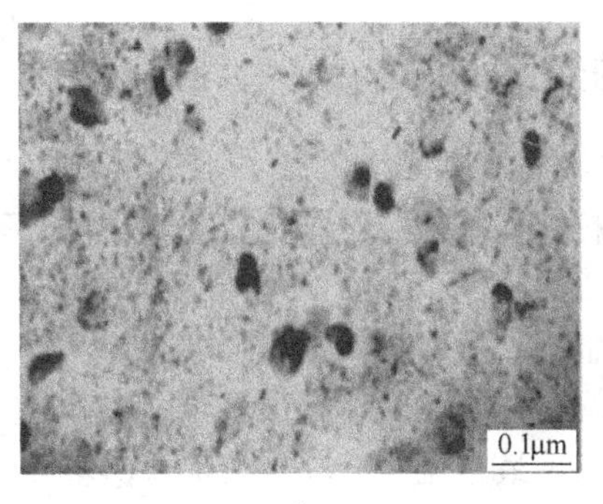

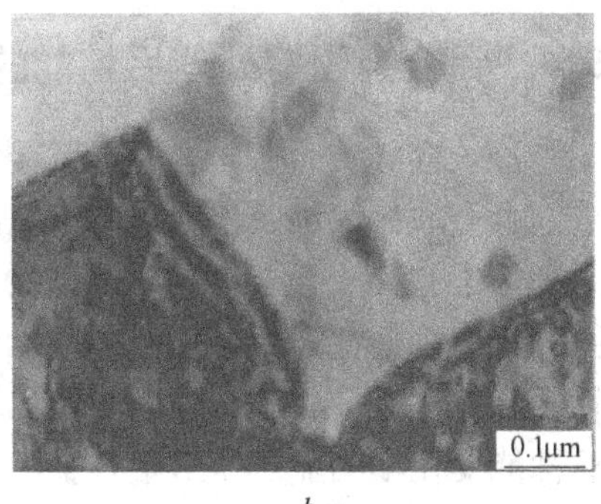

a *b*

图 5-4 7175 合金经高温处理和淬火后的电镜组织

a—锻造毛坯经 510℃/6h 高温处理；*b*—锻件经 480℃/30min 淬火

5-4*b* 中的过剩 S（Al_2CuMg）相已经球化。球化和聚集的一种特殊形式，即非等轴的过剩相质点（如片状、针状及其他无规则形状）转变为接近于等轴形状。

（3）晶粒长大。当可热处理强化合金在较高温度保温时间较长时，也可能发生晶粒长大现象（见图 5-5）。但当合金中存在大量细小并且分布均匀的弥散相时，合金很难发生晶粒长大，甚至仍然保持部分再结晶状态。生产 7050-T7451 合金板材（图 5-6），在均匀化时对 $ZrAl_3$ 弥散相进行控制，因此固溶处理后呈现为未完全再结晶，晶粒中存在大量亚晶，这些亚晶对合金性能有非常良好的作用。

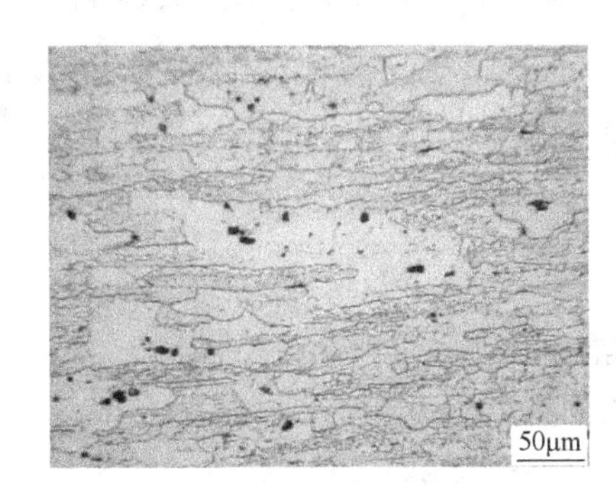

图 5-5 7050-T7451 合金厚板经 480℃固溶和双级时效后的金相组织

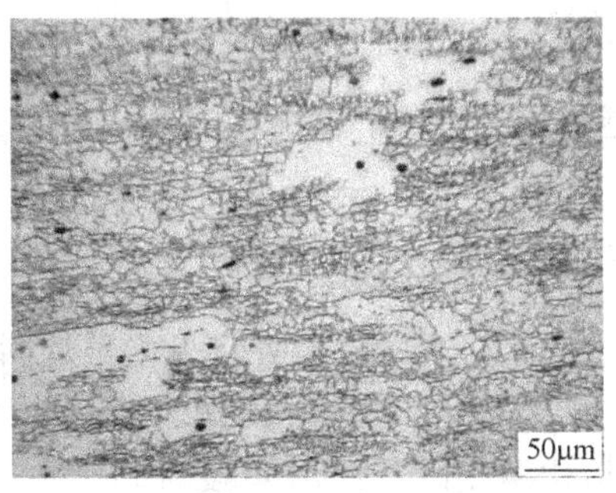

图 5-6 7050-T7451 厚板经 470℃固溶和双级时效后的金相组织

5.4 铝合金固溶处理后性能的变化

淬火会导致合金性能明显变化。固溶处理后性能的改变与相成分、合金原始组织及淬火状态组织特征、淬火条件、预先热处理等一系列因素有关。合金不同，性能的变化大不相同。一些合金淬火后，强度提高，塑性降低；而另一些合金则相反，经处理后强度降低，塑性提高；还有一些合金强度与塑性均提高。此外，有很多合金在淬火后性能变化不明显。变形铝合金淬火后最常见的情况是在保持高塑性的同时强度升高，其塑性可能与退火合金的相差不大，典型例子见表5-1。

表 5-1 2A11 和 2A12 合金固溶处理状态与退火状态力学性能的比较

合 金	σ_b/MPa		δ/%	
	退 火	固溶处理	退 火	固溶处理
2A11	196	294	25	23
2A12	255	304	12	20

固溶处理对强度和塑性的影响大小，取决于固溶强化程度及过剩相对材料的影响。若原来的过剩相质点对位错运动的阻止不大，则过剩相溶解造成的固溶强化必然会超过溶解而造成的软化，提高合金强度。若过剩相溶解造成的软化超过基体的固溶强化，则合金强度降低。若过剩相属于硬而脆的粗质点，则它们的溶解也必然伴随塑性的提高。

5.5 铝合金淬火工艺参数的确定原则

5.5.1 铝合金淬火的分类及应用

铝合金的固溶处理分为常规固溶、强化固溶和分级固溶。

（1）常规固溶，是比较简单的固溶处理方式，在低熔点共晶体熔化温度以下保温一段时间，然后快速冷却以获得一定的过饱和程度。随着固溶温度的提高和固溶时间的延长，合金固溶体的过饱和程度会得到相应的提高，固溶温度对固溶程度的影响要比固溶时间对固溶程度的影响大。

（2）强化固溶，是指在低熔点共晶体熔化温度以上平衡固相线温度以下进行的固溶处理。它在避免过烧的条件下，能够突破低熔点共晶体的共晶点，使合金在较高的温度下固溶。强化固溶与一般固溶相比，在不提高合金元素总含量的前提下，提高了固溶体的过饱和度，同时减少了粗大未溶结晶相，对于提高时效析出程度和改善抗断裂性能具有积极意义，是提高超高强铝合金综合性能的一个有效途径。这种处理工艺已经在7175合金和7B04合金生产中采用。

（3）分级固溶，是指合金在几个固溶温度点分级保温一定时间的热处理制度。它具有提高合金强度的作用，经过分级固溶处理后，合金的晶粒有所减小。这是由于第一级固溶处理温度较低，形变组织来不及完成再结晶，必定会保留一部分亚晶，晶界角度较小的亚晶具有较低的晶界迁移速率，从而使在分级固溶的较高温度阶段能够获得较小尺寸的晶粒组织。此外，分级固溶处理也常与强化固溶相结合，也有先低温后高温再低温处理等多种处理方式，目的是获得更好的固溶效果。

淬火及时效是一种综合热处理工艺，用来提高铝合金的强度性能。因此，一般是合金最终处理，以充分发挥材料的使用潜力。但有些合金（如镁含量较高的铝合金），固溶处理（淬火）后由于抑制了β相的析出，可大大提高塑性，因此可用淬火代替退火，作为冷变形前的软化手段。

5.5.2 铝合金淬火工艺参数的选择原则

为发挥合金的时效硬化潜力，热处理可强化铝合金在最终时效强化热处理前必须进行固溶处理。固溶处理的目的是在保证合金不过烧的条件下，尽可能使合金中强化元素充分固溶，同时还要控制晶粒尺寸和形态，使合金获得要求的性能。制定铝合金固溶处理制度也是很复杂的工作，不仅要考虑加热温度和保温时间，而且还要考虑淬火转移时间、冷却速度和停放效应（淬火与时效之间的时间）。此外还应考虑工件的大小、变形程度、晶粒度、包铝层不受破坏以及淬火应力等因素。在确定合理的固溶处理温度时，必须先测出可溶强化相的最低熔化温度，以及固溶处理工艺各个参数与力学性能之间的变化曲线，再根据技术条件规定的性能指标制定固溶处理制度。

5.5.2.1 淬火加热速度的选择

淬火加热速度的选择一般从以下几个方面考虑：

（1）淬火加热速度可以影响淬火再结晶晶粒尺寸，因为第二相有利于再结晶形核，高的加热速度可以保证再结晶过程在第二相溶解前发生，从而有利于提高形核率，获得细小的再结晶晶粒，因此应该采用快速加热方法。

（2）从提高生产效率的观点出发，也应采用快速加热，因为这样可以缩短退火时间、节约能源和提高生产效率。快速加热一直是首选的方法，如采用盐浴淬火、单件（单片）连续淬火、薄板连续淬火（空气加热式连续淬火、气垫式连续淬火）、差温加热淬火等。

（3）当淬火工件尺寸大、形状复杂、壁厚差大、装炉量较多时，如果加热速度过快，可能会出现加热不透或不均匀的现象，以及由于表面和心部存在温差而产生较大热应力，此时应控制升温速度。如在低温阶段，升温速度可以大一些，在高温阶段，升温速度就应该小一些；对于形状极其复杂、壁厚差极大的铝合金锻件，必要时可在工艺上明确规定锻件的入炉温度，锻件必须在炉温低于规定温度时才能进炉。

（4）在超高强铝合金中采用单级强化固溶（高温固溶）时，要控制加热速度，慢速升温，一般采用不高于60℃/h的速度加热到460～470℃，然后再改定温到480℃以上，其目的是使第一个低熔点的AlZnMgCu相全部固溶，同时更好地溶解S相，且能够防止金属发生过烧。

5.5.2.2 淬火加热温度的选择

A 选择淬火加热温度的原则

选择淬火温度的基本原则，是在防止出现过烧、晶粒粗化、包铝层污染等现象的前提下，尽可能采取较高的加热温度，以使强化相充分固溶。铝合金的淬火加热温度主要是根据合金中低熔点共晶的最低熔化温度来确定的，同时也要考虑生产工艺和其他方面的要求。

淬火加热时，合金中的强化相溶入固溶体中越充分，固溶体的成分越均匀，则经淬火时效后的力学性能就越高。一般来说，加热温度越高，上述过程就进行得越快越完全。但温度过高会引起晶粒粗大，甚至发生过烧（局部熔化）而使产品报废。

若淬火加热温度偏低，强化相不能完全溶解，导致固溶体浓度大大降低和最终强度、硬度也相应显著降低，而且还会降低合金的耐蚀性能。故淬火加热的温度是一个很重要的工艺参数。铝合金的加热温度范围很窄，因此，热处理加热炉的温度误差应很小，通常控制在±5℃以内，这样铝合金的力学性能和金相组织才能得到保证。

图5-7为简单二元合金相图。为了使合金中的强化相溶入基体，淬火加热温度首先应高于合金的固溶温度，即相图中极限溶解度曲线 ab 与合金成分线（I-I）的交点；其次，加热温度又必须低于在非平衡结晶条件下合金中所含共晶的熔化温度 $t_{共}$，否则金属内部将开始熔化，即出现过烧现象，造成废品。因此淬火温度只能选择上述两点之间，即淬火加热温度 $t_{淬}$，可见供选择的温度范围十分狭窄。合金元素含量高，完全固溶的温度也相应提高，而非平衡共晶起始熔化的温度则可能降低，因此可供选择的温度范围就会变得更窄。如 Al-5.25Cu 合金，相应上、下限温度为535℃和548℃，淬火温度定为537～545℃，比完全固溶温度仅高2℃，比过烧温度也只低3℃。因此，淬火加热温度应恰当选择，严加控制，其温度波动范围一般不应超过±2～3℃。

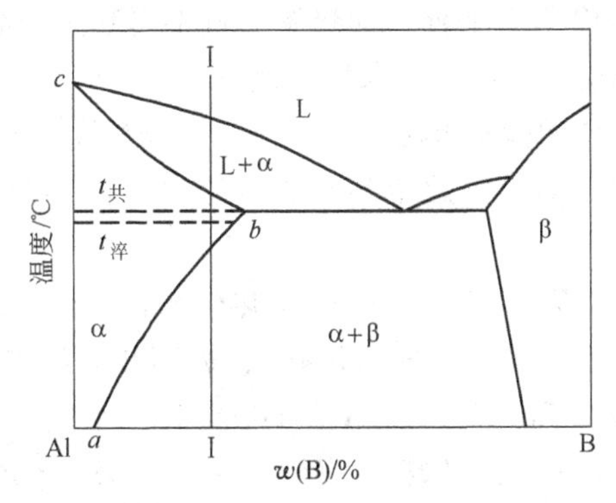

图5-7 铝合金淬火加热温度与合金成分的关系

$t_{共}$—共晶温度；$t_{淬}$—淬火加热温度

在选择淬火加热温度时，还应考虑工件的大小、变形程度、晶粒度和包铝层不受破坏等因素。例如在生产大型工件时，由于变形程度比较低，可能还部分地保留着铸态组织，所以，对2A12，2A14和7A04等合金的大型工件（厚度大于50mm），其淬火加热温度应采取规定淬火温度范围的下限。对于包铝板材，为了防止铜和锌等元素向包铝层中扩散，其淬火加热温度也应该采取规定淬火加热温度范围的下限。

晶粒尺寸是淬火处理时需要考虑的另一个重要的组织特征。对于变形铝合金来说，淬火前一般为冷加工或热加工状态，在加热过程中，除了发生强化相溶解外，也会发生再结晶或晶粒长大过程。热处理可强化铝合金的力学性能对晶粒尺寸相对不敏感，但过大的晶粒对性能仍是不利的。因此对高温下晶粒长大倾向性大的合金（如6A02等），应限制最高淬火加热温度。

很多铝合金挤压制品都有挤压效应。在需要保持较强的挤压效应时，淬火加热温度以取下限为宜。在生产中，对于大型锻件，变形程度比较低，铸态组织不能彻底转变为变形组织，所以，其淬火加热温度应取下限。而对变形程度大的制品，其淬火温度可稍高些。

B 过烧温度

过烧是指合金中低熔点组成物（一般是指共晶体）在加热过程中发生重熔。例如2A12合金中的三元共晶体（$\alpha+\theta+S$）熔点最低（607℃），则2A12合金的淬火加热温度就不得超过此温度限。目前，对合金的过烧温度的检测方法采用热差分析（DSC），精确度非常高。该方法已经取代金相检验方法，用于检测过烧温度，因为轻微过烧在金相组织中较难判断，因此金相检验方法只做制品是否过烧的定性鉴定。

图5-8所示为7050合金60mm厚热轧板的DSC分析曲线。DSC分析曲线存在两个吸热峰（即熔化峰），表明热轧板中存在两种低熔点产物，即AlZnMgCu相和S（Al_2CuMg）相，它们的过烧温度分别为479.3℃和488.9℃，其热焓值分别为0.525J/g和5.19J/g。根据上述分析结果，对7050合金可以采用强化固溶处理或分级固溶处理，即在470℃以下采用缓慢加热或保温一段时间（第一级）溶

解 AlZnMgCu 相，然后再越过 AlZnMgCu 相的过烧温度 479.3℃，在 480～485℃保温一段时间，使 S(Al_2CuMg) 相充分固溶，这两种处理方法均可得到高固溶度的固溶体，有效地提高了时效后合金的强度。

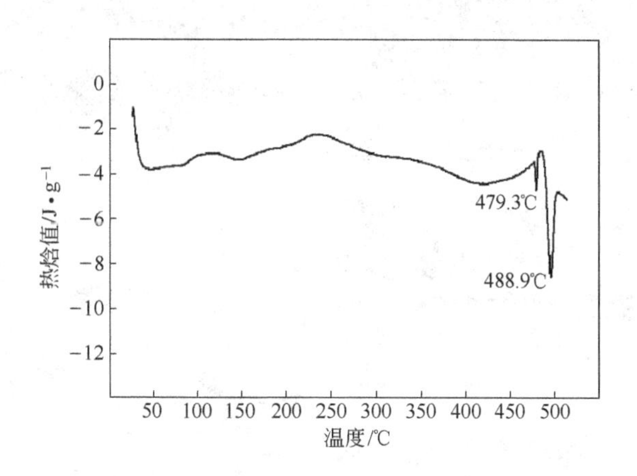

图 5-8 7050 合金 60mm 厚热轧板的 DSC 分析曲线

图 5-9 所示为一组 7150 板材的淬火组织，其中图 5-9*a* 为正常组织，图 5-9*b*、图 5-9*c*、图 5-9*d* 为过烧组织，其程度由轻微到严重。从中可看出以下特征：

图 5-9*b* 为过烧组织中出现复熔共晶球（液相球）。当淬火温度超过低熔点共晶体的熔点时，形成液相，由于表面张力的作用使液相收缩成球状，冷却下来就在组织中形成小圆球，在高倍显微镜下可看到共晶球内的复杂结晶结构，见图 5-10。

图 5-9*c* 为过烧组织中晶界局部加粗和发毛，并且平直化。在晶界与局部地区存在的低熔点共晶体熔化后还会侵蚀固溶体，这就使晶界局部加粗和发毛。

图 5-9*d* 为过烧组织中出现三角晶界区。这是在过烧严重时出现的特征。在三个晶粒交界处的局部熔化连接起来，三角晶界区内部也有复杂的结构。

轻微过烧时，表面特征不明显，显微组织观察可发现晶界稍变粗，并有少量球状易熔组成物，晶粒亦较大。反映在性能上，冲击韧

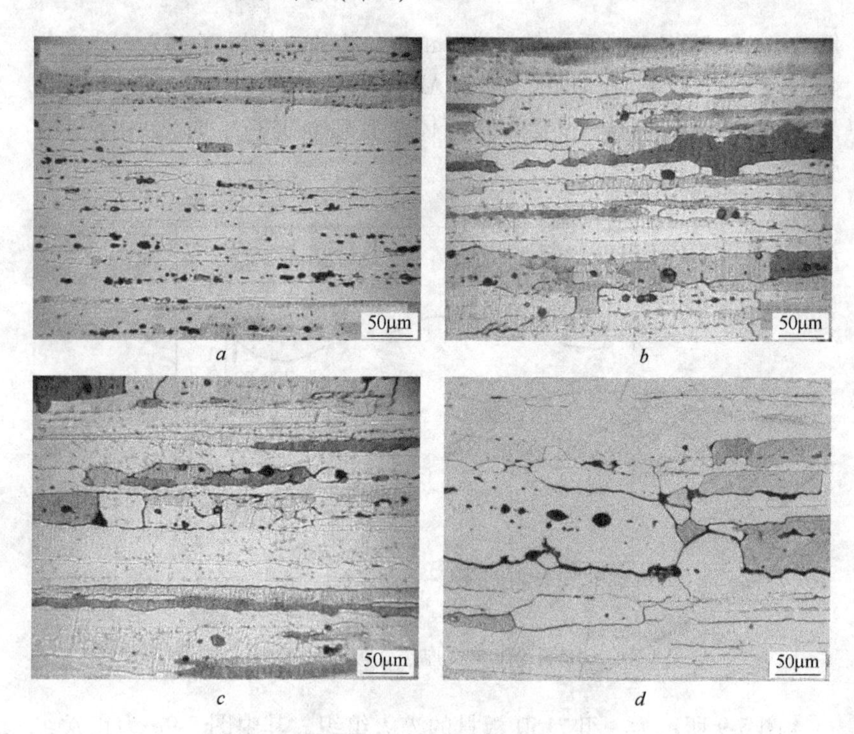

图 5-9 7150 合金板材不同温度淬火过烧组织（室温水淬）

a—470℃淬火正常组织；*b*—480℃淬火轻微过烧组织（液相球）；

c—485℃淬火过烧组织，液相球及晶界变粗；

d—495℃淬火严重过烧组织，三角晶界及晶界变粗

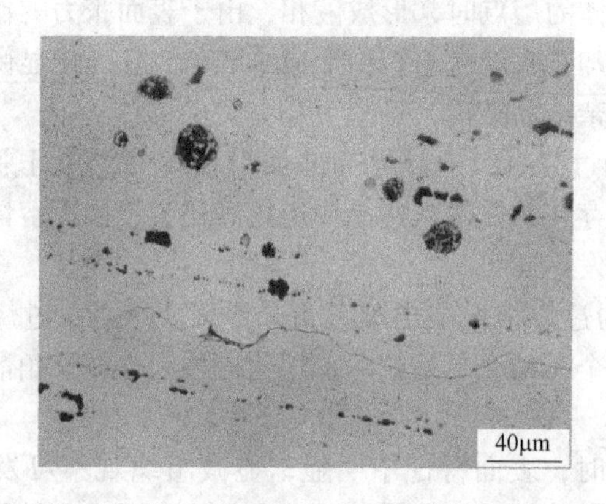

图 5-10 2A12 合金板材淬火过烧组织中液相球内部结构

度明显降低，腐蚀速度大为增加。严重过烧时，除晶界出现易熔物薄层，晶内出现复熔共晶球外，粗大的晶粒晶界平直、严重氧化，三个晶粒的衔接点呈黑三角，有时出现沿晶界的裂纹。制品表面颜色发暗，有时甚至出现气泡等。

对于过烧，虽然国内外都曾有资料报道，在一定的条件下经过适当的重新固溶处理可以消除其影响，但目前生产中仍将它看作是一种不可愈合的缺陷，一旦出现，产品应予报废，故热处理时需尽力避免产生过烧。现今国内尚无过烧的统一判断标准，各生产厂只是根据各自产品的用途、要求和生产条件确定相应的检验制度。表 5-2 中的数据说明过烧对 2A12 合金板材拉伸、晶间腐蚀和疲劳性能的影响。数据表明，2A12 的过烧敏感性最大，淬火温度与三元共晶点十分接近，所以 2A12 是生产中最易产生过烧的一种合金。

表 5-2　淬火对 2A12 合金板材性能的影响

淬火温度/℃	拉伸性能		晶间腐蚀				疲劳寿命		
	σ_b/MPa	δ/%	σ_b/MPa	δ/%	强度损失 $\Delta\sigma_b$/%	伸长率损失/%	最大应力 σ_b/MPa	$K=\sigma_{max}/\sigma_b$	至破裂时的循环次数 N/次
500	497	21.6	497	20.6	0	4.6	310	0.7	8841
513	499	18.4	440	8.5	11.8	53.8	314	0.7	8983
517	488	18.1	355	4.1	27.3	77.3	310	0.7	8205

C　淬火加热温度对力学性能的影响

确定具体铝合金材料的淬火温度时，一般先进行试验室试验，根据试验室测定的淬火加热温度对力学性能的影响结果来初步确定淬火温度，然后再在工业生产中进行生产试验。因此，铝合金的淬火加热温度对力学性能的影响曲线对确定淬火温度具有重要的参考价值。

图 5-11 ~ 图 5-14 所示为部分 2×××系铝合金板材和棒材淬火加热温度对力学性能的影响曲线，其他铝合金材料的试验曲线也基本相似。由于生产及试验条件的差异，这里所列举的曲线，仅供使用中参考。

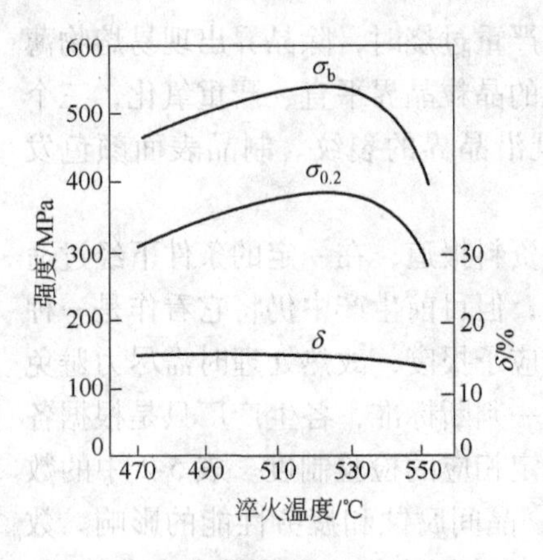

图 5-11 2A02 合金棒材淬火温度对力学性能的影响

（D20mm，盐浴加热，保温时间 40min，173℃/8h 时效）

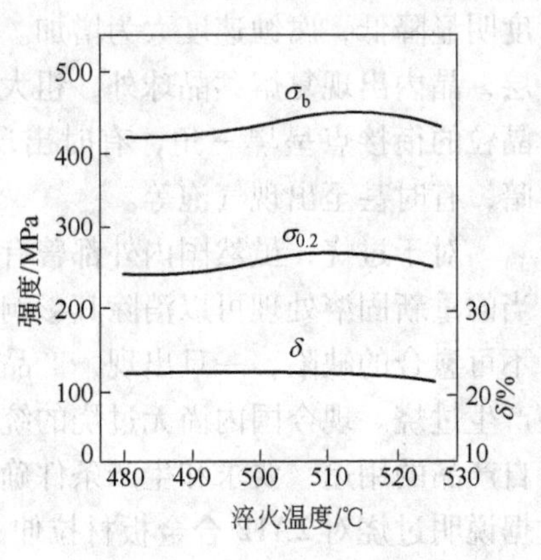

图 5-12 2A11 合金板材淬火温度对力学性能的影响

（板厚 3. 0mm，盐浴加热，保温时间 20min，自然时效）

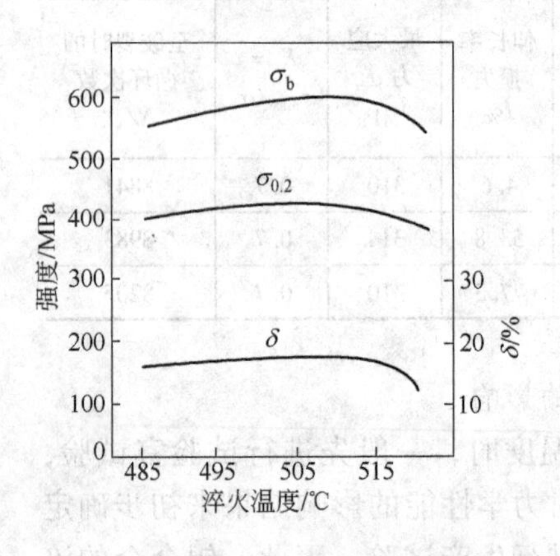

图 5-13 2A12 合金棒材淬火温度对力学性能的影响

（D50mm，盐浴加热，保温时间 50min，自然时效）

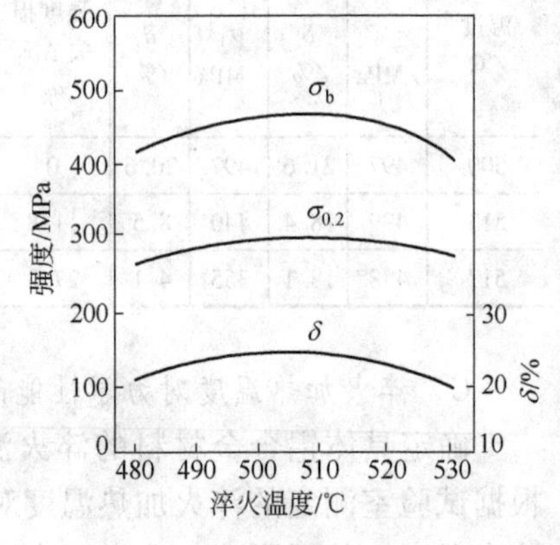

图 5-14 2A12 合金板材淬火温度对力学性能的影响

（板厚 2. 5mm，盐浴加热，保温时间 10min，自然时效）

D 淬火加热时的注意事项

铝合金制品淬火加热时一般采用带有强制热风循环装置的电阻炉

或盐浴炉。炉膛温度一般要求能控制在 ±2～3℃范围内。炉温控制多采用测量范围不超过600℃，精度为0.5级的控制仪表。对所使用的控制仪表要定期用0.2级精度的仪表进行检查和校对。

5.5.2.3 淬火加热保温时间的选择

A 选择保温时间的原则

固溶处理保温时间的选择原则是在正常固溶热处理温度下，使强化相达到满意的溶解程度，并使固溶体充分均匀及晶粒细小。铝合金的淬火保温时间主要是根据淬火加热温度、合金的本性、制品的种类、固溶前组织状态（强化相分布特点和尺寸大小）、产品的形状（包括断面厚度的尺寸大小）、加热方式（盐浴炉及空气循环炉，连续还是非连续加热）、加热介质、冷却方式和装炉量的多少，以及组织性能的要求等因素来确定。对于同一牌号的合金，确定保温时间应考虑以下因素：

（1）产品的形状。淬火加热时的保温时间与制品的形状（包括断面厚度的尺寸大小）有密切的关系，断面厚度越大，保温时间就相应越长。截面大的半成品及形变量小的工件，强化相较粗大，保温时间应适当延长，使强化相充分溶解。大型锻件和模锻件的保温时间比薄件的长好几倍。

（2）加热温度。淬火加热时的保温时间与加热温度是紧密相关的，加热温度越高，强化相溶入固溶体的速度越大，其保温时间就要短些。

（3）塑性变形程度及制品种类。热处理前的压力加工可加速强化相的溶解。变形程度越大，强化相尺寸越小，保温时间可短些。经冷变形的工件在加热过程中要发生再结晶，应注意防止再结晶晶粒过分粗大。固溶处理前不应进行临界变形程度的加工。挤压制品的保温时间应当缩短，以保持挤压效应。对于采用挤压变形程度很大的挤压材做毛料的模锻件，如果淬火加热的保温时间过长，将由于再结晶过程的发生，而导致局部或全部挤压效应的消失，使制品的纵向强度降低。挤压时的变形程度越大，需要保温的时间就越短。

（4）原始组织。预先经过淬火的制品，再次进行淬火加热时，其保温时间可以显著缩短。而预先退火的制品与冷加工制品相比，其强化相的溶解速度显著变慢，所以，对经过预先退火的制品，其淬火保温时间就要长些。

（5）坯料均匀化程度。均匀化不充分的制品，残留的强化相多且大，因此保温时间应长些。固溶处理和均匀化共同的目的是使强化相充分溶解，但是一般情况下，均匀化退火炉的精度较低，因此为了充分消除非平衡结晶相而提高均匀化温度就容易过烧。此外，均匀化退火时间长，经济效益低，因此可以根据制品合金本性以及加工工艺考虑均匀化和淬火的联动工艺，解决强化相充分固溶问题，因为大变形后组织中的强化相破碎严重，尺寸变小，在淬火时更容易固溶。

（6）组织和性能要求。当对制品晶粒尺寸有要求时，应该考虑缩短保温时间。另外，为了获得细晶组织还开发出双重淬火和分级淬火工艺。双重淬火是指利用两次相同的高温短时淬火，但两次淬火保温时间之和与原来的保温时间相同，其原理是不给晶粒长大的时间和机会；分级淬火的第一级采用低温使组织中的亚晶发育完全，减少再结晶的驱动力，这样在第二级高温固溶时晶粒就不易长大。当对制品有较高的腐蚀性能、断裂韧性和疲劳性能要求时，如航空用铝合金，淬火保温时间至少应该加倍。

（7）其他（如合金本性、加热条件、加热介质以及装炉量等）因素也必须考虑。

可热处理强化铝合金，其各种强化相的溶解速度是不相同的，如 Mg_2Si 的溶解速度比 Mg_2Al_3 的快。淬火保温时间必须保证强化相能充分溶解，这样才能使合金获得最大的强化效应。但加热时间也不宜过长，在某些情况下，时间过长反而使合金性能降低。有些在加热温度下晶粒容易粗大的合金（如 6063、2A50 等），则在保证淬硬的条件下应尽量缩短保温时间，避免出现晶粒长大。

装炉量多、尺寸大的零件，保温时间要长些。装炉量少、零件之间间隔大的，保温时间要短些。

盐浴炉加热迅速，故加热时间比普通空气炉的短，而且从工件入槽后，只要槽液温度不低于规定值下限，就可开始计算保温时间；而在空气炉中则需温度重新升到规定值，方可计时。

需要指出，对包铝的合金板材，淬火保温时间一定不能太长，以免合金元素向包铝层中扩散，降低合金的耐腐蚀性能。这一点在高温淬火时更为重要。硬铝合金中的铜元素随着淬火加热温度的提高及保温时间的延长，铜向包铝层中的扩散量增加。同样原因，对于厚度小于0.8mm的板材，最好不进行重复加热；厚度超过此值的铝件，重复加热次数也必须加以限制，见表5-3。

表5-3 包铝板材允许重复加热的次数

包铝板材厚度/mm	允许重复加热次数
<1	1
1~3	2
>3	3

淬火保温时间的计算，应以金属表面温度或炉温恢复到淬火温度范围的下限时开始计算。

B 淬火保温时间对力学性能的影响

铝合金材料淬火加热时保温时间对力学性能的影响举例见图5-15。

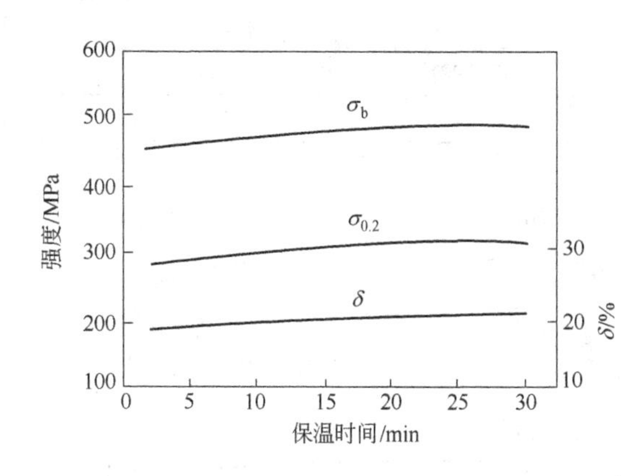

图5-15 2A12合金板材淬火保温时间对力学性能的影响
（板厚1.0mm，盐浴加热，淬火温度500℃，自然时效）

5.5.2.4 淬火转移时间的选择

淬火转移时间是把材料从淬火炉或盐浴炉中转移到淬火水槽中的

时间，即从固溶处理炉炉门打开或制品从盐浴槽开始露出到制品全部浸入淬火介质所经历的时间。

淬火转移时间，对材料的性能影响很大。因为材料一出炉就和冷空气接触，温度迅速降低，因此转移时间的影响与降低平均冷却速度的影响相似。为了防止过饱和固溶体发生局部的分解和析出，使淬火和时效效果降低，淬火转移时间应愈短愈好。应特别指出，淬火转移时间的长短对高强和超高强等淬火敏感性强的合金的力学性能、抗蚀性能和断裂韧性的影响很大，因为强化相容易沿晶界首先析出，使上述性能下降，对于这样的合金更应严格控制淬火转移时间。

淬火转移时间对7A04及2A12合金力学性能的影响见表5-4及图5-16。

表5-4 7A04合金板材淬火转移时间对力学性能的影响

淬火转移时间/s	抗拉强度/MPa	屈服强度/MPa	伸长率/%
3	533	503	11.2
10	525	485	10.7
20	517	461	10.3
30	460	385	12.0
40	427	354	11.6
60	404	316	11.0

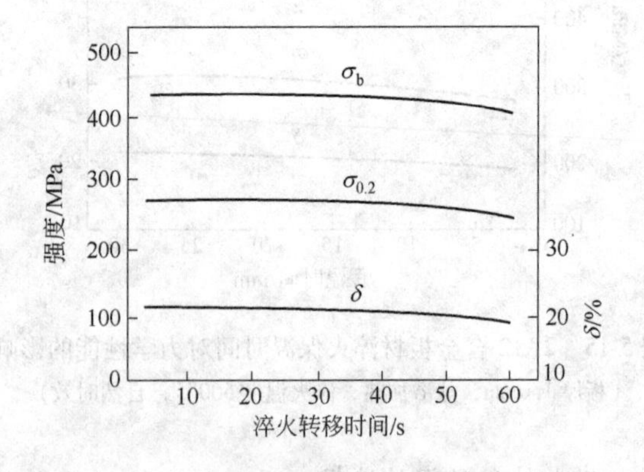

图5-16 2A12合金板材淬火转移时间对力学性能的影响

（板厚1.0mm，盐浴加热，淬火温度500℃，自然时效）

但对 Al-Mg-Si 系合金中的 6A02 合金来说，淬火转移时间对其力学性能和耐腐蚀性能的影响则不大。

可热处理强化铝合金的淬火转移时间是根据合金成分、材料的形状和实际工艺操作的可能性来控制的，同时也因周围空气的温度和流速以及零件的质量和辐射能力不同而异。为了保证淬火的铝合金材料有最佳性能，在生产中小型材料的转移时间不应超过 25s；大型的或成批淬火的材料，不应超过 40s；板材淬火的转移时间不应超过 30s。高强和超高强铝合金不应超过 15s。

5.5.2.5 淬火冷却速度的选择

在铝合金热处理工艺中，可以认为淬火（淬冷）是最严格的一种操作。淬冷的目的就是使固溶处理后的合金快速冷却至某一较低温度（通常为室温），以获得溶质和空位双过饱和固溶体，为时效强韧化奠定良好的基础。因此，淬火时的冷却速度，应该确保过饱和固溶体被固定下来，它对时效型铝合金的性能起着决定性的作用。

一般来说，采用最快的淬火冷却速度可得到最高的强度以及强度和韧性的最佳组合，并获得良好的抗腐蚀性能，所以为了在淬火和时效后得到应有的力学性能和耐蚀性，必须采用很高的淬火速度。但淬火冷却速度的影响是多方面的，因为冷却速度增大，制品的翘曲、扭曲的程度以及残余应力的大小也会增大，显然这是对产品不利的因素，如矫直困难、尺寸超差、放置及加工变形等。此外，制品厚度增加时，淬火的冷却速度必然会降低，从而可能达不到所需的最佳冷却速度，影响材料性能。

淬火速度的下限通常是根据合金耐蚀性来确定的，2A11、2A12 和 7A04 等合金的耐蚀性对缓慢冷却最为敏感。图 5-17 所示为平均冷却速度对 2A12 和 7A04 合金力学性能的影响。为了保证得到较高的强度及良好的耐腐蚀性能，2A11、2A12 合金淬火时的冷却速度应在 50℃/s 以上，7A04 合金的冷却速度要求在 170℃/s 以上。Al-Mg-Si 系合金则对冷却速度的敏感性较小。

A 临界温度范围

脱溶过程的动力学可用 TTT 图来分析。与其他降温时发生的固态相变类似，铝合金脱溶的等温动力学曲线呈“C”形。铝合金脱溶

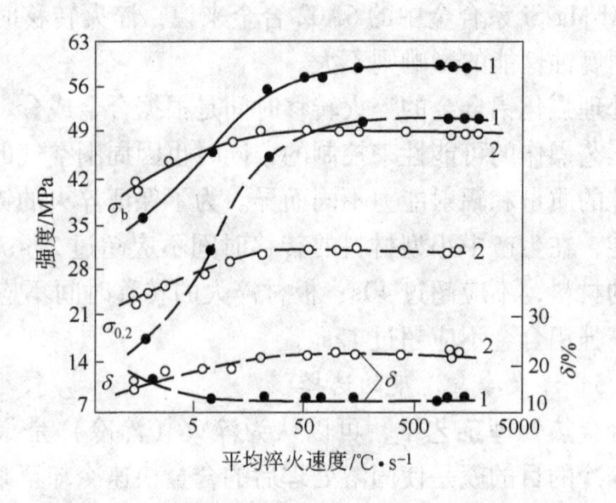

图 5-17 淬火速度对 2A12 和 7A04 合金力学性能的影响

1—2A12 合金；2—7A04 合金

过程的 C 曲线是根据一定温度下脱溶出一定溶质（平衡相）以使强度下降一定数值（例如强度降为最大值的 99.5%），或使腐蚀行为从点腐蚀改变成晶间腐蚀所需时间绘制的。图 5-18 及图 5-19 所示分别为 2A12 自然时效后用晶间腐蚀行为及 7A09 人工时效后用屈服强度表示的 C 曲线。C 曲线鼻部附近是具有最快脱溶速率的温度范围，一般称这一温度范围为临界温度范围。

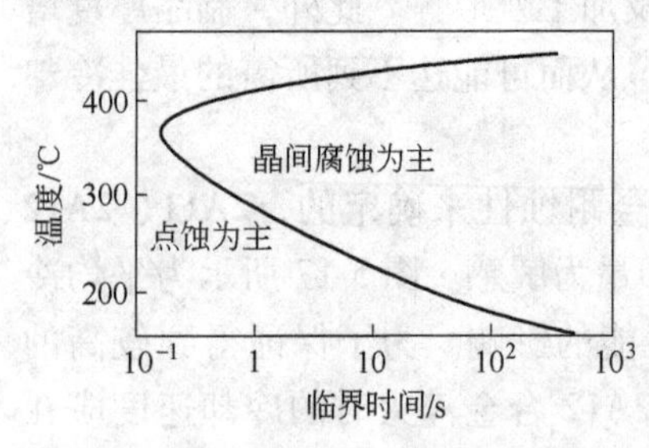

图 5-18 2A12 自然时效后用晶间腐蚀行为表示的 C 曲线

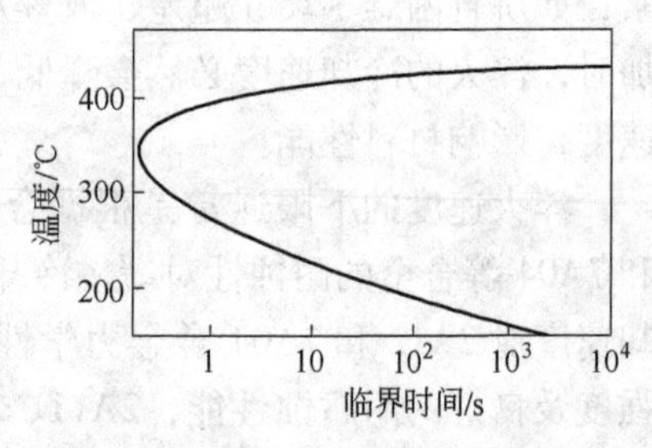

图 5-19 7A09 合金人工时效后用屈服强度表示的 C 曲线

由于临界温度范围是合金自高温冷却固溶体最容易发生分解的温度区间，所以淬火条件对合金性能的影响，实际上是研究通过临界温度范围时的冷却速度对合金性能的影响。8 种铝合金抗拉强度与平均冷却速度间的关系见图 5-20。

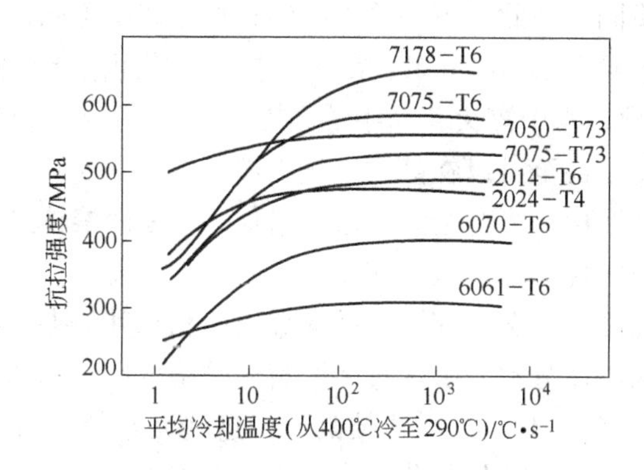

图 5-20 8 种铝合金抗拉强度与淬火时的平均冷却速度间的关系

由上述分析可知，淬火冷却速度大小取决于过饱和固溶体的稳定性，过饱和固溶体稳定性可根据 C 曲线位置来估计。若合金从淬火温度下以不同速度 v_1，v_2，…进行冷却（图 5-21），则与 C 曲线相切的冷却速度 v_c 称为临界冷却速度，即可防止固溶体在冷却过程中发生分解的最小冷却速度。当制品中心点的冷却速度大于 v_c 时，整个制品的各个部分就能把高温状态的固溶体保留下来，此种情况就表示这种制品“淬透了”。

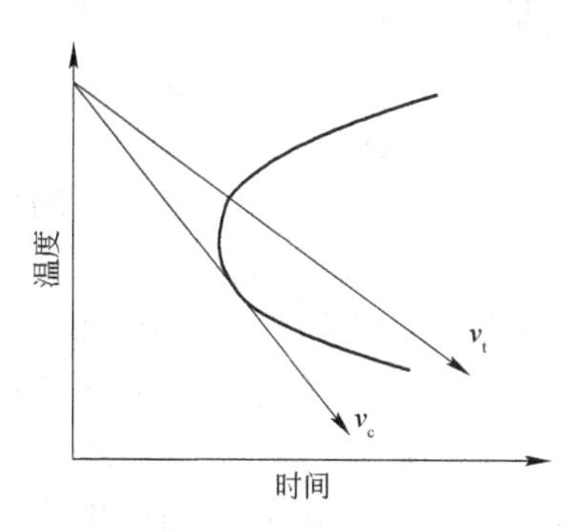

图 5-21 临界冷却速度

临界冷却速度与合金系、合金元素含量和淬火前合金组织有关。

不同系的合金，原子扩散速率不同，基体与脱溶相间表面能以及弹性应变能不同。因此，不同系中脱溶相形核速率不同，使固溶体稳定性有很大差异。如 Al-Cu-Mg 系合金中，铝基固溶体稳定性低，因而 v_c 大，必须在水中淬火；而中等强度的 Al-Zn-Mg 系合金，铝基固溶体稳定性高，甚至可以在静止空气中淬火。

同一合金系中，当合金元素浓度增加，基体固溶体过饱和度增大时，固溶体稳定性降低，因而需要更大的冷却速度。

若淬火温度下合金中存在弥散的金属间相和其他夹杂物相，这些相可能诱发固溶体分解而降低过冷固溶体的稳定性。例如，铝合金中加入少量 Mn、Cr、Ti，在熔体结晶时，这些元素就以过饱和状态存在于固溶体中，随后的均匀化退火、变形前加热及淬火加热，均可从固溶体中析出这些元素的弥散化合物。这些化合物本身可作为主要脱溶相的晶核，它们的界面也是主要脱溶相优先形核处，因而使固溶体稳定性降低，即淬火敏感性提高。对于这类合金，淬火需要采用较大冷却速度。目前，Al-Zn-Mg-Cu 系合金中用 Zr 替代 Mn 和 Cr，因为在时效时含 Zr 质点不易产生异质形核，因而降低了合金的淬火敏感性，如新开发的 7050、7150 和 7055 合金等均是含 Zr 合金，用这些新型合金可以生产厚度较大的厚板和锻件。

B 淬冷时影响合金性能的其他因素

a 制品尺寸和形状

淬火时的热交换是在制品表面进行的，因此冷却速度与制品比表面积（表面积/体积）有关。制品形状不同，比表面积变化很大，因此相应的冷却速度也有很大变化。

图 5-22 所示为厚度不同（1.6mm～20cm）的型材淬入 5 种不同温度水中以及在静止空气中冷却时所测定的冷却速度。图 5-23 所示为具有同样冷却速度的圆棒、方棒尺寸间用实验测定的关系。

淬火冷却速度影响合金力学性能。图 5-24 所示为 7A09-T6 板材平均拉伸性能与厚度的关系。从图中可见，当板材厚度大于 25mm 时，随厚度增大，抗拉强度及屈服强度呈直线降低。当板材厚度小于 25mm 时，强度性能随厚度增大而提高，本质原因是薄板易于发生再

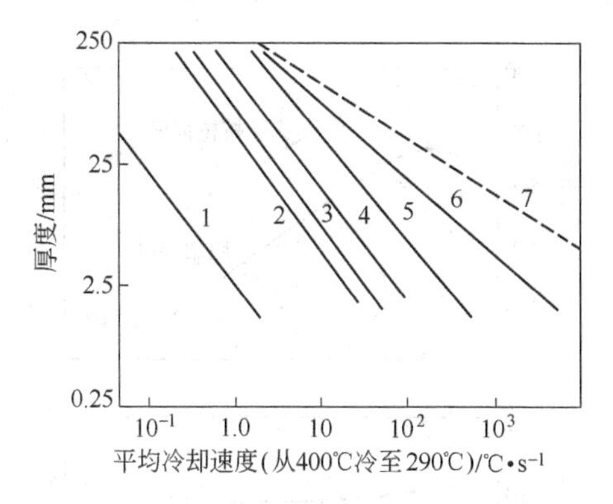

图 5-22 铝型材厚度和淬火介质对平均冷却速度的影响

1—空冷；2—100℃水冷；3—93℃水冷；4—82℃水冷；5—5℃水冷；6—24℃水冷；7—假定表面瞬间从470℃冷至100℃计算的最大值

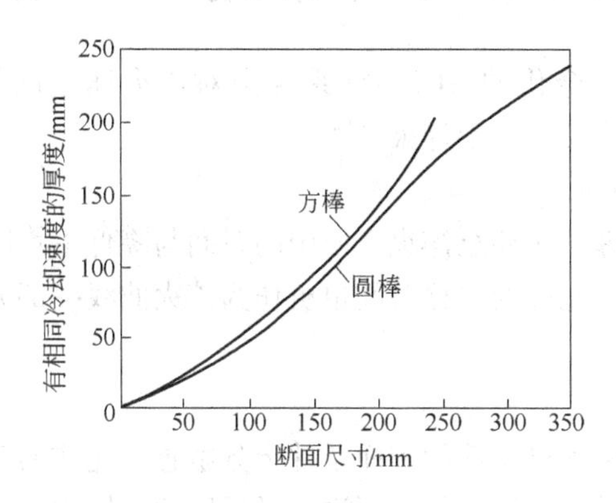

图 5-23 圆棒及方棒断面尺寸与厚度之间的关系

结晶过程。

b 淬火介质

水是最广泛且最有效的淬火介质。为改变冷却速度可以采用不同的水温（图 5-22）。水中加入不同物质也可使冷却速度改变，例如加入盐及碱可使冷却速度提高，加入某些有机物（如聚二醇）可使冷却变得缓和。

除水外，根据合金的不同，可选择有机淬火介质及空气作为冷却

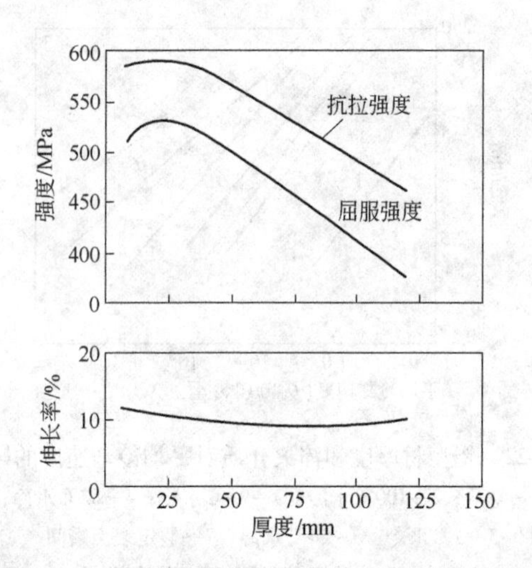

图 5-24 7A09-T6 厚板平均拉伸性能与厚度的关系

介质。例如低合金化的 Al-Mg-Si 系合金对淬火速度的敏感性较小，薄壁型材可在流动空气中淬火。

c 转移时间

从固溶处理炉转移至淬火介质中的时间与降低平均冷却速度所引起的作用类似。允许的转移时间也可作为淬火曲线一部分通过淬火因素分析来确定。

d 其他

淬火冷却速度对制件的表面条件十分敏感，光洁的表面冷却速度较低，有氧化膜或锈斑以及表面涂有无反射的涂层均可加快冷却速度（图 5-25）。表面粗糙有类似效果。

复杂制品如模锻件进入淬火介质的方式可明显改变各点的相对冷却速度，因而影响力学性能及淬火残余应力。

此外，零件在料架上的放置和零件间的距离、淬火介质体积、介质流动强弱和流动方向对冷却速度和冷却的均匀性均有一定的影响。

C 残余应力

生产实践证明，淬火时的冷却速度越大，淬火材料或工件的残余应力和残余变形也越大。淬火残余应力来源于淬火冷却时在制品中造

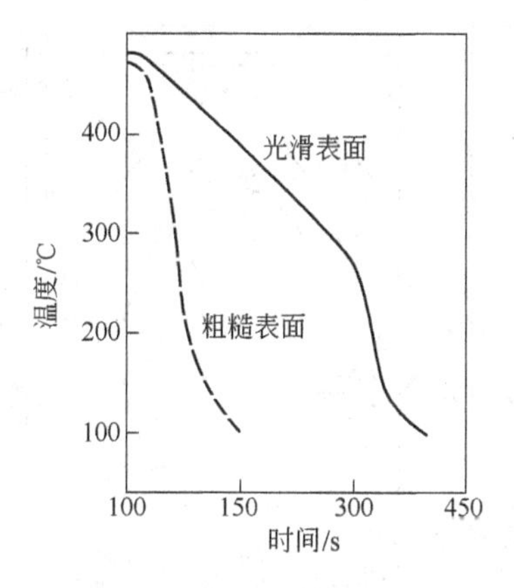

图 5-25 表面条件对铝合金冷却的影响
（直径 165mm，长 216mm，在 95℃水中淬火）

成的温度梯度。

图 5-26*a* 所示为圆柱形制品冷却时表层与心部的温度变化（降温曲线）；图 5-26*b* 表示各冷却瞬间制品截面的温度分布；图 5-26*c* 表示冷却后残余应力的变化。图中 t_c 表示塑性流动的临界温度。温度高于 t_c，热应力可由塑性变形而松弛；温度低于 t_c，由于材料屈服强度已高于热应力，热应力已不足以引起塑性变形而无法松弛，结果瞬时热应力将被保存并积累起来。从图中可见，冷却时间由 $\tau_0 \sim \tau_3$，制品各部分的温度均在 t_c 以上，热应力可全部松弛；由 $\tau_3 \sim \tau_4$，表层已冷至 t_c 以下，在厚度为 d 的表层中会产生不能松弛的应力，最外层拉应力（因表层冷速大于心部冷速，表层的收缩受到心部的牵制），表层内侧为压应力；τ_4 以后继续冷却，温度低于 t_c 的表层厚度逐渐加大，制品心部的冷却速度从低于表层逐渐变为高于表层的，因此表层拉应力逐渐减小，并在冷却至一定时刻后由拉应力变成压应力（因这时心部冷速大于表层冷速，心部的收缩已受到表层的牵制），而内层则变成拉应力。完成冷却后，虽然表层与心部的温度已经一致，但这种表层的压应力和心部的拉应力将仍然存在（有时可达很高水平），即以残余应力的形式保留在制品中。

a 影响残余应力的因素

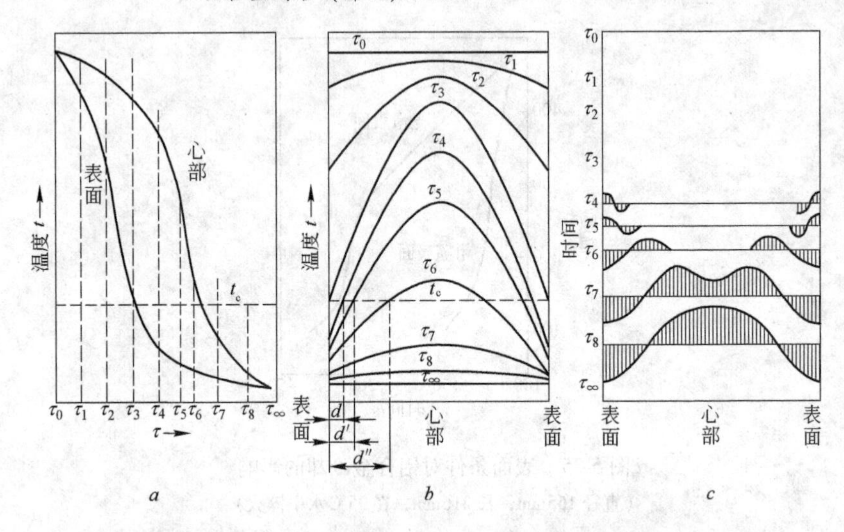

图 5-26　淬火过程中圆柱形制品的温度和残余应力变化

a—冷却时的降温曲线；*b*—瞬时温度分布；*c*—冷却后残余应力的变化

残余应力的大小直接与淬火时产生的温度梯度有关，影响温度梯度的淬火工艺因素包括淬火开始时的温度、冷却速度、截面尺寸以及截面形状的变化。当制件形状或厚度一定时，淬火开始时的温度降低以及冷却速度减小均可减小残余应力（图 5-27 及图 5-28）。当冷却速

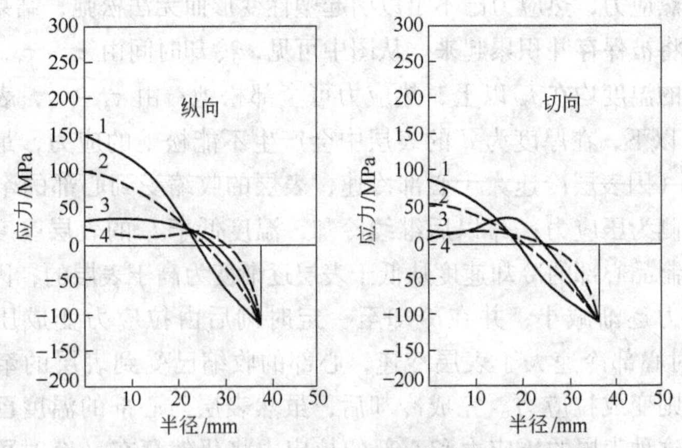

图 5-27　5056（LF5-1）合金圆柱体（$\phi76\times229$mm）

淬入 24℃水中时淬火温度对残余应力的影响

淬火温度：1—480℃；2—370℃；3—315℃；4—260℃

度一定时，直径或厚度较大的制品截面中的温度梯度较大，所以残余应力较高（图5-29）。

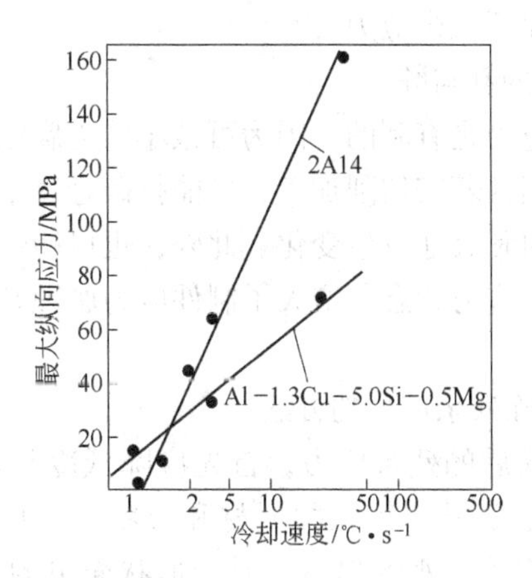

图5-28 两种合金圆柱体（ϕ76mm×229mm）分别从500℃及525℃淬火时冷却速度对残余应力的影响

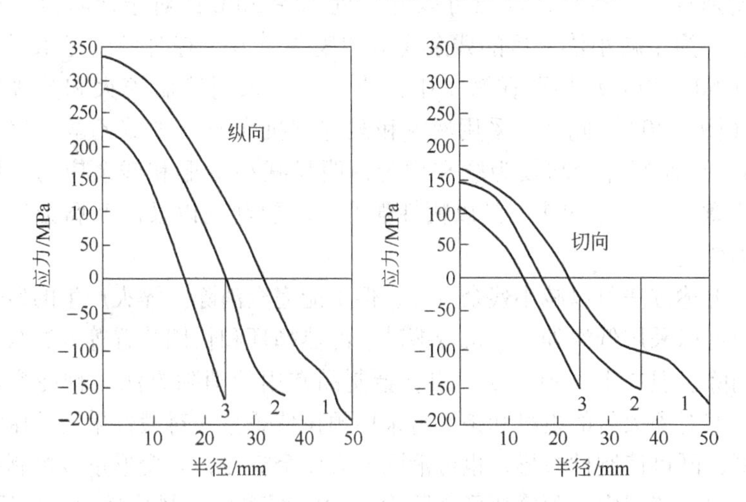

图5-29 2A14合金圆柱体从505℃淬入20℃水中截面尺寸对残余应力的影响

1—ϕ100mm×350mm；2—ϕ76mm×230mm；3—ϕ50mm×150mm

合金成分不同，残余应力值也不同。因为不同合金的弹性模量、屈服强度、热胀系数以及导热系数都有区别。当弹性模量、屈服强度及热胀系数大而导热系数小时，将会产生较大的残余应力，而其中影响最大的是热胀系数及高温屈服强度。当高温屈服强度高时，热应力难以松弛，更易保留残余应力。

b 残余应力的利与弊

表面残余压应力是有利的，因为可减小应力腐蚀倾向，提高疲劳抗力。淬火后的制件若需切削加工，可能打破金属中残余应力的亚稳平衡，使制件翘曲和尺寸发生变化。此外，也可能使压应力的表面层去除而导致表层拉应力状态，增大了制件应力腐蚀开裂及疲劳破坏的敏感性。

c 减小或消除残余应力的方法

为了减小淬火后的残余应力，首先应降低冷却速度以减小温度梯度，这一点对于壁厚差较大的型材和形状复杂的锻件特别重要。最普通的方法是将淬火水温提高，对于形状简单的小型材料，水温可稍低些，一般为10～30℃，不应超过40℃；对于形状复杂、壁厚差别较大的型材，水温可以升高到40～50℃；对于形状复杂的锻件，为了减小淬火后的残余变形和残余应力，有时可以把水温提高到60～80℃，甚至在沸水中淬火，亦可采用等温淬火和分级淬火（图5-30）。此外，采用液氮和某些有机介质（如聚乙醇、聚醚等），可使制件冷却较为缓和均匀，明显减小变形和残余应力。但应注意，降低冷却速度是以牺牲强度、断裂韧性以及晶间腐蚀抗力作为代价的。

上述方法可以减小残余应力，但不能完全消除。淬火产生的残余应力可以采用低温处理、机械振动、冷热循环和长期放置等方法减小或消除。但在生产中，变形铝合金制品常用的消除方法是预冷变形法，即对淬火后的板材和挤压材采用预拉伸矫直，对锻件采用预压缩矫平，既可使制件整形，也可消除淬火残余应力，其变形量应控制在1%～3%范围内。预冷变形消除内应力的原理是在制品微量变形后，制品组织内产生较多位错，在随后的时效过程中，正负位错由于运动而相互抵消，从而消除了晶格畸变，因为80%的内应力是晶格畸变造成的第三类内应力，因此晶格畸变的减少就可以有效地消除第三类内应力。

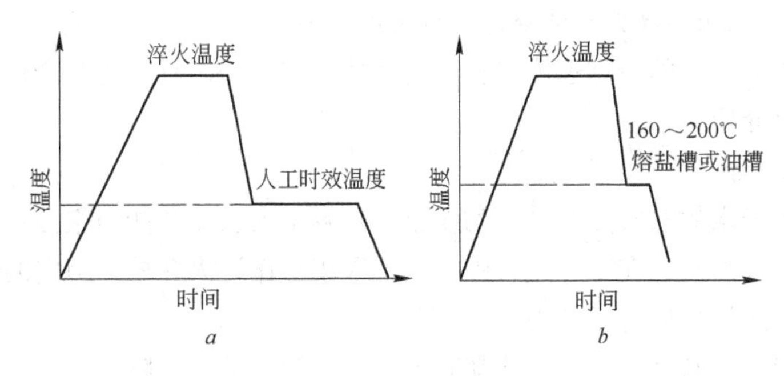

图 5-30 铝合金等温淬火及分级淬火工艺
a—等温淬火；b—分级淬火

d 阶段淬火

为了降低锻件及模锻件在淬火时产生的残余应力及残余变形，也可采用阶段淬火的工艺方法。先把淬火加热的锻件在较高的温度下进行短时间的冷却（保证过饱和固溶体在不发生分解的情况下进行冷却），然后再在室温水中冷却。采用阶段淬火的铝合金锻件，其力学性能下降不多，但其残余应力及残余变形却大大减小。2A16 合金锻件采用一次淬火和阶段淬火后的力学性能如表 5-5 所示。试验条件是先把锻件从淬火加热炉中放入 160～200℃的熔盐槽或油槽中进行第一阶段的短时等温冷却，然后再投入 30℃水中进行第二阶段冷却。对采用一次淬火和阶段淬火的锻件都采用 160℃/16h 的制度进行人工时效。从表 5-5 中可以看出，阶段淬火对材料力学性能的影响不大。为了保证锻件的淬火质量，要求第一阶段淬火介质的容积应比同时投入冷却介质中进行淬火的锻件的总体积大 20 倍以上。

表 5-5 2A16 合金锻件在一次淬火和阶段淬火后的力学性能

力学性能	在 30℃的水中一次淬火	在不同温度的熔盐槽中阶段淬火			
		160℃	170℃	180℃	200℃
抗拉强度/MPa	449	432	443	433	455
屈服强度/MPa	304	299	307	303	310
伸长率/%	14.3	9.8	11.4	13.4	15.0

5.5.2.6 淬火时的冷却介质及淬火槽

淬火介质的冷却速度对合金的性能有很大的影响。铝合金最常用的淬火介质是水。

A 水

由于水的蒸发热很高，黏度小、热容量大、冷却能力很强，也比较经济，因此，在工业生产中，广泛采用水作淬火介质。但它的缺点是在加热气化后冷却能力降低。

铝合金制品在冷水中冷却时大致可分为以下三个阶段：

（1）膜状沸腾阶段。当制品与冷水刚接触时，在其表面上形成很薄的一层不均匀的过热蒸汽薄膜，它很牢固，导热性不好，使制品的冷却速度降低；

（2）气泡沸腾阶段。当蒸汽薄膜被破坏时，靠近金属表面的液体剧烈沸腾，产生最强烈的热交换；

（3）热量对流交换阶段。冷水的强制循环或者制品在液体中来回运动，增加制品表面向液体产生对流热交换，使冷却速度提高。

制品在沸水中冷却时大致可分为两个阶段，在制品投入到沸水中时，在开始阶段产生强烈冷却，接着冷却速度变慢，随后又剧烈地形成气泡。图 5-31 所示为纯铝板材在水中淬火时的冷却曲线。

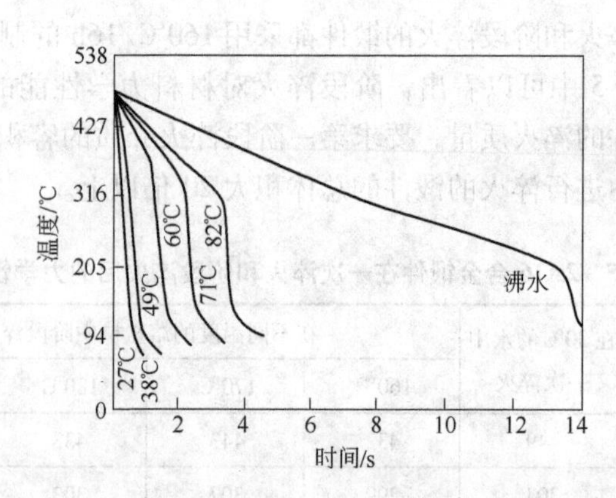

图 5-31 纯铝板材在水中淬火时的冷却曲线

（板厚 1.6mm，曲线上的数字为水温）

B 聚乙醇水溶液

在水中进行淬火时，制品的残余变形较大，且难以消除。为了避免这种影响，有的采用聚乙醇水溶液作为铝、镁合金材料淬火的冷却介质。这种冷却剂通常用水稀释后使用，其浓度由淬火材料的形状，特别是厚度来决定。当加热的材料投入浓度适当的冷却剂中时，包围在材料周围的溶液温度上升，聚乙醇的溶解度下降，聚乙醇就从其水溶液中分离出来，在材料的全部表面上形成覆盖层，使在溶液和金属的接触表面上不能形成阻碍热传导的蒸汽层。其覆盖层当水溶液温度下降到80℃以下时就再度溶解。这种水溶液具有可逆性质的特点，适用于厚度较小的板材和型材的淬火冷却介质。

C 淬火槽

淬火水槽的结构比较简单，有用钢板焊成的，也有用混凝土制成的。淬火水槽要求有足够的容积，使淬火的材料能够迅速浸入水槽，并使淬火后的水温不超过规定的温度，在成批材料淬火时，淬火水槽都采用循环水。为了加强冷却，并使淬火材料冷却均匀，有的淬火水槽还装有压缩空气管，以便搅拌。对于大型断面的材料，为了防止由于淬火急冷而引起工件翘曲或裂纹，有的在淬火水槽内还敷设蒸汽加热管道。在淬火时，将槽内的水加热到一定温度。淬火水槽的安设位置应尽量距离淬火加热炉近些，以便缩短淬火转移时间。淬火水槽尺寸根据所浸入的材料尺寸而定，大型的管、型和棒材，则采用圆形深井式；板材采用方形槽式。近年来在连续式热处理炉上，材料淬火则采用喷射式淬火装置，这种装置安设在炉子出口附近，材料从炉口出来后，水直接喷射在材料的表面上进行淬火。

在盐浴槽加热淬火时，除淬火水槽外，还设置酸、碱槽和清洗水槽，以便清除熔盐痕迹。

5.5.2.7 铝合金中厚板淬火方式（举例）

A 盐浴炉加热

（1）盐浴炉加热流程：熔盐炉加热→冷水淬火→硝酸蚀洗→冷水清洗。

（2）盐浴炉的特点：设备结构简单，制造及生产成本低，易于温度控制，但安全性差，耗电量大，不易清理，常年处于高温状态，调温周期长。使用盐浴炉热处理具有加热速度快、温差小、温度准确等优点，充分满足了工艺对加热速度和温度精度的要求，对板材的力学性能提供了保证。其缺点是：转移时间很难由人工准确地控制在理想范围内，有不确定的因素；在水中淬火时，完全靠板片与冷却水之间的热交换而自然冷却，形成了不均匀的冷却过程，使得淬火后的板材内部应力分布很不均匀；板材变形较大，在随后的精整过程中易造成表面擦伤、划伤等缺陷，并且不利于板材的矫平；盐浴加热时，板面与熔盐直接接触，板面形成较厚的氧化膜，在淬火后的蚀洗过程中很容易形成氧化色（俗称花脸），影响表面的均一性。

B 空气炉加热

(1) 空气炉淬火流程：空气加热室→高压冷水室→低压冷水室。

(2) 空气炉加热的特点：空气炉的加热分为辊底式空气炉加热和吊挂式空气炉加热两种方式。目前，国际上最为先进的淬火加热炉型为辊底式空气淬火加热炉。用这种热处理炉生产铝合金淬火板，工艺过程简单、板材单片加热及单片冷却，可被均匀快速加热，冷却强度大、均匀性好，使得淬火板材具有优良的综合性能。其缺点是相对盐浴炉而言，加热过程升温时间较长，生产效率降低。

5.5.2.8 淬火停放时间（停放效应）

采用人工时效工艺时，应注意热处理工序之间的协调，因为大多数铝合金存在所谓停放效应，即淬火后在室温停放一段时间再进行人工时效处理，将使合金的时效强化效果降低，这种现象在 Al-Mg-Si 系合金中尤为明显。例如，Al-1.75Mg-Si 合金淬火后，在室温分别停留 3min、10min、30min 和 2h，再在 160℃ 进行人工时效，合金硬度变化如图 5-32 所示，其中以淬火后放置 2h 的影响为最大。为弄清其中原因，曾进行电镜组织分析，发现在室温停留时间愈长，人工时效后组织中的过渡相也愈粗大，因而硬度和强度低。目前对这种现象的一种解释是 Al-Mg-Si 系合金中 Mg 在铝中的溶解度远大于 Si 的，在室温停留期间，过剩 Si 将首先形成偏聚，而 Mg、Si 原子的 G. P 区是在 Si 核上形成的，如果停放时间极短，则只产生 Si 的偏聚，大部分溶质原子仍保留在固溶体内，随后进行人工时效，Mg 和 Si 原子继续向 Si 的偏聚团上迁移，形成大量稳定的晶核，继续成长；如果在室温下停留时间过长，合金内形成大量偏聚，因而固溶体中溶质元素浓度大大降低，这样，当温度一旦升高到人工时效的温度时，那些小于临界尺寸的 G. P 区，将重新溶入固溶体，致使稳定的晶核数目减少，从而形成粗大的过渡相。

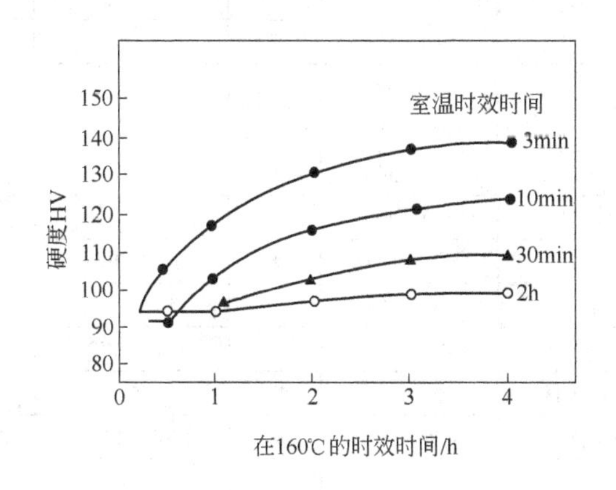

图 5-32 自然时效时间对 Al-1.75Mg-Si 合金在 160℃人工时效硬度的影响

为了减轻或消除淬火后停留时间对合金力学性能的影响，可考虑在淬火后立即进行一次短时预人工时效，使 G. P 区长大到可以作为稳定的晶核尺寸。但是，这种措施在生产中不方便，难以推广应用。后来发现 Al-Mg-Si 系合金中加入 Cu，$w(\mathrm{Cu}) = 0.2\% \sim 0.3\%$，可以大大地减小淬火后停留时间对合金性能的影响，原因是 Cu 能稳定空位或者与 Mg、Si 原子和空位形成迁移速度慢的复杂基团。

5.6 铝合金淬火工艺制度

5.6.1 铝合金淬火加热温度

在工业生产中，铝合金常采用的淬火加热温度如表 5-6 所示。

表 5-6 固溶热处理温度

合金	产品类型	固溶热处理（金属）温度③/℃	状态代号		
			淬火后①	自然时效后②	消除应力后
2A01		495～505	W		
2A02		495～505	W		
2A04		502～508	W		
2A06⑪		495～505	W		
2A10		510～520	W		
2A11		495～505	W		
2B11		495～505	W		
2A12⑪		490～500	W		
2B12		490～500	W		
2014	板材	496～507	W	T3④、T42	
	卷材	496～507	W	T4 、T42	
	厚板	496～507	W	T4 、T42	T451
	线材、棒材	496～507	W	T4	T451
	挤压件	496～507	W	T4、T42	T4510、T4511
	拉伸管	496～507	W	T4	
	模锻件	496～507	W	T4、T41	
	自由锻件	496～507	W	T4、T41	T452
2A14		495～505			
2A16		530～540	W		
2017	其他线材、棒材	496～510	W	T4	T451
	铆钉线	496～510	W	T4	
2117	其他线材、棒材	496～510	W	T4	
	铆钉线	477～510	W	T4	
2A17		520～530	W		
2018	模锻件	504～521	W	T4、T41	
2218	模锻件	504～516	W	T4、T41	
2618	模锻及自由锻件	524～535	W	T4、T41	
2219	薄板	541～549	W	T31④、T37④、T42	
	厚板	541～549	W	T31④、T37④、T42	T351
	铆钉线	541～549	W	T4	
	其他线材、棒材	541～549	W	T31④、T42	T351

续表 5-6

合金	产品类型	固溶热处理（金属）温度[3]/℃	状态代号		
			淬火后[1]	自然时效后[2]	消除应力后
2219	挤压件	541 ~549	W	T31[4]、T42	T3510、T3511
	模锻及自由锻件	530 ~540	W	T4	T352
2024	平板	487 ~499	W	T3[4]、T361[4]、T42	
	卷材	487 ~499	W	T4 、T42 、T3[4]	
	铆钉线	487 ~499	W	T4	
	厚板	487 ~499	W	T4、T42、T361[4]	T351
	其他线材、棒材	487 ~499[5]	W	T4、T36[4]、T42	T351
	挤压件	487 ~499	W	T4、T361、T42	T3510、T3511
	拉伸管	487 ~499	W	T3[4]、T42	
	模锻及自由锻件	488 ~499	W	T4	T352
2124	厚板	487 ~499	W	T4[1]、T42	T351
2025	模锻件	510 ~521	W	T4	
2048	板材	487 ~499	W	T3、T42	T351
2A50		510 ~520			
2B50		510 ~520			
2A70		525 ~535			
2A80		525 ~535			
2A90		512 ~522			
4A11[11]		525 ~535			
4032	模锻件	504 ~521	W	T4	
6A02		515 ~525			
6010	薄板	563 ~574	W	T4	
6013	薄板	563 ~574	W	T4	
6151	模锻件	510 ~527	W	T4	
	轧制环	510 ~527	W	T4	T452
6951	薄板	524 ~535	W	T4、T42	
6053	模锻件	516 ~527	W	T4	
6061	薄板	515 ~579[6]	W	T4 、T42	
	厚板	515 ~579	W	T4 、T42	T451
	线材、棒材	515 ~579	W	T4 、T42	T451
	挤压件	515 ~579	W	T4 、T42	T4510、T4511

续表 5-6

合金	产品类型	固溶热处理（金属）温度③/℃	状态代号		
			淬火后①	自然时效后②	消除应力后
6061	拉伸管	515～579	W	T4 、T42	
	模锻及自由锻件	516～580	W	T4、T41	T452
	轧制环	516～552	W	T4、T41	T452
6063	挤压件	515～530	W	T4、T42	T4510、T4511
	拉伸管	515～527	W	T4、T42	N/A
6262	线材、棒材	515～566	W	T4	T450
	挤压件	515～566	W	T4	T4510、T4511
	拉伸管	515～566	W	T4	
6066	挤压件	515～543	W	T4、T42	T4510、T4511
	拉伸管	515～543	W	T4、T42	
	模锻件	516～543	W	T4	
7001	挤压件	406～471	W		W510①、W511①
7A03		465～475	W		
7A04⑪		465～475	W		
7A09⑪		465～475	W		
7010	厚板	471～482	W		W51①
7A19		455～465	W		
7039	薄板	449～460⑦	W		
	厚板	449～455⑦	W		W51①
7049	挤压件	460～474	W		W510①、W511①
7149	模锻及自由锻件	460～474	W		W52①
7050	薄板	471～482	W		
	厚板	471～482	W		W51①
	挤压件	471～482	W		W510①、W511①
	线材、棒材	471～482	W		
	模锻及自由锻件	471～482	W		W52①
7150	挤压件	471～482	W		W510①、W511①
	厚板	471～480	W		W51①

续表 5-6

合金	产品类型	固溶热处理（金属）温度[3]/℃	状态代号		
			淬火后[1]	自然时效后[2]	消除应力后
7075	薄板	460～499[8]	W		
	厚板[9]	460～499	W		W51[1]
	线材、棒材[9]	460～499	W		W51[1]
	挤压件	460～471	W		W510[1]、W511[1]
	拉伸管	460～471	W		
	模锻及自由锻件	471～482	W		W52[1]
	轧制环	460～477	W		W52[1]
7475	薄板	474～521	W		
	厚板	474～521	W		
7475包铝合金	薄板	474～507	W		
7076	模锻及自由锻件	454～477	W		
7178	薄板[10]	460～499	W		
	厚板[10]	460～488	W		W51[1]
	挤压件	460～474	W		W510[1]、W511[1]

① 该状态是不稳定的，通常不用。

② 仅适用于能自然时效达到充分稳定状态的合金。

③ 表中所列的温度范围最大值和最小值之间的差值超过 10℃时，可在整个温度范围内采用任意一个 10℃的温度范围（对于 6061 合金为 15℃），只要表中或适用的材料规范中没有规定例外或限制准则即可。

④ 在固溶热处理之后，时效之前进行必要的冷加工。

⑤ 可以采用 482℃的低温，只要每个热处理批次经过测试表明能满足适用的材料规范的要求，同时经过对测试数据分析，证明数据资料符合规范的限定范围，具有重现性即可。

⑥ 6061 合金包铝板的最高温度不应超过 538℃。

⑦ 对于特定的截面、条件和要求，也可采用其他温度范围。

⑧ 在某些条件下，将 7075 合金加热到 482℃以上时会出现熔融现象，应当采取措施以避免这类问题。为最大限度地减少包铝层和基体之间的扩散，厚度小于或等于 0.5mm 的带包铝板的 7075 应在 454～499℃范围内进行固溶热处理。

⑨ 对于厚度超过 100mm 的板材和直径或厚度大于 100mm 的棒材（圆棒和方棒），建议最高温度为 487℃，以避免熔化。

⑩ 在某些情况下，加热该合金超过 482℃会出现熔化。

⑪ 2A06 板材采用 497～507℃；2A/2 板材可采用 492～502℃；7A04 挤压件可采用 472～477℃；7A09 挤压件可采用 455～465℃；4A11 锻件可采用 511～521℃。

铝合金中厚板材典型淬火固溶温度见表5-7。

表5-7 铝合金中厚板材典型淬火固溶温度

铝合金牌号	固溶处理温度/℃	过烧温度/℃	铝合金牌号	固溶处理温度/℃	过烧温度/℃
2A11	500±2	514	7075	465~475	525
2024，2A12	498±2	505	7475	475~485	
2017	498~505	510	7050	475~485	
2014，2A14	498~505	509	7022	460~480	
2A06	505±2	518	7020	460~500	
2A16	535±2	545	7A04	470±2	525
2618	525~535	550	7A09	470±2	525
2219	530~540	543			
2124	498±2				
6A02	525±2	565			
6061	520~530	580			
6063	525±2	615			
6082	520~530				

部分合金挤压材的在线淬火加热温度应符合表5-8规定。

表5-8 铝合金挤压材的在线淬火加热温度

牌 号	加热温度/℃	
	高温点	低温点
6005、6005A、6105	552	427
6061	557	454
6060、6063、6101、6463	552	427
6351	543	468
7004、7005	510	377
7029、7046、7116、7129、7146	538	454

注：1. 根据挤压比、截面形状和其他挤压参数的不同，温度范围可能会在很大程度上缩小。

2. 当对拉伸试验数据的统计分析证明材料符合拉伸性能的要求时，可对这些温度值适当调整。

5.6.2 淬火加热保温时间

炉料已达到要求的固溶热处理温度范围后，应当在该温度范围内进行必要的保温，以确保合金元素尽可能固溶，以及时效后的性能。在连续式加热炉内，产品通过工作区的速度应适宜，以确保充分保温，保证产品进行时效后能达到该产品所适用的标准要求。在工业生产中，推荐的变形铝合金淬火加热保温时间见表5-9。当炉料包含不同厚度的截面的产品时，推荐保温时间按其中最大厚度的截面确定。

表5-9 固溶热处理时的推荐保温时间

厚度/mm	保温时间/min					
	板材、挤压件		锻件、模锻件		铆钉线和铆钉	
	盐浴槽	空气炉	盐浴槽	空气炉	盐浴槽	空气炉
≤0.5	5~15	10~25				
>0.5~1.0	7~25	10~35				
>1.0~2.0	10~35	15~45				
>2.0~3.0	10~40	20~50	10~40	30~40		
>3.0~5.0	15~45	25~60	15~45	40~50	25~40	50~80
>5.0~10.0	20~55	30~70	25~55	50~75	30~50	60~80
>10.0~20.0	25~70	35~100	35~70	75~90		
>20.0~30.0	30~90	45~120	40~90	60~120		
>30.0~50.0	40~120	60~180	60~120	120~150		
>50.0~75.0	50~180	100~220	75~160	150~210		
>75.0~100.0	70~180	120~260	90~180	180~240		
>100.0~120.0	80~200	150~300	105~240	210~360		

盐浴炉淬火和空气炉淬火的推荐固溶处理保温时间见表5-10和表5-11。

表 5-10 铝合金中厚板（盐浴炉加热）固溶处理保温时间

板材厚度/mm	6.1～10.0	10.1～20.0	20.1～40.0	40.1～50.0	50.1～60.0	60.1～70.0	70.1～80.0	80.1～90.0	90.1～105.0	106～120
保温时间/min	50～60	60～70	70～80	80～90	90～100	100～110	110～120	130～150	170～180	190～210

表 5-11 铝合金中厚板（空气炉加热）固溶处理保温时间

板材厚度/mm	6.1～12.7	12.8～25.4	25.5～38.1	38.2～50.8	50.9～63.5	63.6～76.2	76.3～88.9	89.0～101.6
保温时间/min	60～70	90～100	120～130	150～160	180～190	210～220	240～250	270～280

部分典型规格铝合金制品淬火加热的保温时间见表 5-12～表 5-18。

表 5-12 2A06、2A11、2A12 合金包铝板在盐浴炉加热时的保温时间

板材厚度/mm	保温时间/min	板材厚度/mm	保温时间/min
0.3～0.9	9	6.1～8.0	35
1.0～1.5	10	8.1～12.0	40
1.6～2.5	17	12.1～25.0	50
2.6～3.5	20	25.1～32.0	60
3.6～4.0	27	32.1～38.0	70
4.1～6.0	32		

表 5-13 2A11、2A12 合金不包铝板材在盐浴炉加热时的保温时间

板材厚度/mm	保温时间/min	板材厚度/mm	保温时间/min
0.3～0.8	12	2.6～3.5	30
0.8～1.2	18	3.6～5.0	35
1.3～2.0	20	5.1～6.0	50
2.1～2.5	25	>6.0	60

表 5-14 6A02、7A04 合金不包铝板材在盐浴炉加热时的保温时间

板材厚度/mm	保温时间/min	板材厚度/mm	保温时间/min
0.3~0.9	9	3.1~3.5	27
1.0~1.5	12	3.6~4.0	32
1.6~2.0	17	4.1~5.0	35
2.1~2.5	20	5.1~6.0	40
2.6~3.0	22	>6.0	60

表 5-15 铝合金棒材、型材在空气炉中淬火加热时的保温时间

棒材最大直径、型材最大厚度/mm	保温时间/min		棒材最大直径、型材最大厚度/mm	保温时间/min	
	制品长度小于13m	制品长度大于13m		制品长度小于13m	制品长度大于13m
≤3.0	30	45	30.1~40.0	105	135
3.1~5.0	45	60	40.1~60.0	150	150
5.1~10.0	60	75	60.1~100.0	180	180
10.1~12.0	75	90	>100.0	210	210
12.1~30.0	90	100			

表 5-16 铝合金管材在空气炉中淬火加热时的保温时间

管壁厚度/mm	保温时间/min	管壁厚度/mm	保温时间/min
<2.0	30	10.1~20.0	75
2.1~5.0	40	>20.0	90
5.1~10.0	60		

表 5-17 铝合金线材在空气炉中淬火加热时的保温时间

合金牌号	规格/mm	保温时间/min
2B11、6101	所有规格	60

表 5-18 铝合金管材在空气炉中淬火加热时的保温时间

制品最大厚度/mm	保温时间/min	淬火水槽温度/℃
<30.0	75	20~30
31~50	100	30~40
51~100	120~150	40~50
101~150	180~210	50~60

5.6.3　淬火转移时间

淬火转移时间是把材料从淬火炉或盐浴炉中转移到淬火水槽中的时间。

淬火转移时间，对材料的性能影响很大。因为材料一出炉就和冷空气接触，温度迅速降低。为了防止过饱和固溶体发生局部的分解和析出，使淬火和时效效果降低，淬火转移时间应愈短愈好。应特别指出，淬火转移时间的长短对有些铝合金耐蚀性的影响也很大。

淬火转移时间对 7A04 和 2A12 铝合金板材力学性能的影响分别见表 5-19 和图 5-33。

表 5-19　7A04 铝合金板材淬火转移时间对力学性能的影响

淬火转移时间/s	抗拉强度/MPa	屈服强度/MPa	伸长率/%
3	522	493	11.2
10	515	475	10.7
20	507	452	10.3
30	451	377	12.0
40	418	347	11.6
60	396	310	11.0

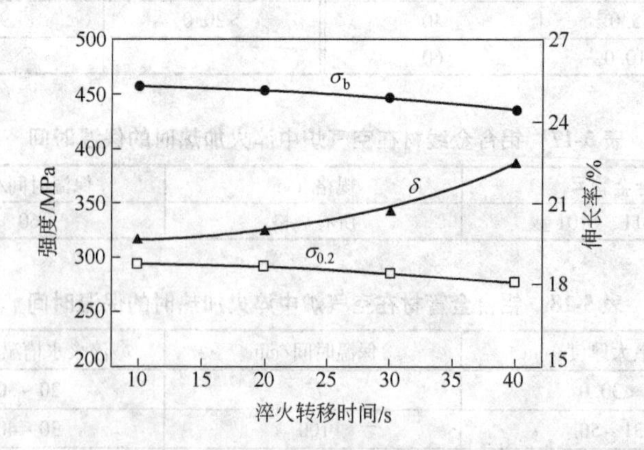

图 5-33　2A12 铝合金板材淬火转移时间对力学性能的影响（190℃/12h）

对 Al-Mg-Si 系合金中的6A02 合金来说，淬火转移时间对其力学性能和耐腐蚀性能的影响不大。可热处理强化铝合金的淬火转移时间是根据合金成分、材料的形状和实际工艺操作确定的。

水槽容积和水循环一般应保证完成淬火时的水槽温度不超过40℃。使用水聚合物溶液时，溶液的容积和循环均应保证任何时候水温不超过55℃。

淬火产品浸没前所允许的最长转移时间应符合表5-20 规定，按产品截面厚度对应转移时间执行。交替浸没方式所允许的淬火转移时间，应根据晶间腐蚀试验和产品经时效处理达到相应的规定状态后进行的力学性能试验确定。

表 5-20 建议最长淬火转移时间（浸没淬火时）

厚度/mm	最长淬火转移时间/s
<0.4	5
≥0.4~0.8	7
≥0.8~2.3	10
≥2.3~6.5	15
>6.5	20

注：1. 在保证制品符合相应技术标准或协议要求的前提下，淬火转移时间可适当延长。
2. 除2A16、2219 合金外，如果试验证明整个炉料淬火时温度超过413℃，最长淬火转移时间可延长（如装炉量很大或炉料很长）。对2A16、2219 合金，如果试验证明炉料的各个部分的温度在淬火时都在482℃以上，则最长淬火转移时间可延长。

5.6.4 挤压材的在线淬火

5.6.4.1 在线淬火条件

对于整个淬火区来说，管路内淬火液的温度和压力应保持在工艺规程建立时确定的范围内。

5.6.4.2 挤压材在线淬火的时间要求

挤压材从挤压模具到淬火区入口之间的时间（时间间隔）应符合表5-21 的规定。

表 5-21 挤压材从模具到淬火区入口之间的时间间隔

厚度/mm	时间间隔/s
≤1.6	≤45
>1.6~3.8	≤50
>3.8~6.4	≤60
>6.4	≤90

注：1. 淬火区边界应符合表 5-22 中的最小冷却速率的极限的规定。

2. 对于最薄的挤压材，通常控制在最长允许时间间隔对应的厚度范围内。如果此挤压材最薄处不需要考虑性能，除非其代表此挤压材的最后冷却部分，通常可不考虑其时间间隔限制。

3. 仅当整个挤压固溶热处理工艺文件（包括辅助的力学性能统计资料）能证明增加的时间间隔没有负面效应时，才可采用更长的时间间隔。

5.6.4.3 挤压材在线淬火冷却速率

挤压材在线淬火时，淬火区的最小冷却速率应符合表 5-22 的规定。

表 5-22 淬火区最小冷却速率

合 金 牌 号	冷却速率/℃·s^{-1}
6005、6005A、6105	2
6061、6351	8
6060、6063、6101、6463、7004、7005	1
7029、7046、7116、7146	6

注：1. 冷却速率是指在稳定的冷却系统中，挤压材初始温度降至 204℃时的平均温降。

2. 允许在冷却至 204℃的过程中，环境空气不流动。

3. 如果有工艺文件记载，并且统计数据确认可满足材料的技术要求时，可采用较低的冷却速率。

5.6.5 铝合金中厚板（盐浴）淬火工艺控制要点

（1）盐浴淬火时，盐浴炉的液面应比淬火的板片的上边高出 150mm，加热器露出液面的高度不超过 350mm，并根据液面的高度及时补充硝盐。

（2）换合金、改定温及补充硝盐时，盐浴温度达到定温后，必须保持30min以上，并经测温合格后方可生产。盐浴炉温差为±2℃。

（3）盐浴淬火的板片料垛要三面整齐，以利于淬火生产。需盐浴淬火的板片必须冷却到室温后方可装炉。

（4）淬火水槽水温不高于30℃。清洗槽 HNO_3 浓度为3%～16%；NaOH浓度为2%～5%，其温度为30～50℃。

（5）盐浴淬火必须按批、按合金装炉生产，不同合金不允许在同一炉内淬火。同一合金但包铝层厚度不同，也不能在同一炉内淬火。如2A12与2A12B合金板材不可装在同一炉内。

（6）板片上有油膜，淬火时必须上下多提升几次，使油膜在炉外燃烧完，然后再加入炉内淬火。带水的板片不允许加入炉内，淬火的板片不允许靠在加热元件上。

（7）对有严重弯曲的板片，淬火前应进行矫直处理。

（8）板片加入炉内，达到定温后开始计算保温时间。

（9）淬火转移时要快、准、稳。高锌铝合金淬火转移时间不超过25s，其他合金淬火转移时间不超过30s。

（10）严禁有机物加入盐浴炉中，镁合金及镁的质量分数大于10%的高镁铝合金，严禁在盐浴炉内进行热处理。

（11）为保证板材的表面质量和防火要求，料挂、横梁上的硝盐必须每周清理一次，天车一季度清理一次，房梁一年清理一次。

6 铝合金时效处理

6.1 概述

铝合金在淬火状态下不能达到合金强化的目的，刚刚淬完火的变形铝合金材料，其强度只比退火状态的稍高一点，而伸长率却相当高。在这种情况下可进行拉伸矫直等精整工作。但是，从淬火所得到的过饱和固溶体是不稳定的，这种过饱和固溶体有自发分解的趋势，把它置于一定的温度下，保持一定的时间，过饱和固溶体便发生分解，从而引起合金的强度和硬度的大幅度增高，这种热处理过程称为时效。

在室温下贮存一定时间，以提高其强度的方法称为自然时效。自然时效可在淬火后立即开始，也可经过一定的孕育期才开始。不同合金自然时效的速度有很大区别，有的合金仅需数天，而有的合金则需数月甚至数年才能趋近于稳定态（用性能的变化衡量）。在高于室温的某一特定温度下保持一定时间以提高其力学性能的操作称为人工时效。自然时效过程的进行比较缓慢，人工时效过程的进行比较迅速。

淬火后的时效过程会使合金发生强化及软化，这些变化的特征可用不同温度下的等温时效曲线来说明（图 6-1）。从这些曲线可观察到以下特点：

（1）降低时效温度可以阻碍或抑制时效硬化效应（如在 -18℃时）；

（2）温度增高则硬化速度以及硬化峰值后的软化速度亦增大；

（3）在具有强度峰值的温度范围内，强度最高值随时效温度增高而降低。

能够进行淬火和时效强化处理的变形铝合金，主要有下列五个合金系：

（1）Al-Cu-Mg 系铝合金，如 2A11、2A12、2A06、2A02 等；

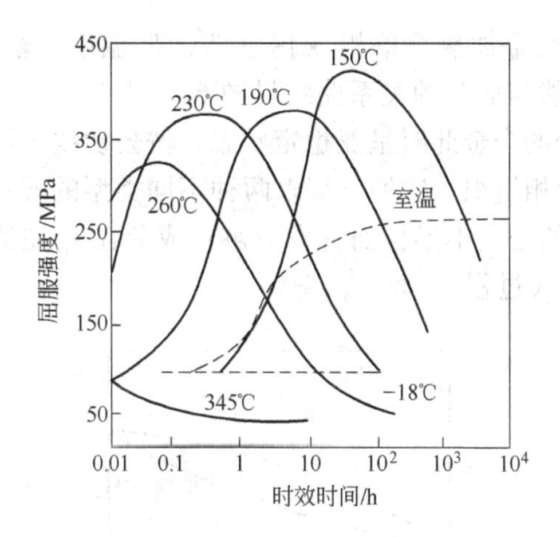

图6-1 Al-4.5Cu-0.5Mg-0.8Mn合金等温时效曲线

（2）Al-Cu-Mn系耐热铝合金，如2A16和2A17等；

（3）Al-Cu-Mg-Fe-Ni系耐热锻造铝合金，如2A70、2A80、2A90等；

（4）Al-Mg-Si和Al-Mg-Si-Cu系铝合金，如6A02、2A50、2A14等；

（5）Al-Zn-Mg和Al-Zn-Mg-Cu系铝合金，如7005、7A52、7A04、7A09等；

这五个合金系中，只有Al-Cu-Mg系硬铝合金在淬火及自然时效状态下使用，其他系的合金一般都是在淬火及人工时效状态下使用。

6.2 过饱和固溶体分解过程

固溶处理后获得的过饱和固溶体有着自发分解的趋势。为了了解过饱和固溶体分解的驱动力，首先分析过饱和固溶体分解时，析出相的成分与基体不同但晶格与基体相同的情况。

若A-B二元合金系具有图6-2*a*所示的相图，该系合金在高温下为连续固溶体，温度低于*MKN*范围时，由原始固溶体中会析出具有相同晶格但不同化学成分的另一固溶体，即$\alpha \rightarrow \alpha' + \alpha''$。*MKN*所包围的两相区称为相图上的混合间隙。

将 A-B 系合金加热至单相 α 区（T_1、T_2 温度）然后淬火到 T_3 温度，则自由能与成分的关系曲线呈图 6-2*b* 中 G_{a3}形式。由图可知，处于 *ab* 间成分的合金此时呈亚稳定状态，按公切线定律，会自发分解成 $\alpha_a+\alpha_b$ 两相组织。这种分解以两种不同类型的转变来完成：成分为 s_1s_2 之间的合金不形核而自发分解；成分在 s_1 左侧、s_2 右侧的合金是形核-长大过程。

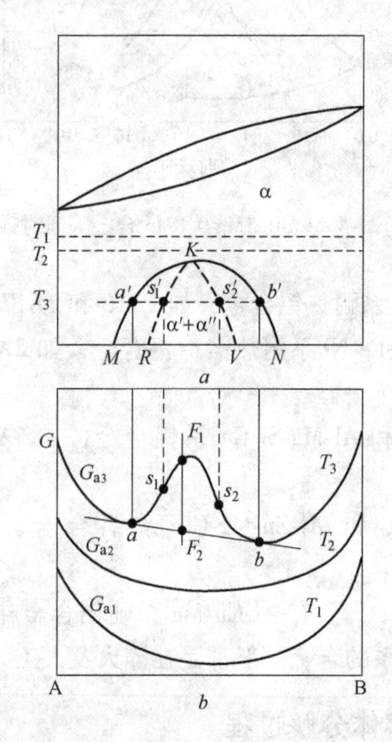

图 6-2 具有混合间隙的 A-B 系相图及三个温度下自由能-成分关系曲线

6.3 时效时合金的组织变化

时效合金所发生的主要组织变化，可从合金淬火所形成的过饱和固溶体的几个分解阶段来说明。由于过饱和固溶体的分解是一个扩散过程，所以分解程度、脱溶物的类型、脱溶物的弥散度和形状，以及其他组织特点，都取决于时效的温度和时间、合金的性质及其主要组元。此外，时效强化合金的组织还要受到杂质、淬火的加热温度和冷却速度、时效前淬火前、后的塑性变形、人工时效前淬火合金在室温下贮存的时间和许多其他因素的影响。

要研究时效中组织的变化是比较复杂的，因为时效强化合金的组织受许多因素的影响，并且过饱和固溶体的分解要经过许多阶段；脱溶物的高弥散度（尤其在分解的初始阶段）更使这个问题变得复杂。研究中常用的方法是电子显微镜和X射线组织分析。

研究时效时力学性能和物理性能的变化（尤其是电导率的变化），也可取得一些有用的数据。这种研究可能对组织变化的本性和过程顺序引出一些推断或结论，它常用于分解初期，这时直接观察组织的方法难以应用。

6.3.1 脱溶物的类型、形状和分布

6.3.1.1 脱溶物的类型

在固态相变中，根据新相和母相之间的界面组织的情况，脱溶物可分为完全共格、部分共格和非共格三种。

共格脱溶物与基体之间的全部界面组织是共格的，相互密合，围绕脱溶物的基体晶格只有弹性畸变。当两相晶体结构和尺寸因素比较接近时，容易在有利的晶面上保持共格相界面。此时，在界面处，晶格是连续的（见图6-3*a*）。一般情况下，由于新相与母相之间不可能有完全相同的晶面，因此在形成共格界面时，两相的晶格要产生一定的应变，才能完全配合（见图6-3*b*）。这样，在界面附近，晶格常数较大的相要受到压应力，晶格常数较小的相要受到拉应力。这种应变是弹性的，因为当两相分开时，弹性应变就会消失。对于共格界面，因晶格连续过渡，所以界面能很低，但弹性能较高，其程度取决于两相晶格常数和弹性模量的差异等因素。为减少弹性应变能，新相以片状形式生核和长大最为有利。因为这样可选择有利的晶面和晶向长大，或沿某些原子排列不规则的缺陷地带生长。

非共格脱溶物与基体之间没有密合的共格边界。对于非共格界面，相当于一般大角度晶界（见图6-3*d*）。在非共格的情况下，如果新相与母相的比容相差不大，弹性应变能将很小，可以忽略不计。这

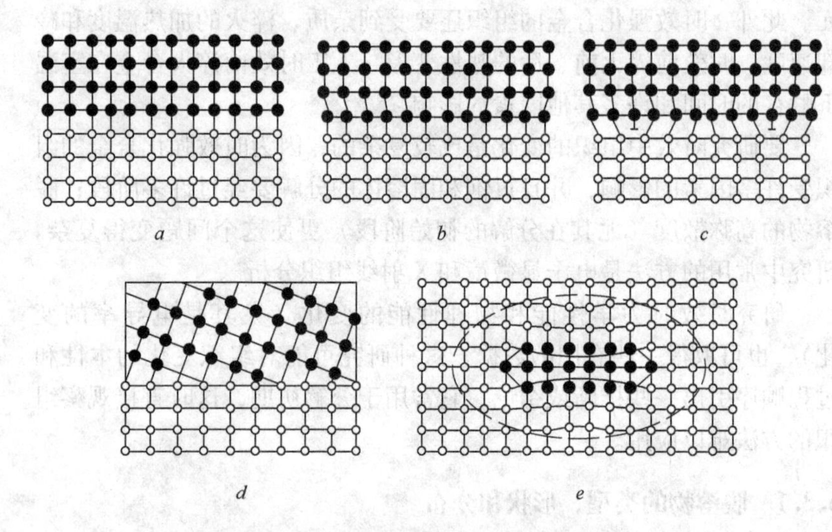

图 6-3 相界面的界面性质示意图

a—完全共格；*b*—弹性应变共格；*c*—半共格；*d*—非共格；
e—Al-Cu 合金过渡相 θ″引起的应变范围

时界面能即成为形成新相的决定因素。为了降低两相之间的界面能，新相晶核趋向于以球形出现，因为这时界面面积最小。如果两相晶体结构差别很大，新相体积也就很大，此时即使界面面积最小（即新相晶核呈球形），而界面能值仍然很大，相变将难以进行。

部分共格（半共格）脱溶物与基体之间的一部分边界是共格的，另一部分边界是半共格的，甚至是非共格的。部分共格界面，介于上述两种情况之间。当新相与母相的晶体结构及晶格常数大小相差较大时，如果形成共格界面，弹性应变能将会很高，这时就可以以局部共格的界面出现，中间隔以位错，如图 6-3*c* 所示。

6.3.1.2 脱溶物的形状

时效强化合金中固溶体脱溶物的主要形状有薄层状（通常呈盘状）、等轴形（通常呈球状或立方形）和针状三种。

脱溶物的形状是由两个相互竞争着的因素决定的，即表面能和弹性应变能各自都要趋近其最小值。由于表面能要趋近其最小值，所以有形成等轴脱溶物的趋势，并且出现小平面，在其所有面上表面张力都最小。薄层状析出物的弹性应变能最低，因此脱溶物的形状趋向于等轴形或者是薄层状，要看上述两个因素谁占优势而定。

在完全共格和部分共格脱溶物中，弹性应变保证共格边界处晶格之间的平滑匹配，并且从该边界处传播到基体和脱溶物二者的深部。在这些晶格之间组织差异较大的地方，基体和脱溶物晶格的弹性应变能也较大。当固溶体中各组元的原子直径之差不超过3%时，共格脱溶物的形状由表面能最小的趋势来决定，从而接近于球状。当各组元直径之差大于5%时，决定因素是弹性畸变能，因此，薄层状脱溶物优先形成（通常呈盘状）。共格脱溶物有时呈针状，其弹性应变能高于盘状脱溶物，而低于等轴形脱溶物。G. P 区溶质原子偏聚层中的共格脱溶物的形状见表6-1。

表6-1　不同铝合金系中 G. P 区的形状

G. P 区形状	合金系	原子直径差/%
球　形	Al-Ag	+0.7
	Al-Zn	-1.9
	Al-Zn-Mg	+2.6
盘　状	Al-Cu	-11.8
针　状	Al-Mg-Si	+2.5
	Al-Cu-Mg	-6.5

在面心立方固溶体中，层状共格脱溶物常沿着基体的（100）平面分布。这可用基体的弹性模量各自异性来说明。正常弹性模量的最小值沿着［100］方向，即沿该方向变形最大时，可保证其应变能最低。

6.3.1.3　脱溶物的分布

A　调幅组织

理论证明，共格应变能不仅影响其共格脱溶相的形状，而且在脱溶相体积分数较大时，还会影响到它的分布。只有脱溶相彼此按一定间隔呈周期性分布，才会使共格应变能减至最小。这种共格脱溶相周期性分布的组织称为调幅组织，各脱溶相间的距离（λ）称为调幅周期。合金系及合金成分不同以及热处理规程不同时，调幅组织的形态可能不一样。

调幅组织可由Spinodal分解产生。成分处于两旋点间的合金任何浓度起伏都是稳定的，都可以成为进一步分解的基础。设想在这种固溶体中产生了一个高于平均浓度 C_0 的溶质原子偏聚区（图6-4*a* 中的早期），偏聚区周围将出现溶质贫乏区，贫乏区又造成了它外沿部分的浓度起伏，这又构成原子偏聚的条件。如此的连锁反应将使浓度起伏现象迅速遍及整个固溶体晶格。这种浓度起伏具有周期性，恰似弹性波的传递，称为成分波。成分波具有正弦波性质。溶质进一步偏聚，成分波的振幅加大（中期），由浓度不同造成的弹性应变能增加，最后将使共格性消失而出现明显的相界面（后期），Spinodal分解时成分波的形成及振幅增大依靠溶质原子的上进扩散。而按形核－长大机制进行分解时，一开始就形成具有一定浓度（C'_a）的晶核，此种晶核长大依靠周围基体中溶质原子的正常扩散来进行（图6-4*b*）。晶核形成不仅需要浓度起伏，更需要能量起伏条件，因而一般不出现周期性分布。这也是两种分解的重要区别之一。

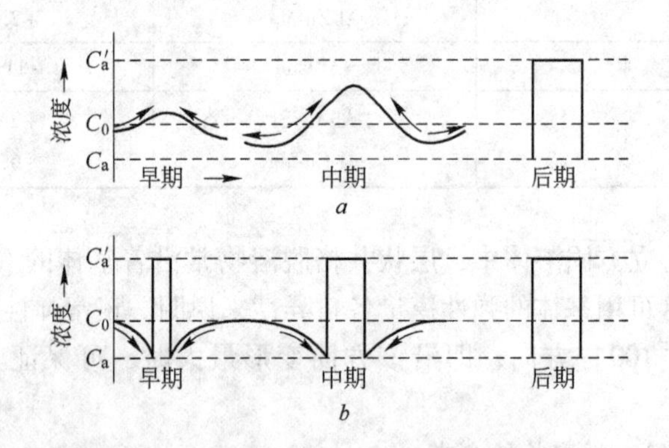

图6-4 Spinodal分解（*a*）及形核-长大过程（*b*）说明图

Spinodal分解在出现明显相界之前，溶质浓度高的偏聚区始终维持规律性分布，即呈调幅组织特征，调幅周期（λ）即为成分波波长。一旦共格性消失而出现明显界面，调幅组织将因脱溶相聚集、粗化而消失。

有些合金的过饱和固溶体在以正常的形核－长大机制进行分解

时，也可能形成调幅组织。

由于调幅组织只是表征了相分离反应中后期两相组织特征，但形成这种组织的早期机制是 Spinodal 分解还是形核－长大过程，则需借助高精度的微观分析技术才能解决，即必须确证成分波的振幅随时间延长而连续增加，直至形成的第二相最后达到其平衡成分才能认为是 Spinodal 分解。

由于脱溶相弥散均匀周期性分布，因而调幅组织有利于提高材料的强度性能，可以在材料生产中予以应用。

B 连续脱溶组织

连续脱溶时，强化相的各个脱溶物在初始过饱和固溶体中形成并长大。由于这些脱溶物富于某一组元，所以在基体相内相应贫于该组元，其间存在着浓度梯度。

强化相晶体的长大，是由于普通的下坡扩散作用，即原子朝低浓度方向流动，其扩散系数为正。这是由于在亚稳析出区域之外，自由能 G 对浓度 C 的二阶导数是正数，即$\partial^2 G/\partial C^2 > 0$。

在连续脱溶期，成长着的脱溶物会把基体相中的合金元素逐渐吸出，在基体相整个体积内合金元素将贫化而降低到平衡浓度。

随着连续脱溶的时效时间 τ 的延长，脱溶物的尺寸 r 近似地按抛物线规律增加

$$r = (C\tau)^{1/2}$$

脱溶物的长大速度由基体晶格中体积扩散系数 D 控制。

由于上述过程的特征是在初始晶粒整个体积内合金元素的浓度连续下降，所以称为“连续脱溶”。

连续脱溶是过饱和固溶体最重要的脱溶方式，它除了反映脱溶相分布特征外，还反映了基体变化的主要特点。表现在下列三个方面：

（1）脱溶在整个体积内各部分均可进行，亦即脱溶相可能按概率任意分布。但由于各个部位能量条件不同，可能出现不同的形核和长大速率。

（2）各脱溶相晶核长大时，周围基体的浓度连续降低，并且点阵常数发生连续的变化，这种连续变化一直进行到所有多余的溶质排出为止。

(3) 在整个转变过程中，原固溶体基体晶粒的外形及位向保持不变。

按照显微组织的特点，在时效时固溶体的连续脱溶可以分为普遍脱溶（全面析出）和局部脱溶（局部析出）两种。

普遍脱溶时，脱溶物均匀地分布于晶粒的全部体积内。普遍脱溶中的成核可能是均匀成核，也可能是非均匀成核。在非均匀成核的情况下，优先成核的地点（位错、空位气团等）均匀地分布于晶粒的全部体积内。调幅组织应为普遍脱溶组织的一种特例。一般情况下，普遍脱溶对力学性能有利，它使合金具有更高的疲劳强度，并减轻合金晶间腐蚀及应力腐蚀开裂的敏感性。

局部脱溶时，在晶粒的全部体积内脱溶物的分布是不均匀的。即在普遍脱溶前，脱溶物较早地从晶界、亚晶界、滑移带、夹杂物分界面以及其他晶格缺陷处优先形核，使这些区较早出现脱溶相质点。局部脱溶总是非均匀成核。

6.3.2 时效时过饱和固溶体分解阶段及时效过程（脱溶序列）

6.3.2.1 G.P 区（原子偏聚区）的形成

1906 年首先发现 Al-Cu-Mg 系合金的时效现象，此后很多人就致力于时效本质的研究。1938 年 A. Guinier 和 G. D. Preston 各自独立地发现 Al-Cu 合金单晶经自然时效后在劳厄照片上出现异常衍射条纹。他们认为，这是在基体固溶体晶体的｛100｝面上偏聚一些铜原子，构成富铜的碟形薄片（约含 90% Cu），其厚度为 0.3～0.6nm，直径为 4～8nm。为纪念这两位发现者，将 Al-Cu 合金中这种“二维”溶质原子偏聚区称为 G.P 区。现在，G.P 区已用来称呼所有合金中预脱溶的原子偏聚区。或者更确切地说，G.P 区是合金中能用 X 射线衍射法测定出的原子偏聚区。

A G.P 区的特点

G.P 区晶格结构与基体的相同，因为富集了溶质原子而使原子间距有所改变。它们与基体完全共格，界面能小，形核功也很小，在基体中各处均可生核，产生均匀的脱溶组织，并且脱溶物的密度很高，即均匀生核。这与部分共格的过渡相不同，但 G.P 区可能导致较大的共格应变，因而应变能较高。基于此种结构特征，一般认为G.P区不是一种真正的脱溶相。然而从热力学观点来看，也有人认为它们是一种亚稳定的脱溶相。例如，它们能长期稳定，可发生聚集长大，而且也有自身在固溶体中的固溶度曲线，这些都与一般的浓度起伏不同而与典型的脱溶相相似。在G.P区内部，通常异类原子任意分布，但有时不同原子各占据G.P区内特定的位置，成为一种晶格有序的小区。

G.P区尺寸很小，其大小与时效温度有关。在一定的温度范围内，G.P区尺寸随时效温度升高而增大。例如，Al-Cu合金G.P区直径在室温时约为5nm，100℃时为20nm，而150℃时约为60nm。

G.P区与基体共格，其形状主要取决于共格应变能。组元原子直径差不同的合金应变能也不同，因而G.P区的形状也不相同。

B G.P区的形成机制

G.P区的形成机制可能有两种：

（1）Spinodal分解。由图6-2中自由能-成分关系曲线可知，G.P区与基体的自由能曲线是连续的，曲线上必然存在两个旋点。成分处在旋点间的合金，淬火后就可能以Spinodal分解方式析出G.P区。

（2）正常的形核－长大过程。在均匀的固溶体中，总存在着各种各样的成分起伏，也就是说，存在着各种尺度的溶质原子偏聚现象。浓度愈高，温度愈低，则偏聚现象愈明显。Thomas等用电子显微镜薄膜技术直接观察了Al-20%Ag纯合金的脱溶过程。他们发现，该合金即使在很高的固溶温度（500℃）时也不是均匀固溶体，而是存在着直径为2～10nm、密度约4×10^{6}个/cm^{3}的球形偏聚区。合金淬火并于200℃时效，偏聚区的密度增加到10^{17}个/cm^{3}。可见，偏聚区在固溶处理（淬火）后就已存在，在随后时效时又大量产生。当偏聚区尺寸大到能克服形核功时，就会成为晶核而长大，长大到能产生X射线衍射效应时就成为G.P区。

作为G.P区晶核的微小偏聚区，数量非常大，形成速度极高，但只有长大到一定尺寸才能成为G.P区。可见，G.P区形成速度基本上取决于偏聚区长大速度。偏聚区的长大需要原子扩散迁移，因此，根据溶质原子的扩散速度可估计G.P区的形成速度，反之亦然。

G. P 区的形成速度与空位浓度有关。增加空位浓度和延长空位寿命都会形成较大尺寸的 G. P 区。因空位浓度随时间延长而迅速减小，因此 G. P 区只在开始阶段形成得较迅速。从另一方面看，空位及空位群有较高能量，也是溶质原子富集处，因此也有利于 G. P 区形核。

空位在基体中有相对的均匀性，所以 G. P 区的形核和分布也相对均匀。

6.3.2.2 过渡相（亚稳定相）的形成

固态相变和液相中的结晶不同。因弹性应变能一项占据比较重要的位置，所以相变需在更大的过冷条件下进行，有时还要经过某些中间过渡阶段。另外，在相界面结构上，新相形态和晶体取向上也需保持适当的对应关系，以降低表面能和弹性能，使过程易于进行。

过渡相与基体可能有相同的晶格结构，也可能结构不同，往往与基体共格或部分共格并有一定的晶体学位向关系。由于结构上过渡相与基体差别较 G. P 区与基体差别更大一些，故过渡相形核功较 G. P 区的大得多。为降低应变能和界面能，过渡相往往在位错、小角界面（位错阵列）、堆垛层错和空位丛聚处非均匀形核，并按经典形核方式形成。因此，它们的形核率主要受材料中位错密度的影响。此外，过渡相亦可在 G. P 区中形核。

过渡相容易在位错处成核的主要原因是：晶核和基体固溶体之间的结构错配，被特殊平面边缘附近的压缩或膨胀部分或全部补偿。过渡相薄片在刃状位错处成核，其位向使薄片和位错两者所产生的应力场相互抵消一部分。半共格微粒在位错处析出时，抑制成核的因素 ΔG_E 减小，甚至是负数（即位错的弹性能促进了成核）。

共格和半共格脱溶相的表面能，明显低于完全非共格脱溶相，对于共格和半共格脱溶相的成核，起决定作用的因素是 ΔG_E，而不是 ΔG_S。

位错和晶界是优先成核处，因为溶解元素的原子可在位错处形成偏析（柯垂尔气团），并且在大角晶界形成平衡偏析。由于过渡相具有合金元素浓度较大的特点，所以它们在合金元素富集的基体缺陷部分成核，从成分上也是有利的。

如果过渡相比基体有更大的比容，那么它们在空位丛聚处成核自然较为方便。当基体被淬火空位所过饱和时，在基体中便能迅速形成这种空位丛聚。

只有在脱溶物的结构和堆垛层错的结构相同时，堆垛层错才能够作为非均匀成核处。

过渡相形状主要受界面能和应变能的综合影响。此外，扩散过程的方向性以及晶核长大的各向异性亦可使某些脱溶微粒具有各种奇怪的复杂形状。

Al-Cu 合金有两种过渡相，即 θ″相和 θ′相，它们的单位晶胞结构见图 6-5*c*、图 6-5*d*。θ″质点厚度约 2nm，直径约 30nm，正方结构，$a = b = 0.404$nm，在这两个晶向上和铝晶格完全区配。但 $c = 0.768$nm，比两个铝晶胞的长度（0.808nm）稍短一些。θ″相相当均

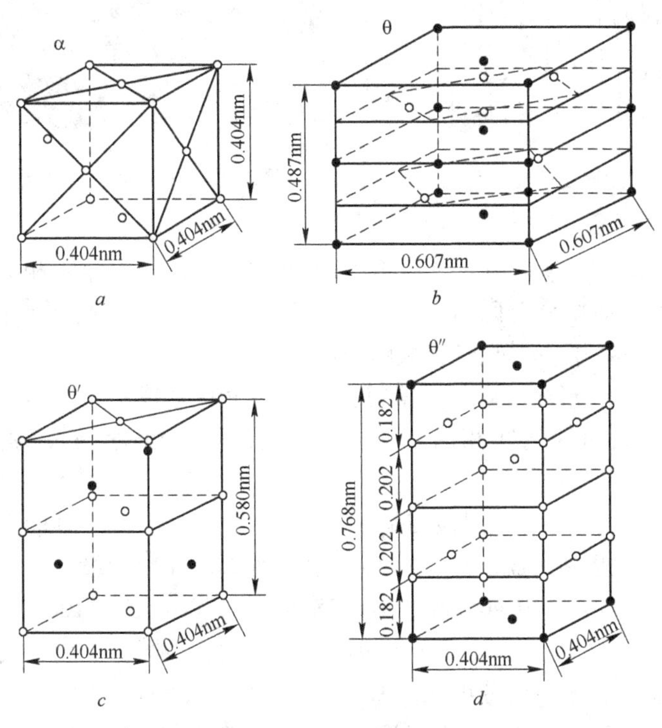

图 6-5　Al-Cu 合金的相结构

a—Al；*b*—θ 相；*c*—θ′相；*d*—θ″相

匀地在基体中形核且与基体完全共格，具有$\{100\}_{\theta''} \parallel \{100\}_{基体}$的位向关系。由于θ″相结构与基体已有差别，因而与G. P区比较，在θ″相周围会产生更大的共格应变（见图6-6），因而导致更大的强化效应。在透射电镜中，θ″相的形貌与G. P区相似，但因共格应变大，在照片上观察到更强的衍射效应（见图6-7）。

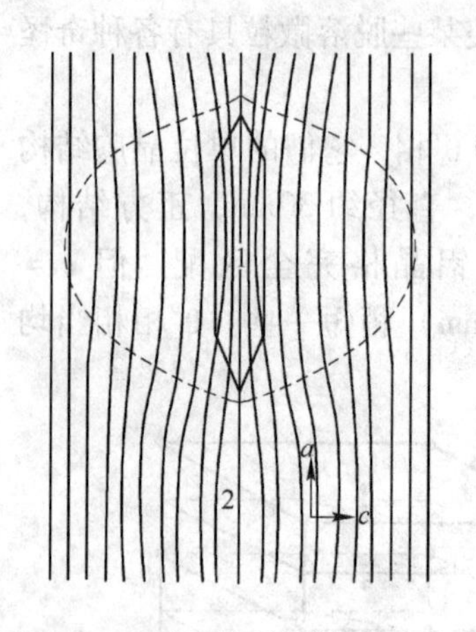

图6-6 θ″相周围的弹性应变区
1—θ″相；2—基体

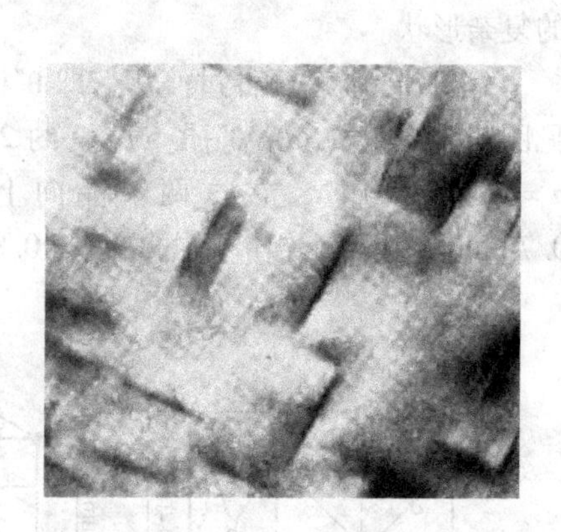

图6-7 θ″相透射电镜图像

H. K. Hardy认为θ″相由G. P区重排而成，因此称θ″相为G. P（Ⅱ）区，而将G. P区称为G. P（Ⅰ）区。目前，在有些文献中仍沿用这种名称。但是从电子显微图像比较来看，θ″相形核需经一定孕育期，并且一旦形成后就长大得很快。而G. P区形成几乎看不到孕育期，其长大速度比θ″相的慢得多。因此，将θ″相视为过渡相更为合理。

Al-Cu合金第二种过渡相是θ′相。它是该系合金第一种能在光学显微镜下观察到的脱溶产物，其尺寸达到200nm数量级。此相亦为正方结构，$a=b=0.404$nm，$c=0.580$nm，$\{100\}_{\theta'} // \{100\}_{基体}$，与基体部分共格。θ′相的透射电镜照片见图6-8。由图可见局部较清晰的相界面，θ′相的成分可能为$Cu_2Al_{3.6}$，与平衡相（θ即$CuAl_2$）稍有差别。θ′对合金的强度和硬度也可能有一定贡献，但硬度和强度最大值发生在θ″数量处于最大值时，当θ′数量增加，质点长大时，使共格应变降低，与此同时，θ″数量亦减少，因而θ′的出现将逐渐使合金强度和硬度下降，开始进入过时效状态（软化）。

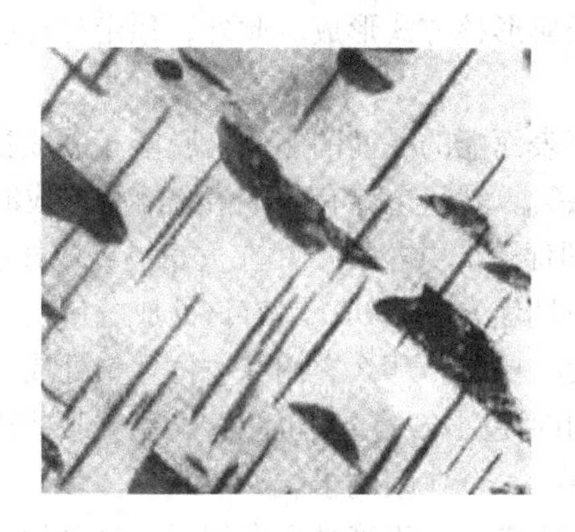

图6-8 θ′相透射电镜图像

在Al-Cu合金时效过程中，G.P区、θ″相和θ′相都可以从固溶体中直接形成，也可以在一个晶体内同时存在，电镜观察证实了这一点。

在很多其他合金中，往往只有一种过渡相存在。

6.3.2.3 平衡相的形成

在更高温度或更长的保温时间条件下，过饱和固溶体会析出平衡相。平衡相成分与结构均已处于平衡状态，一般与基体相无共格结合，但也有一定的晶体学位向关系（表6-2）。Al-Cu合金析出的平衡相为θ($CuAl_2$)，若非共格θ相出现时，合金软化而远离最高强度状态。

表6-2 脱溶相位相关系举例

合金系	基体		脱溶相		位相关系
	名称	晶格	名称	晶格	
Al-Cu	α固溶体	面心立方	θ($CuAl_2$)	正方	$(100)_\alpha // (001)_\theta ; [120]_\alpha // [010]_\theta$
			θ′过渡相	正方	$(100)_\alpha // (001)_{\theta'} ; [120]_\alpha // [010]_{\theta'}$
Al-Ag	α固溶体	面心立方	γ($AgAl_2$)	密排六方	$(111)_\alpha // (0001)_\gamma ; [110]_\alpha // [11\bar{2}0]_\gamma$
			γ′过渡相	密排六方	$(100)_\alpha // (0001)_{\gamma'} ; [110]_\alpha // [11\bar{2}0]_{\gamma'}$

平衡相形核是不均匀的，由于界面能非常高，所以往往晶界或其他较明显的晶格缺陷处（如空位丛聚处）形核以减小形核功，平衡相晶核也是按经典形核方式形成。此外，稳定相还能在较早形成的过渡相处成核。

对于具有高表面能的平衡的非共格脱溶相的成核，起决定作用的因素是表面能 ΔG_S。晶间边界有非共格脱溶相形成时，阻止成核的因素 ΔG_S 减小，即促进非共格脱溶相在大角晶界成核。

晶界和缺陷是优先成核处，也有该处成分偏析的缘故。如果平衡相比基体有较大的比容，那么它们在空位丛聚处成核也较为方便。在晶界上，平衡相即使在淬火阶段也能够出现。某些铝合金在沸水中淬火就是这种现象的一个典型例子。

对脱溶期产物来说，不管是平衡相还是过渡相，它们都容易以片状或针状在基体的低指数面生成，若无再结晶等其他过程干扰，则显微组织将呈现脱溶相规则分布的魏氏组织形态。

综上所述，时效过程都是先由淬火获得双重过饱和的空位和固溶体，时效初期，由于空位的作用，溶质原子以极大的速度进行丛聚形成 G. P 区；随着提高时效温度和增加时效时间，G. P 区转变为过渡相，最后形成稳定相。此外，在晶体内的某些缺陷处也会直接由过饱和固溶体形成过渡相或稳定相。这种时效过程（脱溶序列）可简略概括如下：

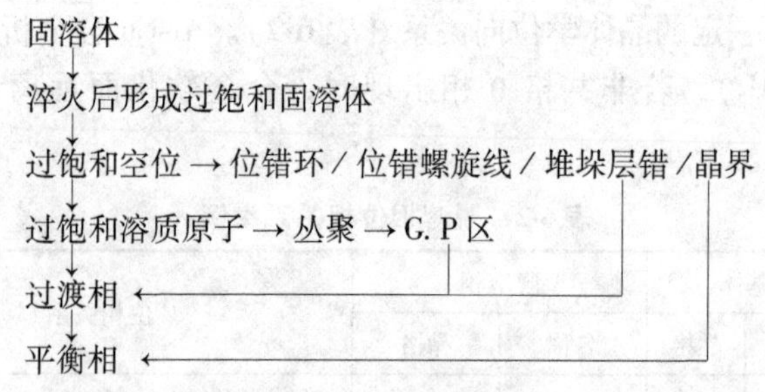

但是，脱溶过程极为复杂，并非所有合金的脱溶均按同一顺序进行。脱溶序列的复杂性表现在下列几方面：

（1）各个合金系脱溶序列不一定相同，例如 Al-Cu 系合金可能出现两种过渡相（θ″及 θ′），而大部分合金系只存在一种过渡亚稳相

（见表6-3）。

表6-3 主要铝合金系的脱溶序列

合金系	脱溶序列	平衡脱溶相
Al-Cu	G. P偏聚区（盘状）→θ″（盘状）→θ′→	θ（$CuAl_2$）
Al-Ag	G. P偏聚区（球状）→γ′（片状）→	γ（Ag_2Al）
Al-Zn-Mg	G. P偏聚区（球状）→η′（片状）→T′→	η（$MgZn_2$）、T（$Mg_3Zn_3Al_2$）
Al-Mg-Si	G. P偏聚区（棒状）→β′→	β（Mg_2Si）
Al-Cu-Mg	G. P偏聚区（棒或球状）→S′→	S（Al_2CuMg）

（2）同系不同成分的合金，在同一温度下时效，可能有不同脱溶序列。过饱和度大的合金更易出现G. P区或过渡相。

（3）同一成分合金，时效温度不同，脱溶序列也不一样。一般时效温度高时，预脱溶阶段或过渡相可能不出现或出现的过渡结构较少。温度低时，则可能只停留在G. P区或过渡相阶段。

（4）合金在一定温度下时效时，由于多晶体各部位的能量条件不同，在同一时期可能出现不同的脱溶产物。例如，在晶内广泛出现G. P区或过渡相，而在晶界有可能出现平衡相。也就是说，偏聚区、过渡相及平衡相可在同一合金中同时出现。

6.3.3 脱溶相粗化

脱溶相（包括G. P区、过渡相及平衡相）形核后，溶质原子继续向晶核聚集使脱溶相不断长大。当脱溶相的量十分接近相图上用杠杆定律确定的体积分数时，长大并不会停止，而是大质点进一步长大，小质点不断消失，在脱溶相总体积分数基本不变的情况下，使系统自由能不断降低。这就是脱溶相粗化（聚集）过程。

6.3.4 时效显微组织参数

铝合金时效显微组织主要由基体沉淀相（MPt）、晶间沉淀相（GBP）和晶界无沉淀带（PFZ）三部分组成（图6-9）。这三种组织参数的变化与热处理制度有关，一般来说，固溶体化温度愈低（空位浓度低），淬火冷却速度愈慢（空位冻结下来的愈少），时效温度愈高（组织参数发展得愈快），GBP 和 MPt 的尺寸愈大，PFZ 愈宽。反之，淬火空位浓度（即温度）愈高，沉淀相晶核的临界尺寸愈小，形核率愈高，MPt 和 PFZ 也愈小和愈窄，GBP 也愈小。另外，三种组织参数的变化还与临界形核温度（T_c）的高低有关。如果时效温度 $T_a \leqslant T_c$，三种组织参数发展较慢，$T_a > T_c$，组织参散发展较快，则可分别得到弥散度高的均匀组织或粗大的不均匀组织。另外，$T_a < T_c$，PFZ 的宽度随时效时间的延长而变宽，但 $T_a > T_c$ 时，则相反，随时间的延长反而变窄（即在 PFZ 内部也发生了沉淀）。

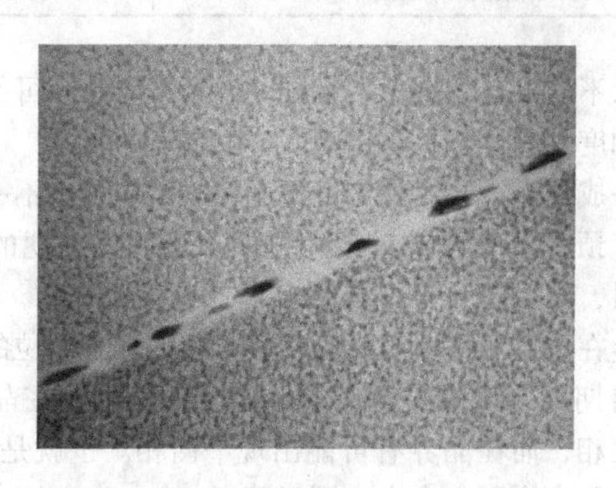

图 6-9　Al-5Zn-1.5Mg 合金的透射电镜组织
（470℃水淬，140℃/12h 时效）

显微组织参数的消长或变化即决定了合金的强度、韧性和抗应力腐蚀性能，而热处理的目的就是根据使用性能的要求，来调整或控制这三种显微组织参数的变化。当然，三种显微组织参数的变化还可以通过添加微量元素（Mn、Cr、Zr、Ti）或形变热处理（TMT）等方法来控制。

大量实验表明，在 Al-Si、Al-Ag、Al-Mg、Al-Mg-Si、Al-Zn-Mg 和 Al-Zn-Mg-Cu 系合金中，人工时效后在晶界附近形成具有一定宽度的无沉淀带（又称无析出带或无脱溶区，见图 6-9）。此时，显微组织特征是沿晶界析出较粗大的第二相质点；在基体上，即晶内生成极细的 G. P 区或过渡相；沿晶界两侧根据合金成分及热处理工艺，形成宽度不同的无沉淀带。铝合金无沉淀带一般仅几分之一微米宽，所以只能用电镜鉴别。对于无沉淀带，多年来一直是时效研究关注的重点组织，因为铝合金无论是塑性断裂还是脆性断裂，特别是应力腐蚀断裂，都是沿晶界发展，因而对晶界结构的性质及冶金因素、使用环境的关系十分重视。

现用两种机制解释无沉淀带产生的原因。

（1）贫溶质机制。这种机制认为，晶界处脱溶较快，因而较早地析出脱溶相。脱溶相析出时吸收了附近的溶质原子，使周围基体溶质贫乏而无法再析出脱溶相，造成无沉淀带。事实上，经常观察到无沉淀带中部晶界上存在粗大的脱溶相，说明这种机制是有一定事实依据的。但也存在“纯粹”的不含粗大脱溶相的无沉淀带，用这种机制就不能充分解释，因此又提出了贫空位机制。

（2）贫空位机制。该机制认为淬火获得的过饱和空位是不稳定的，在淬火冷却、停放及随后的再加热时，空位容易滑入晶界及其他缺陷处，因为晶界（小角度晶界除外）是空位理想陷阱。结果形成从晶内到晶界的空位浓度梯度（见图6-10），于是晶界两侧出现了“空位贫乏带”，空位有利于脱溶相形核，有利于原子扩散，促进晶核扩散式生长。因此，当晶界附近空位浓度低于一定值（如C_1）时，脱溶相不易生存，在一定条件下就造成“贫空位的无沉淀带”。例如，图6-10中曲线1表示自T_1温度淬火后，固溶体晶界附近的空位浓度分布。在某一时效温度下因距晶界Ob_1的范围内空位浓度小于C_1，这一宽度就表示晶界一侧无沉淀带宽度。时效温度降低，固溶体过饱和度增加，生成脱溶相的临界空位浓度降低，即$C_2 < C_1$，相应的无沉淀带宽度减小，即$Ob_2 < Ob_1$。淬火温度升高至T_2（$T_2 > T_1$），则空位过饱和程度增大，近晶界区的空位浓度梯度变得更陡（图6-10曲线2）。因此，在同一时效温度及同一临界空位浓度下，无沉淀带缩小（$Ob_4 < Ob_1$）。若淬火时缓冷，那么更多空位会流入晶界（图6-10曲线3表示T_2缓冷），使无沉淀带加宽（$Ob_3 > Ob_4$）。

根据上述规律可知，为减小无沉淀带宽度，应提高固溶处理温度，加大淬火冷却速度，并降低时效温度。这些都由实验结果得到证实（见图6-11）。

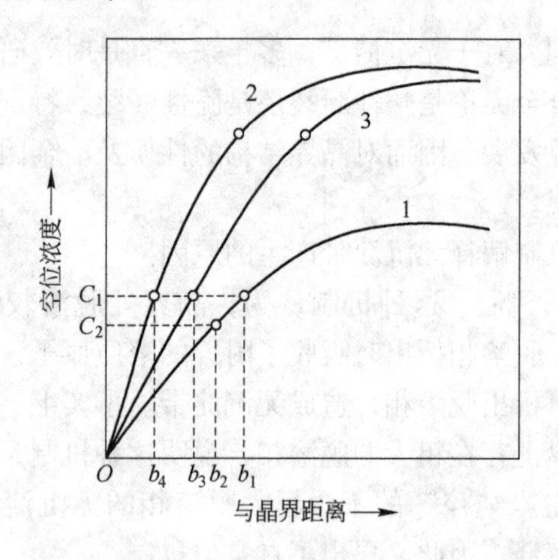

图 6-10 不同淬火规程下近晶界区的空位浓度分布

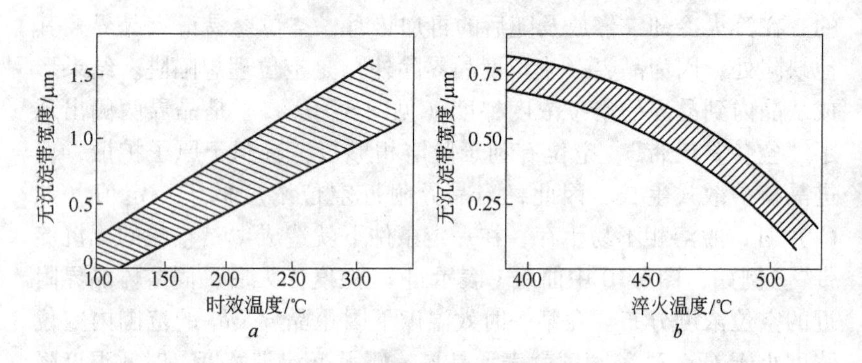

图 6-11 Al-5. 9Zn-2. 9Mg 合金无沉淀带宽度与时效温度及淬火温度的关系
a—时效温度；*b*—淬火温度

一般认为，贫溶质机制及贫空位机制均会对形成无沉淀带作出贡献。高温时效以贫溶质机制为主，低温时效则主要为贫空位机制。

合金淬火后时效前的塑性变形可在金属中（包括晶界附近）造成大量位错，促进过饱和固溶体分解，因而可完全防止无沉淀带出现。不同合金所需变形量由实验确定。

一种看法认为，无沉淀带是有害的，它将降低合金塑性，促使脆性断裂。因为无沉淀带屈服强度较低，在应力作用下塑性变形容易集中在无沉淀带内，会引起晶间断裂（见图 6-12）。此外，发生塑性变形的无沉淀带与其他部分比较呈阳极性，在应力下加速腐蚀，成为增强晶间断裂的原因。图 6-13 所示为 Al-6% Zn-1.2% Mg 合金在 450℃ 固溶处理，200℃分级时效后，再在 120℃时效 24h 后力学性能与无沉淀带宽的关系。无沉淀带宽度可通过改变分级淬火中断时间调整。结果表明，无沉淀带宽度对强度影响较小，塑性则随带宽而降低。但应注意的是，在带宽增加时，晶界上优先脱溶的相数量和尺寸均增加，直至形成连续薄膜，所以并不能肯定塑性降低仅由沉淀带加宽造成。

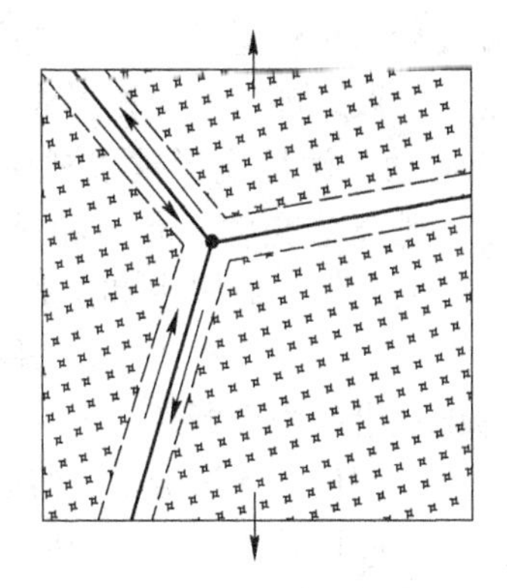

图 6-12 在应力作用下沿无沉淀带开始破裂的模型

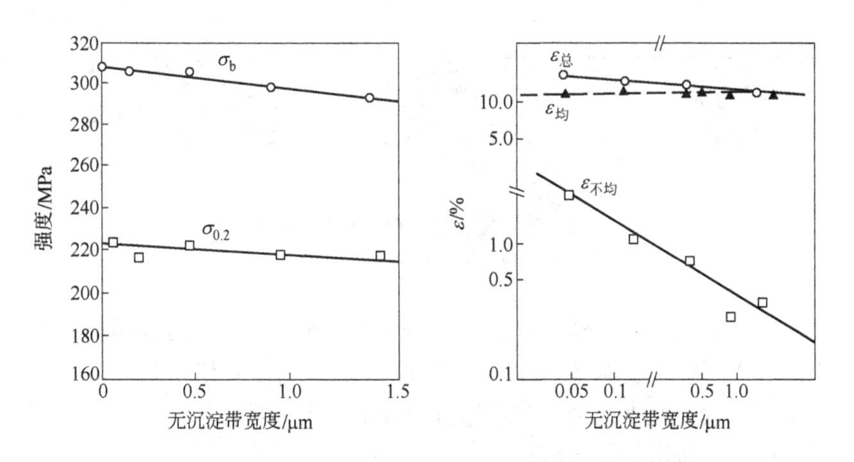

图 6-13 Al-6% Zn-1.2% Mg 合金力学性能与无沉淀带宽的关系

也有人认为无沉淀带有益，可以改善塑性，减小脆性断裂危险。利用改变淬火温度的方法来调整无沉淀带宽度，可以排除晶间沉淀相的干扰。

由于无沉淀带的变化总是伴随着基体组织和晶间沉淀相的变化，它们的影响相互交织，在不同情况下，无沉淀带可能反映出不同的行为。某些文献曾提出一个综合模型，以说明显微组织参数与变形方式的关系（见图 6-14）。根据这个模型，时效初期，晶间析出相很少，且很分散（见图 6-14*a*），滑移可以越过晶界从一个晶粒进入另一个晶粒。但时效到峰值强度后，位错运动受阻，在晶粒内部不会出现长的滑移线，但在这一时效阶段，晶界析出相形成了连续的网膜，妨碍位错越过晶界进行滑移运动，塑性变形被限制在无沉淀带内（见图 6-14*b*）。如果是过时效，则合金变软，晶内和晶界析出相都长得很大，就留下较大的空隙供位错在基体中和越过晶界进行滑移运动（见图 6-14*c*）。显然，在上述三种情况中，第二种情况，特别是当无沉淀带较窄时，最容易出现沿晶脆性断裂。另外，无沉淀带的作用还和本身的溶质浓度有关。对空位型无沉淀带，溶质过饱和度较高，强度及加工硬化能力较大，因此可减少无沉淀带内集中塑性变形倾向和沿晶脆断的危险。反之，溶质贫化型无沉淀带，强度低，加工硬化能力弱，增大了集中变形和沿晶断裂的趋势。

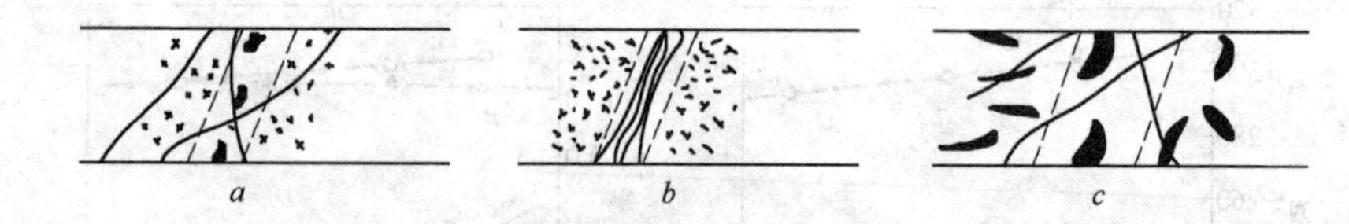

图 6-14　时效处理后铝合金滑移特点的模型图

a—欠时效；*b*—峰时效；*c*—过时效

概括起来，从力学性能角度，希望人工时效或分级时效后显微组织具有以下特征：基体为均匀弥散的 G. P 区或过渡相，以保证合金的基本强度；宽度适当、溶质浓度较高的无沉淀带；尺寸适度、间隔较大的晶间析出相。

从应力腐蚀角度，要求大体相同，但决定应力腐蚀抗力的关键因素是基体沉淀相和晶界沉淀相，无沉淀带宽度的影响较小，一般以分布均匀的过时效组织为最佳。

6.3.5 回归现象

铝合金经时效后，会发生时效强化现象。若将经过低温时效的合金放在比较高的温度（但低于固溶处理温度）下短期加热并迅速冷却，那么它的硬度将立即下降到和刚淬火时的差不多，其他性质的变化亦常常相似，这个现象称为回归。经过回归处理的合金，不论是保持在室温还是在较高温度下保温，它的硬度及其他性质的变化都如新淬火的合金类似，只是变化速度减慢。高强铝合金自然时效后在200~250℃短时加热后迅速冷却，其性能变化如图6-15所示。回归后的合金又可重新发生自然时效。

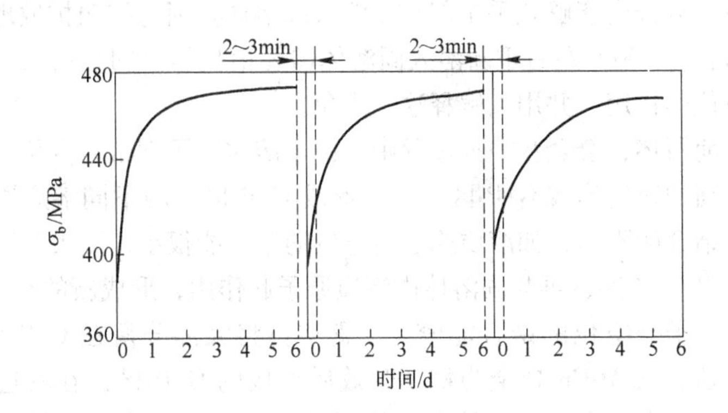

图6-15 高强铝合金的回归现象

（回归处理温度为214℃）

铝合金在回归处理中所出现的现象主要表现为：

（1）回归处理的温度必须高于原先的时效温度，两者差别愈大，回归愈快、愈彻底。相反，如果两者相差很小，回归很难发生，甚至不发生。

（2）回归处理的加热时间一般很短，只要低温脱溶相完全溶解即可。如果时间过长，则会出现对应于该温度下的脱溶相，使硬度重新升高或过时效，达不到回归效果。

(3) 在回归过程中，仅预脱溶期的G.P区（Al-Cu合金还包括θ″相）重新溶解，脱溶期产物往往难以溶解。由于低温时效时总会有少量脱溶期产物在晶界等处析出，因此，即使在最有利的情况下合金也不可能完全回归到新淬火的状态，总有少量性质的变化是不可逆的。这样，既会造成力学性能的损失，又易使合金产生晶间腐蚀，因而有必要控制回归处理的次数。

人们早期曾用新相晶核的临界尺寸来解释出现回归现象的原因，认为室温下时效所形成的G.P区一旦加热到较高的温度，如其尺寸小于在该温度下能够稳定存在的临界尺寸，则将重新溶入固溶体内，即恢复到新淬火的状态。

但是，仅仅根据新相晶核临界尺寸的概念，尚不足以说明为什么在200℃左右进行回归处理时，溶质原子能以极高的速度进行扩散，从而在几分钟内能够几乎全部重新溶入固溶体。因为按照扩散理论计算，新相在200℃左右重新溶入固溶体需要很长的时间。后来，才考虑到空位的作用，并用以解释这一现象。

如前所述，合金在淬火过程中，由于溶质原子携带有空位，因而能以极高的速度形成G.P区。一旦形成G.P区，因不同溶质原子与空位的结合能不同，如溶质原子与空位的结合能很小，则大部分空位又能逸出G.P区，再与固溶体内溶质原子起作用，形成新的G.P区；如溶质原子与空位的结合能较大，则空位将大部分留在G.P区内，不再移动。以Al-Cu合金为例。时效后形成的G.P区，在其边沿上分布了一层高浓度的空位外壳（见图6-16）。Al-Ag合金的情况也是如此。这种高浓度空位和溶质原子组成的G.P区在回归处理的加热过程中，能以高的速度扩散，从而能在很短的时间内，重新溶入固溶体。

经过回归处理后再度时效时，G.P区的形成速度比高温淬火后G.P区的形成速度慢几个数量级。这是因为回归处理后，固溶体中的空位浓度只相当于200℃时的平衡浓度，比淬火温度下的空位浓度低得多，冷却后保留的过剩空位少，使扩散速度减小，时效速度下降。因此，铝合金只能进行几次回归处理。其他有关回归处理的许多现象都与空位浓变的变化密切有关。

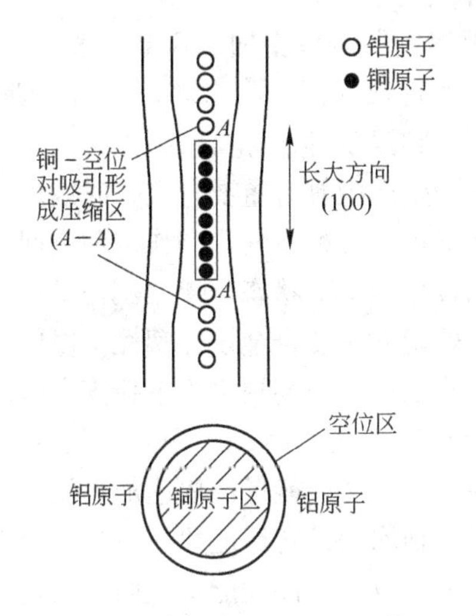

图 6-16 Al-4Cu 合金中 G. P 区原子模型示意图

回归处理的温度，主要决定于合金中溶质原子的浓度。例如，在 Al-Cu 系合金中，含 2% 铜的合金，可在 120℃进行回归处理；含 4% 铜的合金，则可在 160℃进行回归处理。这种处理温度可按图 6-17 中合金的 G. P 区与过渡相的亚稳相界图确定。图 6-17 所示为 Al-Cu 合金 G. P 区、θ″相和 θ′相在固溶体基体中的固溶度曲线。由图可知，自然时效后合金一般只生成 G. P 区或 θ″相，当含有这些脱溶产物的

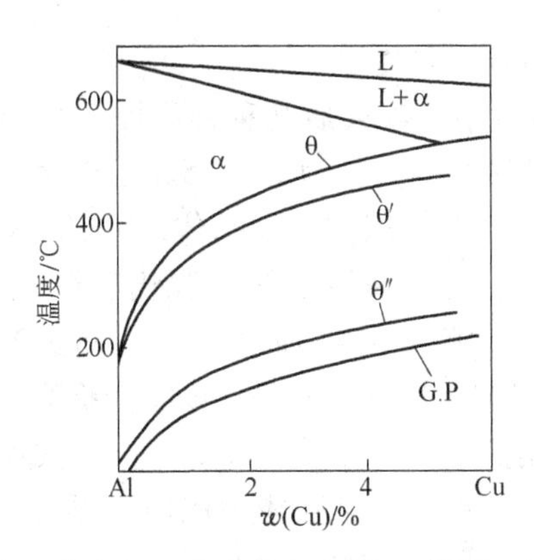

图 6-17 Al-Cu 合金中 G. P 区、θ″相和 θ′相的固溶度曲线

合金加热到 θ″的固溶度曲线以上时，G. P 区和 θ″相都重新溶解，出现性能上的回归。若延长保温，合金将以 θ′相的形核－长大方式进行时效过程，使硬度和强度等指标又重新上升。

回归现象在实际生产中具有重要意义，时效后的铝合金可在回归处理后的软化状态下进行各种冷变形操作，利用回归处理的原理开发出航空用超高强铝合金的 T77 状态，使之获得了良好的综合性能。例如，可利用回归热处理方法使合金恢复塑性，以便对零件进行整形与修复，以及铆接，特别是当现场缺少为重新淬火所需的高温加热设备或重新淬火可能导致很大变形时，应用回归处理比较方便。但应注意，进行回归处理的零件必须能保证快速加热到回归温度并在短时间内使零件截面温度达到均匀，随后能快速冷却。否则，在回归处理过程中将同时发生人工时效，零件性能不能回复到新淬火状态。几种高强铝合金的回归处理参考规范见表 6-4。

表 6-4　几种高强铝合金的回归处理参考规范

合　金	2A11	2A12	2A06
回归温度/℃	240～250	265～275	270～280
回归时间/s	20～45	15～30	10～15

6.3.6　变形铝合金的脱溶过程

6.3.6.1　Al-Mg 系合金

在 Al-Mg 系合金中，淬火后几秒钟内即在高能区域（晶界、位错等处）形成 G. P 区，其直径为 1～1.5nm，绝大多数过饱和空位以气团形式存在于 G. P 区的周围，与基体之间几乎不发生共格应变，甚至没有应变，从而也没有明显的时效强化现象。

Al-Mg 合金的时效临界温度 Tc 很低，Al-5Mg 合金只有 25℃，Al-10Mg 合金也只有 46℃。因此，时效温度略为提高，即沿晶界或滑移带形成 β′相。β′相是平衡相 β 相（Mg_5Al_8）的过渡相，六方晶格，$a=1.002$nm，$c=1.636$nm，与基体的取向关系 $(001)_{\alpha}//(001)_{\beta'}$；$[110]_{\alpha}//[100]_{\beta'}$。可沿（100）、（111）、（210）、（310）面形成片状，也可沿［100］、［110］、［120］、［111］方向形成棒状。β 相是

面心立方晶格，a =1.242nm，近似组成为 Mg_2Al_3 或 Mg_5Al_8。其脱溶序列可以表示为：

$$G.P区 \rightarrow \beta' \rightarrow \beta\ (Mg_5Al_8)$$

由于 Al-Mg 合金只有轻微的时效强化效果和强烈的沿晶脱溶倾向，只能在退火（300～360℃）或冷作硬化状态下工作。但 Al-Mg 合金的优秀抗蚀性只有 β 相沿晶内和晶界均匀分布的情况下，才能显示出来，并且分布状态还受 Mg 含量的强烈影响。一系列的研究结果表明，$w(Mg) \leqslant 3.0\%$ 的合金稳定性极高，无论是退火还是冷作硬化状态，在室温或敏化处理温度（67～177℃）长时间加热，均不形成沿晶 β 相网膜，对应力腐蚀开裂（SCC）和剥落腐蚀（EFC）也不敏感。但 $w(Mg) \geqslant 3.5\%$ 以后，特别是经过冷作硬化，随 Mg 含量的升高（$w(Mg) > 5\%$），对 SCC 的敏感性也强烈升高，甚至于在室温长时间存放（20～30 年），还能沿晶界形成连续的 β 相网膜。因为镁含量高（$w(Mg) > 6\% \sim 7\%$）的合金即使在 315～330℃充分退火，α 固溶体也不能完全分解，仍处于过饱和状态，故组织很不稳定。

解决高镁合金组织性能稳定性的途径有二：一是退火后进行大的冷变形（增加位错密度或 β 相的形核点，$\varepsilon = 30\% \sim 50\%$），并在 200℃以上脱溶处理，促进 α 固溶体彻底分解和 β 相均一分布。只要消除了 β 相沿晶分解的特征（见图 6-18*a*），抗 EFC 性能即可显著提高，反之，冷变形度小（$\varepsilon \leqslant 30\%$），退火温度低（低于 200℃），保留沿晶网膜组织（见图 6-18*b*），即有 SCC 敏感性。因为 β 相的电位（-1.10V）比 α 固溶体（4Mg 合金，-0.9V）低，在腐蚀介质中起阳极作用，容易沿 β 相网膜优先溶解。充分沉淀处理的 Al-Mg 合金的显微组织如图 6-19 所示，由均一分布的 β 相和亚晶粒组成，并有一定的亚结构强化效应。二是降低镁含量（$w(Mg) \leqslant 3.0\%$），加入适量能提高强度和再结晶温度的 Mn 和 Cr 也能避免 β 相沿晶沉淀，得到与高镁合金相当的强度。美国的 5454A 合金（2.7% Mg，0.7% Mn，0.12% Cr）即可得到与 Al-4Mg 合金相同的强度，而无 SCC 和 EFC 敏感性。但这种方法要使 Al-Mg 合金的强度得到显著的提高是有困难的。

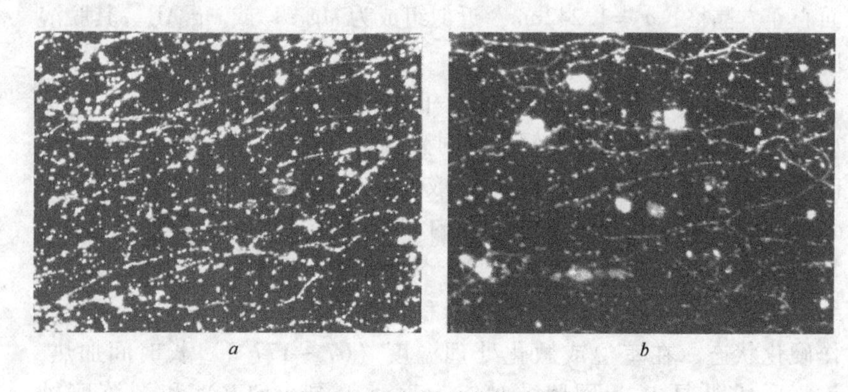

图6-18 β相沿晶分解的特征

a—炉冷+37.5%冷作+205℃/24h稳定化；*b*—炉冷+18.8%冷作+100℃/一周稳定化

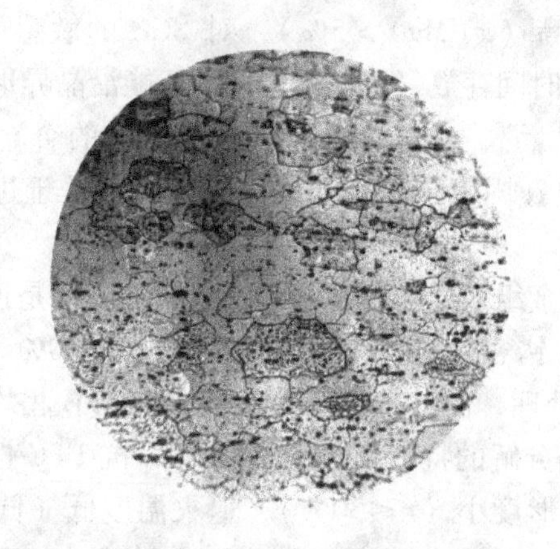

图6-19 300℃退火的Al-Mg合金显微组织

Al-Mg合金的另一缺点是冷作后在室温发生“时效软化”现象。即脱溶处理后的Al-Mg合金进行轻度冷作（$\varepsilon = 10\% \sim 20\%$）以提高强度时，如不进行低温（120～150℃）稳定化处理，在过剩空位的影响下，能发生自发的回复过程，经过一段时间后，强度即降低，而且这种软化过程可以延续一二十年。冷作后进行稳定化处理，对防止高镁合金β相的沿晶脱溶也是很有效果的。

6.3.6.2 Al-Si系合金

在Al-Si系合金中，时效初期，G.P区在过饱和的空位处偏聚形核，其直径为1.5~2.0nm。随后被一个在基体的（111）或（100）面的片层状脱溶物所代替。新相很快地与母相失去共格，因而强化效果是极其有限的。

6.3.6.3 Al-Zn 系合金

在Al-Zn系合金中，G.P区呈球形，其直径为1~6nm，密度为10^{12}~10^{16}个/mm^3，并在淬火空位凝聚的位错环上形成。G.P区的大小主要取决于时效时间和时效温度。合金中的锌含量仅影响到区的数量。当G.P区的大小超过约3nm时，即在［111］方向伸长，形成椭圆形，其长轴为10~15nm，短轴为3~5nm，这时强化效果最大。随后即由α′相所代替。高温下进行时效，并不形成G.P区，而直接形成过渡相。

6.3.6.4 Al-Mg-Si 系合金

Al-Mg-Si系合金发生自然时效强化，可以证明形成了G.P区。在Al-Mg-Si系合金中，开始形成球状G.P区，并迅速长大，沿基体的［001］方向伸长，变为针状或棒状。称为β″相，其$a=b=0.616$nm，$c=0.71$nm，$\alpha=\beta=90°$，$\gamma=82°$，位相关系为：

$$(110)_{\alpha} /\!/ (111)_{\beta''};\ [001]_{\alpha} /\!/ [110]_{\beta''};$$

并有大量空位。β″相的长度为20~100nm，直径为1.6~6nm，密度为2×（10^{12}~10^{15}）个/mm^3，对基体产生压应力，可使合金强度提高。如继续升高温度或延长时间，即形成局部共格的β′过渡相。β′相为面心立方晶体结构（a =0.642nm），或者呈六方晶体结构（$a=0.705$nm，$c=0.45$nm），与基体的位相关系为

$$(100)_{\alpha} /\!/ (001)_{\beta'};\ [011]_{\alpha} /\!/ [100]_{\beta'}$$

最后在β′相与基体的界面上，以消耗掉β′过渡相的方式，形成β（Mg_2Si）稳定相，β相也为面心立方晶体结构（a =0.639nm），与基体的位相关系为

$$(100)_{\alpha} /\!/ (100)_{\beta};\ [001]_{\alpha} /\!/ [110]_{\beta}$$

其脱溶序列可以表示为：

针状G.P区→有序针状G.P区→β′→β（Mg_2Si）

无论是在G.P区还是过渡相阶段，都没有直接证据证明有共格应变产生。由此可以认为，强化的原因是位错运动时与G.P区相遇，

需要增加能量以打断 Mg-Si 键。

Al-Mg-Si 合金（w（Mg_2Si）>1.2%）的 T_c 温度较高（190℃），在 150～160℃的时效组织是由针状或棒状的 β′相组成，很少出现无析出带（PFZ），也不在位错上形核或脱溶。

Al-Mg-Si 合金有明显的停放效应现象，淬火 515～525℃后必须立即进行人工时效（160～170℃/8～12h），才能得到高的强度。淬火后如在室温停放一段时间，对强度有不利影响。w(Mg_2Si)>1%的合金在室温停放 24h，强度比淬火后立即时效的合金低 10%。w(Mg_2Si)<0.9%的合金，停放对强度反而有好处。这种效应与在室温停放期间形成的空位-溶质原子集团的形核能力和 T_c 温度的高低有关。高浓度 Al-Mg-Si 合金（T_c>170℃）在室温形成的空位-溶质集团较小，达不到临界尺寸，还引起了基体过饱和度的降低，因此在人工时效时只有少数尺寸大的集团能转变为脱溶相，又因为形团后基体浓度降低，不能独立形成新的晶核，所以只能得到粗大的脱溶相和低的强度。反之，停放后的低浓度合金人工时效时，却能得到弥散度高的脱溶相，对强度反而有利。这可能与低浓度合金形核条件不同有关。加入微量 Cu(w(Cu)≤0.4%）能减轻停放效应的不良影响，因为 Cu 能降低 Al-Mg-Si 合金的自然时效速度。

在 Si 含量超过 Mg_2Si 比例的合金中，在时效的极早阶段，也发现有硅质点在晶界脱溶。

6.3.6.5　Al-Cu-Mg 系合金

在 Al-Cu-Mg 系合金内，当 w(Cu)/w(Mg)=2 时，由于 Cu 和 Mg 原子在（210）面上偏聚，形成 G.P 区，其直径为 1.6nm 的球状，也有人认为直径 1～2nm，长为 4～8nm 的针状，堆垛层错为 G.P 区的择优形核地带。随后由无序结构变为有序结构，即 S″相，沿基体[100] 方向长大，呈棒状，且与基体共格。再进一步，S″相转变为 S′相，属斜方晶体结构，其晶格常数为 a=0.405nm，b=0.906nm，c=0.720nm。S′过渡相仍与基体共格，甚至在厚度超过 10nm 时，仍保持共格关系。S′过渡相与基体的位相关系为

$$(2\bar{1}0)_{\alpha} // (100)_{S'}; \ [120]_{\alpha} // [010]_{S'}$$

如果 S′过渡相继续长大，即与基体失去共格，形成 S 平衡相

(Al_2CuMg)。S 相也是斜方晶体结构，其晶格常数为 $a=0.401$nm，$b=0.923$nm，$c=0.714$nm，$w(Cu)/w(Mg)=2.61$。S 相在脱溶过程中形成过渡相的晶体结构，见图 6-20。

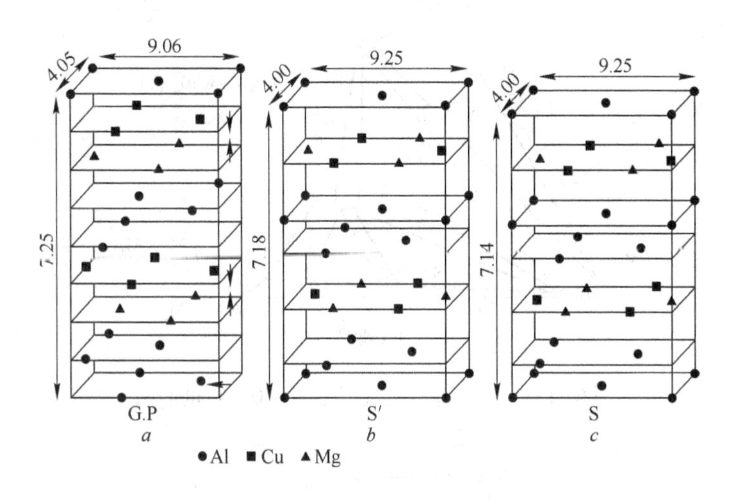

图 6-20 Al_2CuMg 从过饱和 α 固溶体中脱溶过渡相

a—G. P 区；*b*—S′过渡相；*c*—S 平衡相（Al_2CuMg）

自然时效时形成 G. P 区。与铜含量相同的 Al-Cu 合金比较，G. P 区形成速度与自然时效强化值均要大些。可以认为，Al-Cu-Mg 系合金中的 G. P 区是由富集在｛110｝，晶面上的 Mg 原子和 Cu 原子群组成，Cu 和 Mg 原子预先形成某种偶，这种原子偶以钉扎位错的机制使合金强化。

从图 6-21 所示的三元相图可知，在 Al-Cu-Mg 系合金中除了 θ 相和 β（Mg_5Al_8）相外，还可以出现两个三元相 S（Al_2CuMg）和 T（$Mg_{32}(AlCu)_{49}$或用 $CuMg_4Al_6$ 表示）。这些相中，S 相强化效应最大，θ 相次之，β 和 T 相的强化效应较弱，故高强铝合金的主要强化相是 S 和 θ 相。

高强铝合金的组织中，Cu、Mg 质量分数比不同，相组成物也不同。Cu 含量愈高，S 相愈少，θ 相愈多；反之，Mg 含量愈高，θ 相愈少，S 相愈多。当 $w(Cu)/w(Mg)=2.61$（$w(Cu)=4\%\sim5\%$，$w(Mg)=1.5\%\sim2.2\%$）时，合金强化相几乎全是 S 相（见图 6-22）。

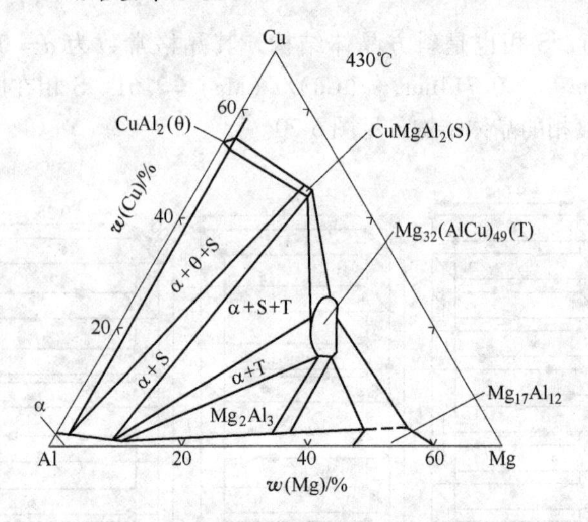

图 6-21　Al-Cu-Mg 系合金等温（430℃）剖面图

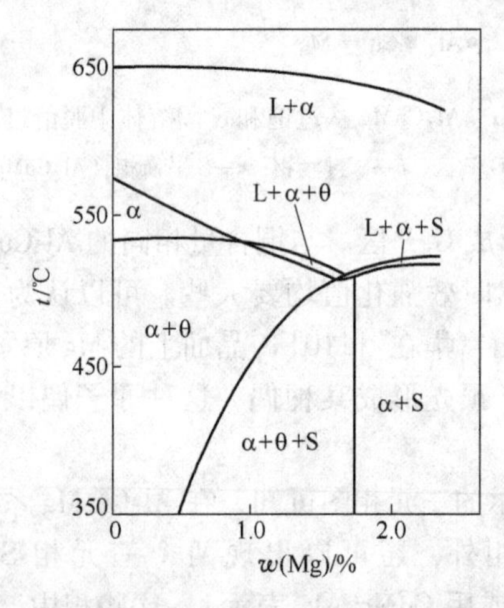

图 6-22　Al-Cu-Mg 系合金沿 $w(Cu)=4.5\%$ 的垂直剖面图

Mg 含量再增高，即出现 T 和 β 相，影响时效强化效应，故高强铝合金的 $w(Mg)$ 一般不超过 2.5%。工业用高强铝合金，$w(Cu)/w(Mg)\geqslant 8$ 时，主要是 θ + S；$w(Cu)/w(Mg)=4\sim 1.5$ 时，主要是 S 相。θ 相在时效过程中的结构变化已在前面讨论过，当 $w(Cu)/w(Mg)=2$ 时，相的脱溶序列为：

$$G.P区 \rightarrow S'' \rightarrow S' \rightarrow S\ (Al_2CuMg)$$

6.3.6.6 Al-Zn-Mg 系合金及 Al-Zn-Mg-Cu 系合金

A Al-Zn-Mg 系合金

在 Al-Zn-Mg 系合金中，$MgZn_2$ 脱溶物的 G.P 区呈球状和有序化两种，在室温时，直径可达 2～3.9nm，温度到 177℃时，G.P 区的直径由 3nm 增大到 6nm。如果在较高的温度下继续时效，球状 G.P 区即在基体的（111）面上形成盘状，盘的厚度无明显变化，但其直径随时效时间的增加和时效温度的升高而迅速变大，如在 127℃时效 800h 可达 20nm，在 177℃时效 700h，则可达 50nm。

由 G.P 区形成 η′过渡相的临界尺寸，决定于合金成分。η′相是在 100～140℃形成的部分共格相（因为在其周围存在有应变场），为六方晶格，$a=0.496$nm，$c=0.868$nm，也有资料认为属单斜晶系。η′过渡相与基体间的位向关系之一为：

$$(111)_{\alpha} // (0001)_{\eta'};\ [110]_{\alpha} // [11\bar{2}0]_{\eta'}$$

η（$MgZn_2$）平衡相是在 180℃以上形成的非共格相，属于六方晶格 Laves 相，其晶格常数为 $a=0.521$nm，$c=0.860$nm，与基体的取向关系有两种，当 η 相直接由 η′相形成，取向：

$$(1\bar{1}\bar{1})_{\alpha} // (0001)_{\eta};\ [110]_{\alpha} // [10\bar{1}0]_{\eta}$$

而当 η 相直接由基体形成时，取向：

$$(001)_{\alpha} // (10\bar{1}0)_{\eta};\ [110]_{\alpha} // [0001]_{\eta}$$

或

$$(1\bar{1}\bar{1})_{\alpha} // (\bar{1}2\bar{1}0)_{\eta};\ [1\bar{1}2]_{\alpha} // [20\bar{2}1]_{\eta}$$

Mg 在 Al 中的最大溶解度为 17.4%（450℃），在室温时溶解度为 1.0%。Zn 的溶解度更高，在共析温度（275℃）为 31.6%，在 200℃为 12.6%，在室温下不小于 2%。因此，Zn、Mg 与 Al 能形成高浓度三元固溶体。由 Al-Zn-Mg 系三元相图可知（见图 6-23），该系合金除 β、η 和 γ 等二元相外，还出现一个三元化合物 T，分子式为 $Al_2Mg_3Zn_3$，也可以用浓度范围 $Mg_{32}(AlCu)_{49}$ 表示。工业用 Al-Zn-Mg 系合金的化学组成多位于 M 所表示的影线范围内，主要强化相是 T 和 η，所以工业用合金一般称为 α + T 型合金。这两种强化相不仅在 Al 中有极大的溶解度，而且有相当大的溶解度变化（见图 6-24 和图 6-25），故有极强的时效强化效应。

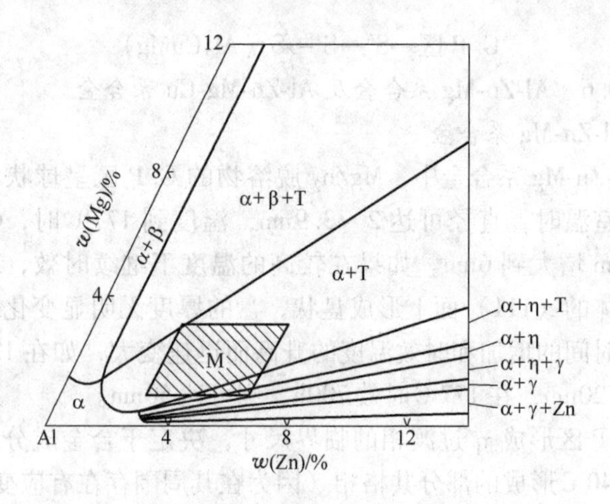

图 6-23 Al-Zn-Mg 系合金三元相图（Al 端，室温）

β—Mg_2Al_3；T—$Al_2Mg_3Zn_3$；η—$MgZn_2$；γ—$MgZn_5$

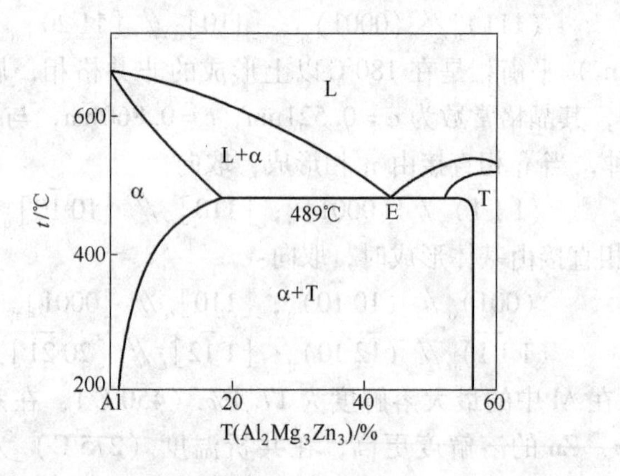

图 6-24 Al-T($Al_2Mg_3Zn_3$) 系伪二元相图

α + T 型合金自 465℃以上淬火和在不同温度时效的分解过程为：

$$G.P\text{ 区}\rightarrow T'\rightarrow T\ (Al_2Mg_3Zn_3)$$

G. P 区是球状 Zn、Mg 原子集团，但只有在较高温度中（227℃）时效才能迅速形成。T′是过渡相，属于立方晶格，$a=1.450$nm，与基体的取向关系：

$$(111)_\alpha /\!/ (100)_{T'};\ [112]_\alpha /\!/ [110]_{T'}$$

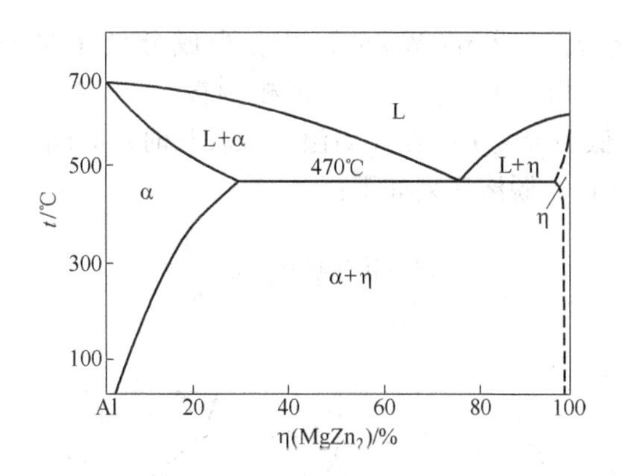

图 6-25 Al-η($MgZn_2$) 系伪二元相图

平衡相也是立方晶格，a =1.429 ~1.471nm，与基体的取向关系：

$$(112)_{\alpha} // (100)_{T};\ [1\bar{1}0]_{\alpha} // [001]_{T}$$

但应该指出，这种时效过程一般在较低温度很难发生。

工业中应用最广的 α + η 和 α + T 型合金的一般时效脱溶序列：

球状 G. P 区→有序 G. P 区→η′→η（$MgZn_2$）→T（$Al_2Mg_3Zn_3$）

这类合金时效时结构的变化与温度有关，低温（$T_a \leqslant 117$℃），主要脱溶相是 η 相，高温（$T_a > 277$℃）是 T 相。

以较快的速度淬火后，Al-Zn-Mg 系合金在较低的温度（包括室温）进行时效，将形成近似球状的 G. P 区，时效时间延长，G. P 区尺寸增大，合金强度亦增加。在室温时效 25 年后，G. P 区直径达 1.2nm，屈服强度达到标准人工时效后屈服强度的 95% 。这说明，该系合金的自然时效速度较 Al-Cu-Mg 系合金的低得多。Zn/Mg 值较高的合金，在高于室温的温度下长期时效可使 G. P 区转变成 η′过渡相。在人工时效达最高强度时，脱溶产物为 G. P 区及部分 η′相，其中 G. P 区平均直径为 2 ~3.5 nm。

G. P 区含有 Zn 原子及 Mg 原子，其结构尚未确定，但根据 X 射线及电子衍射的某些变化，可以证明，在 Zn 和 Mg 的含量不同时，G. P 区结构有一定改变。

η′相可在相当宽广的成分范围内形成（图 6-26）。时间延长或温度升高，η′转变成 η（$MgZn_2$）相。当成分处于平衡条件下有 T（$Mg_3Zn_3Al_2$）相存在的相区时，η′相则被 T 所取代。在 $w(Zn)/w(Mg)$ 值较低的合金中，在较高温度及较长时效时间下，可能产生 T′过渡相。所以，脱溶序列如下：

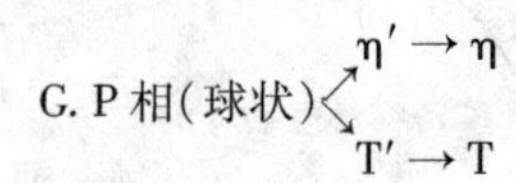

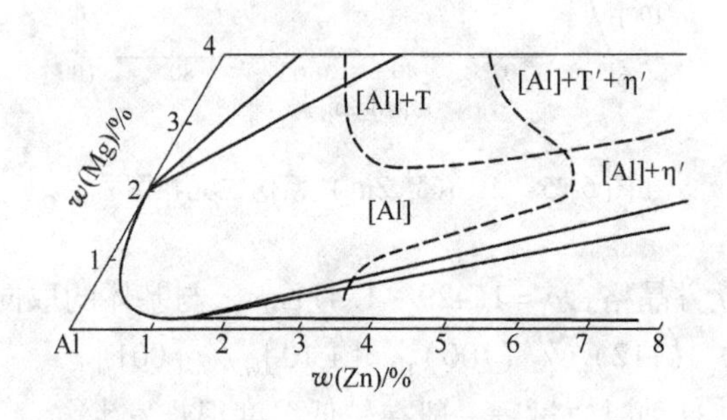

图 6-26 Al-Zn-Mg 合金中出现的相

注：虚线所分隔的区域表示合金固溶处理、淬火并于 120℃时效 24 h 后出现的相（［Al］= G. P 区结构）；实线所分隔的区域是 175℃平衡的相区

若将已低温时效的 Al-Zn-Mg 系合金在较高温度下进一步时效，则小的 G. P 区溶解，大的 G. P 区则长大并转变成 η′相。若控制在较理想的温度，大多数 G. P 区将长大并转变成 η′过渡相，使 η′相能更均匀地分布，达到更好的时效效果。这是 Al-Zn-Mg 系合金两阶段时效处理的原因。

B Al-Zn-Mg-Cu 系合金

向 Al-Zn-Mg 系合金中加入 Cu，对该系合金的脱溶过程有影响。当 $w(Cu) \leqslant 1.5\%$ 时，基本上不改变该系合金的脱溶机制，Cu 的强化基本上属于固溶强化。当 Cu 含量更高时，Cu 原子可进入 G. P 区，提高 G. P 区稳定的温度范围；在 η′相及 η 相中，Cu 原子及 Al 原子取代 Zn 原子，形成与 $MgZn_2$ 同晶型的 AlZnMgCu 相。Cu 原子进入 η′相可以显著提高合金的塑性和抗腐蚀性能，因此具有很大的实际意义。

Al-Zn-Mg-Cu 系合金四元相图如图 6-27 所示。工业用超高强铝合金的主要相组成物为 α + η($MgZn_2$) + T($Al_2Mg_3Zn_3$) + S(Al_2CuMg)，但因铜含量的不同而略有变化。由图可知，当超高强铝合金含 $w(Zn) = 5\% \sim 7\%$ 和 $w(Mg)1\% \sim 3\%$ 时，$w(Cu) > 0.7\%$ 即会出现 S 相，$w(Cu) > 2\%$ 还会出现 θ 相。但超高强铝合金的主要强化相是 η 相，如图 6-25 所示，η 相在 470℃ 的最大溶解度可达 28%，而在室温只有 4%，所以有极高的时效强化效应。

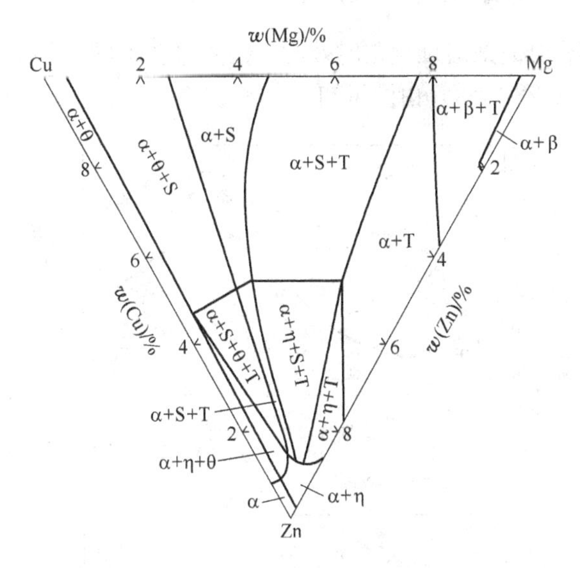

图 6-27 Al-Zn-Mg-Cu 系合金在 200℃ 的等温剖面图（$w(Al) = 90\%$）

超高强铝合金的时效过程与 Al-Zn-Mg 合金一样，也是：

$$G.P\ 区 \rightarrow \eta' \rightarrow \eta(MgZn_2) \rightarrow T(Al_2Mg_3Zn_3)$$

但在 120 ~ 160℃ 时效，只发生 η 相的脱溶过程，只有当 $T_a > 270$℃ 时才能出现 η→T 的脱溶过程，这是因为 Zn 的扩散系数比 Mg 高。低温时效只能发生富 Zn 相 $MgZn_2$ 的脱溶过程，高温时效才能发生富 Mg 相 T 的脱溶过程。

含 Cu 相（θ 相和 S 相）的脱溶过程比较复杂，有的研究结果认为在 125℃ 以下时效出现 θ 和 S 相，在 $T_a > 125$℃ 时效出现 η 相。但也有人认为在 120℃ 时效 32 年，160℃ 时效 100h，只有 η 相出现。另外，Cu 对时效速度也有影响，T_a < 50℃能减慢时效过程，但 T_a = 100 ~ 200℃又能促进人工时效过程，而且能扩大 G. P 区的存在温度范围，即能提高 T_c 温度。总之，超高强铝合金的 w(Cu) > 0.7% 后，在 125 ~ 150℃时效，可以认为是在 Al-Zn-Mg 系合金脱溶过程（G. P 区→η′→η→T）的基础上，又出现了 Al-Cu-Mg 系合金的脱溶过程（G. P 区→S′→S）。

6.4　铝合金时效时力学性能的变化

Al-Cu 合金时效时硬度与时效时间的关系及不同条件下相应的脱溶产物如图 6-28 所示。由图可知：

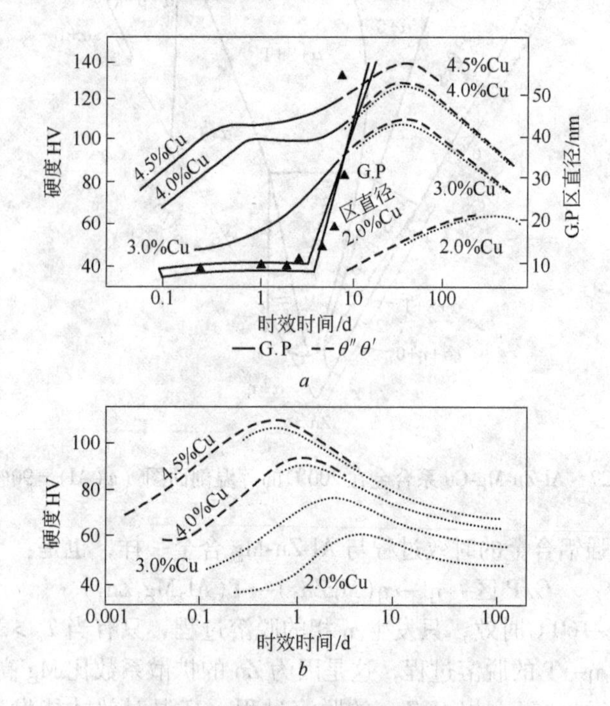

图 6-28　Al-Cu 合金时效时硬度与时效时间和脱溶相结构的关系

a—130℃；b—190℃

（1）硬度随时间延长而增高，这种现象称为时效硬化。

(2) 130℃时效时，时效曲线上出现双峰，第一峰相当于 G. P 区，第二峰相当于 θ″，一旦出现 θ′ 就进入过时效阶段。说明不同脱溶产物有着不同的强化效果。

(3) 不同成分合金在不同温度下具有不同的脱溶序列，过饱和度大的合金易首先出现在 G. P 区。

以上特征也适用于其他类型的合金。

时效强化是铝合金的主要强化手段，造成此种强化的原因目前一律应用位错理论解释。合金沉淀强化产物（例如 Al-Cu 系合金中的 G. P 区、θ″相和 θ′ 相），将可产生两方面的影响：一是新相质点本身的性能和结构与基体不同；二是质点周围产生应力场。沿滑移面运动的位错与析出相质点相遇时，就需要克服应力场和相结构本身的阻力，因而使位错运动发生困难。另外，位错通过物理性质与基体不同的沉淀相区时，它本身的弹性应力场也要改变，所以位错运动也要受到影响。其他缺陷，如在脱溶过程中形成的空位和螺旋位错，也能阻碍位错运动。

根据位错阻力的来源，时效强化可用以下几种强化机制来加以说明（但这些强化机制并不是截然分开的，只能说在一定的时效阶段上，根据沉淀相的结构特点，某种强化方式可能起主要作用而已）：

(1) 内应变强化机制。这是一种比较经典的理论。这种理论既可以用于沉淀强化合金，也可以用于固溶强化的合金。

所谓内应变强化，是指沉淀物或者溶质原子，当其与基体金属之间存在一定的错配度时，便产生应变场，或者说应力场，这些应力场阻碍滑移位错运动。

造成这种硬化，第二相质点或溶质原子集团不必处在位错所要通过的滑移面上，只要其应力场能达到位错通过的滑移面即可。

如果粒子处在位错通过的滑移面上时，情况要复杂一些。

(2) 在质点周围生成位错环的机制。图 6-29 所示为在质点周围生成位错环的基本过程。一条位错线在遇到坚硬的脱溶微粒不能通过而又无法切过时，受阻呈弓形。在施加的切应力增大，位错线进一步弯曲，达一定程度后，弯曲的位错线会在一些点（如图 6-29 中 t_2 时 A 和 B 点）相遇。因这些点（A、B）位错方向相反，它们相遇时就会湮灭，使主要的位错段与环形区分离，呈 t_3 所示的情况；最后达 t_4 时，位错通过质点，在质点周围留下一个位错环。此机制是 1948 年奥罗万（E. Orowan）提出的，因而称奥罗万机制。

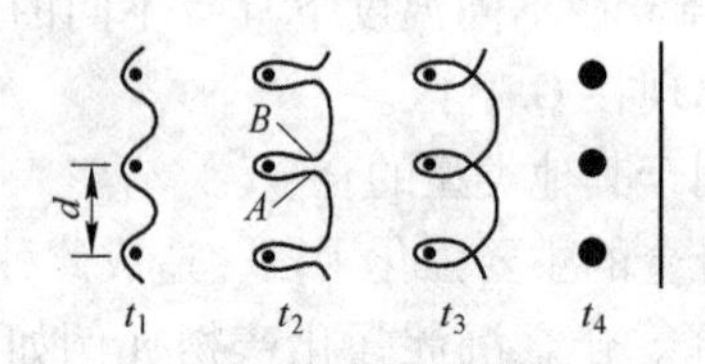

图 6-29　一位错线与一排脱溶相质点间相互作用的示意图

按奥罗万机制，位错绕过脱溶质点时所需增加的切应力（即强化值）与质点的体积分数及质点半径有关。体积分数愈大，强化值愈大；当体积分数一定时，强化值与脱溶质点半径成反比，质点愈小，强化值愈大。

（3）脱溶质点被位错切割的机制。如果沉淀物不是太硬而可以和基体一起变形的话，运动位错遇到沉淀物时，可以切过沉淀物而强行通过。对于铝合金，根据薄膜电镜观察，证明位错可以切过 Al-Zn 系合金的 G. P 区、Al-Cu 系合金的 G. P 区和 θ″过剩相、Al-Zn-Mg，系合金的 η′相和 Al-Ag 系合金的 γ′相。大致可以认为，如沉淀相与基体共格，位错可以从其中通过，如沉淀相与基体部分共格，而其晶体结构又与基体相近时，位错也可能通过。因此铝合金在预沉淀阶段或时效前期，运动位错多以切过的方式通过沉淀物。

切过粒子要消耗三种能量，即运动阻力来自这三个方面。一是粒子与基体中的错配引起的应力场；二是位错切过粒子后，粒子被滑移成两部分，因而增加了表面能（如图 6-30 所示）；三是位错通过粒子时，改变溶质—溶剂原子的邻近关系，引起了所谓化学强化。

当脱溶质点可能被位错运动所割裂时，一条运动的位错线就会使脱溶质点通过滑移面发生一个 b 矢量的位移，如图 6-30 所示。可把这种位错-质点作用分为两种类型：若位错-质点作用距离较 $10b$ 短，称短程作用；若作用距离大于 $10b$ 则称长程作用。

图 6-31 中综合了两种主要机制的强化值，即屈服切应力增量。

由奥罗万机制所产生的屈服切应力增量 $\Delta\tau$ 质点半径关系用 A 线表示。原则上，在达到临界切应力增量前，$\Delta\tau$ 随质点尺寸减小而增大，临界切应力增量就是强化的上限。质点被位错切割机制导致的强化增量，如曲线 B 所示。位错在质点周围成环只是在位错无法切过质点时才有可能，因此，当质点半径由零开始增加时，屈服应力增量会循 B 曲线增大直至与 A 线相交为止。此后位错在质点周围成环较切割质点易于进行。因此，在质点半径继续增大时，屈服应力增量不断减小，说明强化作用在质点粗化时降低。

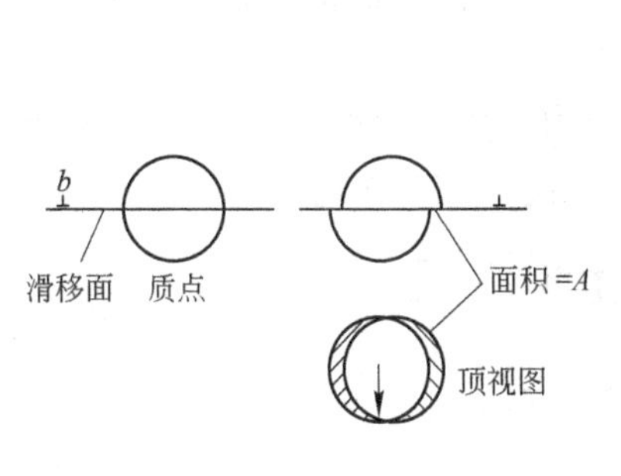

图 6-30 质点被位错运动所切割

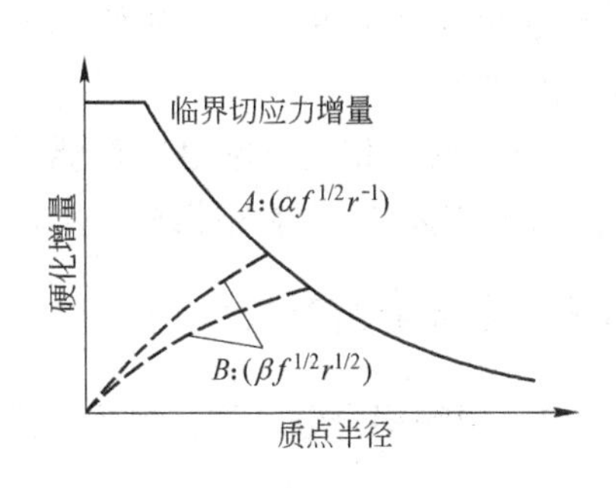

图 6-31 强化增量与质点半径关系图

铝合金在时效过程中强度变化的特征如下：

（1）开始阶段的脱溶相（G. P 区或某种过渡相）与基体共格、尺寸很小，因而位错可以切过。此时的屈服切应力增量取决于切割脱溶相所需的应力。

（2）继续时效时，脱溶相体积分数 f 及尺寸 r 均增加，切割它们所需应力加大，使强化值增加，经一段时间后，f 会达到一定值，脱溶相将增大尺寸，使合金进一步强化。

（3）最后，脱溶相质点逐渐向半共格或非共格质点（过渡相或平衡相）转变，尺寸也不断加大，一旦达到一定尺寸时，位错在质点周围成环所需应力会小于切割质点的应力，奥罗万机制开始发生作用，这时合金强度随着脱溶相质点尺寸进一步增大而降低。但应注意，在奥罗万机制起作用时，由于每一位错线通过质点后将留下一个位错环，使质点周围位错密度增加，这就相当于质点有效尺寸不断增大，质点间距不断减小，因而使加工硬化系数加大。

铝合金时效强化影响因素是：

(1) 体积含量大的脱溶相。因为在一般情况下，如果其他条件相同，脱溶相的体积分数 f 愈大，则强度愈高。f 值大的合金要求高温下固溶度大，通常可由相图来确定获得高固溶度的成分及工艺。

(2) 第二相质点的弥散度。一般来说，平衡脱溶相与基体不共格，界面能比较高，形核的临界尺寸大，晶粒长大的驱动力也大，不易获得高度弥散的质点。因此，生成 G. P 区以及共格或部分共格的过渡相可使合金得到高的强度。通常，为使合金有效强化，脱溶相间的间距应小于 1μm。

(3) 脱溶相质点本身对位错的阻力。大的错配度引起大的应变场，对强化有利；界面能或反相畴界能高，也对强化有利。

6.5 铝合金的时效处理及时效工艺

6.5.1 影响铝合金时效过程及性能的因素

6.5.1.1 合金成分

A 主要合金成分的影响

若按照获得最大强化的规程进行淬火时效，则二元合金硬度增量与合金元素含量关系如图 6-32 中的 *Amnp* 线所示。抗拉强度及屈服强度增量具有同样的趋势。浓度低于 C_1 的合金不可能时效，只有当浓度大于 C_1 后，随着第二组元浓度增加，合金时效后硬度增量将增加，达最大值（n 点）后缓慢降低。

在其他条件相同时，成分为 C_3 的合金可得到较成分为 C_2 的合金更高浓度的过饱和固溶度，因而脱溶相密度可能更大，时效后成分为 C_3 的合金强化值较成分为 C_2 合金的大，这就是 *mn* 段硬度增量升高的原因。循此规律，成分为 C_3 的合金应有最大时效效果，但实际上要得到 C_3 浓度的过饱和固溶体需从共晶温度淬火，从工艺上讲会发生过烧而不可能实现。所以，接近极限固溶度成分为 C_4 的合金在时效后将获得最大强化值。浓度超过极限固溶度成分为 C_6、C_7 的合金，在同一温度下淬火并在同一温度时效后，虽然基体中脱溶相密度相

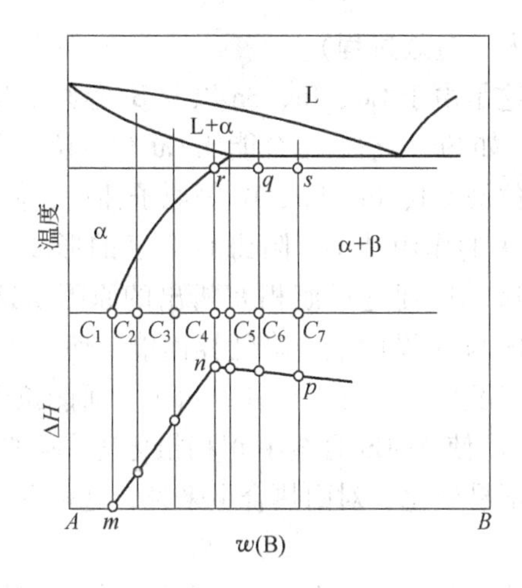

图 6-32 时效后硬度可能的最大增量与二元系合金成分关系
（ΔH 为时效后及淬火后合金硬度值差）

同，但由于不参与时效过程的 β 相体积分数逐渐增多，α 基体量逐渐减少，因而整个强化增量降低。

时效后合金强度绝对值也与淬火合金原始强度有关。基体固溶体强度一般随溶质元素浓度增加而提高，故接近共晶温度极限固溶度成分的合金，淬火状态强度最高，时效后也有最大的强化增量。因此，最高强度的时效合金在状态图上位于接近极限固溶度的位置，并且由于固溶体过饱和程度越高，分解越迅速，因而达到强化最大值的时效时间越短。

三元合金中成分影响时效的规律，基本上与二元系相似。

B 微量元素及杂质的影响

这里所说的是合金中与生成新相无直接关系的特殊添加元素和偶然杂质，它们在合金中含量只有万分之几至十万分之几，但有时会急剧影响到过饱和固溶体分解动力学及合金时效后的组织和性质。

哈迪（H Kardy）研究了少量（0.05% 数量级）Cd、In、Sn、Ti、Pb 和 Bi 对 Al-4Cu-0.5Ti 合金脱溶过程的影响指出，不溶元素如 Ti、Pb 和 Bi 等对脱溶过程无影响，而可溶元素如 Cd、In、Sn 以及 Be 等则减慢 G.P 区形成速率（减慢自然时效过程），但加速过渡相

θ′的生成（加速人工时效过程）。

人们认为，这是由于Cd、In、Sn以及Bi等原子与空位的结合能比Cu原子更高（如Sn与空位结合能比Cu与空位结合能高0.2eV）。因此，大部分空位被Cd、In、Sn、Bi等原子捕捉，使空位在转移Cu原子到G.P区中去的作用减小，阻碍G.P区的形成，导致合金时效过程减慢。Cd、In、Sn促进过渡相θ′析出的原因是这些元素的原子吸附并偏聚于基体与θ′界面上，降低界面能，使θ′晶核的临界尺寸减小，增大形核率及析出密度。此外，由于界面能减少，粗化过程速率减慢，如少量Cd使Al-Cu合金中θ′相粗化速率降低80%，这使材料在高温使用时不易软化，对耐热合金来说，这种微量元素的作用特别有价值。

微量元素的另一作用机制是进入G.P区中作为其组成部分，并使G.P区稳定。如在2D70合金中，Si原子进入G.P区，使G.P区能在更高温度下稳定。因此，当合金在190℃时效时，S′相就在密度非常高的G.P区上形核，使S′相的析出密度提高，从而提高了合金强度。

还有一种可能的作用机制是微量元素原子浓集于脱溶相中，使其体积自由能降低，即使自由能-成分图上脱溶相的自由能曲线向下移动，增大脱溶驱动力，减小临界晶核形成功，增加脱溶密度。少量的Ag在Al-Zn-Mg系合金中的作用可能就是这种机制，Ag可使η′相细化。此外，在某些合金中微量添加元素可抑制不连续脱溶。

由此可见，微量元素及杂质的影响是多种多样的，加入微量某种特殊元素及控制杂质含量是控制时效过程最有效的途径之一。但不同元素在不同合金中所起的作用是什么，需要通过实验来确定。

6.5.1.2 固溶处理制度

A 固溶处理温度

在不发生过烧或过热的前提下，提高固溶处理温度可以加速时效过程，并在某些情况下提高硬度峰值。其原因有以下几点：

（1）随固溶处理温度升高，空位数量增加，淬火后就能保留更高的过饱和空位浓度，加速扩散过程，促进过饱和固溶体分解。

（2）固溶处理温度愈高，强化相在固溶体中溶解愈彻底，因而淬火后固溶体的过饱和度愈大，使随后时效时脱溶加速，并使合金得到更大的硬度和强度。

(3) 提高固溶处理温度还可使合金成分变得更均匀，晶粒变粗，晶界面积减小，有利于时效时普遍脱溶。

B 固溶处理的冷却速率

固溶处理的冷却速率对时效的影响很大。不同合金过饱和固溶体稳定性不同，因而为了抑制冷却过程中固溶体分解所要求的临界冷却速率也不同。有些合金过饱和固溶体极不稳定，只有淬火的试样十分细小或者采用很大冷却速率才足以抑制其分解，这种合金的时效效果将与固溶处理后的冷却速率有密切关系。淬火时冷却速度愈快，时效后硬度也愈高。

也有一些合金过饱和固溶体较稳定，可以以较慢的速度冷却。

淬火急冷难免会在材料中产生很大热应力，有时这种热应力可能高达屈服强度，使材料局部塑性变形，从而促使脱溶相在滑移带和变形区中形核，改变了脱溶相的形状和分布。

6.5.1.3 时效时间

一般情况下，时效时间延长，合金抗拉强度、屈服强度及硬度不断增大。如果时效温度比较高，这些性能达到最大值后开始下降(图6-33T_2 及 T_3 曲线)，此时就进入了过时效阶段。过时效可能有下列一些原因：

(1) 早先形成的脱溶相发生聚集粗化，间距加大。

(2) 数量较少的更稳定脱溶相代替数量较多的稳定性较低的脱溶相。

(3) 共格脱溶相开始由半共格的，然后由非共格的脱溶相所取代，因而使基体中弹性应力场减小或消失。

不同合金以及同一合金不同时效温度下强化的最大值，对应于不同的组织状态。大多数情况下，在过饱和固溶体晶粒内生成G.P区和过渡相或只析出高密度过渡相时，合金达到最大强化。

若时效温度相当低，则不会发生过时效，合金因共格脱溶相密度增大并长大变粗而不断强化。但这个过程及相应的强化达到一定程度后就基本停止发展（图6-33 T_1 曲线）。例如，硬铝合金在室温下时效（自然时效）就是这种情况。

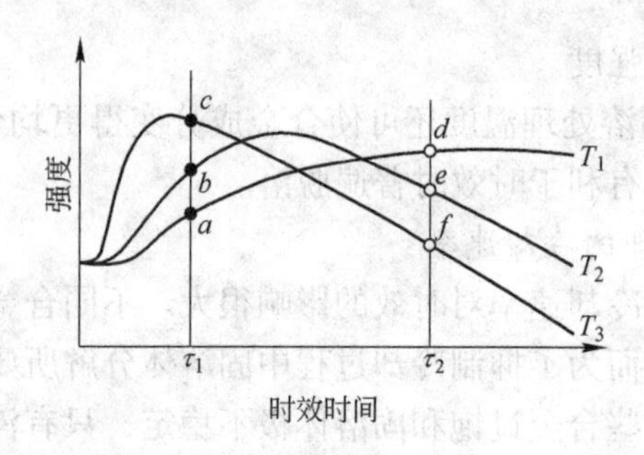

图 6-33　在不同温度（$T_1 < T_2 < T_3$）下时效时强度与时效时间的关系示意图

6.5.1.4　时效温度

在相同时效时间的条件下，时效后强度性质与时效温度关系如图 6-34 所示。时效温度升高，强度逐渐增高，达到一极大值后又降低。当时效温度足够高时，有些合金的强度可低于新淬火的状态，这种强烈的过时效是由脱溶相明显聚集，以及基体中合金元素浓度大大降低造成的。

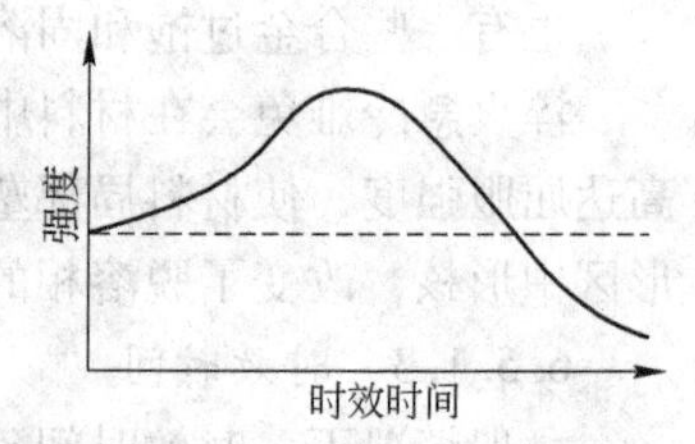

图 6-34　保温时间相同时强度与时效温度的关系示意图

除强度性能外，伸长率在时效强化阶段明显降低，在过时效时改变不大，略有降低或升高。

6.5.1.5　塑性变形

实际生产中，铝合金淬火后、时效前往往要承受一定程度的塑性变形。例如，板材淬火后辊矫、拉伸矫直，其变形率为 1% ~3%，虽然变形量不大，但对以后的时效过程却带来较大的影响。

A　淬火迅速冷却的铝合金

时效前的冷变形会加速在较高温度下的脱溶过程（主要脱溶产物为过渡相及平衡相），但延缓在较低温度下的脱溶过程（主要脱溶产物为 G. P 区）。也就是说，在淬火时冷却速度很大的合金，冷变形有利于过渡相及平衡相形核，但不利于生成 G. P 区（Al-Cu 合金中包括 θ″相）。因为形成 G. P 区必须依靠空位和溶质原子迁移，合金淬火速冷后，通常保留大量过剩空位（约$10^{-4}cm^3$），时效前冷变形提高位错密度，使空位逸入位错而消失的可能性增大。冷变形本身虽也产生空位，但空位生成数一般小于消失数。所以冷变形必然会减慢G.P区的生成速率。

B 淬火慢速冷却的铝合金

因受某种条件所限（如大工件为减小冷却时的热应力）而不能快速淬火，则时效前的冷变形也可能加速G.P区形成，因为此时冷变形产生的空位比消失的多。与G.P区不同，过渡相及平衡相的形核率主要取决于位错线密度。冷变形使位错密度增加，促进过渡相及平衡相形核。此外，冷变形还破坏基体点阵的规则性，使共格的亚稳定脱溶相不易生成，而促进生成非共格的脱溶相。例如，Al-Cu合金淬火后给予大变形量冷加工，甚至在自然时效时也会析出平衡θ相。

由此可见，主要依靠G.P区强化的合金，时效前冷变形对时效强化不利。反之，主要依靠弥散过渡相强化的合金，时效前冷变形会使时效强化效果提高。

时效前冷变形还可减轻晶界无沉淀带的影响。

考虑到冷变形的有利作用，有一些合金时效前有意增加冷变形工序，这种淬火→冷变形→时效的综合工艺称形变时效或时效合金低温形变热处理，是形变热处理的一种重要类型。

6.5.1.6 其他因素

许多实验证明，超声波能加速过饱和固溶体脱溶。例如，在超声波作用下，硬铝的时效速率提高20~25倍，硬度值也有所提高。超声波之所以能对时效产生良好的影响，是由于高频率振荡增加原子活动能力，脱溶过程易于进行。此外，超声波还可增加脱溶相的弥散度，使合金获得较高硬度。

辐照的影响类似于冷变形，它能增加合金中的过剩空位，加快脱溶速率，使硬度峰值提高。

6.5.2 形变热处理

6.5.2.1 形变热处理原理

形变热处理是将塑性变形的形变强化与热处理时的相变强化相结

合，使成形工艺与获得最终性能统一起来的一种综合方法。

塑性变形增加了金属中的缺陷（主要是位错）密度，并改变了各种晶体缺陷的分布。若在变形期间或变形之后合金发生相变，那么变形时缺陷组态及缺陷密度的变化对新相形核动力学及新相的分布影响很大。反之，新相的形成往往又对位错等缺陷的运动起钉扎、阻滞作用，使金属中的缺陷稳定。由此可见，形变热处理强化不能简单视为形变强化及相变强化的叠加，也不是任何变形与热处理的组合，而是变形与相变既互相影响又互相促进的一种工艺。合理的形变热处理工艺将有利于发挥材料潜力，是金属材料强韧化的一种重要方法。

变形时导入的位错，为降低能量往往通过滑移、攀移等运动组合成二维或三维的位错网络。因此，与常规热处理比较，形变热处理后金属的主要组织特征是具有高的位错密度以及由位错网络形成的亚结构（亚晶）。形变热处理所带来的形变强化的实质就是这种亚结构强化。

冷变形或热变形均可使合金获得亚结构。冷变形可使位错密度由 $10^6 \sim 10^8/cm^2$ 增加至 $10^{12}/cm^2$，形变量增加，出现位错缠结，随后出现胞状亚结构。低温加热（如变形后时效）可能发生多边形化，产生更稳定的亚晶。铝合金在热变形过程中会发生动态回复及动态再结晶，在热变形终了后可能还会发生静态回复及静态和亚动态再结晶。为了得到亚结构，应创造一定的条件，使之在热变形过程中及过程终了后均无再结晶发生。结合有冷变形及热变形的热处理分别称为低温形变热处理及高温形变热处理，其工艺图如图 6-35 所示。

6.5.2.2 低温形变热处理

低温形变热处理，又称形变时效。常用的处理方式有：

（1）淬火-冷（温）变形-人工时效；

（2）淬火-自然时效-冷变形-人工时效；

（3）淬火-人工时效-冷变形-人工时效。

冷变形造成的位错网络，使脱溶相形核更为广泛和均匀，有利于提高合金的强度性能和塑性，有时也可提高抗蚀性。

冷变形对时效过程的影响规律较为复杂。它与淬火、变形和时效规程有关，也与合金本性有关，对同一种合金来说，与时效时沉淀相

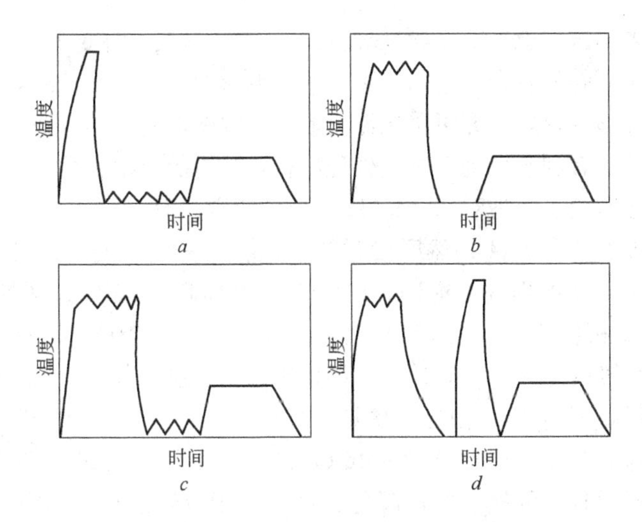

图 6-35 时效型合金形变热处理工艺图

a—低温形变热处理；*b*—高温形变热处理；

c—综合形变热处理；*d*—预形变热处理

类型有关。简言之，主要依靠形成弥散过渡相而强化的合金，时效前冷变形会使合金强度提高。这类合金淬火后，经冷变形再加热到时效温度时，脱溶与回复过程同时发生。脱溶将因冷变形而加速，脱溶相质点将因冷变形而更加弥散。与此同时，脱溶质点也阻碍多边化等回复过程。若多边化过程已发生，则因位错分布及密度的变化，脱溶相质点的分布及密度也会发生相应的改变。

若冷变形前已进行了部分时效，则这种预时效会影响最终时效动力学及合金性质。例如，Al-4% Cu 合金淬火后立即冷变形并在 160℃ 时效，则经 20 ~ 30h 达硬度最高值。若经自然时效后进行同样变形，160℃时效只需 8 ~ 10h 达硬度最高值。后一种情况，人工时效的加速可能是由于自然时效后 G. P 区对变形时位错运动阻碍所致，这种阻碍造成大量位错塞积与缠结，有利于 θ′脱溶。此外，在位错附近还存在 Cu 原子富集区，也有利于 θ′的形核。因此为加速这种合金的人工时效，变形前自然时效是有利的。这样就形成了第二种处理方式，即淬火-自然时效-冷变形-人工时效。

预时效也可用人工时效，根据同样原因将使最终时效加速，增大强化效果。这样就形成了第三种方式，即淬火-人工时效-冷变形-人工时效。对不同的合金，可采用不同的低温形变热处理工艺组合。

低温形变热处理亦可采用温变形。在温变形时，动态回复进行的相当激烈，有利于提高形变热处理后材料组织的热稳定性。

低温形变热处理对 Al-Cu-Mg 系合金特别有效。例如，2A12 合金板材淬火后变形 20%，然后在 130℃ 时效 10～20h，与常规热处理比较，抗拉强度可提高 60MPa，屈服强度可提高 100MPa，塑性尚好。2A11 合金板材淬火后在 150℃ 轧制 30%，然后在 100℃ 时效 3h，与淬火后直接按同一规范时效的材料相比，抗拉强度可提高 50MPa，屈服强度提高 130MPa，但伸长率降低 50%。

低温形变热处理对 Al-Zn-Mg-Cu 系合金不利。例如 7075 型的合金冷变形后时效可使强度值降低，这是由于位错造成 η 相不均匀形核所致。

6.5.2.3 高温形变热处理

A 实现高温形变热处理的基本条件

高温形变热处理工艺为热变形后直接淬火并时效。因为合金塑性区与理想的淬火温度范围既可能相同也可能不同。其形变与淬火工艺形式如图 6-36 所示。总的要求是应从理想固溶处理温度下淬火冷却。图 6-36*f* 所示为利用变形热将合金加热至淬火温度。

进行高温形变热处理必须要求所得到的组织满足以下三个基本条件：

（1）热变形终了的组织未再结晶（无动态再结晶）；

（2）热变形后可以防止再结晶（无静态再结晶）；

（3）固溶体必须是过饱和的。

若前两个条件不能满足而发生了再结晶，则高温形变热处理就不能实现。

进行高温形变热处理时，由于淬火状态下存在亚结构，时效时过饱和固溶体分解更为均匀（强化相沿亚晶界及亚晶内位错析出），因而使强度提高。另外，固溶体分解均匀，晶粒碎化以及晶界弯折使合金经高温形变热处理后塑性不会降低。再有，因晶界呈锯齿状以及亚晶界被沉淀质点所钉扎，使合金具有更高的组织热稳定性，有利于提高合金的耐热强度。

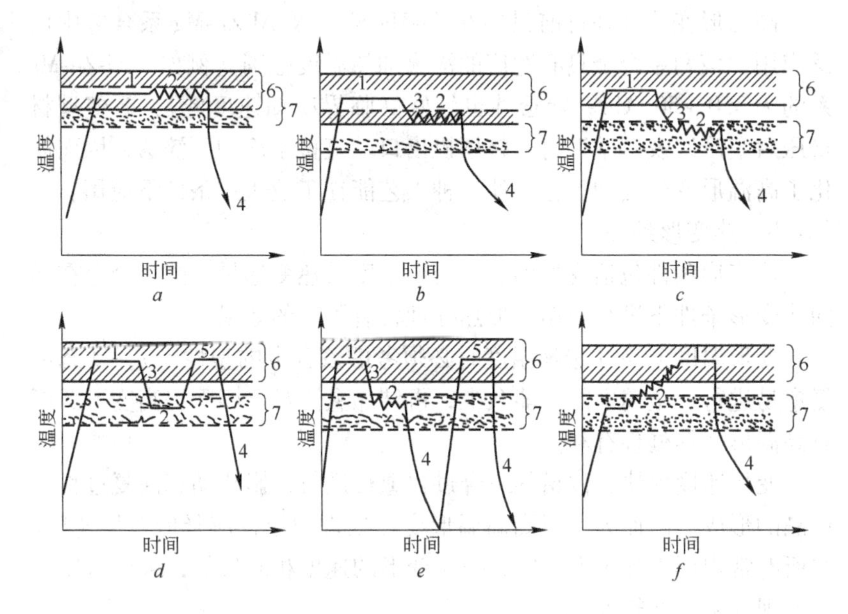

图6-36 高温形变热处理工艺

a~*f*—不用形变与淬火工艺形式

1—淬火加热与保温；2—压力加工；3—冷至变形温度；4—快冷；

5—重新淬火加热短时保温；6—淬火加热温度范围；7—塑性区

B 影响高温形变热处理的因素

a 合金本性

具有高堆垛层错能的金属，易于发生动态回复，因而阻碍再结晶过程的进行，这样的金属就可以进行高温形变热处理。铝合金的层错能高，易形成非常稳定的多边化组织，所以铝合金进行高温形变热处理原则上是可行的。

高温形变热处理是变形与淬火的统一，既要保证变形操作，又要保证淬火要求，后者包括保证固溶化温度的范围以及淬火速度须大于临界冷却速度，但是并非所有铝合金都能满足这种条件。例如2A12合金淬火加热温度范围仅为±3℃，且必须在合理的加热温度范围急剧冷却，但变形的条件很难满足这种需要，因而2A12型合金（Al-

Cu-Mg 系合金）在一般条件下无法实现高温形变热处理。

高温形变热处理目前只能在 Al-Mg-Si 系及 Al-Zn-Mg 系合金中广泛应用。该两系合金具有宽广的淬火加热温度范围（例如，Al-Zn-Mg 系的为 350 ~ 500℃），淬透性也较好（临界冷却速度低），薄壁型材挤压后空冷以及厚壁型材在挤压机出口端直接水冷均可淬透，因而简化了高温形变热处理工艺，使这种工艺能在工业生产条件下应用。

b 热变形条件

热变形条件包括变形温度、变形速度及热变形量。同一合金在不同热变形条件下进行高温变形热处理将有不同的效果。

变形温度愈高（选择温度时必须考虑该合金的塑性区），动态回复愈易进行，金属中的储能愈少，再结晶愈困难。因而提高变形温度对高温形变热处理有利。

变形速度愈快，位错的组合过程愈难进行，影响动态回复过程中亚晶的形成。因而为了提高高温形变热处理效果，应降低变形速度。在所有常规压力加工方法中，挤压变形的速度相对较低，采用挤压更易实现高温形变热处理。

在同样的变形温度及变形速度条件下，变形程度愈大，金属中变形储能愈多，对再结晶过程有利，因而对高温形变热处理有不利的影响。

总之，为实现高温形变热处理，需要采用合理的热变形工艺。

6.5.2.4 预形变热处理

A 实现预形变热处理的基本条件

预形变热处理的典型工艺如图 6-36*d* 所示，即在淬火、时效之前预先进行热变形，将热变形及固溶处理分成两道工序。虽然这种工艺较高温形变热处理复杂，但由于变形与淬火加热分开，工艺条件易于控制，在生产中易于实现。实际上，这种工艺早已应用于铝合金生产。例如，具有挤压效应的 2A12 型、7A04 型合金的挤压制品的生产，实质上就是预形变热处理工艺。

实现预形变热处理的基本条件是：

(1) 热变形时无动态再结晶；

(2) 热变形后无亚动态或静态再结晶；

(3) 固溶处理时亦不发生再结晶。

保证了这些条件，就可达到亚结构强化目的。再通过随后的时效，实现亚结构强化与相变强化的结合。

B 组织状态图

前苏联 Ю. М. Вайнблат 首先提出了铝合金的组织状态图（见图6-37）。对热处理可强化的铝合金来说，最重要的是淬火加热温度下的组织，因此铝合金的组织状态图应在标准淬火加热条件（温度及时间）下建立。这种图形亦可作为制定高温形变热处理规范的依据。

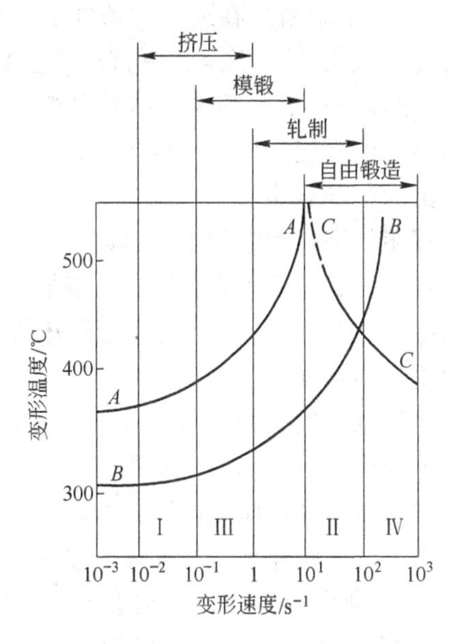

图6-37 变形50%后在520℃淬火加热的AB合金组织状态图

图6-37中的Ⅰ区表示变形后淬火不发生再结晶的区域，*AA* 线称为临界状态线，它表示两个临界热变形参数，即变形速度与变形温度间的关系。低于临界速度和高于临界温度时，随后进行的常规热处理不会使合金发生再结晶。例如，若 *AB* 合金以约 10^{-1}/s 的速度变形，要得到未再结晶的淬火制品须使变形温度高于400℃。若在400℃以上变形，则变形速度必须小于 10^{-1}/s 才能得到未再结晶的淬火制品。

BB 线以下的Ⅱ区为完全再结晶区域。*AA* 线及 *BB* 线间的区域为部分再结晶区域。*CC* 线以上的Ⅳ区则表示热变形结束后无需淬火就已再结晶的区域。

不同加工方法对热变形后的组织影响很大，要得到亚结构强化，最好采用热挤压、模锻等。自由锻造时由于变形速度大，难以得到未再结晶组织。

C 挤压效应及组织强化效应

挤压效应的实质是挤压半成品淬火后还保留了未再结晶的组织，而轧制与锻造制品则已再结晶。后来又发现，一系列合金轧制与模锻制品（如 Al-Zn-Mg 系合金制品）在适当的条件下同样可获得未再结晶组织，从而使合金强度提高。于是，由挤压效应概念发展到“组织强化效应”。即凡是淬火后能得到未再结晶组织，使时效后强化超过一般淬火时效后强化的效应，称为“组织强化效应”。

组织强化效应的获得与合金本性有关，铝具有高的堆垛层错能，这是铝合金易于呈现组织强化效应的本质因素。但少量元素的作用也十分明显。例如，锰、铬、锆等元素在铝合金中能生成阻碍再结晶的弥散化合物（$MnAl_6$、$ZrAl_3$ 等），使合金再结晶开始温度升高，在热变形及淬火加热时更不易再结晶。

热变形条件对组织强化效应的影响可依据组织状态图来估计。

热处理条件影响也很重要。均匀化退火可使 $MnAl_6$ 或 $ZrAl_3$ 等化合物沉淀，在淬火加热时，这些质点可能长大而失去阻碍再结晶的作用。因此，同一合金，其铸锭经均匀化退火，往往可使组织强化效应消失。为此，当某些铝合金制品要求高强度时（如 2024 高强度型材），其铸锭不进行均匀化退火。为达到组织强化目的，亦需控制淬火加热温度及保温时间，温度过高或时间过长，对再结晶形核有利，有损于亚结构强化效果。

比较起来，挤压最易产生组织强化效应，这与挤压时变形速度较小、变形温度较高（变形热不易放散），因而易于建立稳定的多边化亚晶组织有关。例如，挤压的 2A12 棒材，其抗拉强度可由 $\sigma_b \geqslant$ 372MPa 提高至 $\sigma_b \geqslant$ 421MPa，伸长率由 $\delta \geqslant 14\%$ 降低至 $\delta \geqslant 10\%$。因此，为得到更高强度制品，可考虑采用挤压法。

6.5.3 铝合金时效工艺参数的确定原则

6.5.3.1 铝合金时效的分类及应用

在实际生产中，广泛利用时效强化现象来提高铝合金的强度。根据合金性质和使用要求，可以采用不同的时效工艺，主要包括单级时效、分级时效、回归再时效和形变时效。

A 单级时效

单级时效是一种最简单也最普及的时效工艺制度，在淬火（或称固溶处理）后只进行一次时效处理，可以是自然时效，也可以是人工时效，大多时效到最大强化状态，前者以G.P区强化为主，后者以过渡相强化为主。有时，为了消除应力、稳定组织和零件尺寸或改善抗蚀性，也可采用过时效状态。

一般来说，不论采用人工时效还是自然时效方法都能提高其强度，但每种合金采用哪种时效方法合适，这就要根据合金的本性和用途来决定。在高温下工作的变形铝合金宜采用人工时效，而在室温下工作的合金有些采用自然时效，有些则必须采用人工时效。

铝合金自然时效后的性能特点是塑性较高（$\delta > 10\% \sim 16\%$），抗拉强度和屈服强度差值较大（$\sigma_{0.2}/\sigma_b = 0.7 \sim 0.8$），良好的冲击韧性和抗蚀性（主要指晶间腐蚀，而应力腐蚀特点则有所不同）。人工时效则相反，强度较高，屈服强度增加更为明显，$\sigma_{0.2}/\sigma_b = 0.8 \sim 0.95$，但塑性、韧性和抗蚀性一般较差。

为了适应不同的使用条件，通过改变时效温度和时间，人工时效还可分为完全时效、不完全时效及过时效、稳定化时效等。完全时效获得的强度最高，达到时效强化的峰值，处理条件相当于图6-33和图6-34中曲线的峰值部分；不完全时效的时效温度稍低或时效时间较短，以保留较高的塑性，处理条件相当于图6-33和图6-34中曲线的上升段，与完全时效相比较，强度的降低由塑性下降较少来补偿；过时效则相反，时效程度超过强化峰值，处理条件相当于图6-33和图6-34中曲线的下降段，相应综合性能较好，特别是抗腐蚀性能较高；稳定化时效的温度比过时效温度更高，其目的是稳定合金的性能及零件尺寸。

B 分级时效

单级时效的优点是生产工艺比较简单，也能获得很高的强度，但是显微组织的均匀性较差，在拉伸性能、疲劳和断裂性能和应力腐蚀抗力之间难以得到良好的配合。分级时效则可以弥补这方面的缺点而且能缩短生产周期，因此近几十年来，分级时效在实用中颇受重视，特别是对 Al-Zn-Mg 和 Al-Zn-Mg-Cu 等系合金收到很好的效果。

分级时效是把淬火后的工件放在不同温度下进行两次或多次加热（即双级或多级时效）的一种时效方法，又称为阶段时效。分级时效按其作用可分为预时效（又称成核处理）和最终时效两个阶段。预时效处理的温度一般较低，目的是在合金中形成高密度的 G. P 区。G. P 区通常是均匀生核，当其达到一定尺寸时，就可成为随后时效过渡相的核心，从而大大提高组织的均匀性。最终时效采用较高温度时效，其目的是使在较低温度时效时所形成的 G. P 区继续长大，得到密度较大的中间相，并通过调整过渡相的结构和弥散度以达到预期的性能要求。实践表明，分级时效可获得较好的综合性能。

分级时效的温度及保温时间应根据合金的具体特点来选择，在第一阶段中尽量保证 G. P 区的形成在短时间内完成；第二阶段的时效是保证合金得到较高的强度和其他良好的性能。

C 回归再时效（RRA 处理）

时效后的铝合金，在较高温度下短时保温，使硬度和强度下降，恢复到接近淬火水平，然后再进行时效处理，获得具有人工时效态的强度和分级时效态的应力腐蚀抗力的最佳配合，这种工艺称为回归再时效（RRA 处理）。该制度是为改善 7075 合金的 SCR 而提出的。RRA 处理具有 T6 处理和 T7X 处理的综合结果，使合金在保持 T6 状态强度的同时获得 T7X 状态的抗应力腐蚀性能，可保证获得希望的综合性能。

RRA 包括以下几个基本的步骤：

（1）正常状态的固溶处理和淬火；

（2）进行 T6 态的峰值时效；

（3）在高于 T6 态处理温度而低于固溶处理温度下进行短时（几分钟至几十分钟）加热后快冷，即回归处理；

（4）再进行T6态时效。

7075合金经过RRA处理后，合金在保持T6态强度的同时拥有T73态的抗SCC性能。这是因为RRA处理实质上是三级时效处理工艺，其中第一级和第三级为T6（120℃/24h）时效，第二级为高温短时加热（240℃）。RRA处理的时间对回归状态及回归再时效状态的性能有直接影响，见图6-38。从图中可知，随着回归时间增加，回归状态的硬度迅速下降，大约在25s达到最低点，随后出现一个不大的峰值后又重新降低。经再时效处理，合金再度硬化，硬化效果随回归时间增加而逐渐下降，在回归时间为30s内，硬度可恢复到原T6状态。由此可见，RRA处理的关键步骤为第二步的短时高温处理。

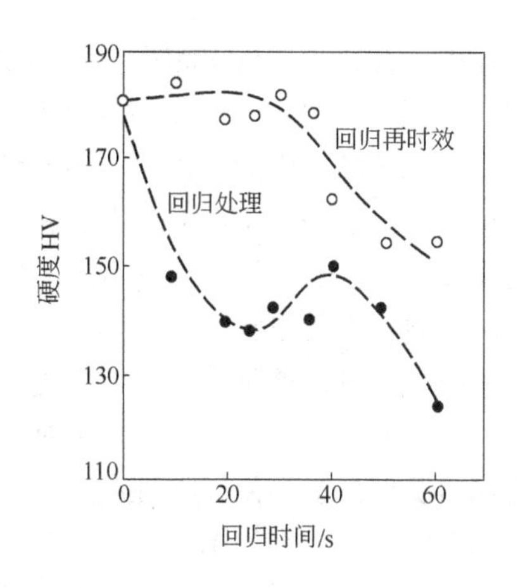

图6-38 7075-T651合金的显微硬度与回归处理时间的关系

回归再时效处理时，组织变化是较为复杂的。7075合金经过T6时效后的组织是晶粒内部形成大量的G.P区及少量的弥散的η′相共格析出物，同时沿晶界形成较大的链状的非共格的η相（见图6-39*a*），正是这种晶界组织决定了Al-Zn-Mg-Cu系合金对应力腐蚀开裂和剥落腐蚀有较高的敏感性。

在随后的回归加热（第二级高温时效）时晶内析出的尺寸细小在回归温度下不稳定η′相会重新溶入基体，而尺寸较大稳定性较高

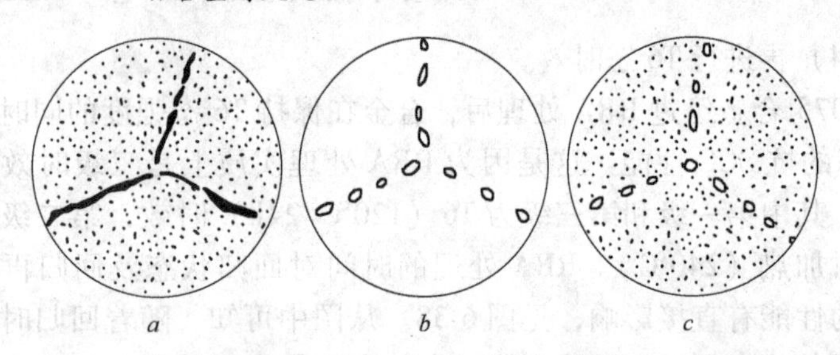

图 6-39 Al-Zn-Mg-Cu 系铝合金在 RRA 处理过程中的显微组织变化示意图
a—峰值时效；*b*—回归处理；*c*—二次峰值时效

的 η′相会转变成 η 相，合金的强度大大降低。这种变化与自然时效状态铝合金回归不同，因后者情况下 G. P 区将全部溶解，合金组织重新回到淬火状态。

在回归处理过程中，合金晶界析出相也会发生变化，对合金应力腐蚀性能会带来更大影响。由于合金的晶界区域，原子偏离平衡位置，能位较高，析出相成核的自由能障碍小，溶质偏析浓度高，成核速度快，无论在大角度晶界还是小角度晶界上，析出相成核后迅速长大，且在此阶段已经形成较稳定的 η′和 η 相，在高温下不会回溶，还会朝更稳定的方向发展，即析出物的尺寸加大，并开始聚集，彼此失去联系，成为断续结构，进入严重的过时效状态，晶界组织变成类似 T73 状态的组织（见图 6-39*b* 和图 6-40）。这种晶界组织改善了抗应力腐蚀性能和抗剥落腐蚀性能。回归处理温度和处理时间对合金强度和应力裂纹扩展速率的影响分别见图 6-41 及图 6-42。

铝合金经过完整的 RRA 处理后，晶粒内部形成了类似时效到最大强度（T6 状态）的组织，而晶界组织与过时效（T73 状态）的晶界组织相似。这种组织综合了峰值时效和过时效的优点，使合金具备了高强度、高抗应力腐蚀开裂性和高抗剥落腐蚀性。如对超硬铝系 7050 合金（淬火 + 人工时效）在 200 ~ 280℃ 进行短时再加热（回归），然后按原时效工艺进行再时效处理，其性能与淬火 + 人工时效及分级时效态对比列于表 6-5。由表可知，RRA 处理后抗拉强度比淬火 + 人工时效状态下降了 4%，而屈服强度却上升了 2. 6%，应力腐蚀抗力与分级时效状态的相当。

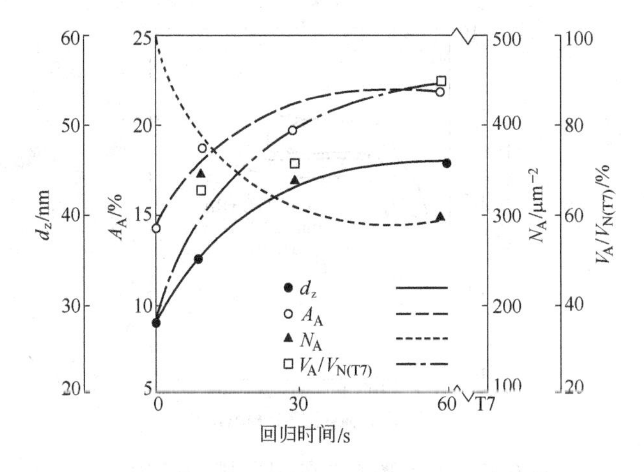

图 6-40 7075-T6 合金晶界脱溶相特征参数与 240℃ 回归处理时间的关系

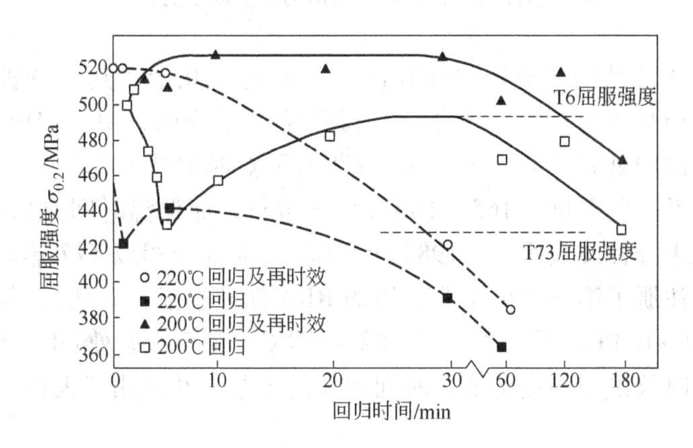

图 6-41 7075-T6 合金在不同回归再时效处理过程中屈服强度的变化

表 6-5 7050 铝合金经三种工艺处理后的性能对比

热处理制度	σ_b /MPa	$\sigma_{0.2}$ /MPa	δ /%	应力腐蚀断裂时间/h
477℃/30min + 120℃/24h	565.46	509.60	13.3	83
477℃/30min + 120℃/6h + 177℃/8h	446.8	371.42	15.4	720 未断
477℃/30min + 120℃/24h + 200℃/8min（油冷） + 120℃/24h	541.94	523.32	14.8	720 未断

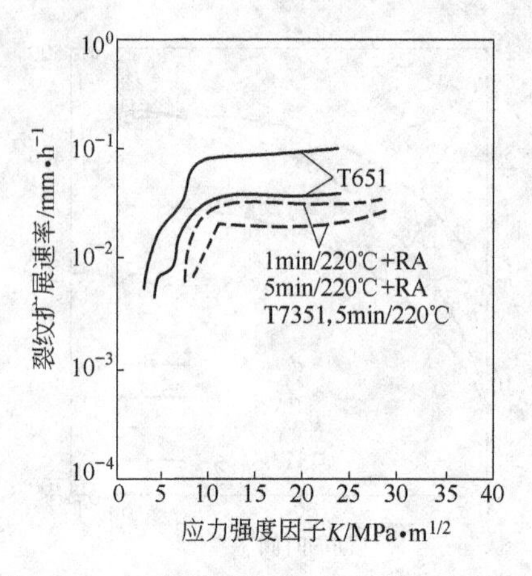

图 6-42　7075-T6 合金在不同回归再时效的应力腐蚀裂纹扩展速率与应力强度因子的关系

RRA 工艺需要被处理件在高温下短时（几十秒到几分钟）暴露，因而只能应用于小零件。后续研究结果表明，Al-Zn-Mg-Cu 系合金的回归处理不仅可在 200～270℃下短时加热并迅速冷却，也可在更低一些温度（165～180℃）下进行，而保温时间有所增加，需要几十分钟或数小时。1989 年美国的 Aloca 公司以 T77 热处理状态为名注册了第一个可工业应用的 RRA 处理规范（专利），第一级时效 80～163℃，第二级时效 182～199℃，第三级时效 80～163℃，第二级时效采用温度稍低、时间较长的工艺，并应用于大件产品的生产。

D　形变时效

形变时效也称形变热处理或热机械处理，是把时效硬化和加工硬化结合起来的一种新的热处理方法。形变热处理的目的是改善合金中过渡相的分布及合金的精细结构，以获得较高的强度、韧性（包括断裂韧性）及抗腐蚀性能。这种热处理可用于板材和厚板，也可用于几何形状比较简单的锻件和挤压件。

铝合金有两种类型的形变热处理，即中间形变热处理和最终形变热处理。前者包括在接近再结晶温度下压力加工，使合金在随后的热处理期间（包括固溶处理和时效）能大量保持其热加工组织，改善

Al-Zn-Mg-Cu 系合金的韧性和抗应力腐蚀能力（不降低其强度），特别是提高厚板的短横向性能。但是考虑到热加工工序的增加和费用问题，中间形变热处理未得到广泛使用。

最终形变热处理是在热处理工序之间进行一定量的塑性变形，按照变形时机的不同又可分为以下几种情况：

（1）淬火后立即进行变形，随后再进行自然时效或人工时效；

（2）自然时效期间或完成自然时效后进行变形，随后再进行人工时效；

（3）部分人工时效后，在室温进行变形，接着再补充人工时效；

（4）部分人工时效后，在时效温度下变形，随后再补充人工时效。

应该指出，形变热处理过程中组织结构的变化是相当复杂的，既包括变形对脱溶过程的影响，也涉及变形组织在随后时效期间的变化，二者相互影响，交叉进行。因此，最终结果常常是相互矛盾的，并非总是能改善合金的性能，必须针对具体合金的产品性质，通过试验确定恰当的规范。

淬火后进行变形的形变热处理在 Al-Cu-Mg 系合金已获得实际应用。例如美国 2219 合金 T37 状态就是在淬火后变形 7%，随后自然时效，可提高强度；2024 合金 T861 状态，在 490℃ 淬火后，进行 6% 的冷变形，再在 190℃ 人工时效 8h。对于 Al-Zn-Mg-Cu 系超高强铝合金，由于情况要复杂得多，需要进一步研究，才能在实际中使用。

6.5.3.2 铝合金时效工艺参数的选择原则

A 时效加热速度的选择

在自然时效时没有加热速度的问题，在人工时效时，由于时效保温时间比较长，加热速度一般对性能的影响不大，也可以不考虑。但当出现下列情况时，必须对加热速度进行控制或者必须调整时效时间：

（1）当时效的加热速度很慢时，如由于装炉量很大或时效炉的功率不够等原因，时效升温时间长达 8～16h，此时时效加热过程中发生的脱溶现象将明显影响后续时效保温时的脱溶过程，进而严重影响合金的性能，因此必须要考虑总的时效时间，一般要通过试验结果来缩短时效保温时间。在试验室条件下进行试验时，要模拟大生产条件进行试验，这样试验结果能较好地符合生产实际。

（2）在进行 RRA 回归再时效处理时，升温速度是一个非常重要的参数。由于回归时间要求很短，因此回归加热必须采用快速加热方式，如采用感应加热方式、盐浴或油浴方式、单片（或单件）大功率加热方式、差温加热方式等。

B 时效加热温度的选择

对于同一成分合金在不同温度下进行时效时，随着时效温度的升高，合金的强度增大，当温度增至某一数值后，达到极大值；进一步升高温度，硬度下降。合金硬度提高的阶段称为强化时效，下降的阶段称为软化时效或过时效。时效温度与合金硬化的这种变化规律同过饱和固溶体的分解过程有关。

不同成分的合金获得最佳强化效果的时效温度不同，对各种工业合金最佳时效温度的统计表明，铝合金的最佳时效温度与其熔点有关，具有下列关系：

$$T_a = 0.5 \sim 0.6 T_{熔}$$

式中，T_a 表示合金获得最佳强化效果的时效温度。在研制新合金过程中，确定最佳时效温度时利用此公式可以大大减少试验工作量。

C 时效保温时间的选择

对同一成分的合金进行不同时间的时效，其硬度与时效时间和温度的关系如图 6-43 所示。在较低温度时，硬化效果随温度的升高而增大，但达不到最高数值。当温度达到某一数值（图 6-43 中的 t_4，即 $T_a = 0.5 \sim 0.6 T_{熔}$）后，曲线出现极大值，并获得最佳的硬化效果。进一步提高时效温度，则合金在较早的时间内即开始软化，而且硬化效果随温度的升高而降低，得不到最佳的硬化效果。一般在新合金研制过程中，先确定时效温度后再研究保温时间，为了满足在工业化条件下应用的需要，通常单级时效保温时间控制在6～24h。

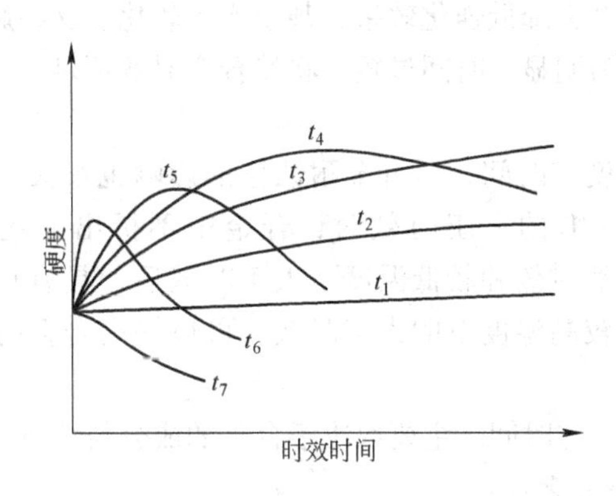

图6-43 在不同温度下时效时合金的硬度与时效时间的关系
（$t_7>t_6>t_5>t_4>t_3>t_2>t_1$）

6.5.3.3 温度及时间对力学性能的影响

A 时效温度及时间对材料性能的影响

合金的强化效果与时效温度和时间有着密切的关系，如图6-44所示。提高时效温度可以加快时效过程，但使强化效果降低，并使软化开始时间提前。时效温度过高，例如高于200℃时，将由于强化相质点的聚集和稳定相的形成，而使合金软化。较低的时效温度可以获

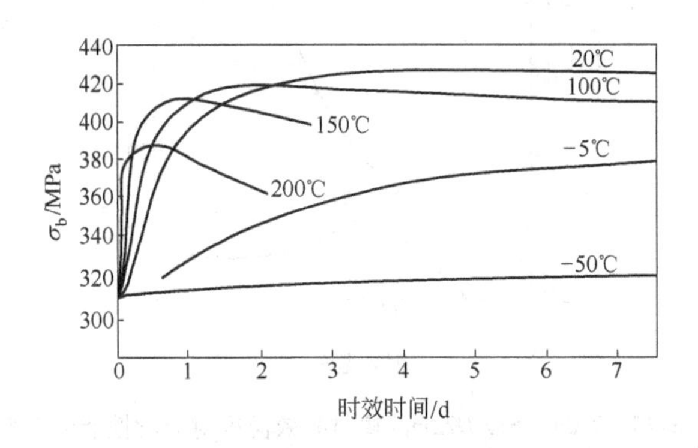

图6-44 硬铝合金时效制度对合金强度的影响

得较大的时效效果，但所需时效时间较长。一定的时效温度，要与一定的时效时间相配合，才能得到满意的强化效果。时效时间过长，将使合金时效过度，降低强化效果，甚至产生软化。这种影响，在时效温度较高时更为明显。时间过短，将使合金时效不足，也会降低强化效果。

时效的温度与时间，对合金耐蚀性的影响也很大。由于在自然时效或低于 100℃ 的人工时效时，合金中不析出强化相质点，因此，合金在自然时效和较低温度下人工时效后，具有较高的抗晶间腐蚀能力。但较高温度下的人工时效，可以提高合金的抗应力腐蚀能力。

时效的温度与时间，主要取决于合金的成分与性质。

B 时效硬化曲线

通常把合金材料的力学性能与时效温度和时间的关系用时效硬化曲线来表示。时效硬化曲线可用在各种确定的时效温度下时效时间对力学性能的影响来表示，也可以用在一定的时效时间内时效温度对力学性能的影响来表示。图 6-45 ~ 图 6-51 所示为部分铝合金的时效硬化曲线。

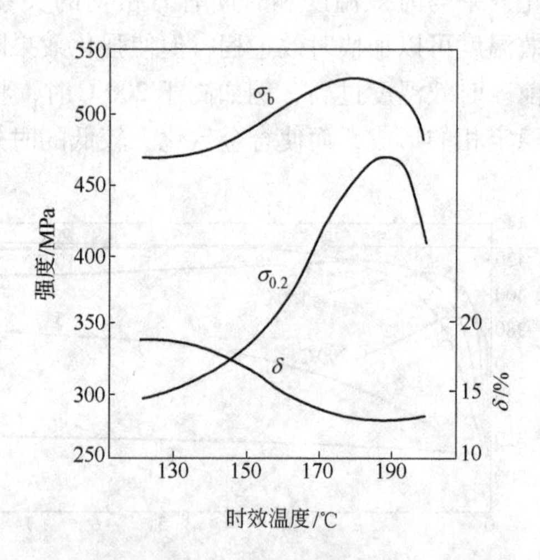

图 6-45 2A50 合金 D22mm 棒材时效温度对力学性能的影响

（保温 3h，515℃/40min 水淬）

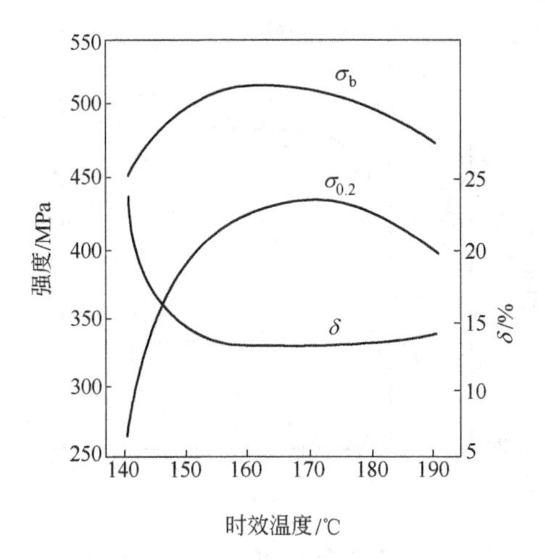

图 6-46 2A14 合金 2.0mm 板材时效温度对力学性能的影响
(保温 12h，510℃/17min 水淬)

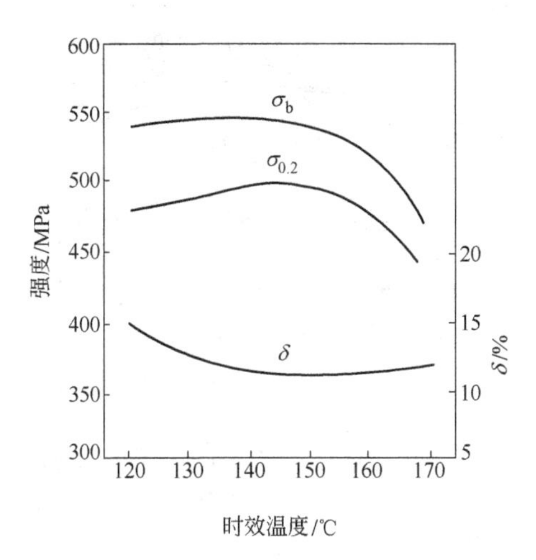

图 6-47 7A04 合金 2.5mm 板材时效温度对力学性能的影响
(保温 16h，470℃/20min 水淬)

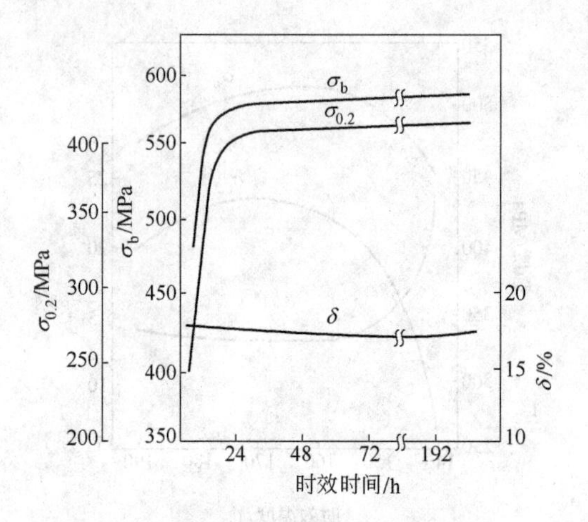

图 6-48 2A12 合金 *D*15mm 棒材自然时效时间对力学性能的影响

（500℃/40min 水淬）

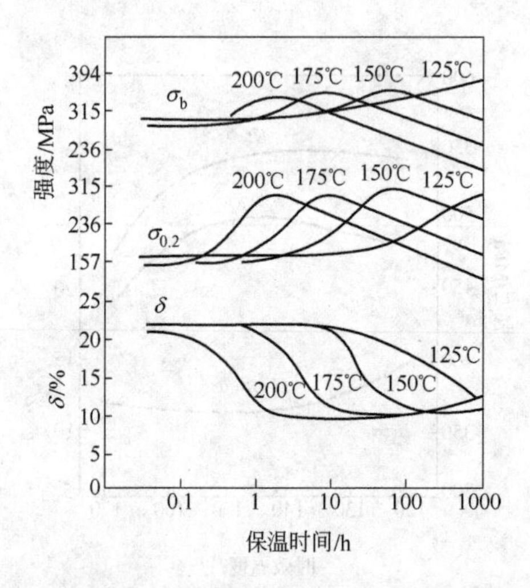

图 6-49 6A02 合金板材时效保温时间对力学性能的影响

（淬火温度 525℃）

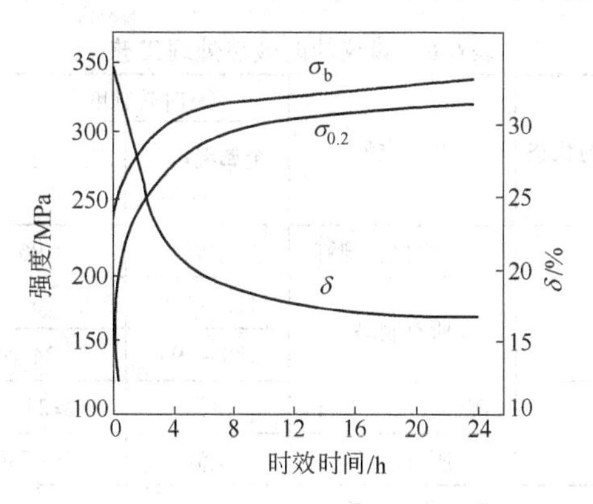

图 6-50 6A02 合金 D85mm×3.0mm 管材时效保温时间对力学性能的影响

（时效温度 155℃，515℃/35min 水淬）

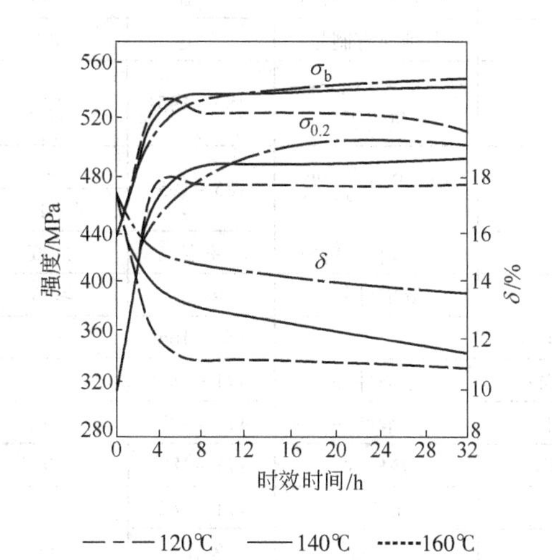

图 6-51 7A04 合金板材时效保温时间对力学性能的影响

［(473±2)℃/9～32min 水淬］

6.6 铝合金加工材的时效工艺制度

6.6.1 常用铝合金的推荐时效制度

常用铝合金的推荐时效制度见表 6-6。

表 6-6 建议的时效热处理工艺

合金	时效前的状态	产品类型	时效制度[①]		时效硬化热处理后状态的代号
			金属温度[④] /℃	时效时间[②] /h	
2A01		铆钉线材、铆钉	室温	≥96	T4
2A02		所有制品	165~175	16	T6
			185~195	24	T6
2A04		铆钉线材、铆钉	室温	≥240	T4
2A06		所有制品	室温	120~240	T4
2A10		铆钉线材、铆钉	室温	≥96	T4
2A11		所有制品	室温	≥96	T4
2B11		铆钉线材、铆钉	室温	≥96	T4
2A12		其他所有制品	室温	≥96	T4
		厚度不大于2.5mm包铝板	185~195	12	T62
		壁厚不大于5mm挤压型材	185~195	12	T62
				6~12	T6
2B12		铆钉线材、铆钉	室温	≥96	T4
2014	W	除锻件外	室温	≥96	T4、T42
	T4	板材	154~166	18	T6
	T4、T42[③]	除锻件外	171~182	10	T6、T62
	T451[③]	除锻件外	171~182	10	T651
	T4510	挤压件	171~182	10	T6510
	T4511	挤压件	171~182	10	T6511
	W	自由锻件	室温	≥96	T4
	T4		166~177	10	T6
	T41		171~182	5~14	T61
	T452		166~177	10	T652
2A14		所有制品	室温	≥96	T4
			155~165	4~15	T6
2A16		其他所有制品	室温	≥96	T4
			160~170	10~16	T6
			205~215	12	T6

续表 6-6

合金	时效前的状态	产品类型	时效制度[①]		时效硬化热处理后状态的代号
			金属温度[④]/℃	时效时间[②]/h	
2A16		厚度1.0~2.5mm包铝板材	185~195	18	
		壁厚1.0~1.5mm挤压型材	185~195	18	
2017	W	所有制品	室温	≥96	T4
	T4				
	T451				
2A17	W	所有制品	180~190	16	T6
2117	W	线材、棒材	室温	≥96	T4
2018	W	模锻件	室温	≥96	T4
	T41		166~177	10	T61
2218	W	模锻件	室温	≥96	T4、T41
	T4		166~177	10	T61
	T41		232~243	6	T72
2618	W	除锻件外	室温	≥96	T4
	T41	模锻件	193~204	20	T61
2A19	W	所有制品	160~170	18	T6
2219	W	所有制品	室温	≥96	T4、T42
	T31	薄板	171~182	18	T81
	T31	挤压件	185~196	18	T81
	T31	铆钉线材	171~182	18	T81
	T37	薄板	157~168	24	T87
	T37	厚板	171~182	18	T87
	T42	所有制品	185~196	36	T62
	T351	所有制品	171~182	18	T851
	T351	圆棒、方棒	185~196	18	T851
	T3510	挤压件	185~196	18	T8510
	T3511		185~196	18	T8511
	W	锻件	室温	≥96	T4
	T4		185~196	26	T6
	T352	自由锻件	171~182	18	T852

续表 6-6

合金	时效前的状态	产品类型	时效制度① 金属温度④/℃	时效制度① 时效时间②/h	时效硬化热处理后状态的代号
2024	W	所有制品	室温	≥96	T4、T42
	T3	薄板、拉伸管	185~196	12	T81
	T4	线材、棒材	185~196	12	T6
	T3	挤压件	185~196	12	T81
	T36	线材	185~196	8	T86
	T42	薄板、圆棒	185~196	9	T62
	T42	薄板	185~196	16	T72
2024	T42	除薄板、厚板外	185~196	16	T62
	T351	薄板、厚板	185~196	12	T851
	T361		185~196	8	T861
	T3510	挤压件	185~196	12	T8510
	T3511		185~196	12	T8511
	W	模锻和自由锻件	室温	≥96	T4
	W52	自由锻件	室温	≥96	T352
	T4	模锻和自由锻件	185~196	12	T6
	T352	自由锻件	185~196	12	T6
2124	W	厚板	室温	≥96	T4、T42
	T4		185~196	9	T6
	T42		185~196	9	T62
	T351		185~196	12	T851
2025	W	模锻件	室温	≥96	T4
	T4		166~177	10	T6
2048	W	除锻件外	室温	≥96	T4、T42
	T42	薄板、圆棒	185~196	9	T62
	T351	薄板、厚板	185~196	12	T851
2A50		所有制品	室温	≥96	T4
			150~160	6~15	T6
2B50		所有制品	150~160	6~15	T6
2A70		所有制品	185~195	8~12	T6
2A80		所有制品	165~175	10~16	T6

续表 6-6

合金	时效前的状态	产品类型	时效制度①		时效硬化热处理后状态的代号
			金属温度④/℃	时效时间②/h	
2A90		挤压棒材	155~165	4~15	T6
		锻件、模锻件	165~175	6~16	T6
4A11		所有制品	165~175	8~12	T6
4032	W	模锻件	室温	≥96	T4
	T4		165~175	10	T6
6A02		所有制品	室温	≥96	T4
			155~165	8~15	T6
6010	W	薄板	171~182	8	T6
6013	W	除锻件外	185~196	4	T6
6151	W	模锻件	室温	≥96	T4
	T4		166~182	10	T6
	T452	轧环	166~182	10	T652
6053	W	模锻件	室温	≥96	T4
	T4		166~177	10	T6
6061	W	除锻件外	室温	≥96	T4、T42
	T1	圆棒、方棒、型材和挤压件	171~182	8	T5
	T4	除挤压件外	154~166	18	T6
	T451		154~166	18	T651
	T42		154~166	18	T62
	T4	挤压件	171~182	8	T6
	T42		171~182	8	T62
	T4510		171~182	8	T6510
	T4511		171~182	8	T6511
	W	模锻和自由锻件	室温	≥96	T4
	T41	模锻和自由锻件	171~182	8	T61
	T452	轧环和自由锻件	171~182	8	T652

续表 6-6

合金	时效前的状态	产品类型	时效制度①		时效硬化热处理后状态的代号
			金属温度④/℃	时效时间②/h	
6063	W	挤压件	室温	≥96	T4、T42
	T1	除锻件外	177～188	3	T5、T52
	T1		213～224	1～2	T5、T52
	T4		171～182	8	T6
	T4		177～188	6	T6
	T42		171～182	8	T62
	T42		177～188	6	T62
	T4510		171～182	8	T6510
	T4511		171～182	8	T6511
6066	W	挤压件	室温	≥96	T4、T42
	T4	除锻件外	171～182	8	T6
	T42		171～182	8	T62
	T4510		171～182	8	T6510
	T4511		171～182	8	T6511
	W	模锻件	室温	≥96	T4
	T41		171～182	8	T6
6262	W	线材、圆棒、方棒和拉管	室温	96 最低	T4
	T4		166～177	8	T6
	T451	除锻件外	171～182	8	T651
	T4	挤压件	171～182	12	T6
	T4510		171～182	12	T6510
	T4511		171～182	12	T6511
6951	W	除锻件外	室温	≥96	T4、T42
	T4	薄板	154～166	18	T6
	T42		154～166	18	T62
7001	W	挤压件	116～127	24	T6
	W510		116～127	24	T6510
	W511		116～127	24	T6511

续表 6-6

合金	时效前的状态	产品类型	时效制度①		时效硬化热处理后状态的代号
			金属温度④/℃	时效时间②/h	
7A03		铆钉线材、铆钉	95～105 163～173	3 3	T6
7A04		包铝板材	115～225	24	T6
		挤压件、锻件及非包铝板材	135～145	16	T6
		所有制品	115～125 155～165	3 3	T6
7A09		板材	125～135	8～16	T6
		挤压件、锻件	135～145	16	T6
		锻件、模锻件	105～115 172～182	6～8 8～10	T73
			105～115 160～170	6～8 8～10	T74
7A19		所有制品	115～125	2	T6
			95～105 175～185	10 2～3	T73
			95～105 150～160	10 10～12	T76
7010	W51	厚板	116～127 166～177	6～24 6～15	T7651
			116～127 166～177	6～24 9～18	T7451
	W51	厚板	116～127 166～177	6～24 15～24	T7351
7039	W	薄板	74～85 154～166	16 14	T61
	W51	厚板	74～85 154～166	16 14	T64

续表 6-6

合金	时效前的状态	产品类型	时效制度[①]		时效硬化热处理后状态的代号
			金属温度[④]/℃	时效时间[②]/h	
7049 7149	W511	挤压件	室温 116 ~ 127 160 ~ 166	>48 24 12 ~ 14	T76510 T76511
			室温 116 ~ 127 163 ~ 168	>48 24 12 ~ 21	T73510 T73511
	W W52	模锻和自由锻件	室温 116 ~ 127 160 ~ 171	>48 24 10 ~ 16	T73 T7352
7050	W51[⑧]	厚板	116 ~ 127 157 ~ 168	3 ~ 6 12 ~ 15	T7651
			116 ~ 127 157 ~ 168	3 ~ 8 24 ~ 30	T7451
	W510[⑧]	挤压件	116 ~ 127 157 ~ 168	3 ~ 8 15 ~ 18	T76510
	W511[⑧]		116 ~ 127 157 ~ 168	3 ~ 8 15 ~ 18	T76511
	W[⑧]	线材、圆棒和铆钉线	118 ~ 124 177 ~ 182	≥4 ≥8	T73
	W	模锻件	116 ~ 127 171 ~ 182	3 ~ 6 6 ~ 12	T74
	W52	自由锻件	116 ~ 127 171 ~ 182	3 ~ 6 6 ~ 8	T7452
7150	W510 W511	挤压件	116 ~ 127 154 ~ 166	8 4 ~ 6	T76510 T76511
	W51	厚板	116 ~ 127 149 ~ 160	24 12	T7651

续表 6-6

合金	时效前的状态	产品类型	时效制度①		时效硬化热处理后状态的代号
			金属温度④/℃	时效时间②/h	
7075	W⑦	所有制品	116～127	24	T6、T62
	W⑤⑧	薄板和厚板	102～113 157～168	6～8 24～30	T73
	W⑧		116～127 157～168	6～8 15～18	T76
	W⑥⑧	线材、圆棒和方棒	102～113 171～182	6～8 8～10	T73
	W⑤⑧	挤压件	102～113 171～182	6～8 6～8	T73
	W⑧		116～127 154～166	3～5 18～21	T76
	W51⑤⑧	厚板	102～113 157～168	6～8 24～30	T7351
	W51⑧	厚板	116～127 157～168	3～5 15～18	T7651
	W51⑨	所有制品	116～127	24	T651
	W510⑥⑧	线材、圆棒、方棒	102～113 171～182	6～8 8～10	T7351
	W510⑦	挤压件	116～127	24	T6510
	W511⑦		116～127	24	T6511
	W510⑤⑧	挤压件	102～113 171～182	6～8 6～8	T73510
	W511⑤⑧		102～113 171～182	6～8 6～8	T76511
	W510⑤⑧		116～127 154～166	3～5 18～21	T76510
	W511⑤⑧		116～127 154～166	3～5 18～21	T76511

续表 6-6

合金	时效前的状态	产品类型	时效制度[①] 金属温度[④]/℃	时效制度[①] 时效时间[②]/h	时效硬化热处理后状态的代号
7075	T6[⑧]	薄板	157~168	24~30	T73
	T6[⑧]	线材、圆棒、方棒	171~182	8~10	T73
	T6[⑧]	挤压件	171~182	6~8	T73
			154~166	18~21	T76
	T651[⑧]	厚板	157~168	24~30	T7351
			157~168	15~18	T7651
	T651[⑧]	线材、圆棒、方棒	171~182	8~10	T7351
	T6510[⑧]	挤压件	171~182	6~8	T73510
			154~166	18~21	T76510
	T6511[⑧]		171~182	6~8	T73511
			154~166	18~21	T76511
	W	锻件	116~127	24	T6
	W[⑧]		102~113 171~182	6~8 8~10	T73
	W52	自由锻件	116~127	24	T652
	W52[⑧]	锻件	102~113 171~182	6~8 6~8	T7352
	W51	轧环	102~113 171~182	6~8 6~8	T7352
	W	模锻件和自由锻件	102~113 171~182	6~8 6~8	T74
7175	W52	自由锻件	116~127	24	T652
	W	模锻件和自由锻件	102~113 171~182	6~8 6~8	T74
7475	W	薄板	116~127 157~163	3 8~10	T761
	W51	厚板	116~127	24	T651
7076	W	模锻件和自由锻件	129~141	14	T6

续表 6-6

合金	时效前的状态	产品类型	时效制度①		时效硬化热处理后状态的代号
			金属温度④/℃	时效时间②/h	
7178	W	除锻件外	116~127	24	T6、T62
	W⑧	薄板	116~127 157~168	3~5 15~18	T76
	W⑧	挤压件	116~127 154~166	3~5 18~21	T76
	W51	厚板	116~127	24	T651
	W51⑧		116~127 157~168	3~5 15~18	T7651
	W510	挤压件	116~127	24	T6510
	W510⑧		116~127 154~166	3~5 18~21	T76510
	W511		116~127	24	T7651
	W511⑧		116~127 154~166	3~5 18~21	T76511

① 为了消除制品残余应力状态，固溶热处理 W 状态金属在时效前，要进行拉伸或压缩变形。在许多实例中列举了多级时效处理，金属在两级时效步骤之间无需出炉冷却，可连续升温。

② 在时效时，要迅速升温使金属达到时效温度，时效时间是从金属温度全部达到最低时效温度开始计时，金属温度在时效温度范围内所保持的时间即为时效保温时间。

③ 对于薄板和厚板，也可用在 152~166℃温度下加热 18h 的制度来代替。

④ 当规定温度范围间隔超过 11℃时，只要在本规范中或适用材料规范中没有其他规定，就可任选整个范围内 11℃作为温度范围。

⑤ 只要加热速率为 14℃/h，就可用在 102~113℃温度下加热 6~8h，随后在 163~174℃温度下加热 14~18h 的双级时效处理来代替。

⑥ 只要加热速率为 14℃/h，就可用在 171~182℃温度下加热 10~14h 处理来代替。

⑦ 对于挤压件，可用三级时效处理来代替，即先在 93~104℃温度下加热 5h，随后在 116~127℃温度下加热 4h，接着在 143~154℃温度下加热 4h。

⑧ 由任意状态时效到 T7 状态，铝合金 7079、7050、7075 和 7178 时效要求严格控制时效实际参数，如时间、温度、加热速率等。除上述情况外，当 T6 状态经时效处理成 T7 状态时，T6 状态材料的性能值和其他处理参数是非常重要的，它们影响最终处理后 T7 状态合金组织的性能。

⑨ 对于厚板，可采用在 91~102℃温度下进行 4h 处理，随后进行第二阶段的 152~163℃温度下加热 8h 的时效制度来代替。

6.6.2 美国变形铝合金的典型热处理规范

美国变形铝合金的典型热处理规范为固溶热处理与时效处理规范（见表6-7）。

表6-7 美国变形铝合金典型固溶热处理及时效处理规范

合金牌号	产品名称	固溶热处理②		时效处理①		
		金属温度③/℃	状态	金属温度③/℃	保温时间④/h	状态
2011	轧制或冷精拉棒材	505～530	T3⑤ T4 T51⑥	155～165	14	T8⑤
2014⑦	薄平板	495～505	T3③ T42	155～165	18	T6 T62
	带卷	495～505	T4 T42	155～165	18	T6 T62
	厚板	495～505	T42 T451⑥	155～165	18	T6 T651⑥
	轧制或冷精拉线、棒材	495～505	T4、T42 T451⑥	155～165⑧	18	T6、T62 T651⑥
	挤压管、棒、型材	495～505	T4 T42 T4510⑧ T4511⑧	155～165⑧	18	T6 T62 T6510⑧ T6511⑧
	拉伸管	495～505	T4 T42	155～165	18	T6 T62
	模锻件	495～505⑨	T4	165～175	10	T6
	自由锻件与轧制环	495～505⑨	T4 T452⑩	165～175	10	T6 T652⑩
2017	轧制或冷精拉棒、线材	495～510	T4 T42 T451⑥			
	拉伸管	485～498	T35⑤ T42			

续表 6-7

合金牌号	产品名称	固溶热处理②		时效处理①		
		金属温度③/℃	状态	金属温度③/℃	保温时间④/h	状态
2018	模锻件	505～520⑪	T4	165～175	10	T61
2024⑦	薄平板	485～495	T3⑤ T361⑤	185～195	12 8	T81⑧ T861⑤
		485～495	T42 —	185～195	9 16	T62 T72
	带卷	485～495	T4 T42 T42	185～195 185～195	9 16	T62 T72
	厚板	485～495	T351⑥ T361⑤ T42	185～195	12 8 9	T851⑥ T861⑤ T62
	轧制或冷精拉棒、线材	485～495	T4 T351⑥ T36⑤ T42	185～195	12 12 8 16	T6 T851⑥ T86⑤ T62
	挤压的管、棒、型、线材	485～495	T3 T3510⑥ T3511⑥ T42	185～195	12 12 12 16	T81 T8510⑥ T8511⑥ T62
	拉伸管	485～495	T35⑤ T42			
2025	模锻件	510～520	T4	165～175	10	T6
2036	薄板	495～505	T4			
2117	轧制或冷精拉棒、线材	495～510	T4 T42			

续表 6-7

合金牌号	产品名称	固溶热处理②		时效处理①		
		金属温度③/℃	状态	金属温度③/℃	保温时间④/h	状态
2218	模锻件	505～515⑪ 505～515⑫	T4 T41	165～175 230～240	10 6	T61 T72
2219⑦	薄平板	530～540	T31⑤ T37⑤ T42	170～180 160～170 185～195	18 24 36	T81⑤ T87⑤ T62
	厚板	530～540	T31⑤ T37⑤ T351⑥ T42	170～180 170～180 170～180 185～195	18 18 18 36	T81⑤ T87⑤ T851⑥ T62
	轧制或冷精拉棒、线材	530～540	T351⑥	185～195	18	T851⑥
	挤压管、棒、型材	530～540	T31⑤ T3510⑥ T3511⑥ T42	185～195	18 18 18 36	T81⑤ T8510⑥ T8511⑥ T62
	模锻件与轧制环	530～540	T4	185～195	26	T6
	自由锻件	530～540	T4 T352⑩	185～195 170～180	26 18	T6 T852⑩
2618	锻件与轧制环	520～535⑪	T4	195～205	20	T61
4032	模锻件	505～520⑨	T4	165～175	10	T6
6005	挤压管、棒、型材	525～535⑮	T1	170～180	8	T5
6053	模锻件	515～525	T4	165～175	10	T6

续表 6-7

合金牌号	产品名称	固溶热处理②		时效处理①		
		金属温度③/℃	状态	金属温度③/℃	保温时间④/h	状态
6061⑦	薄板	515～550	T4 T42	155～165	18	T6 T62
	厚板	515～550	T4㉑ T42 T451⑥	155～165	18	T6㉑ T62 T651⑥
	轧制或冷精拉棒、线材	515～550	T4	155～165⑬	18	T6 T89⑤ T93⑭ T913⑭ T94⑭
			T42 T451⑥		18	T62 T651⑥
	挤压管、棒、型材	515～550⑮	T4 T4510⑥ T4511⑥	170～180	8	T6 T6510⑥ T6511⑥
		515～550	T42	170～180	8	T62
	拉伸管	515～550	T4 T42	155～165⑬	18	T6 T62
	锻件	515～550	T4	170～180	8	T6
	轧制环	515～550	T4 T452⑩	170～180	8	T6 T652⑩
6063⑦	挤压管、棒、型材	⑮ 515～525⑮ 515～525	T1 T4 T42	175～185⑯ 170～180⑰ 170～180⑰	3 8 8	T5 T6 T62
	拉伸管	515～525	T4	170～180	8	T6 T83⑤⑮ T831⑤⑮ T832⑤⑮
			T42	170～180	8	T62

续表 6-7

合金牌号	产品名称	固溶热处理②		时效处理①		
		金属温度③/℃	状态	金属温度③/℃	保温时间④/h	状态
6066	挤压管、棒、型材	515～540	T4 T42 T4510⑥ T4511⑥	170～180	8	T6 T62 T6510⑥ T6511⑥
	拉伸管	515～540	T4 T42	170～180	8	T6 T62
	模锻件	515～540	T4	170～180	8	T6
6070	挤压管、棒、型材	540～550⑮	T4 T42	155～165	18	T6 T62
6151	模锻件 轧制环	510～525 510～525	T4 T4 T452⑩	165～175	10	T6 T6 T652⑩
6262	轧制或冷精拉棒、线材	525～565	T4 — T451⑥ T42	165～175	8 12 8 8	T6 T9⑭ T651⑥ T62
	挤压管、棒、型材	⑮ 520～540	T4 T4510⑥ T4511⑥ T42	170～180	12	T6 T6510⑥ T6511⑥ T62
	拉伸管	525～565	T4 — T42	165～175	8	T6 T9⑭ T62
6463	挤压管、棒、型材	⑮ 515～525 515～525	T1 T4 T42	175～185⑯ 170～180⑰ 170～180⑰	3 8 8	T5 T6 T62
6951	薄板	520～535	T4 T42	155～165	18	T6 T62
7001	挤压管、棒、型材	460～470	W — W510⑥ W511⑥	115～125	24	T6 T62 T6510⑥ T6511⑥
7005	挤压棒、型材	480～500	W	125～135	12～15	T53㉒

续表 6-7

合金牌号	产品名称	固溶热处理[2]		时效处理[1]		
		金属温度[3]/℃	状态	金属温度[3]/℃	保温时间[4]/h	状态
7075[7]	薄板	460~475[23]	W	115~125[18] ㉘ ⑳㉔	24 ㉘ ⑳㉔	T6、T62 T76[27] T73[27]
	厚板	460~475[23]	W	115~125 ⑳㉔	24 ⑳㉔	T62 T7351[6][27]
			W51[6]	115~125 ⑳㉔	24 ⑳㉔	T651[6] T7351[6][27]
	轧制或冷精拉棒、线材	460~475[23]	W	115~125 ⑳㉔	24 ⑳㉔	T6、T62 T73[27]
			W51[6]	115~125 ⑳㉔	24 ⑳㉔	T651[6] T7351[6][27]
	挤压管、棒、型材	460~470	W	115~125 ⑳㉔ ㉘	24 ⑳㉔ ㉘	T6、T62 T73[27] T76[27]
			W510[6]	115~125 ⑳㉔ ㉘	24 ⑳㉔ ㉘	T6510[6] T73510[6][27] T76510[27]
			W511[6]	115~125 ⑳㉔ ㉘	24 ⑳㉔ ㉘	T6511[6] T73511[6][27] T76511[27]
	拉伸管	460~470	W	115~125 ⑳㉔	24 ⑳㉔	T6、T62 T73[27]
	模锻件	460~475	W W52[10]	115~125 ⑳ ⑳	24 ⑳ ⑳	T T73[27] T7352[10][27]
	自由锻件	460~475[9]	W — W52[10]	115~125 ⑳ 115~125 ⑳	24 ⑳ 24 ⑳	T6 T73[27] T652[10] T7352[10][27]
	轧制环	460~475	W	115~125	24	T6

续表 6-7

合金牌号	产品名称	固溶热处理[2]		时效处理[1]		
		金属温度[3] /℃	状态	金属温度[3] /℃	保温时间[4] /h	状态
7178[7]	薄板	460～495	W	115～125 ㉕	24 ㉕	T6、T62 T76[27]
	厚板	460～485	W W51[6]	115～125 115～125 ㉕	24 24 ㉕	T6、T62 T651[6] T7651[6,27]
	挤压管、棒、型材	460～470	W	115～125 ㉖	24 ㉖	T6、T62 T76[27]
			W510[6] W511[6] W510[6] W511[6]	115～125 115～125 ㉖ ㉖	24 24 ㉖ ㉖	T6510[6] T6511[6] T76510[27] T76511[27]

① 所列的时间与温度是各种类型、不同规格与不同加工工艺生产的产品的典型时间与温度，不完全是某一具体产品的最佳处理规范。

② 应尽量缩短产品转移时间，以便尽快从固溶热处理温度淬火。除另有说明外，淬火介质为室温水。在淬火过程中，槽中的水应保持一定的流速，使水温不超过35℃。对某些产品可采用大容量高速喷水淬火。

③ 尽快缩短升温时间。

④ 保温时间从金属达到所列的最低温度时算起。

⑤ 在固溶热处理与时效处理之间，应进行一定量的冷加工。

⑥ 在固溶热处理与时效处理之间，为消除残余应力，施加了一定量的拉伸永久变形。

⑦ 也适用于包铝的薄板与厚板。

⑧ 也可在170～180℃保温8 h。

⑨ 在60～80℃的热水中淬火。

⑩ 在固溶热处理与时效处理之间，进行1%～5%的冷压缩变形，以消除残余应力。

⑪ 在100℃的沸水中淬火。

⑫ 室温吹风淬火。

⑬ 也可在165～175℃保温8 h。

⑭ 在时效处理后进行一定量永久变形的冷加工。

⑮ 适当控制挤压出模温度，可在挤压机上直接淬火。对某些产品可进行室温风冷淬火。

⑯ 也可在200～210℃保温1～2 h。

⑰ 也可在175～185℃保温6 h。

⑱ 也可采用双级时效处理：90~105℃，4h；155~165℃，8 h。

⑲ 也可进行三级时效处理：90~105℃，5 h；115~125℃，4 h；145~155℃，4 h。

⑳ 进行双级时效处理，即先在100~110℃处理6~8h，然后对不同产品进行如下的第二次处理：

薄板与厚板：160~170℃，24~30 h；

轧制与冷精拉棒材：170~180℃，6~8 h；

挤压件与管材：170~180℃，8~10 h；

锻件（T73）：170~180℃，8~10 h；

锻件（T352）：170~180℃，6~8 h。

㉑ 仅适用于花纹板。

㉒ 不进行固溶热处理，在室温下搁置72 h后进行加压淬火，然后进行双级时效：100~110℃，8 h；145~155℃，16 h。

㉓ 为了获得最佳均匀性，有时温度可高达498℃。

㉔ 对于板材、管材与挤压产品，也可采用双级时效：100~110 ℃，6~8 h；随后以15 ℃/ h的升温速度升至165~175℃，保温14~18 h。对于轧制与冷精拉的棒材，也可在170~180℃处理10 h。

㉕ 双级时效：115~125℃，3~5 h；160~170℃，15~18 h。

㉖ 双级时效：115~125℃，3~5h；155~165℃，18~21h。

㉗ 7075及7178合金由任何状态时效到T73（仅适用7075合金或T76状态系列时，应严格控制保温时间、温度与加热速度）。此外，将T6状态系列材料时效到T73或T76状态系列时，T6状态的处理条件非常重要，而且对T73与T76状态材料的性能有影响。

㉘ 时效处理规范因产品种类、规格、炉型及性能、装料方式、炉温控制方式等的不同而异。只有在具体条件下，对具体产品先进行试处理，才能确定最佳的处理规范。挤压产品的典型时效规范为双级时效：115~125℃，3~5h；160~170℃，15~18h或95~105℃，8h；160~170℃，24~18h。

6.6.3 铝合金时效工艺控制要点

6.6.3.1 铝合金锻件时效工艺控制要点

（1）装炉前，冷炉要进行预热，预热定温应与时效第一次定温相同，达到定温后保持30min方可装炉。

（2）查看仪表，测温热电偶接线是否牢固。测温料装炉前应处于室温。

（3）停炉24h以上再装炉时，靠近工作室空气循环出口和入口处的锻件，要绑好测温热电偶。操作者应在装炉后每隔30min测温一次，其结果要记录在随行卡片上，并签字。

(4) 装炉时，时效料架与料垛应正确摆放在推料小车上，不得偏斜，否则不准装炉。

(5) 为了保证炉内锻件在热空气中具有最大的暴露面积，在堆放锻件时，应保证热空气能够自由通过，并且在空气和锻件表面之间具有最大的接触面积。尽可能沿着垂直于气流的流动方向堆放，使得气流从零件之间穿过。

(6) 不同热处理制度的锻件，不能同炉时效。

(7) 为保证时效料温度均匀，热处理工可在温度为±10℃范围内调整仪表定温。

(8) 时效出炉后的热料上不允许压料（尤其是热料）。

(9) 热处理工应将时效产品的合金、状态、批号、装炉时间、时效日期及生产班组等填写在生产卡片上。

(10) 热处理工每隔30min检查一次仪表及各控制开关，看其是否运行正常。

(11) 在时效加热过程中，因炉子故障停电时，总加热时间按各段加热保温时间累计，并要求符合该合金总加热时间的规定。

(12) 仪表工对测温用热电偶、仪器仪表，按检定周期及时送检，以保证温控系统误差不大于±5℃，达不到使用要求的热电偶、仪器仪表严禁使用。

(13) 时效完的锻件应打上合金、状态、批号等以示区分。

6.6.3.2 铝合金厚板时效工艺控制要点

(1) 装炉前，冷炉要进行预热，预热定温应与时效第一次定温相同，达到定温后保持30min方可装炉。

(2) 待时效的板片，板间要垫上厚度为2～4mm、宽度为40mm的干燥、无灰尘的硬纸板，在料垛二分之一处放两张废片，以备插热电偶用。

(3) 查看仪表、测温热电偶接线是否牢固。测温料装炉前应处于室温。

(4) 装炉时，时效料架与料垛应正确摆放在推料小车上，不得偏斜，否则不准装炉。

(5) 时效时板材料垛要均匀地放置在各加热区内。装一垛及多垛料时，都要用两只热电偶分别放于炉子的高温点和低温点，其放置位置在料垛高度的二分之一处，距端头500mm插入深度不小于300mm，如果不同厚度板材搭配时效时，热电偶插在较厚的板垛上。应保证电偶与板片接触良好。

（6）不同热处理制度的时效的板材，不能同炉时效；同炉内，料垛的高度差不大于300mm。板材时效料垛，最高不得超过900mm（包括底盘在内）。

（7）同炉时效板材的厚度搭配：

6×××系合金：同垛料板厚度之差不大于20mm，同炉料厚度之差不大于30mm。

7×××系合金：板厚不大于50mm，同垛料板厚之差不大于10mm；板厚大于50mm，同垛料板厚之差不大于15mm；同炉料板厚之差不大于20mm。

（8）为保证退火及时效料温度均匀，热处理工可在温度为±10℃范围内调整仪表定温。

（9）时效出炉后的热料上不允许压料，待温度降至100℃以下方可压料。

（10）热处理工应将退火产品的合金、状态、批号、装炉时间、退火日期及生产班组等填写在仪表记录纸上，并在生产卡片上认真记录装出炉时间、退火日期及班组等。记录本和仪表记录纸保存3年以上。

（11）热处理工必须坚守岗位，每隔30min检查一次控制柜的盘前仪表及各控制开关，看其是否运行正常和处在正确位置。

（12）时效过程中因故停电，在加热期间停电，应在正常供电后继续加热；在保温期间停电，应出炉冷到定温，按原制度重新进行时效。

（13）时效完的料垛上，应用红蜡笔写上“时效完”字样，以示区分。时效料垛上不准压料。

（14）仪表工对测温用热电偶、仪器仪表，按检定周期及时送检，保证温控系统误差不大于±5℃，达不到使用要求的热电偶、仪器仪表严禁使用。

6.6.3.3 淬火与人工时效之间的间隔控制要点

对于某些铝合金制品来说，淬火和人工时效之间的间隔时间对其时效效果有一定的影响。如 Al-Mg-Si 系合金，在淬火后必须立即进行人工时效，才能得到高的强度；淬火后如果在室温停放一段时间再时效，对强度有不利影响。$w(Mg_2Si)>1\%$ 的合金在室温停放 24h 后再时效，强度比淬火后立即时效的低约 10%，这种现象称为“停放效应”或“时效滞后现象”。因此，对于有“停放效应”的合金制品来说，应尽可能缩短淬火至人工时效的间隔时间，见表 6-8。

表 6-8 铝合金零件淬火至人工时效之间的间隔时间

合金	淬火后保持时间/h	淬火至人工时效的间隔时间/h	合金	淬火后保持时间/h	淬火至人工时效的间隔时间/h
2A02	2~3	<3 或 15~100	2A80	2~3	不限
2A11	2~3		2A14	2~3	不限
2A12	1.5	不限	7A04	6	<3 或 >48
2A17	2~3		7A09	6	<4 或 2~10 昼夜
6A02	2~3	不限	7A19	10	不限
2A50	2~3	<6	7A33	4~5	3、5 或 7 昼夜
2B50	2~3	<6	6063		<1
2A70	2~3	<6			

7 铝合金常用热处理设备

7.1 概述

7.1.1 燃料炉

它以燃料为热源，按所使用的燃料不同，又分为固体燃料炉、液体燃料炉和气体燃料炉等。固体燃料炉因热效率低，温差大（±15～40℃）和劳动条件差，已逐渐被淘汰。液体燃料炉和气体燃料炉的结构简单，操作方便，成本较低，但炉膛温度控制不易准确，它主要用于铝、镁合金材料的退火加热。在天然气丰富的地方也应尽量推广使用。由于铝、镁合金材料淬火和时效炉温控制要求很严，所以，在工业上很少采用燃料炉。但目前已有较新式的以天然气为热源的型、棒、管材淬火炉，其炉温比较好控制。

7.1.2 电炉

它以电能为热源。铝、镁合金热处理主要是采用电炉中的电阻炉。电阻热处理炉的炉型很多，分类方法目前尚未统一。电阻热处理炉按其加热方式、作业方法、炉型结构和传热介质分类见表 7-1。

表 7-1 电阻热处理炉的分类

<table>
<tr><th>分类方法</th><th>炉子名称</th><th>分类方法</th><th>炉子名称</th></tr>
<tr><td>按加热方式分</td><td>间接加热式电阻炉
直接加热式电阻炉</td><td rowspan="2">按炉型结构分</td><td rowspan="2">传送带式电阻炉
链式电阻炉
辊底式电阻炉
车底式电阻炉
推杆式电阻炉</td></tr>
<tr><td>按作业方法分</td><td>间歇加热式电阻炉
连续加热式电阻炉</td></tr>
<tr><td>按炉型结构分</td><td>箱式电阻炉
井式电阻炉
立式电阻炉
卧式电阻炉</td><td>按传热介质分</td><td>辐射式电阻炉
空气循环式电阻炉
盐浴炉</td></tr>
</table>

目前，电阻炉的型号已经系列化。其系列代号与名称见表7-2。

表7-2 电阻炉系列代号与名称

系列代号	名称	系列代号	名称
RJX	箱式加热电阻炉	RJM	铝丝加热电阻炉
RJJ	井式加热电阻炉	RJY	油浴加热电阻炉
RJZ	钟罩式加热电阻炉	RYD	电极式盐浴电阻炉
RJT	推杆式加热电阻炉	RYG	坩埚式盐浴电阻炉
RJC	传送带式加热电阻炉	RTG	碳管电阻炉
RJG	鼓筒式加热电阻炉	RRG	坩埚式熔炼电阻炉

工业用电阻炉的系列型号是由汉语拼音字母和数字组成的。型号的具体结构和各字母数字所表示的意义如下：

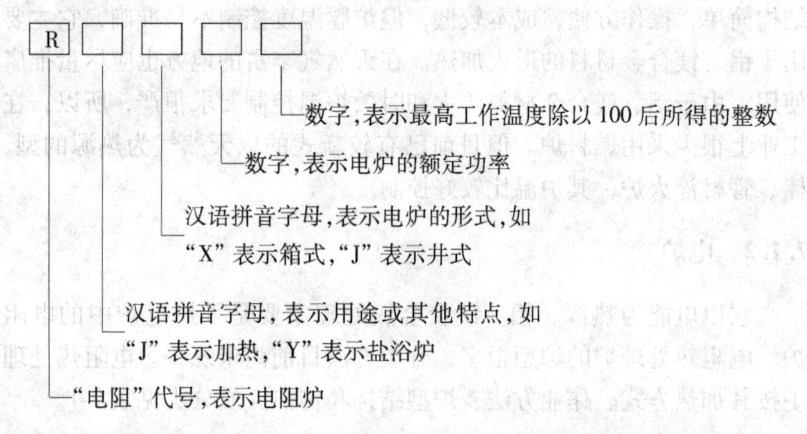

例如：RJX－30－9表示箱式加热电阻炉，功率为30kW，最高工作温度为950℃。

电阻炉与燃料炉相比，具有如下优点：炉温均匀，便于分区控制，准确度高，适合于各种热处理工艺；结构简单，没有管道和烟囱等辅助设备，占地面积小，操作维护方便，容易实现机械化与自动化；热效率高；产品表面清洁，对环境无污染，劳动条件好。因此，它在铝、镁合金材料的热处理中应用很广泛。

7.1.3 低温电阻炉的传热方式

铝、镁合金热处理常用的是低温电阻炉，它同中、高温电阻炉相比，不但结构不同，传热方式也不同。在低温炉中，加热元件产生的热量，绝大部分是靠炉内气体的流动而传送给被加热的制件（即所谓对流传热）。

用对流传热的加热方法比用辐射传热方法好，因为对流加热可以更精确地控制炉温而不至于局部过热。这对铝合金淬火加热是极为重要的。

低温电阻炉按炉内气体流动情况的不同，可以分为自然通风式和强制通风式两种。对流传热的传输系数 a 随着气流速度的增大而增大，这种关系可由下式确定：

$$a = 4.187Kv^{0.78} \tag{7-1}$$

式中 a——传输系数，kJ/(m^2 · ℃ · h)；

v——流体的速度，m/s；

K——系数。

根据计算，空气流速与传热系数之间的关系如表 7-3 所示。

表 7-3 空气流速与传热系数之间的关系

气流速度 v/m · s^{-1}	2	5	10	15
传热系数 a /kJ · (m^2 · ℃ · h)$^{-1}$	67	105	159	314

强制通风能提高加热速度，使炉膛温度均匀。例如，在 100℃时，强制通风比自然通风加热速度可提高 9 倍，在 300℃时，能提高 4 倍，在 500℃时，可提高 1 倍。

自然通风时热导率低，加热速度慢，加热也不均匀。

铝、镁合金材料的成品热处理最好采用带有强制空气循环装置的电阻炉。

在选择强制空气循环电阻炉时，应尽量考虑以下加热条件：

（1）炉膛气流分布均匀，温差小，并易于调节；

（2）为了保证炉膛温度均匀和工件的加热速度，应尽量提高炉内的气体流速，对于大截面的炉膛，其加热元件应分区、分段布置，每区应装有测量温度的灵敏仪表和热电偶；

（3）对于大型立式炉，其炉膛内零压面不应高于加热工件的下端。

空气循环炉根据空气运动方向可分为两种：

（1）纵向空气循环炉。在这种炉子中，热空气沿着炉膛的长度方向上循环流动。炉膛的热风入口端为高温端，出口为低温端。对于大型的立式炉，炉膛温差不易精确控制。

(2) 横向空气循环炉。在这种炉子中，热空气沿着炉膛宽度方向循环流动。可根据加热要求，沿炉子长度方向对炉温进行分段控制，炉膛内温度调整方便。

7.1.4 常用铝合金热处理炉的特点

(1) 铝及铝合金材料的热处理温度均在650℃以下，所以，一般都采用低温炉。

(2) 铝合金淬火温度范围很窄，特别是高合金化硬铝的淬火温度上限接近过烧温度，如果控制不当会引起过烧；如果温度过低，强化相不能充分固溶，导致力学性能不合格。因此，要求炉膛温度的控制应准确、灵敏，故一般以采用电阻炉较为适宜。

(3) 在铝合金材料热处理时，要获得均匀细小的晶粒组织和良好的力学性能，需要升温速度快，炉膛温度均匀。为了确保产品质量和提高生产率，铝、镁合金热处理最好采用有强制空气循环的电阻炉。

(4) 铝合金材料的热处理，由于品种规格和热处理制度不同，一般采用周期式作业炉。

(5) 盐浴炉的加热速度快、炉温均匀，易于准确调整控制。需要淬火处理的铝合金材料采用盐浴炉较好，纯铝和不可热处理强化的铝合金材料的快速退火，往往也在盐浴炉中进行。各种炉子的加热速度如表7-4所示。

表7-4 各种炉子的加热速度

炉子类型	传热系数/kJ·(m^2·℃·h)$^{-1}$	加热速度/℃·s^{-1}
盐浴炉	2100~2900	60
感应炉		50
强制空气循环炉	400	10
无空气循环炉	105	5

7.2 常用热处理炉的结构特点及技术性能

铝合金材料热处理炉可分为间歇式作业电阻炉和连续式作业电阻

炉两大类。

7.2.1 间歇式作业电阻炉

间歇式作业电阻炉是非连续作业的电阻炉。这种电阻炉在工作时，装在炉子中的炉料固定不动；炉料是借助于吊车或其他运输装置整批或分批装入炉内。每生产一批料，都有升温、保温和降温过程。炉子的生产能力较小，机械化程度较低。这种炉子目前在一些工厂使用较为普遍。

7.2.1.1 箱式电阻炉

A 无空气循环装置的固定炉底箱式电阻炉

如图7-1所示，炉子结构简单，炉膛由耐火砖砌成，外壳为钢板和型钢焊接结构，中间充填保温材料，炉门靠配重，手工开、闭。加热元件配置于炉壁两侧，炉顶开一个小孔插入热电偶，测量炉膛温度。被加热材料在炉膛内靠加热元件辐射加热，炉膛内温差较大。材料进、出炉全凭手工操作。这种炉子适宜于小批料退火或实验研究等使用。

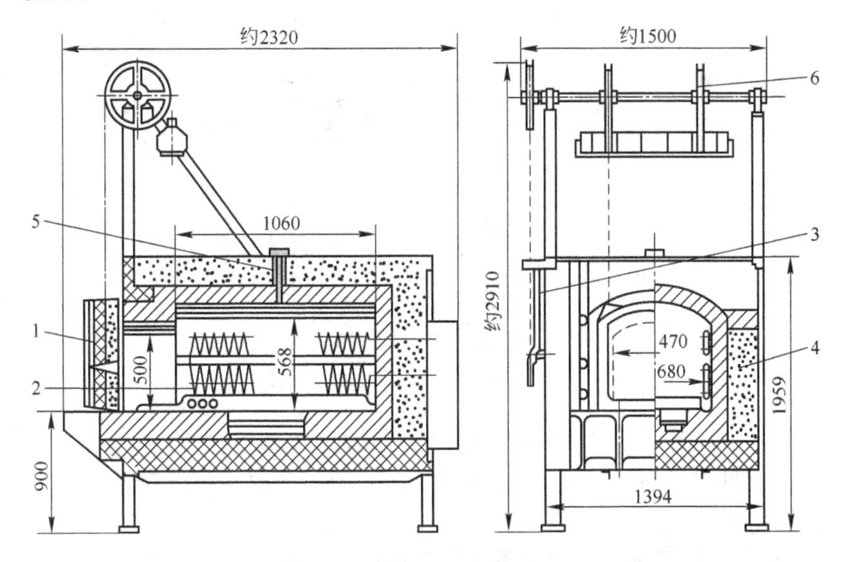

图7-1 固定炉底箱式电阻炉

1—炉门；2—加热元件；3—手柄；4—炉墙；5—测温孔；6—链轮

B 带强制空气循环装置的固定炉底箱式电用炉

如图 7-2 所示，炉子外壳为钢材焊接结构。炉体由耐火砖砌成，与外壳之间填充隔热材料，内壁由耐热钢制成内壳。电热元件配置于炉顶或炉壁两侧并装有遮热板，热电偶从炉膛侧面或炉顶插入炉内控制炉温。根据炉膛截面要求不同，在炉子一端装有离心式通风机或在炉子一侧装有多台离心式通风机，对炉内空气进行强制循环。材料放在底盘或框架上，打开炉盖用吊车将材料装入炉内或取出炉外，操作比较方便。这种炉子，目前在工业上大都用于铝、镁合金材料的退火或时效处理。

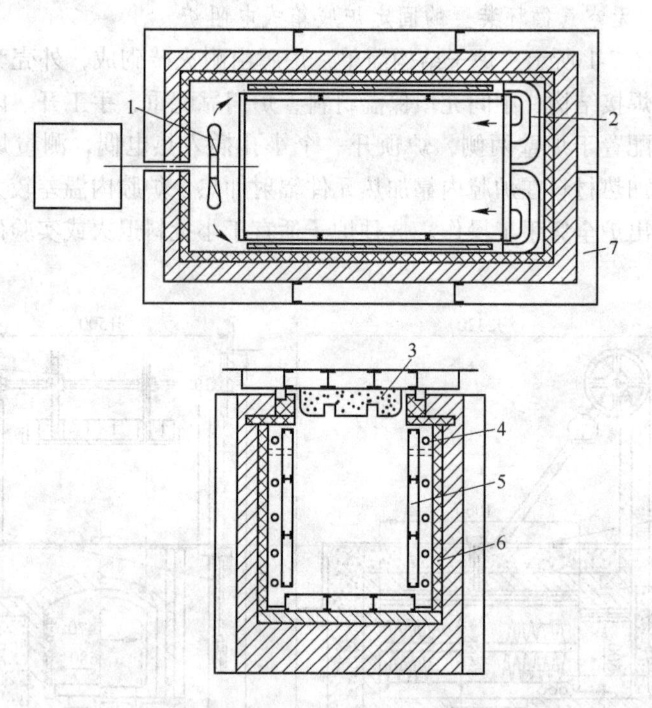

图 7-2 带强制空气循环装置的固定炉底箱式电阻炉

1—风扇；2—导风装置；3—炉盖；4—加热元件；5—内衬；6—炉墙；7—外构架

C 台车式强制空气循环箱式电阻炉

如图 7-3 所示，炉子的结构类似于固定炉底箱式炉。其特点是风机不是装在炉子一端，而是安装在炉子的侧面或炉顶上，并且在炉底安有轨道，炉底可以像小平车一样，从炉子的加热室抽出炉外或推入炉内。装卸料都用吊车，台车式活底靠机械拖动装置传动，操作比较省力，一次装料量大。这种炉子适用于铝、镁合金板材和模锻件的退火和时效处理。

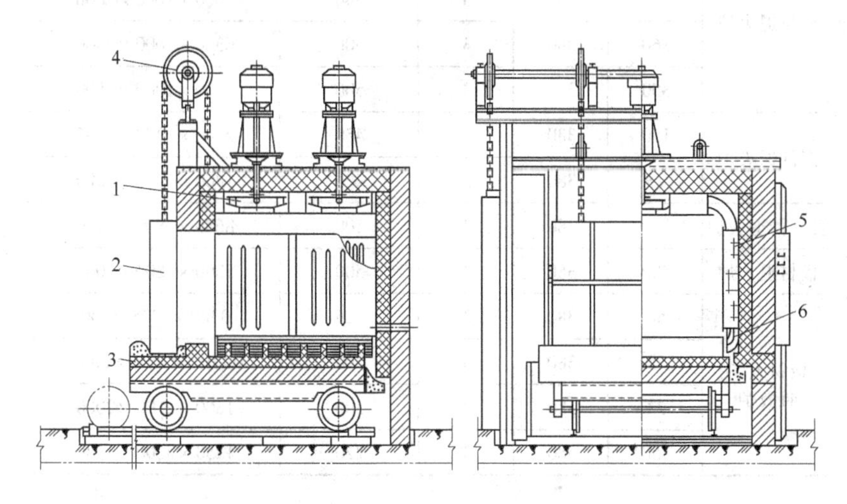

图 7-3 台车式强制空气循环箱式电阻炉

1—风扇；2—炉门；3—活动炉底（台车）；4—炉门提升链轮；5—加热元件；6—导热装置

铝、镁合金材料热处理常用的箱式电阻炉的主要技术性能，见表7-5。

表 7-5 铝、镁合金箱式电阻热处理炉技术性能

型号或名称	功率 /kW	电压 /V	相数	最高工作温度 /℃	炉膛尺寸（长×宽×高） /mm×mm×mm
RJD-250-5	250	380	3	500	3600×1700×1300
RJD-500-5	500	380	3	500	8285×2220×1335
板材退火炉	50	380	3	450	500×1000×400
	140	380	3	450	
	960	380	3	500	1200×3200×1000

续表 7-5

型号或名称	功率/kW	电压/V	相数	最高工作温度/℃	炉膛尺寸（长×宽×高）/mm×mm×mm
板材退火炉	210	380	3	510	3520×1970×1550
	180	380	3	440	4000×1000×2000
	360	380	3	500	6300×1000×2500
	390	380	3	500	6300×1000×3500
锻件退火炉	150	380	3	450	2400×1200×1285
	75	380	3	400	1800×1800×1200
管、棒退火炉	240	380	3	500	8680×9800×1500
板材退火炉	480	380	3	500	5300×2800×1000
板材人工时效炉	50	380	3	125	3300×1275×800
	75	380	3	200	12100×1600×2000
	33	380	3	300	1800×2100×2000
	450	380	3	220	1250×3000×1580

7.2.1.2 井式电阻炉

铝、镁合金热处理用的井式炉，按炉膛形状不同分为圆形和矩形两种。炉子结构较简单，一般外构架为钢材的组合结构，内构架为钢板、型钢焊接结构，中间填充绝热材料，或炉膛用耐火砖砌成。加热元件沿高度方向配置于炉壁上；对炉膛较深的炉子，其加热元件的布置和温度控制是分段进行的。根据需要在炉子的上方、下方或炉顶上装有循环通风装置。这种炉子温差较小，适用于铝、镁合金的均匀化或坯料退火等。

井式电阻炉占地面积小，生产率较高，但需要有一个较深的地坑和较坚固的地下装置。

A 通风机装在炉顶的井式电阻炉

如图 7-4 所示，炉膛底部有一耐热钢三脚架，用来支撑上、下穿通的耐热钢装料圆筒。为了保证炉膛上、下温度的均匀性，在炉盖下部装有风扇，驱使炉内空气上、下循环流动。炉盖的启动靠炉侧的液压油泵带动。炉子最高工作温度为550℃，温差可控制在±5℃范围内，适用于铝、镁合金小型材料的退火或淬火处理。

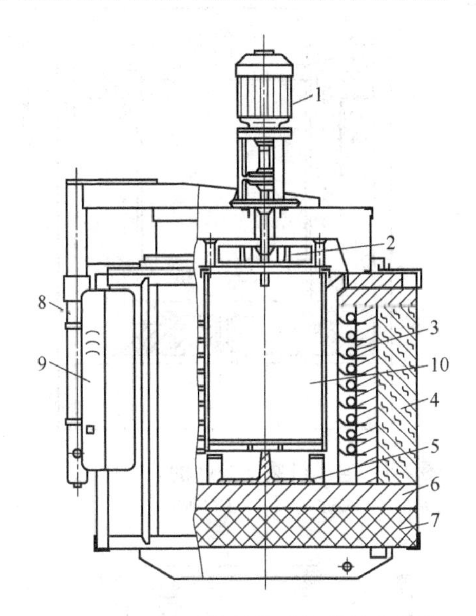

图7-4　通风机装在炉顶的井式电阻炉

1—电动机；2—风扇；3—加热元件；4—保温层；5—三脚架；6—耐火材料；7—绝热材料；8—炉盖启动机构；9—防护罩；10—炉膛

B　通风机装在炉底的井式电阻炉

如图7-5所示，炉子由炉体、炉盖、通风机、电气系统等组成。其结构特点是风扇装在炉膛底部，循环空气在炉膛内由上向下流动，加热元件配置于炉壁周围，沿高度分为几个区控制，炉温差较小，最高工作温度为550℃。被加热材料放在炉膛圆形衬套内，装料与出料靠托盘用吊车作业。炉盖启动借助于平衡锤手工操作。这种炉子适用于铝合金卷材退火处理。

C　通风机装在炉子侧上方的井式电阻炉

如图7-6所示，炉子外形为长方形钢结构骨架，炉膛由耐火材料砌成。成组的加热元件配置于炉壁两侧的钢架上，并用遮热板隔开。风扇在炉膛侧上方。热空气由下向上循环加热工件。工件用吊车垂直地放在炉膛内，料与料之间有框架相隔。大规模生产往往是几台炉子组合使用。这种井式炉适用于铝、镁合金扁铸锭的均匀化退火。

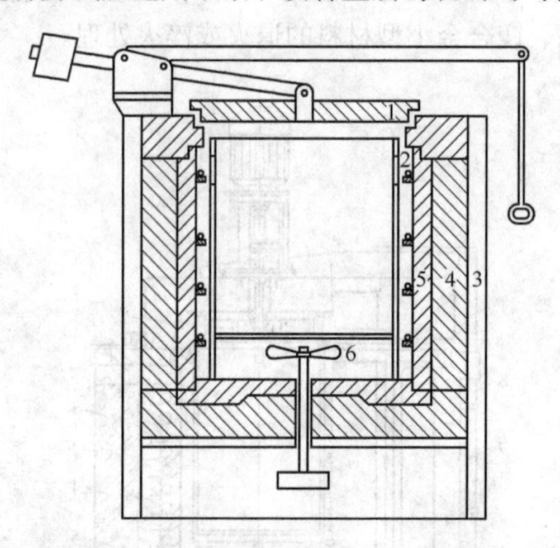

图7-5 通风机装在炉底的井式电阻炉

1—炉盖；2—加热元件；3—炉子外壳；4—炉子外墙；5—炉子内墙；6—风扇

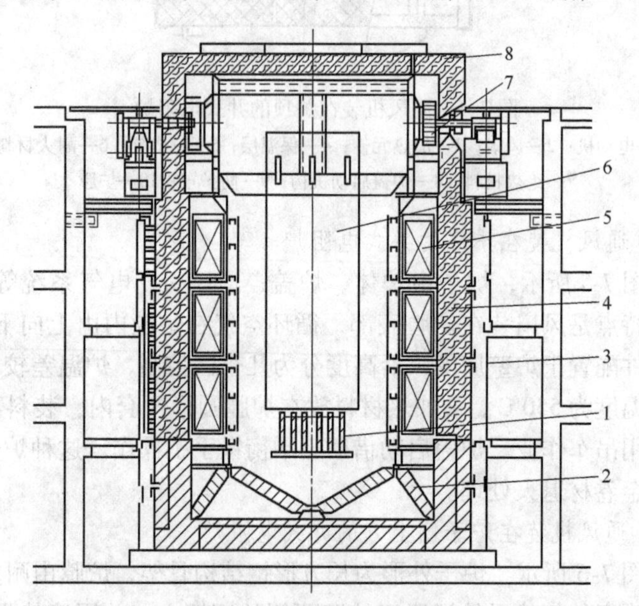

图7-6 通风机装在炉子侧上方的井式电阻炉

1—炉底支架；2—导风装置；3—炉子外壳；4—炉子内墙；
5—加热元件；6—铸锭；7—风机；8—炉盖

铝、镁合金材料热处理常用的井式电阻炉的主要技术性能，见表7-6。

表7-6 铝、镁合金井式电阻热处理炉的技术性能

型号或名称	功率/kW	电压/V	相数	最高工作温度/℃	炉膛尺寸(长×宽×高或直径×深)/mm×mm×mm或mm×mm
RJJ-24-6	24	380	3	650	$D400\times500$
RJJ-25-6	25	380	3	650	$D400\times500$
RJJ-35-6	35	380	3	650	$D500\times650$
RJJ-36-6	36	380	3	650	$D500\times650$
RJJ-55-6	55	380	3	650	$D700\times950$
RJJ-75-6	75	380	3	650	$D950\times1200$
型材退火炉	75	380/220	3	650	$D950\times1200$
卷材退火炉	270	380/220	3	500	$D1200\times500$
	540/180	380	3	550	$D1500\times5000$
	200	380	3	450	$D2200\times1500$
小规格材料退火炉	150	380	3	550	$D500\times1600$
	100	380	3	550	$D2200\times2400$
铸锭均匀化炉	150	380	3	500	1044×1190×3248
	540	380	3	500	1800×2200×6000
	720	380	3	495	
	1000	380	3	500	2600×3850×6700

7.2.1.3 立式空气循环电阻炉

铝、镁合金管、棒及型材，有时长达十几米，当淬火处理这类材料时，采用立式炉较为适宜。立式空气循环电阻炉的结构特点是炉体置于地面上，炉下有一淬火槽，炉子装有活动炉底，以便于装料及向水中淬火。这种炉子占地面积小，生产率高。由于采用高速的强制空气循环加热，虽然炉子的工作室高大，但上、下的温差比较小。它在铝、镁合金管、棒、型材和锻件，以及大型板材的淬火处理中得到了

广泛的应用。

A 通风机安装在炉顶的立式活底电阻炉

如图7-7所示，炉子上部有横排6台通风机，强制炉膛空气进行横向循环。材料利用框架吊入炉内加热或浸入水槽中淬火。加热元件分区控制，炉膛温度均匀。适用于铝、镁合金板材和模锻件等的淬火处理。

B 通风机安装在炉底侧面的立式活底电阻炉

炉子结构如图7-8所示，淬火工件的装炉装置如图7-9所示。其操作方法是先把加热工件捆好放入淬火水槽中，通过回转的摇臂式挂料架将材料送到炉子中心，再利用炉内的吊料装置把料吊入炉中加热或浸水淬火。它适用于铝、镁合金管、棒及型材等淬火。

铝、镁合金材料热处理常用的立式电阻炉的主要技术性能，见表7-7。

表7-7 铝、镁合金半制品热处理用立式电阻炉的技术性能

型号或名称	功率/kW	电压/V	相数	最高工作温度/℃	炉膛尺寸(长×宽×高或直径×深)/mm×mm×mm或mm×mm
线材退火炉	75	380	3	650	$D950\times1220$
管、棒、型材淬火炉	150	380	3	550	$D700\times3500$
	300	380	3	530	$D900\times10892$
	750	380	3	530	$D1250\times1400$
	750	380	3	530	$D4000\times18000$
	900	380	3	535	$D1250\times2600$
	700	380	3		$D1250\times17500$
锻件淬火炉	400	380	3		$D1250\times4150$

7.2.1.4 卧式电阻炉

卧式电阻炉的结构类似于立式炉，其特点是炉体平卧在地面基础上，或部分位于地平面下，不需要高的厂房和深的淬火水槽。根据炉子大小，循环通风装置配置于炉子的一侧或端头。通风机配置于炉子

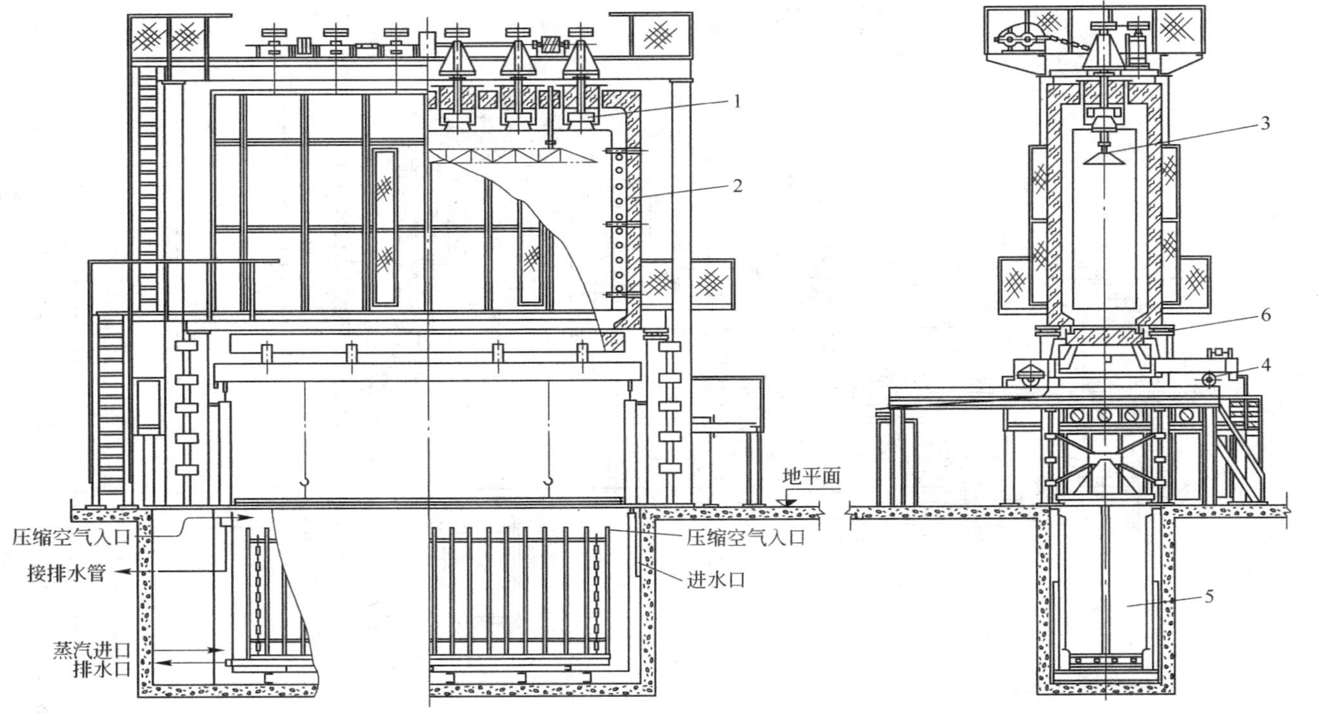

图7-7 通风机装在炉顶的立式活底电阻炉

1—风扇；2—加热元件；3—吊料装置；4—装、卸料小车；5—淬火水槽；6—活动炉底

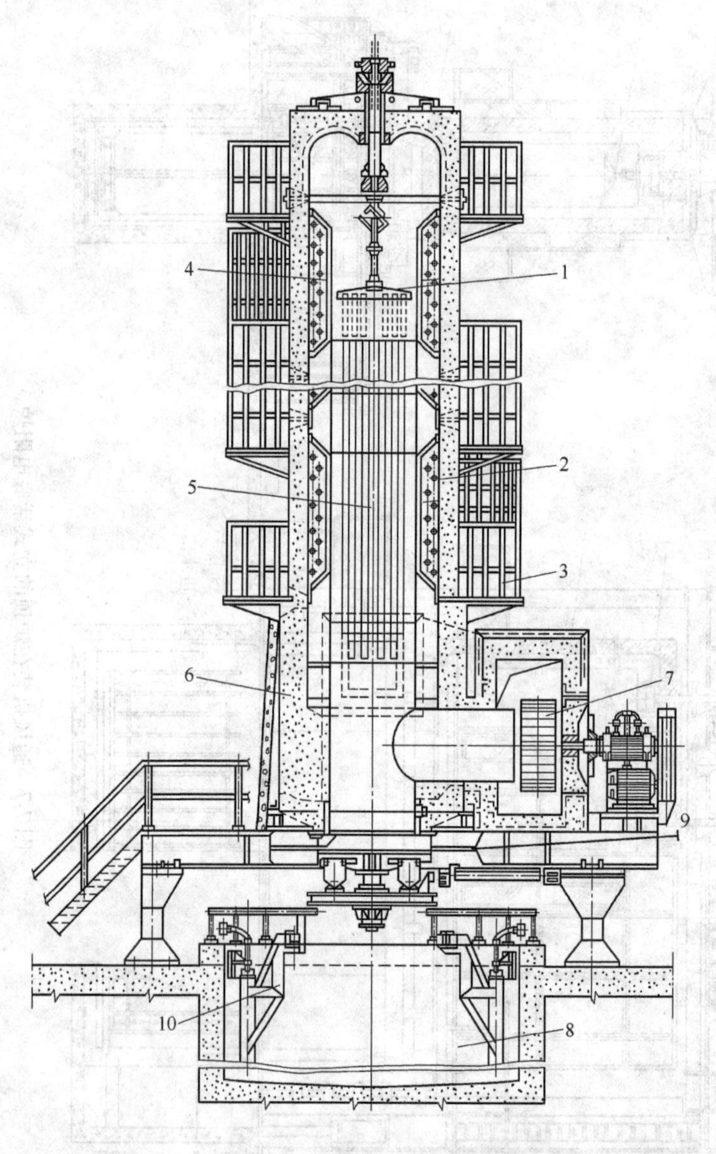

图 7-8 通风机装在炉底侧面的立式活底电阻炉

1—吊料装置；2—加热元件；3—炉子走梯；4—隔热板；5—被加热工件；6—炉墙；7—风机；8—淬火水井；9—活动炉底；10—摇臂式挂料架

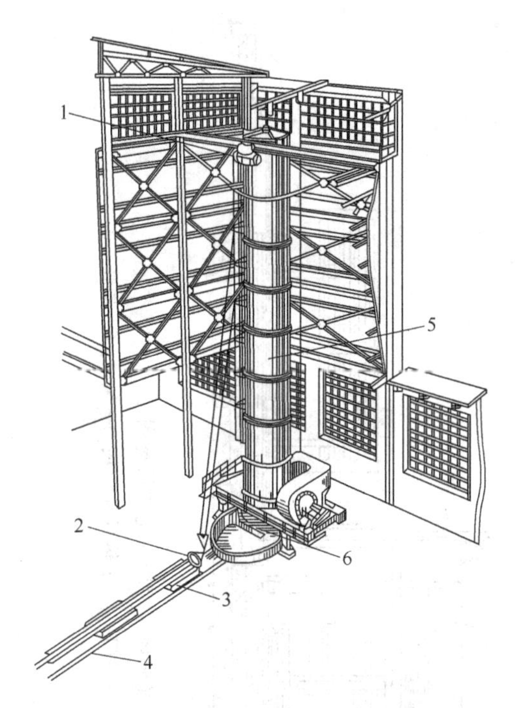

图 7-9 立式活底空气循环电阻炉工件的装炉装置

1—电葫芦；2—吊具；3—上料小车；4—滑轨；5—炉体；6—摇臂式挂料架

的一侧时，炉内空气横向循环，流程短，需要风机功率小，炉内风速易于调整。加热元件可以分几个区控制，各区温度均匀，装料与出料机构比较简单，操作方便。但设备占地面积较大。

A 链带输送卧式强制空气循环电阻炉

图 7-10 为链带输送卧式强制空气循环电阻炉炉型示意图。炉体安装在地平面上，炉膛沿长度分为四个区控制，每区安装一台风机，位于炉子的一侧。炉子一端开有炉门，用机械传动开、闭。装、出料靠炉底链带传动，操作方便。这种炉子可以用于铝、镁合金圆铸锭的均匀化，也可以用于铝、镁合金材料的退火和时效。

B 固定炉底卧式空气循环电阻炉

图 7-11 为炉子的结构示意图。炉体部分位于地平面下的基础里，炉顶开口，炉盖由液压提升装置开启和关闭。材料装炉和出炉用吊车

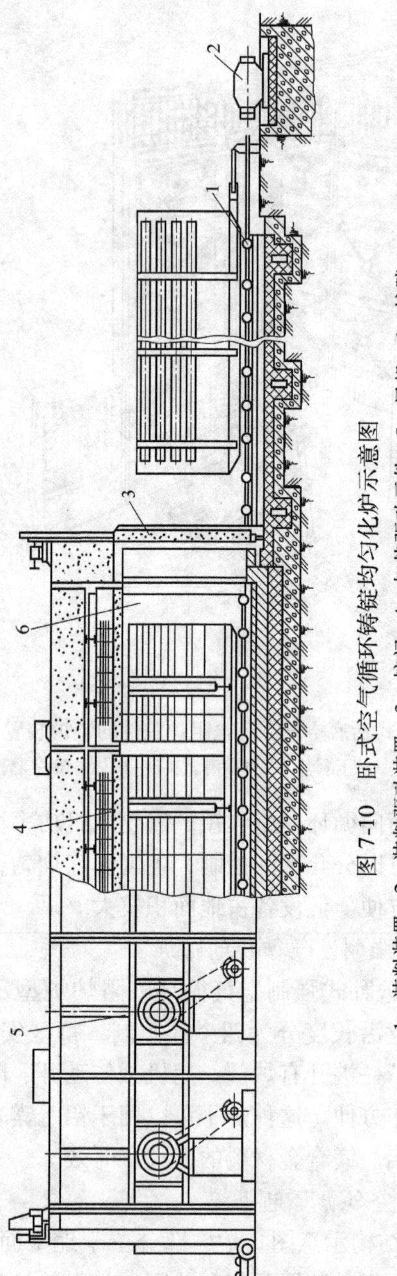

图 7-10 卧式空气循环铸锭均匀化炉示意图

1—装料装置；2—装料驱动装置；3—炉门；4—加热驱动元件；5—风机；6—炉膛

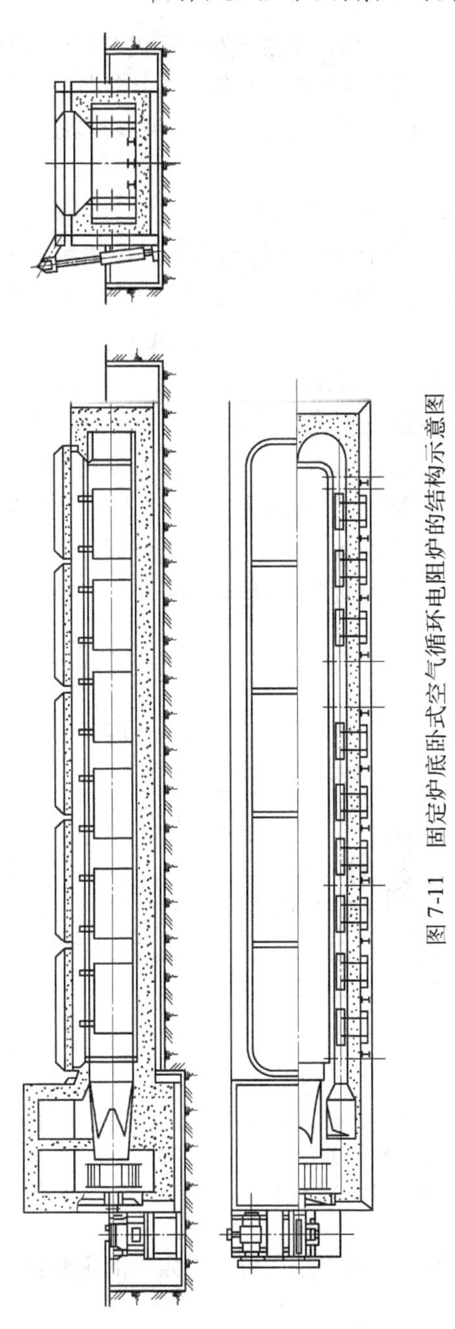

图 7-11 固定炉底卧式空气循环电阻炉的结构示意图

作业。风机安装在炉子一端，热空气在炉膛内是纵向循环，虽然炉膛较长，但加热元件可以分区控制，炉膛温度比较均匀。

这种炉子适用于铝、镁合金管、棒、型材以及模锻件的退火和时效处理。

C 管、棒及型材卧式空气循环淬火炉

如图 7-12 所示，炉子由送料传动装置、炉体和淬火装置三部分组成。风机安装在炉子进料端炉顶，炉膛分为加热段和保温段，加热段风速为 12m/s，炉子最高工作温度为 550℃。其工件热处理的操作过程是：先把需要淬火或退火的材料放在进料传动链条 1 上，再开动驱动装置将材料送进炉内传动链条 3 上进行加热。当需要淬火时，淬火水槽 13 水位上升，靠水封喷头 11 将水封住，达到规定水位时，多余水经回水漏斗 15 流入循环水池 14 中，打开出口炉门转动链条进行淬火。如不淬火处理，水位下降到出料传动链条 12 以下。这种炉子既适宜铝合金型、棒材的淬火，也可进行退火或时效处理。

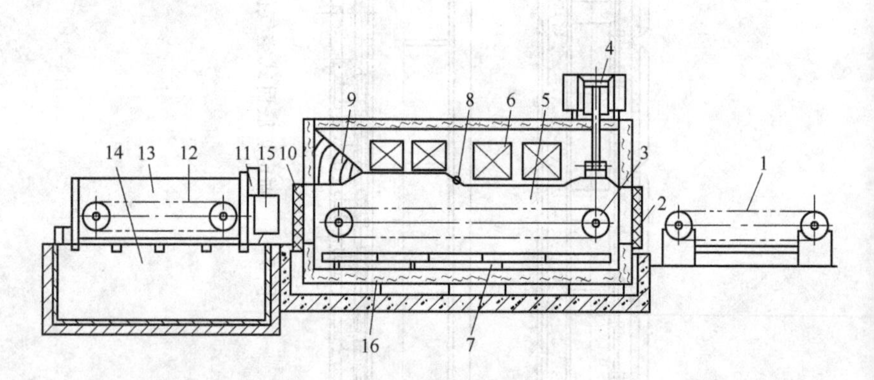

图 7-12 管、棒、型材卧式空气循环淬火炉的结构示意图

1—进料传动装置；2—进料炉门；3—炉内传动链；4—风机；5—炉膛；6—加热器；7—炉下室；8—调节风阀；9—导线装置；10—出料炉门；11—水封喷头；12—出料传动链；13—淬火水槽；14—循环水池；15—回水漏斗；16—下部隔墙

铝、镁合金材料热处理常用的卧式电阻炉的主要技术性能，见表 7-8。

表 7-8 铝、镁合金卧式热处理炉的主要技术性能

名称	功率/kW	电压/V	相数	最高工作温度/℃	炉膛尺寸（长×宽×高或直径×长）/mm×mm×mm或mm×mm
管毛料退火炉	240	380	3	500	D980×8680
圆铸锭均匀化炉	810	380	3	530	7400×2200×2900
管、棒、型材淬火炉	300	380	3	550	
管、棒、型材人工时效炉	300	380	3	420	D1380×12100
	420	380	3	420	D1350×18000
锻件、模锻件人工时效炉	120	380	3	200	4000×1580×1700

7.2.1.5 盐浴炉

盐浴炉是利用熔融的金属盐进行加热的一种电阻炉。

在液体中加热金属制品，由于液体对金属传热快，因此得到比较高的加热速度，而且温度也比较均匀。

利用液体加热的电阻炉，按所用的液体不同可分为盐浴炉、油浴炉、铅浴炉、锡浴炉等。其中盐浴炉在铝合金热处理中应用较为广泛。

盐浴炉中加热的液体介质成分取决于其被加热工件的温度要求。对于铝合金制品的热处理，为保证加热介质有较好的流动性，要求选择熔点较低的熔盐，通常采用硝酸钾和硝酸钠的混合盐，并且对加热介质的碱度和氯化物的含量要加以控制。盐浴的碱度在以K_2CO_3计算时，不应大于1%，盐浴中的氯化物在以氯离子计算时，应为最小（不大于0.5%）。同时为了保证硝盐的安定性，往往向硝盐中加入2%～3%的重铬酸钾（$K_2Cr_2O_7$）。混合熔盐的熔点因硝酸钾和硝酸钠的比例不同而异，其使用温度一般为160～550℃，见表7-9。

表 7-9 常用低温盐浴炉的使用温度

混合盐成分/%		熔点/℃	使用温度/℃
硝酸钾 亚硝酸钠	55.2 44.8	140.9	160～540
硝酸钠 亚硝酸钾	50 50	143	160～550
硝酸钾 硝酸钠 亚硝酸钠	53 7 40	142～148	180～540
硝酸钠 硝酸钾 亚硝酸钠	18 53.5 28.5	170	200～540
硝酸钠 硝酸钾	50 50	220	280～550
硝酸钠	100	310	330～600
硝酸钾	100	338	338～600

盐浴炉按结构的不同可分为三种：

（1）外热式盐浴炉。在槽体外面用加热元件加热，如图 7-13 所示；

（2）内热式盐浴炉。在槽体内用加热元件加热，如图 7-14 所示；

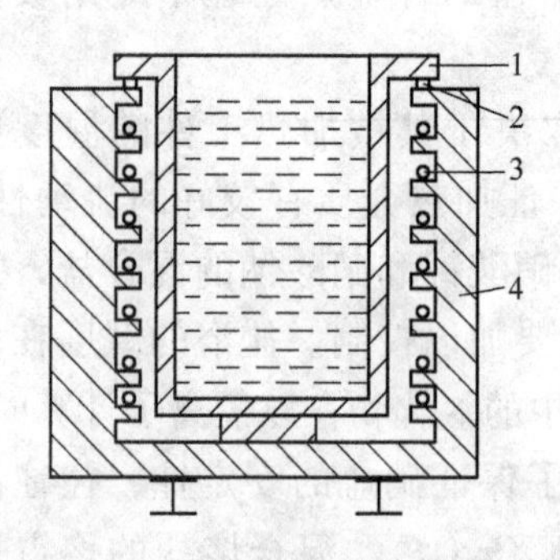

图 7-13 外热式盐浴炉结构示意图
1—槽体；2—石棉垫料；3—加热元件；4—耐火材料砌体

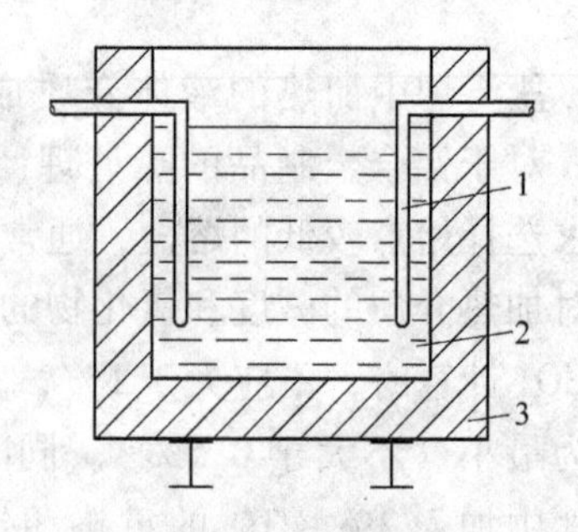

图 7-14 内热式盐浴炉结构示意图
1—加热元件；2—熔盐；3—槽体

(3) 电极盐浴炉。在槽体内部用电极加热，如图 7-15 所示。

前两种盐浴炉工作温度比较低（450～550℃），内热式盐浴炉比外热式盐浴炉加热的温度均匀、热效率高、热处理材料质量也较好。因此，在铝合金材料生产中，采用内热式盐浴炉进行淬火的较多。由于在生产中材料尺寸较大，所以，铝合金材料淬火中使用的都是盐浴槽，其结构如图 7-16 所示。

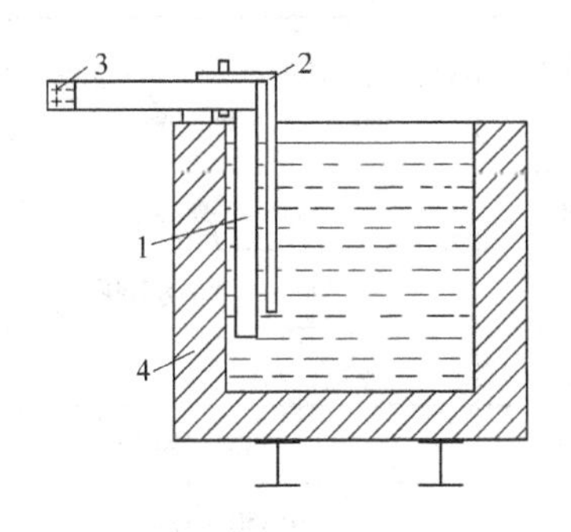

图 7-15　内热式电极盐浴炉结构示意图

1—电极；2—启动电阻带；
3—电极接头；4—槽体

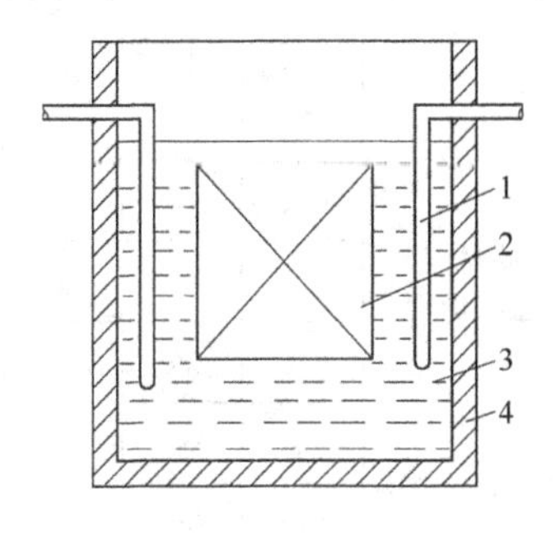

图 7-16　内热式盐浴槽结构示意图

1—管状加热元件；2—工件；
3—熔盐；4—槽体

炉子是一长方形的熔盐槽，内衬为特殊钢焊接结构或由耐热钢铸成的钢槽。外壁砌有耐火砖和保温砖，在槽的两个侧面上安装有管状加热元件，插入硝盐中。管状加热元件是在耐热钢管内安装电阻丝，再充以镁砂绝缘。这种加热元件可根据需要弯成各种形状。其端头结构如图 7-17 所示。

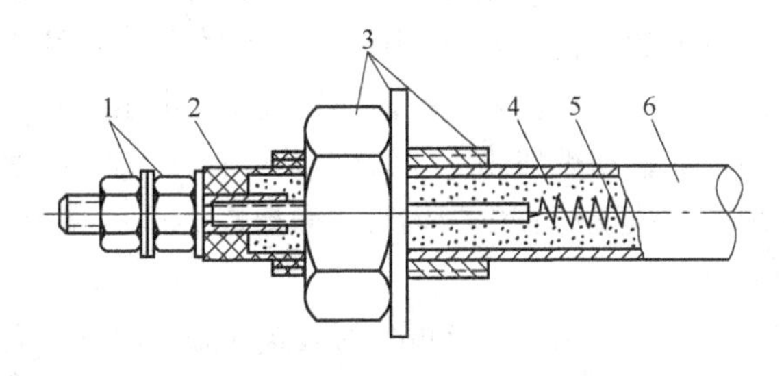

图 7-17　加热元件引出端头结构图

1—固定塞螺帽；2—固定塞；3—固定螺帽；4—镁砂；5—电阻丝；6—套管

在采用盐浴炉进行热处理时，由于硝盐蒸气对人体有害，而且工作中辅助操作时间较多，产品表面的残留硝盐必须及时清除等，因此，目前在铝合金材料热处理中，有采用强制循环空气炉代替盐浴炉的趋势。

铝合金材料热处理常用的盐浴槽技术性能，见表7-10。

表7-10　铝合金盐浴热处理炉的性能

名　称	功率/kW	电压/V	相数	最高工作温度/℃	槽体尺寸(长×宽×高或直径×深)/mm×mm×mm或mm×mm
型、棒材淬火盐浴炉	672	380	3	505	12000×1200×2000
	360	380	3	500	7000×1000×1600
	240	380	3	500	
板材淬火盐浴炉	1680	380	3	535	D1380×12100
	620	380	3	505	D1350×18000

7.2.2　连续式作业空气循环电阻炉

连续式作业炉与间歇式作业炉不同，一般设有两个炉口，一个为进料口，一个为出料口。炉膛分几个区加热（加热区和保温区），工作时，材料从进料口进入炉内，沿着炉长逐渐移动加热，到达出料口时材料已加热完了，由出料口将料送出炉外，整个作业过程是连续不断进行的。这种炉子生产能力很大，机械化和自动化程度较高，适用于同类型而产量大的材料热处理。随着生产的发展，连续式作业炉在铝、镁合金热处理中正在被采用，但连续式作业电阻炉较为复杂，它需要有一组能可靠移动被加热工件的传动机构，并需与前后工序相连接；立式炉炉膛内风速调整更为困难；需要高的厂房和较深的地坑，设备投资较大。

连续式作业炉根据结构特点可分为立式和卧式两种。立式炉占地面积小、生产率高、机械化程度高，但驱使加热材料的传动机构很复杂，炉内风速调整困难；而卧式炉虽然占地面积较大，但操作比较简单。

7.2.2.1 卧式连续作业空气循环电阻炉

此炉适用于铝合金卷筒退火处理，如图7-18所示。风机装在炉顶上，加热器配置于炉膛两侧。卷材借助于托盘而放在辊道上，在炉膛内靠炉内辊道运动逐渐加热。整个作业过程是连续进行的。

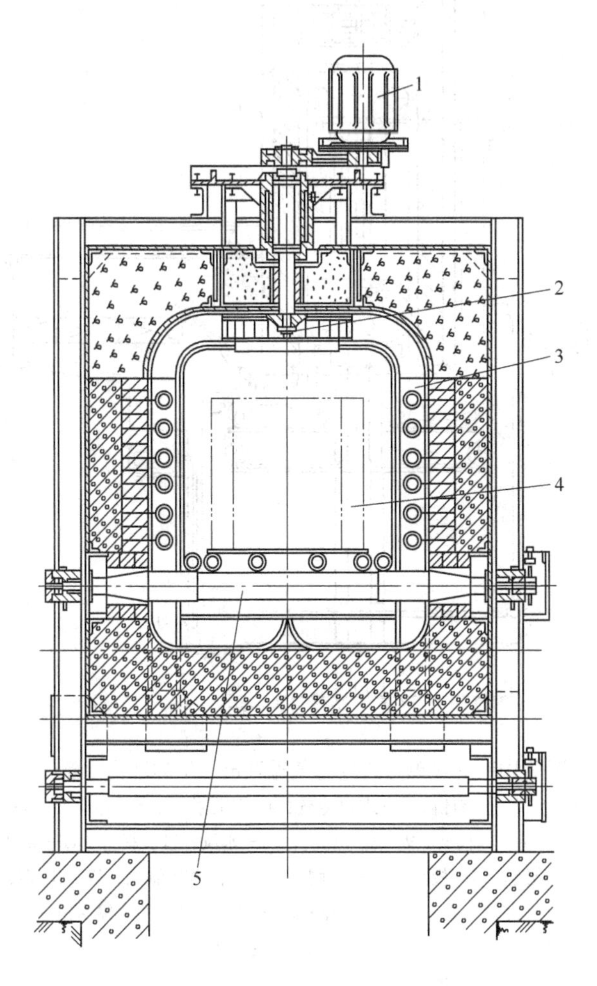

图7-18 卧式连续作业空气循环电阻炉

1—风机；2—风扇；3—加热元件；4—被加热工件；5—运料辊

7.2.2.2　立式单片连续空气循环电阻炉

如图7-19所示，炉体是借助底盘安装在地面上，由外构架和内构架、加热器、风导装置以及链传动系统等所组成。淬火装置为喷射式，安装在出口的前下方。

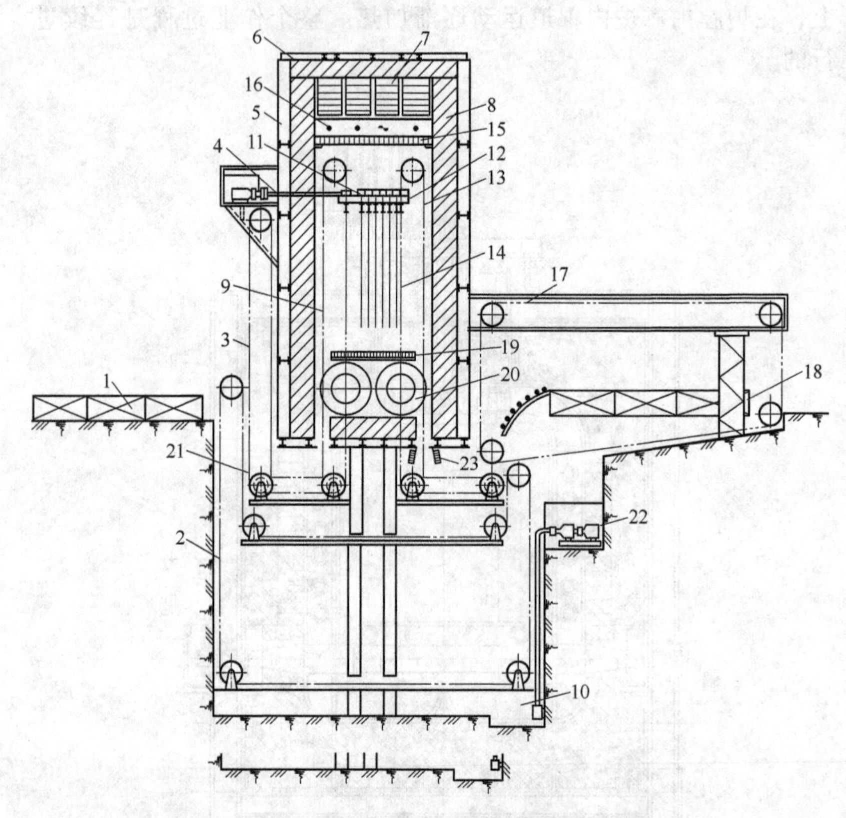

图7-19　立式单片连续空气循环电阻炉的结构示意图

1—上片装置；2—回料链；3—进口冷链；4—液压推杆；5—外构架；6—炉盖；7—倒流装置；8—内构架；9—进口热链；10—水坑；11—料杆；12—炉内大梁；13—出口热链；14—板片；15—上网格；16—温度控制点；17—出口冷链；18—卸片装置；19—下网格；20—风机；21—井式输送链；22—水泵；23—喷水装置

炉子具有活动炉顶和垂直的矩形工作室，在工作室上方的侧面装有控制和检测温度的热电偶，进行炉温自动控制。加热元件沿炉子高度配置于炉子两侧内壁与遮热板之间，分区控制。在炉子下部两侧安装功率较大的通风机，炉内空气经加热器，由炉顶导流装置进入炉膛，往复循环，加热板片。

单片连续立式空气淬火炉的操作自动化和机械化程度较高，生产效率高，适于大规格的铝合金板材淬火和退火处理。但由于带动材料传动机构均为链结构，控制比较复杂，维护也较困难，目前，在生产中使用较少。

7.2.2.3 气垫式连续热处理炉

图7-20为气垫式连续热处理炉的喷头示意图。其工作原理是，将已经加热的压缩气体压入喷头，通过上、下密排的喷嘴，把高速热空气吹向运动着的带材表面上进行加热。上面气流除加热外，还可以起到稳定作用；下面气流形成了气垫托着带材，在很小的牵引力下把已加热的带材拖出炉外。进行单片板材退火时，通常是使炉体稍微倾斜，以便于板材靠自重滑出炉外；也可以由板材的一个侧边与固定在环形皮带上的小棒接触，把板材运出炉外。

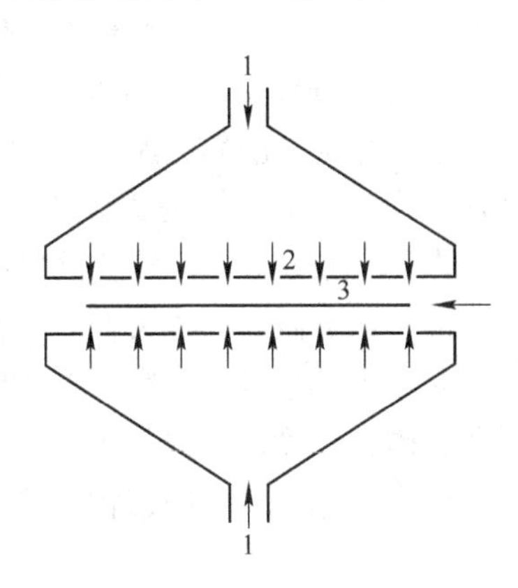

图7-20 气垫式热处理炉喷头示意图
1—热气或冷气入口；2—喷嘴；3—铝板

气垫式连续热处理炉的优点是：热导系数高，能在较小的炉内完成特定的热处理操作，所需的温度控制设备较少；加热均匀，被处理的材料晶粒细小；对板材表面无划伤；设备简单，有利于连续作业。气垫式连续热处理炉适用于板、带材的淬火、退火处理。

铝、镁合金材料热处理常用的连续式电阻炉的主要技术性能，见表 7-11。

表 7-11 铝、镁合金半制品热处理连续式电阻炉技术性能

名 称	功率/kW	电压/V	相数	最高工作温度/℃	槽体尺寸（长×宽×高）/mm×mm×mm
板材淬火炉	360	380	3	550	6300×1000×2500
	2000	380	3	530	4300×1800×6000
	3600	380	3	540	5860×3000×10000
卷材淬火炉	200	380	3	470	

7.3 常用铝合金加工材热处理设备及生产线组成

7.3.1 均匀化处理炉

在铝板带和铝型材生产工艺中，铸锭通过轧制、挤压可获得坯料、板带材和挤压材。在铸造过程中，虽然可以通过在铝液中添加微量晶粒细化剂（Al-Ti-B）达到细化铸锭晶粒的目的，但铸锭的结晶组织还是不均匀。这是因为铝液的凝固是从结晶器的内壁开始，垂直于冷却面的方向向铝液内部扩展，所以铸造组织具有明显的方向性；随着铝凝固层的增厚，传热系数减小，内外晶核的形成和长大的不一致导致晶粒的形状、位向和大小也随之变化；凝固时金属成分造成的偏析现象，晶粒四周和晶内锰浓度的差异扩大了再结晶温度区间，降低了生核率，从而容易产生粗晶；铸造时锭内部产生不同程度的缩孔和疏松组织。

在热轧、挤压过程中，由于热加工变形与再结晶同时进行，形成了以等轴晶粒为主的再结晶组织，可使铸造的结晶组织不均匀状态得到不同程度的改善。为了进一步改善热轧、挤压的性能，提高热加工后产品质量和档次，许多铸锭在热加工之前均在铝合金固相线下的温度 570～620℃进行均匀化处理，使 $MnAl_6$ 相均匀析出，减小或消除晶内偏析，以达到均匀化的目的。

7.3.1.1 轧制用坯锭、卷带的二次加热和均匀化生产线

A 推进式加热/均匀化炉

对于具有热轧能力的大型铝加工厂的批量生产来说，用推进式加热/均匀化炉来进行二次加热和均匀化比较合适。根据工厂的实际情况可采用加料和卸料的全自动操作或半自动操作。扁锭加热电炉见图7-21。

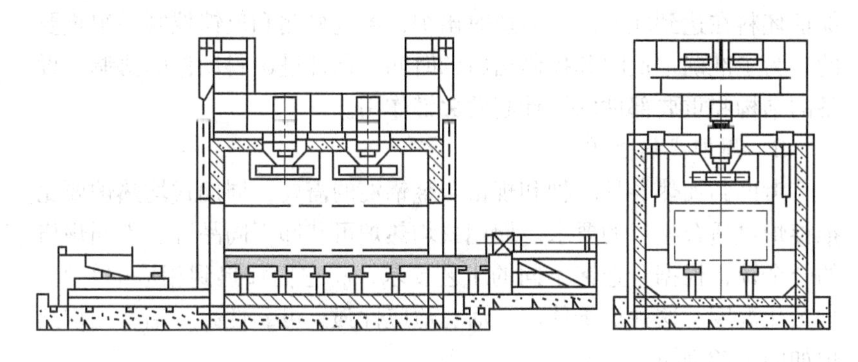

图7-21 26t扁锭加热电炉

这种炉子在操作程序中，坯锭被放置在加料辊台上，自动对齐后由翻锭机构将坯锭翻起在垫块上（也称为热靴），沿滑轨向前推进。推进是由液压推料装置将坯锭推送进炉膛，由于这种炉子多数是连续作业，推料装置与出料装置同步进行，推料装置受出料端的温度检测信号控制。

这种炉子可以采用电加热、气体或油燃烧器进行直接加热，通过大功率轴流风机进行空气循环，确保坯锭的快速、均匀加热。温度均匀性一般要求在 ±5 ~ ±3℃范围内，如此小的温度允差使得坯锭在固相线下的高温均匀化成为可能。采用先进的智能化控温仪表或计算机对坯锭进行差温加热，缩短了均匀化的时间。

推进式加热炉一般由进料翻锭装置、推料装置、炉体、加热系统、空气循环系统、出料翻锭装置、换气系统、温度控制和检测中心、料垫自动返回系统组成。

推进式加热炉的关键技术与关键部件：

(1) 热靴（料托）。根据坯锭形状的不同，热靴的形式也有所不

同，有分离型、组合型和整体型等。热靴的选型对坯锭在进出料、推进和加热过程中有举足轻重的作用，热靴的返回系统设计也不可忽视。

（2）温度均匀性以及进出料协调。选用恰当的循环方式和导流系统会改善温度的均匀性。如针对不同的坯锭采用立式或卧式风机装置，或在风道中适当增加导流片来保证气流在炉膛内均匀分布。如何保证坯料在达到轧制温度后适时出炉，温度检测和反馈控制是很重要的。为了准确地反映和控制出料的时间，保证进出料动作的协调，设备的结构和重要部件的设计起着关键作用。

B 周期式均热炉

考虑到加热各种品种和规格合金铝锭的需要，周期式均热炉要比推锭炉更适合生产的要求。周期式均热炉可装卸不同品牌、不同规格的合金锭，根据合金锭不同的工艺要求，将它们加热到相应的轧制/均匀化温度。这种炉子使用灵活、适应性强、可靠性高。铝扁锭均热炉如图 7-22 所示。

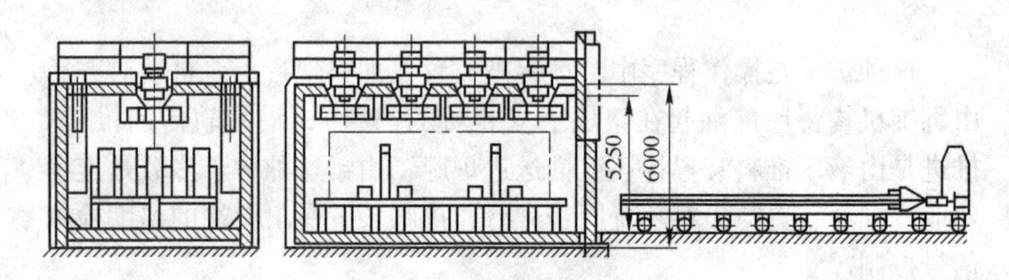

图 7-22 53t 铝扁锭均热炉

周期式均热炉一般以炉组形式出现，采用复合装卸料车对每台炉子进行加料和转移，另外还需配备大型的翻锭机构，在实际操作时，由天车与翻锭机构配合，将铝锭转移到复合装卸料车上，然后由它向各炉子加料和卸料。炉子上配备有大风量的对流循环系统和先进的温控系统，保证铝锭在均匀化时各部位温度均匀，这种炉子一般装炉量为 30 ~ 60t。

为了保证铝锭加热后的均匀化效果，必须有效地控制固相线下温度、温度均匀性和均热时间。因炉体温度比退火炉高，所以对风机的材质提出了较高的要求。另外，对循环系统、炉门密封和防止变形、炉内支撑受力的状态等，也是在结构设计上要重点考虑的问题。

7.3.1.2 挤压圆锭的均热生产线

为了进一步提高铝合金型材的内在质量，使产品上档次，铝锭挤压前都采用均匀化工艺（均热）。按铝锭规格和品种的不同，可分为短锭均热和长锭均热两种。短锭一般为 600 ~ 700mm，采用料筐装卸；长锭为 $(6 \sim 8) \times 10^3$mm，每排料间由料垫隔开。根据型材的要求，圆锭直径从 85 ~ 400mm 不等。35t 铸锭均热炉如图 7-23 所示。

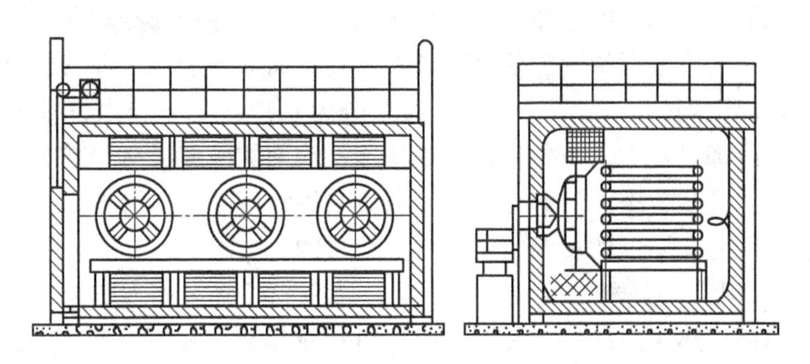

图 7-23 35t 铸锭均热炉

在设备的组成上，均热生产线一般由多台均热炉、冷却室、装卸料台、复合装卸料车、电控系统组成，采用电加热或火焰加热。在结构上和操作上虽然与前面所述周期式均匀化炉有很多类似之处，但为了保证圆铝锭的各项热处理参数，同时也是为了达到某种热处理形式所要求的效果，在设备的设计上还需要注意以下几个方面。

A 热处理能力

合理地利用空间，最大限度地发挥炉子的热处理能力，是炉子优化设计的主要内容。通常用于挤压型材铝锭的品种规格较多，直径从 85mm 至 400mm 不等。一般来说，对于同一种均热炉，铝锭的直径愈大，长度愈长，装炉量愈大，生产能力也就愈大。为了合理安排产量，首先要了解产品的生产大纲和规格，既要考虑炉子的生产效率，又要考虑炉子的使用率，同时兼顾炉子的规模、造价和成本。在一种炉型上兼顾处理长棒料和短棒料两种料时，合理安排装炉量更显得尤为重要。

B 均匀化时间

这既是工艺问题也是生产能力问题。均匀化时间根据铝合金牌号确定，一般为4~6h（不含升温时间）。短于这个时间，会造成产品晶粒不均匀，型材的性能出现质量问题，影响成材率。长于这个时间，会产生二次晶粒长大和生产能力降低等问题。

C 冷却

铝锭均热后冷却有两个目的：一是快速降温，提高炉组的生产效率；二是改善铝锭的挤压性能。由于铝锭的挤压性能受冷却速率影响甚大，因此要根据铝锭的品种、长短配备不同类型的冷却设备，以满足各种铝锭均匀化的需要。冷却通常分为水冷、气冷和水气混合冷却。在冷却过程中，既要保证铝锭快速、均匀的冷却，又要减少铝锭的变形。冷却速率的控制很重要，可以采用喷射冷却反馈技术，通过流量、压力和温度的反馈控制达到上述目的。

D 复合装卸料车的转移与自动对位

铝锭均热生产线一般配备多台炉组和冷却室、装料台等，复合装卸料车可实现炉料在炉子、冷却室和装料台之间的相互转移。为了实现生产线的全自动化操作，要求复合装卸料车具有自动准确的寻址功能（自动对位）、防惯性功能和与炉子的连接功能。根据工艺要求，复合装卸料车可分为二维、三维和可逆复合装卸料车等几种类型。其特点是炉外停放，减少炉子的能耗、一机多用、异地操作、简单方便、运行平稳精确。

7.3.2 铝合金加工材固溶热处理炉及生产线

铝合金加工材的基本热处理形式是退火与淬火时效。前者为软化处理，目的是获得稳定的组织或优良的工艺塑性；后者为强化处理，在淬火时使强化相充分地固溶在铝材中，在随后的时效过程（又称沉淀硬化）中获得最大的强化效果。因此，固溶热处理的目的是通过淬火过程形成起硬化作用的过饱和固溶体（起强化作用的合金元素），在固溶热处理时，通常将铝合金工件加热到500~570℃，然后以最快的速度冷却。

铝合金加工材固溶热处理广泛用于航空工业的飞机蒙皮、壁板、框架、连接件等承力构件，以及汽车工业中汽车铝轮毂、发动机缸体、缸盖、活塞等受力部件。

固溶热处理炉的种类很多，主要形式为立式（图7-24）和卧式（图7-25）两种。立式炉为周期式淬火炉，卧式炉为连续式淬火炉。

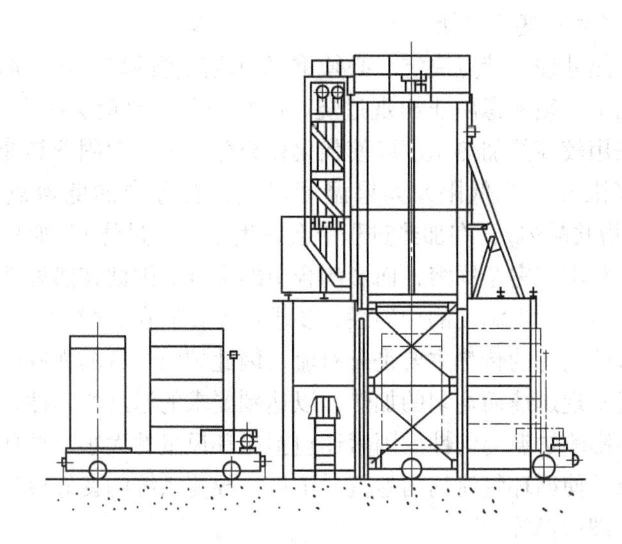

图7-24 铝合金加工材热处理空气循环电炉（立式炉）

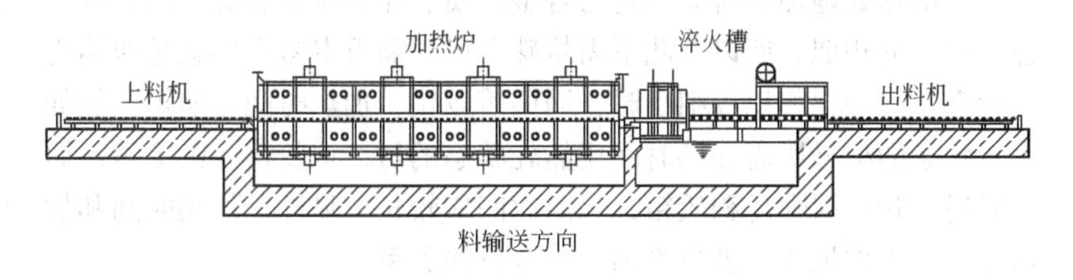

图7-25 卧式炉

7.3.2.1 立式炉（底装料）

该炉型适用于小批量、多品种的铝合金板材、型材、铸件的生产。一般采用高架式炉型，移动式淬火槽车，炉门采用两半对开式结构，工件在炉内采用悬挂式加热，倍行程滑轮组或卷扬机能使工件快速下降，确保所需的淬火转移时间。炉子的循环加热系统和温控系统确保淬火加热时温度均匀。该炉子和时效炉配在一起可形成淬火时效生产线（强化热处理），也可多炉组排列，共用一台淬火槽车。该炉型由于技术先进、操作灵活，目前应用比较广泛，但在设计中应特别注意以下几方面。

A 炉内温度均匀性

固溶热处理的特点决定了必须重视炉内温度的均匀性。选择固溶热处理温度必须考虑防止出现过烧、晶粒粗化、包铝层污染等问题，尽可能采用较高的加热温度以使强化相充分固溶。但固溶热处理温度有一个高限和一个低限，如果温度过高，合金中的低熔点组成物（一般是指共晶体），在加热过程中会发生重熔（过烧）；如果温度过低，强化相不能完全固溶，而影响合金的强度。因此在热处理规范上规定了固溶热处理温度的均匀性，要求温度控制在±3℃内。

固溶热处理的传热主要是靠对流，因此炉内气氛的强制循环对同一批炉料实现迅速而均匀的加热，以达到要求的温度均匀性是首要条件。其他影响炉温均匀性的因素还包括循环风量的大小、循环次数的多少，以及使循环气流均匀地流过工件、导流系统的良好设计、保温材料的合理选择等。

B 保温时间

固溶热处理加热时间首先与合金性质、原始状态有关。因各种铝合金的成分相似，所以对此不需特殊考虑。需重点考虑的就是原始组织状态。当强化相比较细小时，因固溶较快，加热时间可缩短。例如冷轧状态的板材所需加热时间比热轧状态的短，重复淬火则更短，而一般退火状态因强化相较粗，保温时间应较长。另外，加热时间和加热介质、零件尺寸、批量等因素也有直接关系。

C 淬火转移时间

工件从出炉到进入淬火槽的间隔，称为转移时间。在转移过程中，工作温度下降可导致固溶体发生部分分解，从而降低时效强化效果，特别是增加合金的晶间腐蚀倾向。工件出炉后的温度降低5℃，可导致强度下降20%，为此，在生产中应尽可能缩短转移时间，尤其对热容量低的薄板来说，更为重要。一般淬火转移时间为7～25s，可视工件大小、薄厚来确定。

D 淬火冷却速度

由于铝合金中合金成分的溶解度随着温度的降低而急剧下降，所以铝合金固溶体在淬火状态下处于过饱和状态，这样便可以实现时效硬化。根据铝合金的等温分解曲线，为了避免过量固溶体产生任何沉淀，在淬火过程中，铝合金件从固溶加热温度应快速降到300℃左右，为达到理想的效果，应保证足够的冷却速度。淬火介质通常采用水或者聚二醇。为减少变形和内应力，水温一般为20～50℃。

7.3.2.2 卧式铝合金加工材固溶热处理生产线

这种生产线适用于大批量作业。典型的生产线有连续铝合金锻件、铸件固溶和时效（沉淀）热处理生产线、悬浮式铝合金带材固溶热处理生产线、铝合金中厚板固溶热处理生产线。

悬浮式固溶热处理生产线可以处理0.2～2mm厚的带材。带材在通过加热炉时浮动在热空气垫上，不与炉子接触，以避免在带材表面留下划痕。带材在离开加热炉后立即淬火，淬火在一个气液两相冷却系统中进行。淬火介质采用水和空气，生产线上还备有热空气干燥器，保证带材热处理后完全干燥。

中厚板固溶热处理生产线，在原理上与立式固溶热处理炉相似。大批量生产时，可提高生产效率，降低能耗。具体工作程序为：采用真空吸盘将铝板放在装料台上，根据合金牌号和板厚的不同，板材或连续通过加热炉，或借助炉底辊的摆动在加热炉内加热之后进入淬火区和干燥区，最后到卸料台，再由真空吸盘卸下。

连续卧式铝合金加工材固溶热处理生产线有以下关键技术。

A 喷射加热技术

在加热炉内铝板由上、下分布的空气喷嘴系统进行快速均匀的加热，喷射速度为30～70m/s，加热速率为1mm/min，喷射加热与其他加热相比，可以提高传热系数，达到快速升温的目的。同时，均匀排列的喷嘴和精确的空气导流可以得到最小的温度允差。为了达到最佳效果，要合理设计喷嘴的角度、排列、大小和多少，高温、高压、高效率的风机，精确的循环系统以及特殊的密封系统。

B　喷射冷却技术

为了使固溶热处理效果更好，卧式炉采用喷射冷却技术代替立式水槽淬火。其主要特点是高压大流量喷水系统是喷射冷却的主体，移动式喷嘴可满足不同尺寸规格铝板淬火的要求；上、下喷嘴与铝板之间的距离，水和铝板的接触点位置，上、下喷水的一致性，喷嘴的形状、角度等是能否保证铝板快速冷却、冷却变形小的关键。

C　传动技术

连续固溶热处理铝板的最关键技术就是保证在整个热处理过程中，铝板不划伤，无压痕和镶嵌物，保持铝板的表面光滑。传动刷辊既可保证铝板表面质量，又可保证铝板与辊子之间有热空气流动，铝板任意点加热均匀。另外，分段传动时的变频调速、摆动传动、伺服同步传动等都是影响铝板表面质量的关键因素。

7.3.2.3　辊底式铝合金加工材固溶处理生产线

辊底式淬火炉主要用于铝合金板材的淬火，特别适用于铝合金中厚板的淬火，以达到使合金中起强化作用的溶质最大限度溶入铝固溶体中，提高铝合金的强度的目的。辊底式淬火炉一般为空气炉，可采用电加热、燃油加热或燃气加热。辊底式淬火炉对板材加热、保温，通过辊道将板材运送到淬火区进行淬火。辊底式淬火炉淬火的板材具有金属温度均匀一致（金属内部温差仅为 ±1.5℃）、转移时间短等特点。表 7-12 列出辊底式淬火炉的主要技术参数，炉子结构组成见图 7-26。

表 7-12　东北轻合金有限责任公司辊底式淬火炉的主要技术参数

制造单位	奥地利 EBNER 公司
炉子形式	辊底式炉
用途	铝合金板材的淬火
加热方式	电加热
板材规格/mm × mm × mm	(2 ~ 100) × (1000 ~ 1760) × (2000 ~ 8000)
炉子最高温度/℃	600
控温精度/℃	≤ ±1.5
控温方式	计算机自动控制

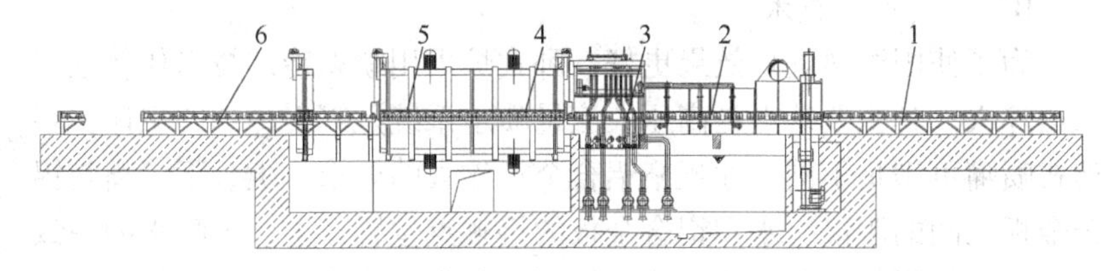

图 7-26 辊底式淬火炉

1—装料辊道台；2—固溶处理区；3—前强冷淬火区；
4—后弱冷淬火区；5—干燥区；6—卸料辊道台

辊底式淬火炉生产线由装料辊道台、固溶处理区、淬火区（前强冷淬火区，后弱冷淬火区）、干燥区、卸料辊道台5部分组成。采用电加热，通过强大的风机使高温气流从炉顶及炉底的一排排喷嘴喷到被加热的板材上，既能以最快的速度使板材升温，又能确保加热温度均匀一致。气流温度与流量可自动调控，因而板材的温度可自动调节。

板材在炉内保温一定时间后，立即以设定的速度进入强冷却区，即主淬火区。通过喷嘴把经过处理的既定温度的强大水流喷射到板材的上、下面进行淬火，水的流速是可调的，因而可根据板的厚度与合金成分的不同调节淬火速度，一方面保证有必需的冷却速度，另一方面又保证尽可能均匀的冷却，将板材中的残余应力降到尽可能低的水平，确保板材不会发生不允许的变形与扭曲。板材在主淬火区降到一定温度后进入弱冷却区，使温度下降到设定的温度。板材降到设定温度后进入干燥区，表面受到强风吹扫，吹除水分和潮气。

下面介绍辊底式淬火炉生产线的关键技术。

A 喷射加热技术

在加热炉内铝合金板由上、下分布的空气喷嘴系统进行快速均匀的加热，喷射速度为30～70m/s，加热速率为1mm/min，喷射加热与其他加热相比，可以提高传热系数，达到快速升温的目的。同时，均匀排列的喷嘴和精确的空气导流可以得到最小的温度差。为了达到最佳效果，要合理设计喷嘴的角度、排列、大小和多少；同时配置高温、高压、高效率风机、精确的循环系统以及特殊的密封系统。

B 喷射冷却技术

为了使固溶热处理效果更好，卧式炉采用喷射冷却技术代替立式水槽淬火。其主要特点是高压大流量喷水系统是喷射冷却的主体，移动式喷嘴可满足不同尺寸规格铝合金板淬火的要求；上、下喷嘴与铝合金板之间的距离，水和铝合金板的接触点位置，上、下喷水的一致性，喷嘴的形状、角度等是能否保证铝合金板快速冷却、冷却变形小的关键。

C 传动技术

连续固溶热处理铝合金板的最关键技术就是保证在整个热处理过程中，铝合金板不划伤，无压痕和镶嵌物，保持铝合金板的表面光滑。传动刷辊既可保证铝合金板表面质量，又可保证铝合金板与辊子之间有热空气流动，铝合金板任意点加热均匀。另外，分段传动时的变频调速、摆动传动、伺服同步传动等都是影响铝合金板表面质量的关键因素。

7.3.3 铝合金加工材退火炉及生产线

铝合金退火分为板带材退火和箔材退火。退火的目的是消除冷加工硬化，以便继续进行轧制或深加工；控制产品的状态和性能；清除轧制油，提高表面质量。

根据生产能力和规模，铝材退火炉分为单体退火和退火炉群组成的退火生产线，分别见图 7-27 和图 7-28。退火生产线一般由几台退火炉、复合装卸料车、炉外料台、冷却室（有些炉子带旁路冷却器）组成。炉体采用大风量风机对铝材进行循环加热，炉内的导流装置可有效保证气流均匀地通过铝材，使之加热均匀，加热器采用顶装整体式结构、拆装、维修很方便。炉门开、闭采用气动压紧式或机械传动升降式，运行平稳，密封性好。炉子的排油烟系统可有效地去除铝材表面的油膜，调节炉内的压力。这种炉子的装料量一般为 10 ~ 50t。

铝材退火炉是铝合金加工材热处理中最广泛采用的设备。随着技术的发展和对产品质量要求的提高，对铝材的退火提出了更高的要求，如退火产品的外形质量、性能指标的一致性。外形质量包括起皮、气泡、油斑、氧化腐蚀、表面粗糙度等。内在质量包括力学性

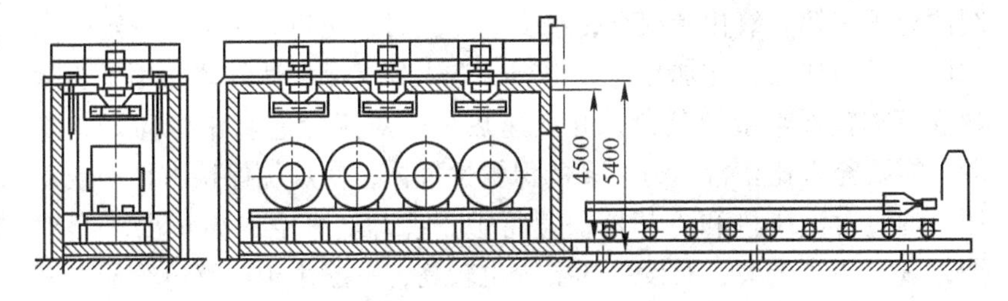

图 7-27 44t 铝卷退火电炉

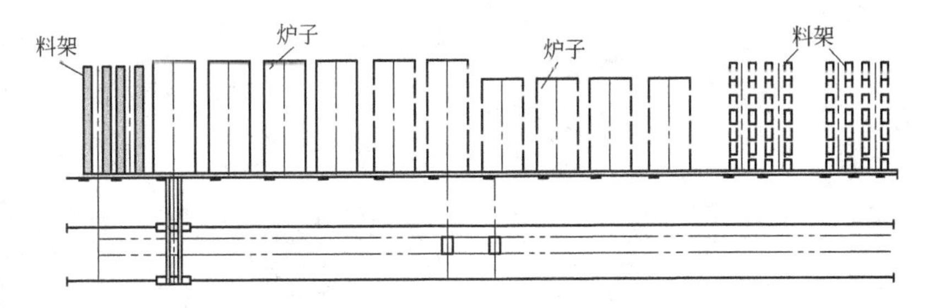

图 7-28 44t 铝卷退火生产线

能、晶粒度、各向异性等。除退火工艺和设备外，产品退火以前的加工历史，如配料成分、熔铸工艺、冷加工率等，对退火产品的内在质量也有重要影响。

为了提高退火产品的质量，在炉膛气氛、炉温控制、炉型等方面需要采取以下改进措施：

（1）对某些特殊要求的退火产品，可采用氧和水分含量极微的保护性气体作为退火炉气氛，以防止轧制油分子在挥发过程中裂解，产生碳氢化合物及游离的微小碳粒，在产品表面产生油斑；同时，可减小表面氧化膜的厚度，使产品退火以后基本保持原有的金属光泽。

在使用保护性气体时，先将炉加热到 150℃左右，装料后充入保护性气体进行洗炉，然后升温。在升温期间，产品表面油膜挥发，并从排烟口排出，同时补充保护性气体，以维持炉膛正压。待油膜全部挥发后，进行高温加热和保温，使产品在较短时间内再结晶，然后降温出炉。

（2）真空退火是比较新的铝合金加工材退火技术，可以防止轧制油分子裂解、氧化和聚合，在真空退火时，先将炉子抽到一定的真空度，然后加热，在加热过程中需要充入少量保护性气体，用于驱除油气，减轻真空泵的负荷，并加速热量的对流传递。在冷却开始阶段，需要充入比正常运行更多的保护性气体，使炉膛保持微负压或正压，通过对流风机和冷却器快速将炉子冷却。真空退火炉要求密封严，真空泵容量大，对设备的要求也较高，一般用于电解电容器的高纯铝箔退火。

8 铝材热处理过程中常见缺陷

制品在热处理中所产生的主要缺陷及废品有力学性能不合格、过烧、气泡、淬火裂纹、铜扩散、片层状组织和粗大晶粒等。

产生上述废品及缺陷的原因很多。在热处理工序，产生的原因可能是热处理炉子工作不正常，或是测量仪表不准确，也可能是操作上违反了工艺操作规程，应查明原因，对症下药，加以解决。

8.1 力学性能不合格

力学性能不合格主要表现为：

(1) 退火的软制品强度过高或塑性过低；

(2) 退火的半硬制品强度太高、塑性太低或强度太低、塑性太高；

(3) 淬火时效状态的制品强度或塑性过低。

产生力学性能不合格的主要原因是化学成分与标准规定不符，半成品的加工质量不良（如铸造组织消除不彻底、晶粒度和组织均匀性不适当、有加工缺陷等），以及违反热处理制度及操作规程等。热处理制度不当可能引起的力学性能不合格的原因有：

(1) 退火的软制品力学性能不合格，一般是退火温度过低或保温时间过短；或硬合金在退火后的冷却速度太快。

(2) 退火的半硬制品力学性能不合格，通常是由于退火温度过低、保温时间过短，或者退火温度过高、保温时间过长等所致。

(3) 淬火时效状态的制品力学性能不合格，一般是由于淬火加热温度偏低或保温时间过短，或淬火的冷却速度慢所致。如果淬火加热温度过高，使材料产生严重过烧，力学性能就会显著降低。人工时效的制品发生过时效时，也会使材料的强度降低。

8.2 过烧

当材料及零件发生过烧时，在其显微组织中，可以观察到在晶界上有局部加粗现象，在晶粒内部产生复熔球，在晶粒交界处呈现明显的三角形复熔区等特征，图 8-1 所示为 7050 合金挤压材固溶时产生的过烧组织。

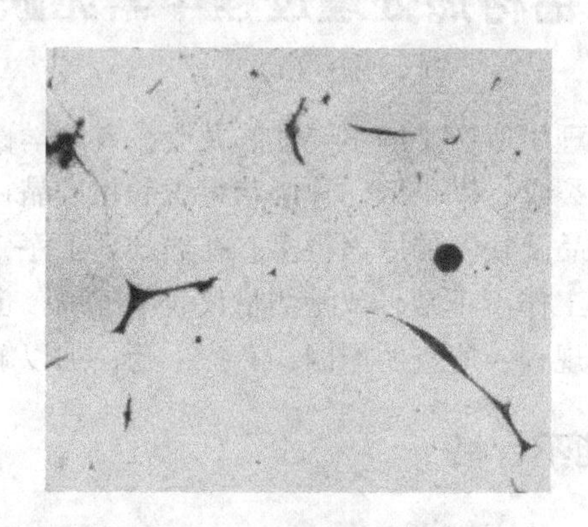

图 8-1 7050 挤压材固溶后的过烧组织

当材料发生严重过烧时，材料表面上的颜色发黑或发暗，或在材料表面上出现气泡、细小的球状析出物（小泡）或裂纹等。在力学性能方面表现为强度和伸长率都降低。

在轻微过烧时，制品的力学性能往往不仅不降低，在某些情况下反而稍有提高，但对其耐蚀性能却有严重的影响。所以，力学性能的变化不能作为判断过烧的标准。采用金相方法检查材料是否过烧，是比较可靠的。

工业生产中造成过烧的主要原因有以下几个方面：

（1）加热温度过高，超出了热处理制度允许的温度范围（见表 8-1）；

（2）加热不均匀，使材料局部达到低熔点共晶体的熔化温度而产生局部过烧；

（3）加热炉温差过大或控制仪表失灵。

表 8-1 常用铝合金的过烧温度

合金	过烧温度/℃		铸锭内的低熔点相	
	铸锭	加工制品	类　型	熔点/℃
2A12	505 ±2	505 ±2	$Al + CuAl_2 + S(Al_2CuMg)$	507

续表 8-1

合金	过烧温度/℃		铸锭内的低熔点相	
	铸锭	加工制品	类　型	熔点/℃
2A11	520 ±2	520 ±2	$Al + S(Al_2CuMg)$ $Al + Mg_2Si + CuAl_2$	518 517
6A02	590 ±5	590 ±5	$Al + Mg_2Si$	595
2A50	550 ±5	550 ±5	$Al + CuAl_2$	548
2A14	517 ±2	517 ±2	$Al + Mg_2Si + Si$ $Al + Mg_2Si + CuAl_2$	551 517
2A10	545 ±5	545 ±5	$Al + CuAl_2$ $Al + Al_{20}Cu_2Mn_3 + CuAl_2$	548 547.5
2A70	520 ±2	545 ±2	$Al + S(Al_2CuMg)$ $Al + CuAl_2 + Al_7Cu_2Fe(Fe > Si)$	518 518
7A04	490 ±2	520 ±2	$Al + T(Al_2Mg_3Zn_3)$ $Al + S(Al_2CuMg)$	490 518

8.3 气泡

气泡有两种：一种是表面气泡；另一种是穿通气泡。气泡一般不是热处理本身造成的，但此种缺陷或废品通过淬火或退火加热才能显现出来。图 8-2 所示为铝合金板材经过热处理后出现的表面气泡及其显微组织。

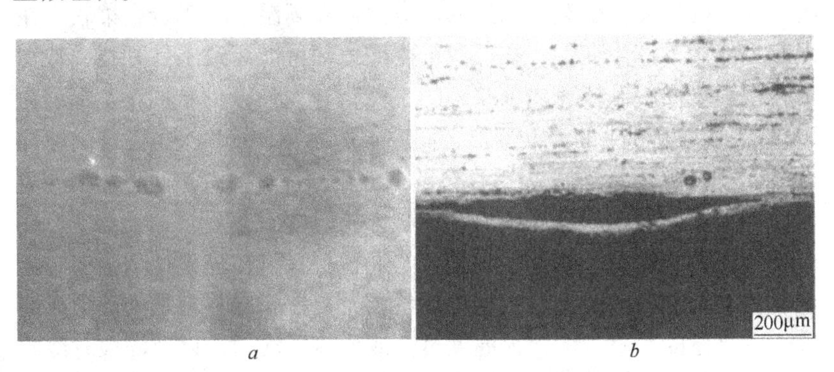

图 8-2　铝合金板材表面气泡及显微组织

a—气泡低倍组织；*b*—气泡显微组织

（1）表面气泡：出现在包铝板材上，产生的原因是：在热轧的第一个道次焊合轧制时，由于包铝板与铸锭之间落入润滑剂，结合得不牢，或由于铸锭铣面质量不好，表面上粘有脏物及其他外来的易挥发物质。当轧制成薄板时气体被压入板内，在淬火或退火加热时，使积存于包铝层和铝板夹层中的空气或水蒸气膨胀，而形成了表面气泡。消除这种气泡的办法是在进行第一道轧制时，不供给乳液，并要认真地清除包铝板和铸锭表面的脏物。

在空气炉中进行淬火加热时，由于温度过高，加热时间过长，制品表面常因吸入气体而形成表面气泡。选用恰当的热处理制度，或改用盐浴炉进行淬火处理可以消除这类表面气泡。

（2）穿通气泡：多半产生在薄壁的板材、管材和型材上，气泡贯穿了半制品的壁。产生的原因是合金在熔炼时除气不净，在铸锭中含有较大的气泡，此气泡保留在半制品中，在热处理后表现出来。消除穿通气泡的办法是加强熔炼时的精炼和除气操作。

8.4 淬火变形与开裂

可热处理强化铝合金绝大多数是用水作为淬火介质的。其优点是操作简便，成本低廉，冷却速度快，能保证合金的性能要求。但从避免和减少加工制品变形和开裂倾向的角度来看，水又不是一种理想的淬火介质。由于冷却速度过快，工件表面和心部，以及不同壁厚之间出现很大的温差，引起相当高的内应力。在高温下，铝合金柔软，在内应力作用下产生变形；在低温下内应力却可能导致工件开裂，特别是大型、截面复杂或有内部缺陷的工件，如大型锻件，图 8-3 所示为 2024 合金薄板产生的淬火变形，图 8-4 所示为 7050 合金板材快速淬火情况下出现淬火裂纹。铝合金淬火过程不发生相变，只存在热应力，冷却后一般表层为压应力，中心为拉应力。

某些形状复杂、壁厚差别较大的大型材料，在淬火过程中有时出现裂纹。裂纹一般多出现在拐角部位，尤其在壁厚不匀之处。形成裂纹的主要原因是材料的淬火温度过高或加热不均匀，以及淬火时冷却速度过快，使淬火材料或工件内部产生较大的内应力而导致淬火裂纹的出现。为了防止淬火裂纹，除了恰当地选用热处理制度外，还应适

图 8-3 2024 合金薄板的淬火变形

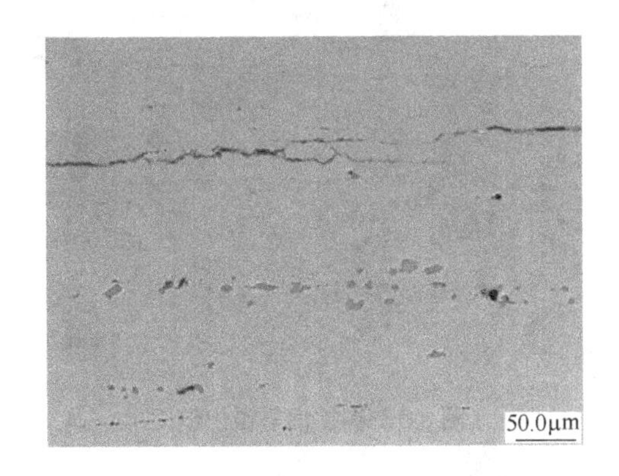

图 8-4 7050 合金的淬火裂纹

当地提高淬火介质的温度，以减缓材料或工件的冷却速度。

国内外均研究和应用了新的淬火剂，以代替传统的水作为淬火介质，其中聚合物淬火剂比较成功。这里的聚合物是由环氧乙烷和环氧丙烷聚合而成，也称聚醚或聚二醇，常温下为棕褐色黏稠液体，呈弱碱性，能以任何比例溶于水。用作淬火介质的是不同浓度的聚醚水溶液。其优点是冷却能力可通过改变浓度在很大范围内调整。低浓度聚合物水溶液的冷却速度和水相当，甚至更高，随着浓度增大，冷却能力下降而接近油或热水的冷却能力。

与水相比，聚合物淬火剂的缺点是成本较高，批量生产中要考虑淬火剂的浓度和温度控制、净化与回收、清洗等问题，但这些问题都不难解决。对于形状复杂工件和大型工件，水淬不能满足要求时，选用聚合物淬火剂是适宜的。

8.5 铜扩散

含铜的铝合金包铝板材，由于重复退火、淬火，或退火、淬火时温度过高，时间过长，基体合金中的铜原子穿过晶界向包铝层中扩散，严重时能穿透包铝层，在板材表面上出现黄灰色的斑点或长条，这种现象称为铜扩散。图8-5所示为铜扩散的显微组织。铜扩散能降低包铝板材的耐腐蚀性能。

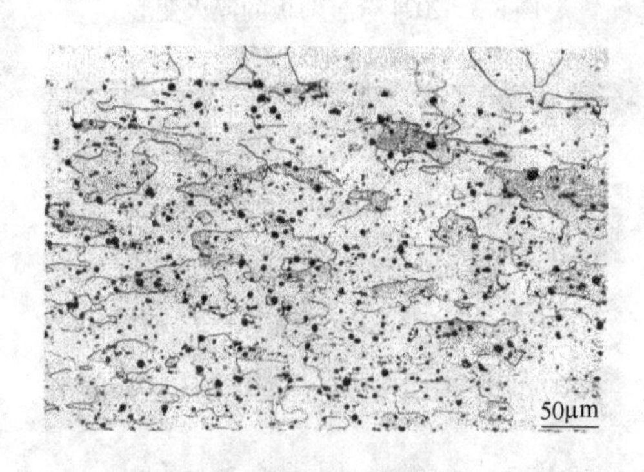

图8-5 铜扩散显微组织

为了不减弱包铝层的防腐蚀作用，可采取以下措施：

(1) 在保证产品性能合格的条件下，尽可能降低退火、淬火时的加热温度，缩短保温时间。

(2) 对于有包铝层的薄板材，禁止进行重复多次的退火、淬火操作。

(3) 包铝层的厚度一定要符合技术条件的要求，因为包铝层过薄也会削弱其防腐蚀的作用。

8.6 片层状组织

在含锰的铝合金模锻件及挤压制品中，往往产生片层状组织缺陷。片层状组织一般不影响材料或制品的纵向力学性能，但可使横向

(垂直于片层状组织的方向)力学性能有某些降低，特别是横向塑性的降低更为显著。

产生这种缺陷的原因，除了与合金中的锰含量有关外，也与热处理制度及操作有关。例如6A02合金，当淬火加热温度较高和冷却速度缓慢时，镁和硅从固溶体中发生分解，在被拉长的粗大晶界上析出Mg_2Si相质点，这样在制品的断口上常出现片层状组织。

为了防止这种缺陷的产生，除合理调整锰含量外，还应采用合理的热处理制度，缩短淬火转移时间和加快冷却速度，这些都是有效的措施。

8.7 粗大晶粒

铝及铝合金板材、棒材和锻件等材料，在某些条件下其组织在随后热处理的过程中形成了粗大的再结晶晶粒，图8-6所示为3A21合金不同温度下退火后的再结晶组织。这种粗大晶粒的存在，会使材料的力学性能有所降低，使深冲件的表面变粗糙或冲裂。因此，获得均匀细晶组织是再结晶退火的技术关键。

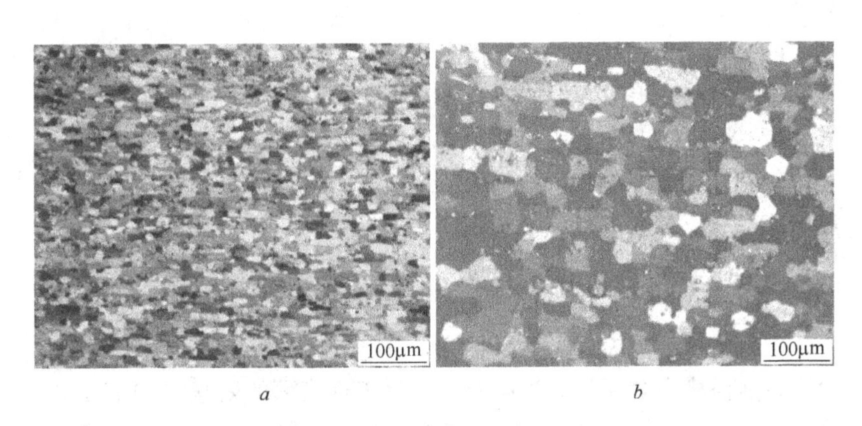

图8-6 3A21合金退火后再结晶组织

a—350℃/2h；*b*—550℃/2h

粗大晶粒的产生，与合金的化学成分、均匀化退火制度、变形温度、变形程度、固溶热处理温度、加热速度、退火温度和保温时间等因素有关。

要使变形铝合金半制品没有任何粗晶粒是很不容易的。在生产中减少或消除粗晶的一般原则是考虑上述影响因素，针对具体情况，采取恰当措施加以控制或消除。

对于易产生粗大晶粒的3A21合金退火板材，可采取下列措施来防止或消除：

(1) 3A21合金半连续铸锭进行高温均匀化退火或高温热轧，其热轧温度必须控制在500～520℃的范围内。

(2) 在Mn、Fe总质量分数小于1.8%的条件下，当$w(Mn)=1.5\%\sim1.4\%$时，应控制$w(Fe)>0.4\%$，也可以向合金中加入$w(Ti)=0.1\%\sim0.2\%$的钛。

(3) 宜在盐浴槽中退火，如果采用空气炉时，应尽可能采用高温快速退火。

(4) 成品退火前，必须使其加工率避开临界变形度，一般成品退火前的冷变形程度应控制在75%以上。

对于工业纯铝退火板材，则可采取下列措施来防止产生粗大晶粒：

(1) 半连续铸造的纯铝铸锭，宜采用350～500℃的轧制温度。轧制温度控制在上限为好，轧制终了温度应不低于300℃。

(2) 退火前的冷变形程度不低于50%。

(3) 宜在盐浴槽中退火，在空气炉中退火时，应尽量提高加热速度。

8.8 腐蚀与高温氧化

在盐浴槽中淬火或退火，有可能引起工件表面腐蚀，主要的产生原因是盐浴槽中含氟化物过高及淬火后工件表面的残盐清洗不彻底。为此，用于盐浴槽的硝盐要事先进行分析，氟化物含量大于0.5%的硝盐不可使用。热处理后要立即将工件在热水中清洗。特别是铸件，因表面粗糙、形状复杂，更容易藏留硝盐，如清洗不彻底，将在使用过程中造成腐蚀。清洗用的水不应含有酸和碱。

在空气炉内进行高温加热，如炉膛内湿度较大或含有其他有害物质（如硫化物），将加剧铝制品的高温氧化。其特征是在金属表面形成气泡或在金属内形成空洞。气泡的外观和铝材生产过程中因熔炼工艺不当使铝锭含气量过高或挤压、轧制工艺不当形成的气泡是非常相似的，但后者在加工过程中有时会沿变形方向成串排列，前者则是分散的。

为了解决腐蚀和氧化问题，铝件及装料筐架入炉前一定要是干燥的，表面经过认真清理和检查，不得混入任何有害异物。例如，工件在成形或机械加工中残存的润滑剂就是硫化物的主要来源，必须清除。另外，如电炉原先处理过镁合金，炉膛内也会残存硫化物，因为镁合金热处理一般是用 SO_2 作为保护气氛的，对此也要注意防止。

参考文献

[1] 田家凯，安塞尔．合金及显微结构设计[M]．北京：冶金工业出版社，1985.
[2] 哈森．物理金属学[M]．北京：科学出版社，1984.
[3] 李超．金属学原理[M]．哈尔滨：哈尔滨工业大学出版社，1996.
[4] 胡赓祥，钱苗根．金属学[M]．上海：上海科学技术出版社，1980.
[5] 王祝堂，田荣璋．铝合金及其加工手册[M]．长沙：中南大学出版社，2005.
[6] 肖亚庆，谢水生，刘静安，王涛．铝加工技术实用手册[M]．北京：冶金工业出版社，2005.
[7] 中国机械工程学会热处理学会．热处理手册（第四版）第3卷　热处理设备和工辅材料[M]．北京：机械工业出版社，2008.
[8] 蔡乔方．加热炉[M]．北京：冶金工业出版社，1996.
[9] 有色金属及其热处理编写组．有色金属及其热处理[M]．北京：国防工业出版社，1981.
[10] 诺维柯夫．金属热处理理论[M]．北京：机械工业出版社，1987.
[11] 东北工学院金相教研室．有色合金及其热处理[M]．北京：中国工业出版社，1961.
[12]《轻金属材料加工手册》编写组．轻金属材料加工手册[M]．北京：冶金工业出版社，1979.
[13] 柯罗伯涅夫．铝合金热处理[M]．上海：上海科学技术出版社，1965.
[14]《铝合金热处理》编写小组．铝合金热处理[M]．北京：冶金工业出版社，1972.
[15] 赵志远．铝和铝合金牌号与金相图谱速用速查及金相检验技术创新应用指导手册[M]．北京：中国知识出版社，2005.
[16] 金相图谱编写组编．变形铝合金金相图谱[M]．北京：冶金工业出版社，1975.
[17] 李学朝，等．铝合金材料组织与金相图谱[M]．北京：冶金工业出版社，2010.
[18] 刘静安，谢水生．铝合金材料及其应用与开发[M]．北京：冶金工业出版社，2011.
[19] 刘静安．铝合金挤压在线热处理技术[J]．轻合金加工技术，2010，(2)．
[20] 刘静安．铝合金材料热处理状态与热处理工艺[J]．铝加工，2005，(1)．
[21] 林肇琦．有色金属材料学[M]．沈阳：东北工学院出版社，1986.
[22] 王祝堂，田荣璋．铝合金及其加工手册（第二版）[M]．长沙：中南大学出版社，2000.
[23] 洪永先，张君尧，王祝堂，等．国外近代变形铝合金专集[C]．北京：冶金工业出版社，1987.
[24] 马怀宪，彭大暑．超塑性铝基合金[J]．轻金属，1981，(12)，1982，(1)，(2)．
[25] 王祝堂．铝材及其表面处理手册[M]．南京：江苏科学技术出版社，1992.
[26] 马宏声，吴庆龄．新型超塑硬铝合金 Al-Cu-Mg-Zr 的超塑性研究[J]．轻合金加工技术，1984，(8)．

[27] 吴庆龄，黄海冷．工业硬铝 LY12 合金超塑性的研究[J]．轻合金加工技术，1992，(8)．

[28] 王淑云，张晓博，崔建忠．Al-Mg-Mn-Zr 合金超塑性的研究[J]．轻合金加工技术，1997，(4)．

[29] 金华，柳善英．铝-锌-镁-锆超塑性合金的变形力学特性与成形性[J]．轻金属，1983，(7)．

[30] 杨遇春．走向实用化的铝-锂合金[J]．轻合金加工技术，1996，(11)．

[31] 张君尧．铝合金材料的新进展[J]．轻合金加工技术，1998，(5)～(7)．

[32] 何代惠，蒋呐．俄罗斯的铝-锂工业[J]．铝加工，1999，(2)．

[33] 蒲强亨，范云强，罗杰．1420 Al-Li 合金铸锭的 DC 铸造[J]．铝加工，1999，(5)．

[34] 向曙东，蒋呐，罗杰．熔剂在铝-锂合金中的行为[J]．铝加工，2000，(2)．

[35] 屠海令，钟俊辉，周廉．有色金属新型材料[M]．长沙：中南工业大学出版社，1995.

[36] 呐永林，罗杰，李政．1420 铝-锂合金热轧工艺研究[J]．铝加工，2001，(5)．

[37] 周东海．中强可焊铝-锂合金的研究[J]．铝加工，1996，(6)．

[38] Квасов Ф И，Фридляндер И Н. 工业铝合金[M]．韩秉诚，蒋香泉，等译．北京：冶金工业出版社，1981.

[39] 崔成松，李庆春，沈军，等．喷射沉积快速凝固材料的研究及应用概况[J]．材料导报，1996，(1)．

[40] Koczk M J, Hildeman G J. High-Strength Powder Metallurgy Aluminium Alloys[J]. A Publication of the Metallurgical Society of AIME, 1982：193～224.

[41] 李松瑞，徐移恒．快速凝固耐热铝合金的力学性能和强化机制[J]．铝加工，1995，(5)．

[42] 袁晓光，张淑英，徐达鸣，等．快速凝固耐磨高硅铝合金研究现状[J]．材料导报，1996，(2)．

[43] 张绪虎，胡欣华，关盛勇，等．B/Al 复合材料的制造、性能及应用[J]．宇航材料工艺，2000，(1)．

[44] Duralan F3S.S. Alloy Digest, Filling Code Al-329 Aluminium Alloy[J]. Published by Alloy Digest Inc., October 1994.

[45] Duralan F3K.S. Alloy Digest, Filling Code Al-300 Aluminium Alloy[J]. Published by Alloy Digest Inc., Novermber 1994.

[46] SXA. Alloy Digest, Filling Code Cp-15 Composite[J]. Published by Alloy Digest Inc., May 1990.

[47] 日本轻金属通信社．Aluminium Alloy Data Sheets. 1974.

[48] Hufnggel W. Key to Aluminium Alloys, Designations Compositions Trade Names of Aluminium Materials 1st Edition. Published by the Aluminium-Zentrale, July 1982.

[49]《轻金属材料加工手册》编写组．金属材料加工手册（上册）[M]．北京：冶金工业

出版社，1979.

[50] Davydov V G , Rostova T D, Zakharov V V, Filatov Y A, Yelagin V I. Scientific principles of making an alloying addition of scandium to aluminum alloys[J]. Materials Science and Engineering, A, 2000, 280 (1): 30~36.

[51] Yin Z M, Pan Q L, Zhang Y H, Jiang F. Effect of minor Sc and Zr on the microstructure and mechanical properties of Al-Mg based alloys[J]. Materials Science and Engineering, A, 2000, 280 (1): 151~155.

[52] Filatov Y A, Yelagin V I, Zakharov V V. New Al-Mg-Sc alloys. The 5th IUMRS International Conference on Adanced Materials[C]. Beijing, 1999.

[53] Yelagin V I, Davydov V G, Zakharov V V, Rostova T D. Al-Zn-Mg alloy alloyed with scandium. The 5th IUMRS International Conference on Adanced Materials[C]. Beijing, 1999.

[54] 莫斯科全俄轻合金研究院资料．Al-Mg-Li-Sc 系 01424 型可焊合金．2000.

[55] 莫斯科全俄轻合金研究院资料．Al-Cu-Li-Sc-Zr 系 01460 和 01464 高强可焊合金. 2000.

[56] Квасов Ф И, Фридляндер И Н. 工业铝合金[M]. 韩秉诚，蒋香泉，等译．北京：冶金工业出版社，1981.

[57] Koczak M J, Hildeman G J. High-Strength Powder Metallurgy Aluminum Alloys. A Publication of the Metallurgical Society of AIME[J]. 1982: 3~16.

[58] Pickens J R. Journal of Materials Science[J]. 1981, 16 (6): 1437~1457.

[59] Cebulak W S. Metals Engineering Quarterly[J]. 1976, 16 (4): 37~44.

[60] 王祝堂，陈冬一，王仕越．最新变形铝合金国际四位数字体系牌号及化学成分[J]. 轻合金加工技术，2008，(11).

冶金工业出版社部分图书推荐